草地害虫
绿色防控研发与应用研究

刘爱萍　高书晶　韩海斌　著

中国农业科学技术出版社

图书在版编目（CIP）数据

草地害虫绿色防控研发与应用研究／刘爱萍，高书晶，韩海斌著 .—北京：中国农业
科学技术出版社，2018.5

ISBN 978-7-5116-3362-0

Ⅰ.①草…　Ⅱ.①刘…②高…③韩…　Ⅲ.①草原—病虫害防治—研究　Ⅳ.①S436. 68

中国版本图书馆 CIP 数据核字（2017）第 276699 号

责任编辑　李冠桥
责任校对　马广洋

出 版 者　中国农业科学技术出版社
　　　　　北京市中关村南大街 12 号　邮编：100081
电　　话　（010）82109705（编辑室）　　（010）82109702（发行部）
　　　　　（010）82109709（读者服务部）
传　　真　（010）82106625
网　　址　http://www.castp.cn
经 销 者　各地新华书店
印 刷 者　北京富泰印刷有限责任公司
开　　本　710mm×1 000mm　1/16
印　　张　29
字　　数　534 千字
版　　次　2018 年 5 月第 1 版　2018 年 5 月第 1 次印刷
定　　价　120. 00 元

《草地害虫绿色防控研发与应用研究》
资助项目

中国农业科学院科技创新工程"牧草病虫害灾变机理与防控团队"及国家重点研发计划项目（2017YFD0201000）"牧草害虫寄生性天敌昆虫产品创制及应用"；

国家重点研发计划项目政府间国际科技创新合作重点专项（2017YFE0104900）"中美农作物病虫害生物防治关键技术创新合作研究"项目。

《草地害虫绿色防控研发与应用研究》
著者名单

主　　著：刘爱萍　高书晶　韩海斌

参著人员：徐林波　岳方正　王梦圆　德文庆

　　　　　王世明　曹艺潇　徐忠宝　王建梅

　　　　　黄海广　郭俊梅　苏春芳　吴晋华

　　　　　相红燕　孙程鹏　姜　珊　牛文远

　　　　　吕　栋　于凤春　闫　锋　德庆哈拉

　　　　　特木尔　董瑞文　那仁满都呼

内容提要

　　本书是以著者多年从事草地害虫防治研究工作为基础，并结合著者多年的研究成果论文撰写而成。近年来，农牧业区生态环境的恶化、草场退化、沙化严重；草原害虫大暴发，草地植被遭到严重破坏，草场生产力显著下降；化学农药的大量使用，导致害虫发生数量增加，天敌种类和数量减少；草原害虫蝗虫、草地螟及苜蓿蚜等重大害虫的发生与为害逐年加重，严重制约我国畜牧业生产和生态安全。针对上述突出现象，本书共分为三篇，分别研究了草原蝗虫、草地螟及苜蓿蚜的生物学特性、灾变机理及综合防治技术，研发了以性诱剂防治技术、病原微生物白僵菌防治技术的为主的草原蝗虫、草地螟综合防治体系。并重点开展了草地螟及苜蓿蚜的天敌昆虫为主的生物防治技术研究，对寄生性天敌昆虫的饲养扩繁及保护利用技术、滞育诱导和低温储存、飞行能力遗传多样性和复壮技术进行了深入探究，旨在为推进我国草地害虫的科学治理提供理论和实践依据。

前　言

近年来，我国北方草地蝗虫、草地螟、苜蓿蚜发生与为害逐年加重，严重制约我国畜牧业生产和草原生态安全。害虫绿色防控及生物防治作用物的应用及防治技术体系的建立，是实现草原生物灾害可持续控制的关键，也是解决农药污染、保护环境、维系农田生物多样性的保障。我国缺乏有效的针对大区域、全生长季、多植物类型的重大害虫解决方案，针对上述突出现象，以草原蝗虫、草地螟、苜蓿蚜为研究对象，掌握其为害特点、发生和灾变规律，研发了草地螟优势天敌扩繁及保护利用技术，并通过对天敌昆虫及真菌类杀虫剂防治效果的研究，制定出以生物防控技术为核心的生态控制草地虫害治理技术，配套组装农业可持续治理技术，将草原蝗虫、草地螟、苜蓿蚜的发生为害控制在经济阈值以下，实现大幅度减少化学农药施用量，降低农药残留污染，有效解决草原害虫的猖獗为害问题，实现康复草原生态环境。

在我国草原区分布的蝗虫 200 多种，为害较严重的有 20 多种，分布在各种不同的草地类型中。蝗虫种群密度一般每平方米 10~20 头，局部高发区可达上百头。

10 年来，由草原蝗虫为害造成的牧草直接经济损失年均约 16 亿元。近年来，草原牧区以蝗虫为主的草原虫害此起彼伏，致使部分地区寸草不留，加速了草原沙化、退化，个别地方出现了虫进入退的现象，严重制约牧区畜牧业健康发展。此外，草原蝗虫暴发对边境地区社会稳定造成严重影响。2003 年，在内蒙古中部地区亚洲小车蝗大暴发，并侵入二连浩特、锡林浩特等 8 个城市，严重干扰了居民生活，造成一定的社会恐慌。2003 年和 2004 年亚洲飞蝗从哈萨克斯坦迁入我国新疆吉木乃县，2006 年西藏飞蝗大批迁入我国西藏阿里地区，对边境地区农牧业生产和人民生活稳定造成严重影响。

草地螟是一种世界性分布的农牧业害虫，由于其寄主植物种类繁多，是一种间歇性暴发和具有毁灭性的迁飞性害虫。中华人民共和国成立以来，草地螟先后在我国有 4 次大的发生，每次都给我国的农牧业生产造成了巨大的经济损失。

草地螟是我国北方草地重要的害虫之一，发生面积广，数量大，食性杂，几乎各种牧草均可取食。草地螟每隔十几年形成一次较大规模的为害，在 1959 年、1978 年、1997 年、2008 年前后形成 4 次暴发，暴发的原因首先与草地螟自身生物学特性有关，幼虫具有杂食性、暴食性，成虫具有迁移性等特点；其次，不同地区的发生为害程度与该地区的温湿度条件、越冬虫源基数、植被类型有关系。

苜蓿蚜主要为害豆科牧草，分布于甘肃、新疆维吾尔自治区（全书简称新疆）、宁夏回族自治区（全书简称宁夏）、内蒙古自治区（全书简称内蒙古）、河北、山东、四川、湖南、湖北、广西壮族自治区（全书简称广西）、广东；是一种暴发性害虫，为害的植物有苜蓿、红豆草、三叶草、紫云英、紫穗槐、豆类作物等，多群集于植株的嫩茎、幼芽、花器各部上，吸食其汁液，造成植株生长矮小，叶子卷缩、变黄、落蕾，豆荚停滞发育，发生严重，植株成片死亡。

作者通过多年的研究，对草原蝗虫、草地螟及苜蓿蚜的生物学特性、灾变机理及综合防治进行了深入研究，研发了以性诱剂防治技术、病原微生物白僵菌防治技术的为主的草原蝗虫、草地螟综合防治体系。并重点开展了草地螟及苜蓿蚜的天敌昆虫为主的生物防治技术研究，对寄生性天敌昆虫的饲养扩繁及保护利用技术、滞育诱导和低温储存、飞行能力遗传多样性和复壮技术进行了深入探究。构建了以生物防治为核心技术的草地害虫可持续治理技术体系，旨在为推进我国草地害虫的科学治理提供理论和实践依据。

"十三五"期间，我们承担了中国农业科学院科技创新工程"牧草病虫害灾变机理与防控团队"及国家重点研发计划项目（2017YFD0201000）"牧草害虫寄生性天敌昆虫产品创制及应用"，国家重点研发计划项目政府间国际科技创新合作重点专项（2017YFE0104900）"中美农作物病虫害生物防治关键技术创新合作研究"，撰写了《草地害虫绿色防控研发与应用研究》一书。本书的撰写时间仓促，如书中有遗漏和错误之处，敬请读者批评指正。

著 者
2017 年 11 月于呼和浩特

目 录

第一篇 草原蝗虫生理学及生物防治研究进展

第二篇　草地螟生物防治技术研发应用

第三篇　苜蓿蚜及其生物防治研究

第一篇　草原蝗虫生理学及生物防治研究进展

第一章　草原蝗虫发生情况及防治现状

我国拥有各类天然草原近 4 亿 hm²，占我国国土面积的 41.7%，是我国面积最大的陆地生态系统，也是畜牧业发展的重要物质基础和农牧民赖以生存发展的基本生产资料。近年来，由于草原蝗虫持续偏重发生，草原退化、沙化加剧，严重影响着草原畜牧业的可持续发展，同时对生态安全和农牧民的生存发展构成威胁。自 20 世纪末，随着人们对草原经济功能和生态功能意识的增强，草地植保逐渐引起人们的重视，草原主要害虫蝗虫的防控成为工作重点。

第一节　我国草原蝗虫发生与分布情况

在我国草原区分布的蝗虫 200 多种，为害较严重的有 20 多种，分布在各种不同的草地类型中。在内蒙古典型草原蝗区分布的主要有亚洲小车蝗 Oedaleus asiaticus B. Bienko、白边痂蝗 Bryodema Luctuosum luctuosum（Stoll）、鼓翅皱膝蝗 Angaracris barabensis（Pall.）、小翅雏蝗 Chorthi p pusfallax（Zub.）、毛足棒角蝗 Dasyhippus barbipes（F. W.）、宽须蚁蝗 Myrmeleotettix palpalis（Zub.）等。在新疆地区主要分布有亚洲飞蝗 Locusta migratoria migratoria（L.）、意大利蝗 Calliptamus italicus italicus（L.）、西伯利亚蝗 Gomphocerus sibiricus（L.）、黑条小车蝗 Oedaleus decorus（Germ.）、红胫戟纹蝗 Dociostaurus kraussi kraussi（Ingen.）等；在青藏高原区主要优势种有西藏飞蝗 Locusta migratoria tibetensis Chen、青海痂蝗 Bryodema miramae miramae B. Biento、轮纹异痂蝗 Bryodemella tuberculatum dilutum（Stoll）、意大利蝗 Calliptamus italicus italicus（L.）、小翅雏蝗 Chorthippus fallax（Zub.）等；在陕、甘、宁地区主要有宽翅曲背蝗 Pararcy pteramicroptera meridionalis（Ikonn.）、黄胫异痂蝗 Bryellodema holdereri（Krauss）、贺兰疙蝗 Pseudotmethis alashanicus B. Bienko，短星翅蝗 Calliptamus abbreviatus（Ikonn.）；在东北地区主要优势种为大垫尖翅蝗 Epacromius coerulipes（Ivan.）。蝗虫种群密度一般每平方米 10~20 头，局部高发区可达上百头。

21 世纪以来，草原蝗虫年均为害面积维持在 $1.00 \times 10^7 hm^2$ 以上，其中为害比较严重的 2003—2004 年，发生面积超过 $1.70 \times 10^7 hm^2$，最高达 $1.78 \times 10^7 hm^2$。内蒙古等地优势种蝗虫亚洲小车蝗年均为害面积达到 $3.40 \times 10^6 hm^2$，新疆的意大利蝗年均为害面积达到 $1.00 \times 10^6 hm^2$，青藏高原的西藏飞蝗年均为害面积达 $1.60 \times 10^5 hm^2$。草原蝗虫的持续大面积发生给农牧业生产带来严重的经济损失。近 10 年来，由草原蝗虫为害造成的牧草直接经济损失年均约 16 亿元。近年来，草原牧区以蝗虫为主的草原虫害此起彼伏，致使部分地区寸草不留，加速了草原沙化、退化，个别地方出现了虫进入退的现象，严重制约牧区畜牧业健康发展。此外，草原蝗虫暴发对边境地区社会稳定造成严重影响。2003 年，在内蒙古中部地区亚洲小车蝗造成严重影响。2003 年，在内蒙古中部地区亚洲小车蝗大暴发，并侵入二连浩特、锡林浩特等 8 个城市，严重干扰了居民生活，造成一定的社会恐慌。2003 年和 2004 年亚洲飞蝗从哈萨克斯坦迁入我国新疆吉木乃县，2006 年西藏飞蝗大批迁入我国西藏阿里地区，对边境地区农牧业生产和人民生活稳定造成严重影响。

通过多年防控努力，全国草原蝗虫为害面积呈下降趋势，但仍属于偏重发生态势，年均为害面积 $1\,275 \times 10^4 hm^2$。局部地区气候变化反常，造成蝗灾发生的不确定性，局部发生蝗灾的可能性加大。多种蝗虫同时危害趋势加重。由于气候变化，蝗虫的孵化出土时间参差不齐现象越发明显，早、中、晚期种重叠严重。由于以前的防治措施主要针对中期种，造成早期种和晚期种有偏重发生趋势（图 1）。

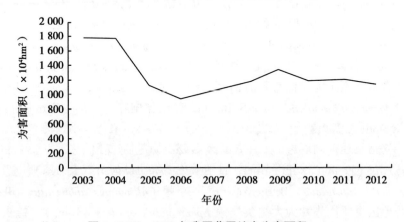

图 1　2003—2012 年我国草原蝗虫为害面积

第二节　我国草原蝗虫防治技术历史与现状

我国大规模开展草原蝗虫防治工作始于 20 世纪 70 年代末期，依据防控措施和指导方针的改变，大致可以分为 3 个阶段。第 1 个阶段是 20 世纪 70~80 年代中后期，化学防治一直处于主导地位，采用的化学药剂是一些高毒的氯化物、有机磷等广谱性化学农药，具有杀灭快、死亡率高等特点，能在短时间内迅速控制灾情。第 2 个阶段是 20 世纪 80 年代中后期到本世纪初，随着人们环保意识的增强和对化学农药所造成"3R"问题的重视，草原蝗虫防控工作开始逐步由单一追求防治效果向防效与环保并重的"绿色植保"转变。此阶段仍以化学防治为主，药剂以有机磷、氟化物为主。但是针对化学防治的局限性，逐步开展生物防控技术的研究和区域性试验示范。第 3 个阶段是 2002—2012 年，随着国家有关部门对高毒农药的逐步禁用和草原生态作用的提升，2002 年国务院印发了《国务院关于加强草原保护建设的若干意见》，强调"要加大草原鼠虫害防治力度，加强鼠虫害预测预报，制定鼠虫害防治预案，采取生物、物理、化学等综合防治措施，减轻草原鼠虫为害。要突出运用生物防治技术，防止草原环境污染，维护生态平衡"。为了降低化学农药对草原的污染，植物源、微生物源农药如印棟素、苦参碱、绿僵菌、阿维菌素等在草原蝗虫治理中被大面积应用，生物防治比例达到 50%。在党的"十八大"明确提出加大生态文明建设力度政策的指引下，草原蝗虫高效预警和信息化动态监测将实现全覆盖，逐步形成以应用微生物农药、天敌等生物防治措施为主、结合生态治理和低毒植物源农药应急化学防治为辅的综合治理体系。

第三节　我国草原蝗虫的主要防治技术

草原蝗虫一直采用化学农药防治，这种防治方法具有快速、高效、使用方便等优点，对迅速控制蝗害的发生、扩散起到了积极作用。但化学农药治蝗存在成本高、用量大、安全性差等弊端，且随着化学农药品种及数量的增加以及无限制地使用，已导致一系列难以解决的问题，如农药效能降低、蝗虫天敌被杀、人畜中毒、污染草原、危害草原生态环境、破坏生态平衡等。随着人们环保意识的提高，化学防治逐渐被生物防治、物理防治及生态治理措施所代替。

生物防治技术以植物源、微生物源农药为主的防治技术：进入 21 世纪以来，高毒的有机磷、有机氯等化学农药逐渐被高效低毒农药和生物源农药所代替。目前在草原蝗虫防治中应用较多的植物源农药有 0.3%印楝素乳油制剂、1%和1.3%二种剂型的苦参碱制剂、1.2%烟碱·苦参碱乳油等。2003 年农业部开始推广使用印楝素防控草原蝗虫。2003—2005 年，新疆、内蒙古、青海等省区开展了 0.3%印楝素乳油制剂防治草原蝗虫的药效试验，灭效达 84%以上，并筛选出了适宜草原使用的剂量。2008 年起，烟碱、苦参碱在草原虫害防控中推广使用。王俊梅等利用 1%苦参碱可溶性剂防治蝗虫的效果最低为 83.51%，最高为98.35%。拉毛才让等利用烟碱·苦参碱开展了草地害虫药效试验研究，对草原毛虫、蝗虫的防治效果均达到 98%以上。除植物源农药外，微生物源农药阿维菌素（avermectins，AVMs）也在草原蝗虫防治中得到广泛应用。1994 年，我国第1 个阿维菌素产品北农爱福丁（生物杀虫杀螨剂）诞生。候秀敏等做了阿维菌素防治草原蝗虫的药效试验，2%和 3%阿维菌素乳油每公顷分别喷施 300mL 和375mL，平均防治效果均可达到 94%以上。

除绿僵菌外，原生动物蝗虫微孢了虫（*Nosema Locustae*）在草原蝗虫防治中也得到大面积推广应用。蝗虫微孢子虫是我国（原北京农业大学）1985 年从美国引进的一种单体活体寄生虫，能感染 100 多种蝗虫及其他直翅目昆虫，具有操作简便、效果持久、成本低廉、环境友好等优点。1986 年，农业部成立全国微孢子虫治蝗科研推广协作组，在新疆、内蒙古、青海、甘肃等省区开展了多年的防治草原蝗虫示范试验，当年的虫口减退率一般在 55%以上，寄生率为30%~40%。

天敌控制技术：自然界中蝗虫的天敌种类很多，有蛙类、壁虎、鸟类、禽类、昆虫（蚁类、蜂蛇类、虎甲、步甲、螳螂等）等。天敌在控制蝗虫种群数量方面具有不可忽视的作用，同时具有较好的经济效益、生态效益，有利于蝗灾的可持续控制，但目前在草原上成功用于蝗虫大面积防治的只有粉红掠鸟和牧鸡、牧鸭。人工招引粉红掠鸟技术；粉红掠鸟（*Sturnus roseas*），属鸟纲雀形目掠鸟科。国内仅新疆伊犁、塔城谷地和阿勒泰山地、吐鲁番和喀什等地有分布，且绝大部分为蝗虫发生区，其他省区几乎未见分布。人工招引粉红掠鸟技术主要是通过在草原上人工修建一些适宜鸟类栖息的建筑物，吸引鸟类前来定居，从而达到控制栖息地周边蝗虫种群的目的。20 世纪 80 年代初，新疆各地对粉红掠鸟生物学、治蝗效果等方面进行了系统研究，"七五"期间在三地州六个县人工招引粉红掠鸟推广面积达 $2 \times 10^4 hm^2$。近年来，新疆充分利用粉红掠鸟资源优势，通过堆砌卵石堆招引巢和修建砖砌水泥结构招引巢 2 种方式，在天山北坡中段区域、准噶尔西部山地区域和伊犁河谷区域建立了 3 条掠鸟防治示范带。2002—2012 年，通过人工招引掠鸟的方式控制草原蝗虫面积累计达到 320.93 万 hm^2，控制效果最高可达 90%以上。牧鸡牧鸭治蝗技术；1979 年新疆阿勒泰地区率先开展牧鸡治蝗研究"七五"期间新疆维吾尔自治区牧鸡治蝗从点推广到面，在 13 个地州 30 多个县推广面积达 66.7×10^{4}hm^2。在新疆维吾尔自治区的带动下，各地纷纷开展牧鸡治蝗试验、示范。2003 年起，农业部开始推广牧鸡、牧鸭治蝗。2012 年，农业部组织开展了"百万牧鸡治蝗增收行动"，全年共投入牧鸡 289 万只，牧鸡治蝗面积达到 94.4 万 hm^2，减少牧草直接经济损失 1.27 亿元，实现牧鸡增收 8 065万元。牧鸡治蝗逐渐成为各地草原虫害防治中采用的主要方法之一。在牧鸡治蝗示范推广成功的基础上，1999 年新疆又开始了牧鸭治蝗的新探索，并取得成功。但是由于规模小、难以实现商业化，牧鸭治蝗并未得到大规模推广。

第二章　病原微生物防治草原蝗虫研究进展

以微生物、原生动物为主的防治技术：草原蝗虫具有防治作用的微生物有绿僵菌（*Metarhizium anisopliae*）、白僵菌（*Beauveria bassiana*）、苏云金芽孢杆菌（*Bacillus thuringiensis*）等。目前在草原上成功大量应用的只有绿僵菌制剂。绿僵菌是一类重要的昆虫病原真菌，以其为主要生物活性成分的制剂具有无残留、易生产、持效期长、致病力强、应用效果好、对非标靶生物安全等优点。我国从20世纪90年代开始绿僵菌防治蝗虫试验研究。李保平、张泽华等先后在新疆、内蒙古等地草原上开展了绿僵菌防治蝗虫试验，证明绿僵菌防治草原蝗虫效果明显。2000年以来，绿僵菌制剂在草原蝗虫防治工作中得到推广，主要使用含5%~10%孢子粉的油剂进行超低量喷雾。在2002—2012年的10年间，累计防治面积为224.73×10⁴hm²。

第一节　3种绿僵菌对小翅雏蝗的室内致病力测定

小翅雏蝗 *Chorthippus fallax*（Zubovsky）属直翅目，网翅蝗科，一年发生1代，是草地的主要害虫之一，主要分布在中国的内蒙古、新疆、宁夏、甘肃、青海、河北、山西、陕西等省区及国外的西伯利亚、哈萨克斯坦、蒙古等地。小翅雏蝗在内蒙古地区主要为害羊草、冰草、寸草苔和冷蒿等牧草，发生数量较多对草地为害很大。绿僵菌（*Metarhizium* ssp.）具有分布范围大，寄生谱广等特点，因此常被用来防治多种农业害虫。20世纪90年代以来，国外特别是澳大利亚、巴西等国家陆续发现绿僵菌对蝗虫有强的致病力，并已在大面积防治蝗虫试验中取得成功。由于它较易商品化生产有较好的贮藏性能，对环境较安全，目前被认为是最有希望的微生物杀蝗剂。一直以来，人们研究绿僵菌对东亚飞蝗等蝗虫致病力或蝗虫的混合种群，但对小翅雏蝗的研究很少，本书研究了3种绿僵菌对小翅雏蝗的致病力，为有效利用绿僵菌防治小翅雏蝗提供基础。

第二节　绿僵菌不同菌株对小翅雏蝗的致病力测定

测试的 3 种绿僵菌对小翅雏蝗的致病力较强，并且随孢子浓度的增加，试虫的死亡率也随之增加。菌株（IPPCAAS2029）在孢子浓度为 1.55×10^7 个/mL时，试虫的最高校正死亡率为 27%，而当孢子浓度增加到 1.94×10^9 个/mL，试虫的最高校正死亡率为 79%。孢子浓度在 10^8 以上小翅雏蝗的校正死亡率达到65%以上，其中菌株（M09）在孢子浓度 1.94×10^9 个/mL 时校正死亡率达到100%。根据实验观察，蝗虫感染绿僵菌后，食量下降，反应迟钝，活动明显减弱，并伴随有抽搐现象，死亡虫体僵化，显示出一般真菌病的典型特征，多数产生菌丝和大量绿色分生孢子。不同浓度绿僵菌孢子对小翅雏蝗的致死时间同样表现出接种绿僵菌孢子剂量越高，LT_{50} 值越低的规律，最高剂量处理与最低剂量处理之间的 LT_{50} 值相差近 10d。对试验数据进行回归分析，相关系数均在 0.86 以上。做不同浓度处理间的差异显著分析，结果表明，菌株（IPPCAAS2029）和菌株（M09）在孢子浓度为 1.55×10^7 个/mL 与孢子浓度为 3.88×10^8 个/mL 和 1.94×10^9 个/mL 间的差异显著。

表1　3种绿僵菌对小翅雏蝗的累计死亡率

菌株	孢子浓度（分生个/mL）	处理组内不同天数的校正死亡率					
		5d	7d	9d	11d	13d	CK
IPPCAAS2029	1.55×10^7	0.10 a	0.10 a	0.16 a	0.26 a	0.27 a	0.00 a
	3.88×10^8	0.61 b	0.68 b	0.68 b	0.71 b	0.73 b	0.02 b
	1.94×10^9	0.75 b	0.75 b	0.79 b	0.79 b	0.79 b	0.12 b
M09	1.55×10^7	0.00 a	0.38 a	0.52 a	0.69 a	0.83 a	0.00 a
	3.88×10^8	0.21 b	0.90 b	0.93 b	0.93 b	0.93 b	0.02 b
	1.94×10^9	0.24 b	0.93 b	1.00 b	1.00 b	1.00 b	0.08 b
M1245	0.90×10^7	0.10 a	0.31 a	0.41 a	0.55 a	0.59 a	0.00 a
	2.32×10^8	0.17 a	0.24 a	0.45 a	0.59 a	0.62 a	0.00 a
	1.16×10^9	0.07 a	0.24 a	0.45 a	0.59 a	0.66 a	0.14 a

表2　绿僵菌不同菌株对小翅雏蝗的致死时间的关系

菌株	孢子浓度（个/mL）	直线回归方程	相关系数（r）	LT_{50}（d）
IPPCAAS2029	$1.55×10^7$	$Y=-0.207\ 8+2.317\ 9x$	0.901 0	>15.000
	$3.88×10^8$	$Y=0.311\ 3+2.267\ 2x$	0.863 0	4.905
	$1.94×10^9$	$Y=1.621\ 5+0.964\ 7x$	0.886 0	4.262
M09	$1.54×10^7$	$Y=-0.890\ 3+3.173\ 2x$	0.863 9	7.889 7
	$3.88×10^8$	$Y=1.449\ 9+1.146\ 3x$	0.923 0	5.733 4
	$1.94×10^9$	$Y=0.528\ 5+2.153\ 5x$	0.931 5	5.473 2
M1245	$0.90×10^7$	$Y=0.577\ 6+1.877\ 3x$	0.936 8	10.678 1
	$2.32×10^8$	$Y=0.136\ 1+2.332\ 7x$	0.914 2	9.110 3
	$1.16×10^9$	$Y=1.380\ 5+0.997\ 6x$	0.956 5	8.743 2

第三节　不同菌株绿僵菌对小翅雏蝗的致病力差异

在孢子浓度都为 $1×10^8$ 个/mL 时，对3株绿僵菌进行致病力差异比较，从表3的结果可以看出，3株绿僵菌对小翅雏蝗的致病力顺序为：金龟子绿僵菌 IPPCAAS2029>M09>M1245，它们间差异在 $P=0.05$ 水平下，差异都显著。

表3　不同菌株绿僵菌对小翅雏蝗的致死时间及校正死亡率

菌株	处理组内不同天数的校正死亡率								LT_{50}（d）	差异显著性
	1d	3d	5d	7d	9d	11d	13d	15d		
M1245	0.00	0.00	0.10	0.23	0.36	0.41	0.45	0.45	>15.000	Aa
IPPCAAS2029	0.00	0.00	0.61	0.68	0.68	0.71	0.71	0.71	4.845 1	Bb
M09	0.00	0.00	0.42	0.69	0.96	1.00	1.00	1.00	5.578 2	Bc

蝗灾一直是为害我国北方草原的主要灾害之一，严重制约着草产量和畜牧业生产。长期以来对其控制主要是施用有机磷杀虫剂这必然对环境造成污染，并影响人、畜健康。目前可供选择的生物防治技术中，真菌杀虫剂特别是绿僵菌剂具有杀虫谱广、易生产、便于施用，尤其适于干旱气候等优点。近年来很多学者都研究了绿僵菌对多种蝗虫防治效果，但对小翅雏蝗研究很少。问锦曾、陆庆光等

人对绿僵菌初次浸染东亚飞蝗的研究较多，他们的研究结果表明绿僵菌对东亚飞蝗有很好的防治作用。绿僵菌施药后一般速效性差，死亡速度慢，但着药后的蝗虫因被病菌寄生，表现出食欲减退，行动迟缓，为害性比健康蝗虫明显减轻。绿僵菌属于生物性农药，对天敌动物，如蜘蛛、步甲、蚂蚁等无毒副作用，对人畜及环境安全，不杀伤非靶标生物，符合环保和蝗区生物多样性的要求，有广阔的推广应用前景，目前很多地区都作为替代有机磷和菊酯类农药用于蝗区的防治。至于绿僵菌速效性差的问题，可以通过一些高效、低毒、低残留类农药混用得到解决。据研究，真菌制剂和一些化学合成农药联合施用对害虫具有协同防治作用，其机理是农药通过影响昆虫外骨骼的发育，使真菌杀虫剂更易侵入虫体。由于真菌制剂是活体孢子，对昆虫的侵染致死存在着潜伏期，杀虫作用较慢，在真菌制剂中添加低剂量生物学相容的高效、低毒、低残留化学杀虫剂，可产生缩短潜伏期和增强侵染力的增效作用。耿博闻、张润杰在实验室中测定了低浓度噻嗪酮与黄绿绿僵菌对褐飞虱不同龄期若虫和成虫的协同致死作用，结果表明，低浓度噻嗪酮与黄绿绿僵菌混合施用时对褐飞虱表现明显的协同作用。孙家宝、王非等利用绿僵菌孢子悬浮液分别与 2 种化学农药混用进行防治东北大黑鳃金龟幼虫的实验，结果表明：绿僵菌与 50% 辛硫磷乳油和米乐尔颗粒剂混用具有明显的增效作用，2 种方法的防治效果分别比单用绿僵菌提高了 21.43% 和 14.29%。

　　本试验采用直接浸虫法进行了绿僵菌对 3~4 龄小翅雏蝗毒力作用测定，充分证实明了绿僵菌对小翅雏蝗种群显著的毒力作用。绿僵菌在防治蝗虫上有很好的应用前景。

第三章 生物农药对草原蝗虫的防治进展

在长期防控研究和工作实践中，应用的生物农药主要有植物源农药和农用抗生素。逐步探索出适用于草原蝗虫的生物防治技术。

第一节 生物农药概况

一、植物源农药

1. 印楝素

印楝素是一种高度氧化的柠檬素，属四环三萜类物质，最早由 Butterworth 和 Morgan 于 1968 年从乔木印楝中分离提纯而来，对害虫有拒食、胃毒、触杀和抑制生长发育作用。1985 年美国注册第 1 个商品化的印楝制剂 Margosan-O，1997年华南农业大学开发出了商品化的 0.3% 的印楝素乳油制剂。2003—2005 年，新疆、内蒙古、青海等省区开展了 0.3% 印楝素乳油制剂防治草原蝗虫的药效试验，灭效达 84% 以上，并筛选出了适宜草原使用的剂量。2003 年农业部开始推广使用印楝素防控草原蝗虫。王俊梅，豆卫等利用印楝素开展了荒漠草地蝗虫的防治效果试验，证明对荒漠草地蝗虫同样具有良好的防治效果。草原上推广使用的是0.3% 的印楝素乳油制剂。

2. 苦参碱

苦参碱是豆科植物苦参的主要有效成分，属四环喹嗪类化合物。由于具有抗心律失常、抗炎、抗纤维化、抗肿瘤等多方面的药理活性，苦参碱广泛应用于临床。苦参碱具有杀虫抑菌活性，在农业中得到广泛使用。2008 年起，苦参碱在草原虫害防控中开始推广使用。王俊梅等利用 1% 苦参碱可溶性制剂防治蝗虫的效果最低为 83.51%，最高为 98.35%。豆卫等开展了 1% 苦参碱在荒漠防治草原蝗虫的研究实验，防效明显。草原上常用的是 1% 和 1.3% 剂型的苦参碱制剂。

3. 烟碱·苦参碱

烟碱·苦参碱是烟碱和苦参碱的混剂。烟碱是从烟叶、烟茎中提取的一种物质，化学名为 1-甲基-2（2-吡啶基）吡咯烷，该药剂自 1690 年起就在欧洲开始应用，1893 年 Pinner A 确定了其结构。烟碱类具有胃毒、触杀作用。烟碱·苦参碱也具有触杀和胃毒作用。害虫一旦触及到该药，其神经中枢即可被麻痹，继而使虫体蛋白质凝固，堵死虫体气孔，最终使害虫窒息而死。拉毛才让等利用烟碱·苦参碱开展了草地虫害药效试验研究，草原毛虫、蝗虫的防治效果均达到 98% 以上。自 2008 年起，烟碱·苦参碱在草原上开始推广使用。目前，草原上常用的是 1.2% 烟碱·苦参碱乳油。其中，含烟碱为 0.7%，含苦参碱为 0.5%。

二、农用抗生素

阿维菌素，是国内外最受关注的杀虫素，是十六元环大环内酯类物质，最早由美国默克公司开发成功，可以抑制无脊椎动物神经传导物质而使昆虫麻痹致死。我国于 20 世纪 80 年代末引进分离阿维菌素产素菌种。1994 年，我国第 1 个阿维菌素产品——北农爱福丁（生物杀虫杀螨剂）诞生。侯秀敏等做了阿维菌素防治草原蝗虫的药效试验，采用 2% 和 3% 阿维菌素乳油分别喷施 $300mL/hm^2$ 和 $375mL/hm^2$，平均防治效果均可达到 94% 以上。张生合等利用阿维菌素防治草原毛虫，第 5 天平均防治效果达 97% 以上。

第二节　8 种生物农药对草原蝗虫的田间防治效果评价

近年来一些科研部门和农药厂家开始探索研究一些生物农药防治蝗虫，并取得了很好的研究成果，筛选出了很多生物防蝗农药。但是生物农药对蝗虫防治效果差别很大，这些生物农药对蝗虫防治效果如何，实践中如何合理地应用还研究得不够。本研究的目的是通过对 8 种近年来应用较多的生物农药进行药效对比，筛选出更理想、更易于实际应用和值得大力推广的生物防蝗农药，为草原蝗虫防治做一些贡献。

0.3% 印楝素乳油（四川省成都绿金生物科技有限责任公司）、森得保可湿性粉剂（0.18% 阿维菌素和 100 亿活孢子/g 苏云金杆菌）浙江省乐清市绿得保生物有限公司生产）、1% 苦参碱水剂（江苏省南通神雨绿色药业有限公司）、4 种 100 亿个/mL 绿僵菌油悬浮剂（菌株：CQMa102、CQMa117、CQMa120 和 CQMa128）（重庆大学）、白僵菌油悬浮剂（菌株：CQBb111）（重庆大学）。化学对照为 4.5% 高效氯氰菊酯乳油（乌兰察布市四子王旗草原站）。试验地点设在乌兰察布市四子王旗天然草原，供试蝗虫为草原的优势种蝗虫，主要种类为亚洲小车蝗占总蝗虫数量的 80%，其他蝗虫有宽须蚁蝗、痂蝗和毛足棒角蝗等。

1. 小区笼罩的试验结果

8 种生物制剂的笼罩试验效果见表 1，从表中可以看出，0.3% 印楝素乳油防治效果显著好于其他 7 种生物杀虫剂，药后 7d 防效达 100%；其次为 1% 苦参碱水剂和森得保粉剂，防效显著好于其他 5 种生物杀虫剂，药后 7d 防效达 95.65% 和 89.13%，药后 11d 防效达 100% 和 95.35% 以上。4 种绿僵菌油悬浮剂中绿僵菌 I 的防效好于其他绿僵菌，它们在 11d 的防效都达到了 69% 以上；白僵菌的防效很差，药后 11d 的防效只有 36.58%。从蝗虫的死亡速度上来看，0.3% 印楝素、苦参碱水剂和森得保粉剂的防治速度明显高于其他绿僵菌制剂和白僵菌制剂，它们在 3d 防效就达到 70% 以上，而绿僵菌和白僵菌制剂在 11d 防效才达到 70%。差异显著性分析表明，在 0.05 和 0.01 水平上，0.1% 印楝素、1% 苦参碱和森得保与 4 种绿僵菌和白僵菌的防效差异显著。4 种绿僵菌之间的防效差异不显著。

表 1　小区笼罩试验结果

处理小区	虫口基数	药后 3d			药后 7d			药后 11d		
		虫口数	减退率（%）	防效（%）	虫口数	减退率（%）	防效（%）	虫口数	减退率（%）	防效（%）
绿僵菌 I	50	36	28.00	26.53cC	19	62.00	52.17cC	8	84.00	81.39bB
绿僵菌 II	50	39	22.00	20.41cC	23	54.00	52.08cdCD	10	80.00	76.74bcBC
绿僵菌 III	50	41	18.00	16.33dD	27	46.00	43.75eD	13	74.00	69.77dC
绿僵菌 IV	50	38	24.00	22.45cC	26	48.00	45.83deD	11	78.00	74.42cdBC
白僵菌	50	43	16.00	15.12dD	38	24.00	20.83 fE	26	42.00	36.58eD
0.3% 印楝素	50	6	88.00	87.75aA	0	100	100aA	0	100	100aA
1% 苦参碱	50	8	84.00	83.67aA	2	96.00	95.65abAB	0	100	100aA
森得保粉剂	50	15	70.00	69.39bB	5	90.00	89.13bB	2	96.00	95.35aA

2. 田间试验结果

由表 2 的实验结果可以看出，8 种生物制剂的田间防效比室内防效低一些。施药后 3d，4 种绿僵菌和白僵菌的防效很低，绿僵菌 I 防效最好，达到 20%，而 0.3% 印楝素、1% 苦参碱和森得保的防效均较高，分别为 73.72%、66.91% 和 61.39%。施药后 7d，杀蝗绿僵菌的防效开始上升，绿僵菌 I 的防效达到 50% 以上，其他绿僵菌的防效也都在30%以上；0.3%印楝素、1%苦参碱和森得保的防效分别为87.11%、74.12%和67.57%。施药后11d，4种绿僵菌平均防效明显提高，分别达到76.91%、70.67%、65.28%和68.84%；0.1%印楝素、1%苦参碱和森得保的防效都达到90%以上，分别为96.56%、92.32%和90.25%。白僵菌在田间的防效很差，不适合用于蝗虫防治。差异显著性分析表明，在0.05和0.01水平上，0.3%印楝素、1%苦参碱和森得保与4种绿僵菌和白僵菌的防效差异显著。4种绿僵菌之间的防效差异不显著，0.3%印楝素、1%苦参碱和森得保之间的防效也不显著。

表2　小区试验结果

处理小区	虫口基数	药后3d			药后7d			药后11d		
		虫口数	减退率(%)	防效(%)	虫口数	减退率(%)	防效(%)	虫口数	减退率(%)	防效(%)
绿僵菌Ⅰ	32	25.5	20.31	18.69cC	14	57.81	55.12cC	6.5	79.69	76.91bB
绿僵菌Ⅱ	31	26	16.13	14.42dCD	18	43.55	39.95dD	8	74.19	70.67bcBC
绿僵菌Ⅲ	36	29	19.44	14.30cdCD	29	36.11	32.03eD	11	69.44	65.28cC
绿僵菌Ⅳ	31	26.5	14.52	12.77dD	20	40.32	36.51deD	8.5	72.58	68.84cBC
白僵菌	35	29	17.14	15.45cdCD	33	18.57	13.37fE	23.5	32.86	23.70dD
0.3%印楝素	33	8.5	74.24	73.72aA	4	87.88	87.11aA	1	96.97	96.56aA
1%苦参碱	37	12	67.57	66.91aA	9	75.67	74.12bB	2.5	93.24	92.32aA
森得保粉剂	37	14	62.16	61.39bB	12	67.57	65.49bB	3.5	91.54	90.25aA

　　由小区试验和笼罩试验结果得出，8种生物农药除白僵菌外防治效果都不错，总体防治效果都达到70%，特别是0.3%印楝素、1%苦参碱和森得保的防治效果很好，施药11d防效都达到90%以上。8种生物农药防效顺序为0.3%印楝素>1%苦参碱>森得保>绿僵菌Ⅰ>绿僵菌Ⅳ>绿僵菌Ⅱ>绿僵菌Ⅲ。差异显著性分析表明，在0.05和0.01水平上，0.1%印楝素、1%苦参碱和森得保与4种绿僵菌和白僵菌的防效差异显著。4种绿僵菌之间的防效差异不显著，0.3%印楝素、1%苦参碱和森得保之间的防效也不显著。

　　植物源农药印楝素、苦参碱和森得保防治效果好于杀蝗绿僵菌油悬浮剂，而且见效快，这与许多前人研究结果相同。杀蝗绿僵菌施药后虽然其速效性较差，死亡速度慢，但着药后蝗虫因被病菌寄生，表现出食欲减退，行动迟缓现象，其危害性比对照明显减轻。杀蝗绿僵菌油悬浮剂、印楝素、苦参碱和森得保几种药剂均为低毒的生物农药和植物源农药，符合环保和蝗区生物多样性的要求，有极大的推广应用前景，杀蝗绿僵菌具有迟效性的特点，而印棟素的等植物源农药具有速效性的特点，在蝗虫低密度发生区和轻发生年份可考虑推广使用杀蝗绿僵菌，而在高密度发生区和重发生年份，可考虑使用印棟素的等植物源农药作为替代有机磷和菊酯类等化学农药用于草原蝗虫的防治。通过本试验研究得知，白僵菌防效较差不宜在蝗虫防治上推广使用。

第四章 生物农药混用对草原蝗虫的防治进展

研究表明，利用低剂量的杀虫剂与病原真菌混用比单独使用病原真菌的杀虫效果要好，具有协同防治作用，其机理是农药通过影响昆虫外骨骼的发育，使真菌杀虫剂更易侵入虫体。作者研究了白僵菌与植物源农药（印楝素和苦参碱）混合施用防治亚洲小车蝗的增效作用为生产实践及应用提供科学依据。

第一节 白僵菌与生物农药混用对亚洲小车蝗的生物活性研究

白僵菌属（*Beauveria*）是当前世界上研究和应用最多的一种虫生真菌。它可寄生15个目149个科的700多种昆虫及蜱螨类，是一种广谱虫生菌。白僵菌致病力强，杀虫谱广，对温血动物无害且容易培养，在生产上具有广泛的应用前景，但是由于真菌制剂是活孢子，对昆虫的侵染致死存在潜伏期，杀虫作用较慢，为了解决这个问题，许多学者都尝试了昆虫病原真菌与其他杀虫剂混用的试验研究。

一、低浓度的生物农药处理结果

印楝素和苦参碱处理对亚洲小车蝗蝗蝻的 LT_{50} 都大于了15d（表1），差异显著性分析表明，处理与对照没有明显差异，各处理间的差异也不显著（图1），毒力甚微。对亚洲小车蝗第15天的累计死亡率最高为35.8%。

表1　单独使用印楝素、苦参碱或白僵菌及混合使用时对亚洲小车蝗蝗蝻的毒力

处理	供试虫数	截距	斜率	相关系数	LT_{50}（d）	95%置信限
苦参碱	30	1.91±0.02	0.32±0.03	0.976 6	<15.00	9.87~24.31
印楝素	30	1.98±0.03	0.31±0.03	0.965 3	<15.00	7.94~20.45
白僵菌	30	1.66±0.04	0.75±0.04	0.967 6	4.13	3.51~6.24
苦参碱+白僵菌	30	2.21±0.02	0.41±0.03	0.968 9	2.74	2.61~5.72

（续表）

处理	供试虫数	截距	斜率	相关系数	LT_{50}（d）	95%置信限
印楝素+白僵菌	30	2.25±0.03	0.34±0.02	0.968 7	1.47	0.88~3.14

二、白僵菌处理结果

白僵菌处理对亚洲小车蝗的致病力开始有一个潜伏期，一般到第 4 天、第 5 天累计死亡率才开始上升（图 1）。在处理浓度为 $1×10^7$ 个/mL 时，LT_{50} 为 4.13d，与清水对照组的差异显著（图 1）。

三、混合施用处理结果

在白僵菌与植物源农药的共同作用下，白僵菌的潜伏期缩短。第 2 天累积死亡率开始上升（图 1）。共同作用的 LT_{50} 都缩短了。苦参碱和白僵菌混合施用比单独施用白僵菌 LT_{50} 缩短了 1.39d，印楝素和白僵菌混合施用比单独施用白僵菌 LT_{50} 缩短了 2.66d（表 1）。对成虫第 13d 的 2 个处理的致死率可达 100%。

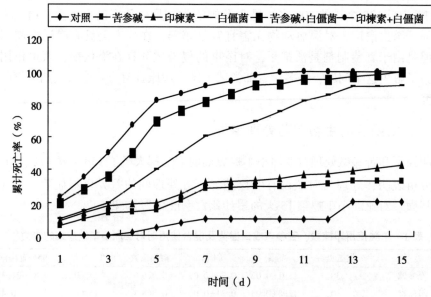

图 1　各试验处理对亚洲小车蝗 3~4 龄蝗蝻的累积死亡率

四、田间试验效果观察

由表 2 的实验结果可以看出，施药后 3d，白僵菌的防效为 13.74%，而混合施用 2 处理的防效分别为 24.91% 和 27.64%。施药后 5d，白僵菌的防效还没有达到 50%，而混合施用防效达到 58% 以上。施药后 11d，白僵菌的防效只达到 77.55%，而混合施用的防效都达到 85% 以上。差异显著性分析表明，混合施用和单独施用白僵菌间的差异显著，2 种混合处理间的差异不显著。

表 2　田间试验结果

处理小区	虫口基数	药后 3d			药后 7d			药后 11d		
		虫口数	减退率（%）	防效（%）	虫口数	减退率（%）	防效（%）	虫口数	减退率（%）	防效（%）
白僵菌	49	41	16.33	13.74bB	31.5	35.71	31.61bB	11	77.55	74.77bB
白僵菌+苦参碱	46	33.5	27.17	24.91aA	19	58.70	56.63aA	6.5	85.86	84.11aA
白僵菌+印楝素	52	36.5	29.81	27.64aA	17.5	66.35	64.20aA	5.5	89.42	88.11aA

我们所用的是低浓度印楝素和苦参碱，此浓度下对亚洲小车蝗的杀虫作用很低，高浓度的印楝素和苦参碱会降低白僵菌的孢子萌发率，即降低了白僵菌的杀虫活性。低浓度的印楝素和苦参碱与白僵菌混用的 2 个处理，菌剂的致病力增加、LT_{50} 也缩短。苦参碱和白僵菌混合施用比单独施用白僵菌 LT_{50} 缩短了 1.39d，印楝素和白僵菌混合施用比单独施用白僵菌 LT_{50} 缩短了 2.66d。研究表明植物源农药与白僵菌混合施用可用于田间防治亚洲小车蝗 3~4 龄蝗蝻。

植物源农药印楝素和苦参碱是高效、广谱、低毒杀虫剂，本身对蝗虫也有很好的防治作用。植物源农药与白僵菌混合施用有以下优点：第一，可以解决真菌杀虫剂致死缓慢问题，提高杀虫时间和杀虫效率；第二，植物源农药和白僵菌都是低毒的生物农药可以很大程度上减少化学污染，缓解害虫对化学农药产生抗药性问题。虽然植物源农药和化学农药一样也会在一定程度上降低了白僵菌的孢子萌发率，但是同时也大大降低了害虫的免疫力，使之更容易被白僵菌寄生。因此，应用白僵菌制剂防治害虫，选择生物学相容性好的农药以低剂量与白僵菌制剂混用，既可使菌剂增效，又可大幅度降低化学药剂用量。试验结果表明，低剂量的农药能与球孢白僵菌相互作用，对亚洲小车蝗 3~4 龄幼虫有显著的防治效果，这样既克服白僵菌杀虫缓慢的缺点，又可以缓解害虫逐渐增强的抗药性。在实际生产中，将低剂量的农药与虫生真菌复配来杀虫不失为生物防治中一个好的选择。

第二节 白僵菌与印楝素复配对亚洲小车蝗的 室内致病力测定

一、单独使用印楝素和白僵菌对亚洲小车蝗的致病力

根据实验观察，蝗虫感染白僵菌后，食量下降，反应迟钝，活动明显减弱，并伴随有抽搐现象，死亡虫体僵化，显示出一般真菌病的典型特征，多数产生菌丝和大量白色分生孢子。

表3   单独使用2种白僵菌及印楝素对亚洲小车蝗的校正死亡率

处理	浓度	处理组内不同天数的校正死亡率			
		5d	7d	9d	11d
印楝素	稀释 10^4 倍	0.33	0.42	0.53	0.58
	稀释 10^5 倍	0.27	0.36	0.45	0.47
	稀释 10^6 倍	0.21	0.30	0.39	0.42
	稀释 10^7 倍	0.15	0.27	0.30	0.38
吉林白僵菌	$1.65×10^9$	0.47	0.58	0.67	0.70
	$3.35×10^8$	0.37	0.43	0.52	0.58
	$2.65×10^7$	0.26	0.33	0.44	0.49
	$1.56×10^6$	0.19	0.29	0.35	0.48
内植白僵菌	$1.65×10^9$	0.51	0.63	0.73	0.79
	$2.32×10^8$	0.45	0.46	0.66	0.72
	$1.23×10^7$	0.33	0.36	0.52	0.63
	$1.16×10^6$	0.21	0.31	0.40	0.58

印楝素对亚洲小车蝗的毒力效果明显，随浓度的增加，试虫的死亡率也随之增加，稀释 10^4 倍的印楝素在第5天的校正死亡率仅达到33%；稀释 10^5 倍、稀释 10^6 倍、稀释 10^7 倍的印楝素分别在7d、9d、11d校正死亡率才达到33%以上。低浓度印楝素对亚洲小车蝗蝗蛹的毒力甚微。

由表3可以看出吉林白僵菌发挥药效作用的开始时间比内植白僵菌较晚，第

11 天相同浓度下的校正死亡率，吉林白僵菌均比内植白僵菌低，在浓度 1.65×10^9 个/mL 时，吉林白僵菌的校正死亡率为 70%，而内植白僵菌在 1.65×10^9 个/mL时的校正死亡率为 79%。低浓度的白僵菌对亚洲小车蝗蝗蝻的毒力比低浓度的印楝素要强，但是其毒力也较弱。

二、2 种白僵菌和印楝素复配对亚洲小车蝗的致病力

吉林白僵菌的浓度为 1.65×10^9 个/mL，内植白僵菌的浓度为 1.90×10^9 个/mL 分别与稀释 10^4 倍的印楝素复配。

表4 2 种白僵菌和印楝素复配对亚洲小车蝗的校正死亡率

菌株	处理组内不同天数的校正死亡率（%）				
	1d	3d	5d	7d	9d
印楝素	0.09	0.27	0.33	0.42	0.53
吉林白僵菌	0.12	0.35	0.47	0.58	0.67
内植白僵菌	0.16	0.39	0.51	0.63	0.73
印楝素+吉林白僵菌	0.23	0.56	0.91	1.00	1.00
印楝素+内植白僵菌	0.31	0.70	1.00	1.00	1.00

由表 4 可知，单独使用 2 种白僵菌的毒力之间的校正死亡率差异不明显，印楝素和不同白僵菌复配之间的校正死亡率差异也不明显，而复配和单独使用之间的校正死亡率差异明显。

在印楝素与吉林白僵菌复配的处理中，第 1 天校正死亡率只有 23%，而第 5 天达到 91%；单独印楝素和吉林白僵菌在第 5 天的校正死亡率分别只有 33% 和 47%。在印楝素与内植白僵菌复配的处理中，第 1 天校正死亡率只有 31%，而第 5 天达到 100%；单独印楝素和内植白僵菌在第 5 天的校正死亡率分别只有 33% 和 51%。

复配后的校正死亡率明显高于单独使用印楝素和白僵菌，说明印楝素与白僵菌有协同作用，使白僵菌的潜伏期缩短，从而达到致病的毒力效果。

表5 2种白僵菌及印楝素对亚洲小车蝗致死时间的关系

处理	浓度	直线回归方程	相关系数（r）	LT_{50}（d）
印楝素	稀释 10^4 倍	$Y=4.8671+1.2538x$	0.8968	>11
吉林白僵菌	1.65×10^9	$Y=6.4862+1.7659x$	0.9017	5.04
内植白僵菌	1.90×10^9	$Y=6.5632+1.6418x$	0.9463	4.12
印楝素+吉林白僵菌	1.65×10^9	$Y=5.0867+1.8962x$	0.9237	2.30
印楝素+内植白僵菌	1.90×10^9	$Y=7.3251+0.2687x$	0.9568	1.24

由表5可知，印楝素的 LT_{50} 大于11d，说明低浓度的印楝素毒力很低。在白僵菌与印楝素的共同作用下，白僵菌的潜伏期缩短，吉林白僵菌和印楝素复配的 LT_{50} 比单独使用吉林白僵菌缩短了2.74d；内植白僵菌和印楝素复配的 LT_{50} 比单独使用内植白僵菌缩短了2.88d；2种白僵菌与印楝素复配后的 LT_{50} 分别为2.30d和1.24d，明显缩短了致死的时间，毒力明显增强。

在实际田间防治中，白僵菌与印楝素复配缩短了白僵菌的潜伏期，及早发挥杀虫作用，具有在田间大面积防治推广的价值，同时考虑田间大面积防治成本问题，较低浓度的印楝素能促进较低浓度的白僵菌的杀虫效果，这在田间大面积防治中更具有值得推广的价值，既减少了白僵菌与印楝素的使用，又提高了杀虫效果，能达到投入少、防治效果好的目的。

综合以上分析，在单独使用白僵菌与单独使用印楝素时，校正死亡率与药剂的浓度呈正相关，即药剂的浓度越大，校正死亡率越高，杀虫效果越好；二者复配后，低浓度的白僵菌在印楝素的促进作用下提高了杀虫效果，校正死亡率提高了，并且二者在低浓度复配时，校正死亡率也高，杀虫效果也显著。吉林白僵菌与印楝素复配时，低浓度的印楝素缩短了白僵菌的潜伏期，显然这个研究结果与李春香、顾丽嫱等用低剂量的农药与球孢白僵菌相互作用，对甜菜夜蛾的3龄幼虫防效显著的结果相符，耿博闻、张润杰在实验室中测定了低浓度噻嗪酮与黄绿绿僵菌对褐飞虱不同龄期若虫和成虫的协同致死作用，结果表明，低浓度噻嗪酮与黄绿绿僵菌混合施用时对褐飞虱表现明显的协同作用，孙家宝、王非等利用绿僵菌孢子悬浮液分别与2种化学农药混用进行防治东北大黑鳃金龟幼虫的实验，结果表明：绿僵菌与50%辛硫磷乳油和米乐尔颗粒剂混用具有明显的增效作用，2种方法的防治效果分别比单用绿僵菌提高了21.43%和14.29%。对亚洲小车蝗蝗蝻的室内毒力测定，以期为田间防治提供理论基础。

第三节　球孢白僵菌与 4 种生物农药复配对
亚洲小车蝗的毒力测定

随着化学农药大量使用对环境带来的严重污染和人类可持续发展战略的提出，虫生真菌在害虫的持续控制及维护生物多样性方面所发挥的作用正越来越受到人们的关注。目前在农林害虫生物防治方面，真菌是研究、生产和应用最多的生物类群之一，其中球孢白僵菌（*Beauveryia bassiana*）是一类广谱性昆虫病原真菌。同时由于球孢白僵菌对环境和温血动物无害，易于培养，原料价廉易得，杀虫谱广，致病性强，从而成为目前国内应用最广泛的昆虫病原真菌，而且自 20 世纪 70 年代以来，我国应用此菌防治农林害虫的规模一直居世界前列。

表 6　试验用农药种类及产地

农药种类	产地
0.3%印楝素乳油	四川省成都绿金生物科技有限责任公司
10%联苯菊酯乳油	山西科峰农业科技有限公司
1.2%苦参碱·烟碱乳油	内蒙古赤峰市帅旗农药有限责任公司
阿维菌素微乳剂	山西科峰农业科技有限公司

一、不同浓度的球孢白僵菌悬浮孢子液对亚洲小车蝗蝗蝻的毒力

测定结果（表 7）表明，供试菌株孢子浓度在 1.0×10^6 个/mL，1.0×10^7 个/mL，1.0×10^8 个/mL 和 1.0×10^9 个/mL 时，对亚洲小车蝗蝗蝻均具有一定的毒力。接种 1d 后，在 1.0×10^9 个/mL 和 1.0×10^8 个/mL 的 2 个浓度下蝗蝻出现死亡，浓度为 1.0×10^9 个/mL 时，第 7 天死亡率达到 74.07%，而 1.0×10^8 个/mL 浓度第 7 天死亡率达 62.96%。

在室温情况下，球孢白僵菌分生孢子液浓度越高对亚洲小车蝗蝗蝻的致病力越强，在 1.0×10^9 个/mL，1.0×10^8 个/mL 浓度下，第 11 天死亡率达到 90%以上。

表7　不同浓度白僵菌对亚洲小车蝗蝗蝻的校正死亡率

孢子浓度（个/mL）	处理组内不同天数的校正死亡率（%）					
	第1天	第3天	第5天	第7天	第9天	第11天
CK	0	3.33	10.00	10.00	13.33	16.66
1.0×10^6	0	24.14	31.37	48.14	61.54	72.01
1.0×10^7	0	31.04	34.48	59.26	65.39	84.01
1.0×10^8	16.66	41.38	44.44	62.96	76.93	92.02
1.0×10^9	23.33	44.83	48.14	74.07	88.47	100

二、分生孢子液与2种复配农药对亚洲小车蝗蝗蝻的毒力

在室温下，球孢白僵菌分生孢子液与稀释 10^4 倍、10^5 倍的4种化学农药混用，对亚洲小车蝗蝗蝻毒力测定结果分别见表8、图2。

表8　各处理对亚洲小车蝗蝗蝻的校正死亡率

处理	处理组内不同天数的校正死亡率（%）			
	第1天	第3天	第5天	第7天
阿维菌素	3.33	13.45	22.22	37.03
苦参碱	0	10.35	18.51	29.62
联苯菊酯	6.66	17.25	18.51	44.44
印楝素	16.66	27.59	33.33	62.96
白僵菌	23.33	44.83	48.14	74.07
白僵菌+阿维菌素	40	51.73	51.84	55.56
白僵菌+苦参碱	60	75.86	81.48	92.59
白僵菌+联苯菊酯	73.33	93.11	96.29	100
白僵菌+印楝素	80	96.55	100	100

从表8看出，接种后1d，复配处理的亚洲小车蝗蝗蝻均出现死亡，在球孢白僵菌分生孢子液与印楝素稀释 10^4 倍的复配液中，亚洲小车蝗蝗蝻第5天死亡率达100%，而该菌株与稀释 10^4 倍的联苯菊酯、苦参碱、阿维菌素的复配液到接种的第7天死亡率才分别达到100%、92.59%、55.56%。其中，球孢白僵菌分生孢子液与印楝素复配对亚洲小车蝗蝗蝻防治效果最明显。同时，白僵菌和农药混合

施用比单独施用农药毒力效果明显高，说明在白僵菌与生物农药的共同作用下，白僵菌的潜伏期缩短，毒力效果更快，更明显。然而，阿维菌素与白僵菌复配后，毒力效果增强不太明显，反而比苦参碱与白僵菌复配的毒力要小，说明阿维菌素对白僵菌有一定的抑制作用。

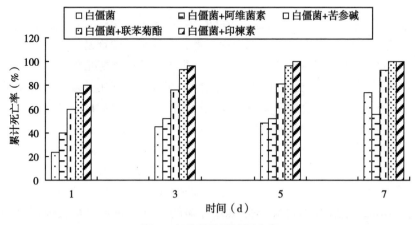

图2　各处理的累计死亡率

从图2可看出，浓度为 1.0×10^9 个/mL 球孢白僵菌与稀释 10^5 倍印楝素复配的累计死亡率在每个阶段都是最高，而其他3种复配的累计死亡率从高到低依次为白僵菌+联苯菊酯、白僵菌+苦参碱、白僵菌+阿维菌素。球孢白僵菌与印楝素、联苯菊酯、苦参碱和阿维菌素4种生物农药的复配对亚洲小车蝗蝗蝻的致死率不同，稀释 10^4 倍的防治效果比稀释 10^5 倍好。其中，印楝素的效果最好。

不同浓度球孢白僵菌孢子液对亚洲小车蝗蝗蝻的致病性有一定的差异，以 1.0×10^9 个/mL 为最好，最差的是 1.0×10^6 个/mL，孢子液浓度越高对亚洲小车蝗致病性越强。该菌株孢子液分别与4种生物农药稀释 10^4 倍和 10^5 倍液复配，其对亚洲小车蝗蝗蝻毒力效果表明，复配剂对亚洲小车蝗蝗蝻有较强的致病性，以印楝素效果最好，稀释 10^4 倍第5天致病力为100%，而稀释 10^5 倍致病力为96.29%，其次是联苯菊酯、苦参碱和阿维菌素。球孢白僵菌与 10^4 倍印楝素、联苯菊酯和苦参碱复配均对亚洲小车蝗蝗蝻有显著致病力，球孢白僵菌与阿维菌素复配的效果不太理想，这与徐寿涛等研究农药与白僵菌生物相容性中，阿维菌素对白僵菌孢子萌发率有一定影响是一致的。使用低剂量的农药与球孢白僵菌防治亚洲小车蝗，在保证有很好毒力的同时，既能保护天敌和减少化学农药的大量使用，又能保护环境。

第四节　金龟子绿僵菌与联苯菊酯对亚洲小车蝗协同作用的生物测定

　　绿僵菌作为一种新型生物农药，在防治病虫害上与化学农药相比，具有寄主范围广，致病力强，对人、畜、农作物无毒，无残毒、菌剂易生产，持效期长等优点，具有广阔的应用前景，在国内外已有很多用于防治蝗虫的报道。联苯菊酯是一类拟除虫菊酯类农药，它的杀虫谱最广，在茶树上使用较多，对蝗虫的防治作用报道较少。目前主要用于蝗虫生物防治的有金龟子绿僵菌和黄绿绿僵菌，研究表明，施用绿僵菌对蝗虫防治效果一般可达到80%以上。但是由于真菌制剂是活孢子，对昆虫的侵染致死存在潜伏期，杀虫作用较慢，为了解决这个问题，许多学者都尝试了昆虫病原真菌与化学杀虫剂混用的试验研究。研究表明，利用低剂量的杀虫剂与病原真菌混用比单独使用病原真菌的杀虫效果要好，具有协同防治作用，其机理是农药通过影响昆虫外骨骼的发育，使真菌杀虫剂更易侵入虫体。作者研究了金龟子绿僵菌与联苯菊酯混合施用防治亚洲小车蝗的协同增效作用为生产实践及应用提供科学依据。

一、低浓度的联苯菊酯处理结果

　　联苯菊酯的3个浓度处理对亚洲小车蝗成虫的 LT_{50} 非常大（表9），差异显著性分析表明，处理与对照没有明显差异，各处理间的差异也不显著，因此几乎没有毒力。浓度最大的处理的 LT_{50} 为52.87d，毒力甚微。对小车蝗第5天的累计死亡率36.7%。

表9　单独使用联苯菊酯或金龟子绿僵菌及混合使用时对亚洲小车蝗成虫的毒力

处理		供试虫数	截距	斜率S	卡方	自由度	P	LT_{50} (d)	95% 置信限
联苯菊酯	1mg/L	30	3.39±0.13	0.51±0.26	1.12	13	0.99	74.71	40.27~85.42
	5mg/L	30	3.87±0.11	0.48±0.21	0.79	13	0.92	28.51	18.63~66.12
	10mg/L	30	4.19±0.03	0.47±0.19	0.77	13	0.92	12.87	9.63~29.32

（续表）

	处理	供试虫数	截距	斜率S	卡方	自由度	P	LT_{50} (d)	95% 置信限
绿僵菌	10^6个/mL	30	1.80±0.16	3.64±0.34	7.22	13	0.89	7.53	6.90~8.31
	10^7个/mL	30	1.74±0.26	4.30±0.36	10.75	13	0.63	5.73	5.24~6.20
	10^8个/mL	30	2.81±0.05	3.72±0.32	9.77	13	0.71	3.87	3.34~4.36
联苯+ 绿僵菌	$1mg/L+10^6$	30	3.64±0.32	2.23±0.23	4.92	13	0.97	4.09	3.40~4.74
	$5mg/L+10^7$	30	4.04±0.02	2.29±0.23	19.04	13	0.12	2.63	2.00~3.20
	$10mg/L+10^8$	30	4.23±0.11	2.47±0.25	16.27	13	0.24	2.04	1.47~2.59

二、绿僵菌处理结果

金龟子绿僵菌处理对小车蝗的致病力开始有一个潜伏期，一般到第4、第5天累计死亡率才开始上升（图3）。浓度为10^8个/ml时，LT_{50}为3.87d，浓度为10^7个/mL时LT_{50}为5.73d，浓度为10^6个/mL时LT_{50}为7.53d。与对照组的差异显著（图3）。

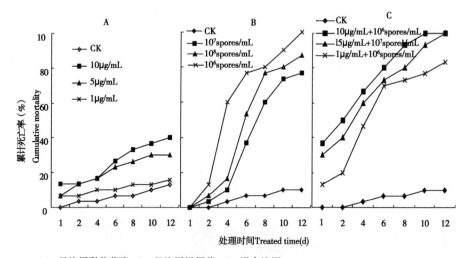

A. 只施用联苯菊酯 B. 只施用绿僵菌 C. 混合施用

图3 单独施用绿僵菌、联苯聚酯及二者混合施用时亚洲小车蝗的累计死亡率

联苯菊酯大田施用的常用浓度为200~250μg/mL，我们选择的3个浓度处理对亚洲小车蝗的毒杀作用都较低。金龟子绿僵菌不同浓度对小车蝗的致病力不同，随着浓度的增加，菌剂的致病力增加 LT_{50} 也缩短。从防效上看，施用金龟子绿僵菌达到 90% 的死亡率需要 12d 以上（图 3），效果比化学农药慢很多。与单独施用金龟子绿僵菌相比，低浓度的联苯菊酯与金龟子绿僵菌混合施用的效果明显，混合施用后 LT_{50} 不同浓度分别缩短了 3.44d、3.1d、1.83d，而且在施药 10d 就可以达到 90% 的死亡率。从经济和防效上考虑浓度为联苯菊酯 5μg/mL+金龟子绿僵菌 10^7 个/mL 用于防治比较理想。

　　绿僵菌与农药混合施用可以结合双方的优点，一方面可以解决真菌杀虫剂致死缓慢问题；另一方面还可以很大程度上减少污染，缓解害虫对化学农药产生抗药性问题。试验所使用的化学杀虫剂的剂量只是正常用量的 1/20，绿僵菌与之混合使用后的效果却很明显，在速效性和杀虫率方面都有了较大的提高。虽然化学农药在一定程度上降低了绿僵菌的孢子萌发率，但也大大降低了害虫的免疫力，使之更容易被绿僵菌寄生。另外，为了减少化学农药对病原真菌孢子萌发的影响，是否可以在施用化学农药一段时间后再使用真菌杀虫剂，及采用何种混合比例才能达到更好的增效作用，这些都是需要今后进一步研究。外界环境对绿僵菌的防效影响很大。对于地下害虫，土壤中的微生物和土壤理化性质也影响孢子的存活和萌发。今后应该着重加强绿僵菌生态学方面的研究，这是应用绿僵菌防治草原蝗虫的基础。

第五章　天敌控制草原蝗虫进展

第一节　人工招引粉红掠鸟治蝗

　　粉红掠鸟属鸟纲雀形目掠鸟科。国内仅新疆伊犁、塔城谷地和阿勒泰山地、吐鲁番和喀什等地见其分布。目前绝大部分为蝗虫发生区。其他省区几乎未见分布。我国有关粉红掠鸟的研究最早开始于 1968 年李世纯等对新疆巴里坤地区的粉红掠鸟开展了连续 2 年的生物学特性及食蝗作用研究。20 世纪 80 年代初，新疆维吾尔自治区对粉红掠鸟治蝗开始了系统研究。"七五"期间在 3 地州 6 个县人工招引粉红掠鸟推广面积达 2hm²。近年来新疆充分利用粉红掠鸟资源优势，大力推广人工招引粉红掠鸟+牧鸡牧鸭的蝗害天敌控制技术。

第二节　牧鸡牧鸭治蝗

　　牧鸡牧鸭治蝗是指将经过孵化、育雏、防疫和调训的鸡（鸭），在草原蝗害发生季节有计划地适时运至蝗害区放牧。引导鸡（鸭）群捕食蝗虫，达到降低草原蝗虫密度，防控蝗灾的目的。2003 年起农业部开始推广牧鸡牧鸭治蝗。由于鸡治蝗的减灾增收双赢效益，牧鸡治蝗逐渐成为各地草原虫害防治中采用的主要方法之一。2012 年农业部组织开展了"百万牧鸡治蝗增收行动"。全年共投入 289 万只牧鸡，治蝗面积达到 94.4 万 hm²，减少牧草直接经济损失达 1.27 亿元，实现牧鸡增收 8 065 万元。

第三节　4 种牧鸡防治草原蝗虫效果研究

　　牧鸡治蝗是应用家禽捕食昆虫的生物学特性来控制蝗虫种群增长，达到生态平衡的一种灭蝗新途径。牧鸡灭蝗与传统的化学药物灭蝗相比，具有"灭效高、见效快、成本低、无公害"等优点，是控制草原沙化、退化、保护草地资源，维护生态平衡，发展畜牧业的一项有战略意义的生物措施。目前，很多地区都开始大力推广。我们于2008—2009年连续两年在内蒙古四子王旗天然草原地进行了牧鸡灭蝗试验，取得了显著的效果。

日增重量测定，每种鸡随机抽取30只，并作明显标记和编号，每隔10d称重一次，从图1看出，体重增长与运动强度有直接关系，从放牧开始到7月22日，先从宿营地周围开始放牧治蝗，放牧半径小，体力消耗不大，日增重明显，日增重平均18.1g，其中珍珠鸡日增重为23.3g，其余三种鸡差别不明显。后期放牧半径过大，蝗虫龄期增长，虫体变大，但往返行走距离太远，体力消耗过大，体重增加不明显。

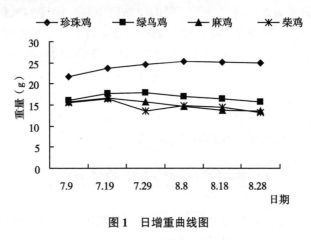

图1　日增重曲线图

放牧半径测定，根据每个防区的测量结果，放牧半径一般在1 000~1 500m，经过一段时间的防治后，宿营地附近虫口密度已达到防治标准以内，要及时倒场转移放牧地点，一般5~7d倒场一次。产草量对比测定，于8月底牧鸡治蝗结束后，在草地类型、植被覆盖度和虫口密度相同的草地上，分别进行了防治区和对照区的产草量对比测定（表1），结果表明，防治区鲜草产量为112.4g/m²，对照区为39g/m²，防治区鲜草产量比对照区提高73.4g/m²。

经济效益，通过牧鸡防治草原蝗虫后，经产草量调查测定。防治1hm²草原蝗虫1年可减少牧草损失734kg，如本试验，4 000只鸡，防治面积540hm²，可减少牧草损失3.96×10⁵kg，相当于500多只羊单位一年的饲草量，每只羊按600元计，年可挽回经济损失约30万元。项目结束后，鸡（4 000只）销售收入9.0万元，以上两项收入合计39.0万元。项目投资11.0万元，投入产出比为1：3.5，经济效益显著。

表 1　产草量对比测定表

样方序号	鲜草产量（g/m²）		单位面积增加产草量
	防治区	对照区	（g/m²）
1	114	32	82
2	124	42	82
3	130	49	81
4	104	35	69
5	90	37	53
平均	112.4	39	73.4

表 2　养鸡灭蝗项目经济效益分析测算表

支出名称	单位	金额（元）
（1）购置雏鸡费		
其中：雏鸡（4 种鸡平均）	元/只	8.0
防疫费（疫苗）	元/只	1.5
饲料费	元/只	12.0
运费	元/只	0.5
技术服务费	元/只	0.5
（2）放养费用	元/只	5.0
（3）平均每只鸡销售价格	元/只	50.0
（4）平均每只鸡纯收入	元/只	22.5
总计纯收入（4 000 只鸡）		90 000

　　本研究所选的 4 种鸡，其中珍珠鸡的防治效果最好，而且珍珠鸡雏鸡发育快、抗病性强、运动量大、捕食量大、营养成分高是作为牧鸡治蝗的较好鸡种。在草原应用牧鸡治蝗的生物技术，不仅能有效控制蝗虫为害，减少牧草损失，而且不污染草原生态环境和畜产品，同时鸡粪散播还能增加土壤肥力，促进牧草良好生长。牧鸡治蝗是一条成功的生态环境保护建设新思路，它具有投资少、见效快、经济效益高等许多优点，它实现了生态效益、经济效益和社会效益的有机统一，在广大草原区和农区草地均值得大力推广。

第六章 草原主要蝗虫——亚洲小车蝗生物学特性和分子生物学研究

亚洲小车蝗 *Oedaleus asiaticus* （Bienko） 属直翅目 Orthoptera 蝗总科 Acridoidea 丝角蝗科 Oedipodidae 小车蝗属 Oedaleus，以禾本科植物为食，是我国北方草原的主要害虫，更是内蒙古草原的主要优势种，亚洲小车蝗飞翔能力很强，曾有人观察到其有迁飞现象（蒋湘等，2003），对于亚洲小车蝗的迁飞习性目前还没有定论，因此，对其迁移的研究尤为重要。

昆虫迁飞和迁移行为的发生是与内在的生理状况和一定的环境条件是相同步的。昆虫迁飞和迁移的整个过程都受到外界环境因子的影响，其中以虫口密度、食物质量、光周期、温湿度、气流等因子对昆虫的迁飞影响较大。昆虫迁飞和迁移行为的内在动力，是由内分泌系统控制的或者是由于内分泌改变而形成的。控制迁飞和迁移活动的因子还包括部分的体液因子、神经生理、燃料利用、或许还包括翅符负荷的减少等。昆虫迁飞和迁移一直是昆虫学家和生态学家所关注的问题之一。迁飞和迁移害虫的准确预测预报直接关系到对它的有效防治和它对作物产量、品质的影响。如何针对农牧业生态系的结构特点、探明迁飞和迁移害虫的成灾规律，弄清迁飞和迁移害虫较易成灾的原因是目前昆虫领域的一个热点。在完善害虫迁飞和迁移行为机制、促进相关学科发展的基础上，加强对迁飞和迁移性害虫成灾规律的基础研究；微观和宏观相结合，以整体观和学科交叉研究不同条件下的迁飞和迁移机制必将为灾变预警、制定防治策略提供依据，使迁飞昆虫学的研究更上一层楼。

目前国内对亚洲小车蝗这一重大草原害虫的迁移生物学、飞行能力及其飞行生理生化机制等系统研究甚少，有许多基础科学问题尚不明确，亟待开展相应的研究。如两型亚洲小车蝗的飞行能力与成虫虫龄的关系、飞行能源物质种类及动用、能源代谢相关酶活性的动态、亚洲小车蝗群居型和散居型飞行肌的结构及差异，以及保幼激素滴度变化及其与飞行力的关系等科学问题均未见报道。研究解析并阐明这些问题，不仅为我国亚洲小车蝗的监测预警和防治工作提供科学依据；而且对于全面认识亚洲小车蝗的迁移规律，确定其迁飞习性及生物学特性，明确其飞行行为能力与变型、迁飞或扩散的关系，完善和促进多型性昆虫飞行生物学研究及迁飞学科发展等具有重要的理论和现实意义。

第一节 亚洲小车蝗飞行能力及其与种群密度的关系

亚洲小车蝗飞行能力很强，近年来，亚洲小车蝗在大发生时常常出现聚集取食并且集体转移的习性，曾有人观察到其有迁飞现象，它不仅为害草原，而且群集式地在城市中心大量出现，给人们的生活也造成了极大的困扰。目前，该虫表现出与一定的聚集迁飞习性，在非洲塞内加尔小车蝗（*Oedaleus senegalensis*）曾有过远距离聚集迁飞的例子，一晚上可以迁飞350km，亚洲小车蝗与塞内加尔小车蝗同属于斑翅蝗科、小车蝗属，因此其习性有可能相近。多种研究表明亚洲小车蝗可能具有远距离迁飞的习性，多在夜间飞行具有较强的趋光性。目前，国内对亚洲小车蝗的研究主要集中在发生规律、生态学以及防治方法等方面，有关其成虫飞行能力的研究甚少，而且亚洲小车蝗是否有群居型与散居型的分化，种群密度对其飞行的影响。

飞行测试利用中国农业科学院植物保护研究所自行研制的昆虫飞行数据微机采集系统。为了适应亚洲小车蝗个体、体重较大的特点，制作了适宜亚洲小车蝗体重的悬臂和相应配重。试虫固定参照张龙等（2002）方法并进行了相应改进，用细铜丝线和502胶将试虫固定于飞行磨悬臂上。试虫吊好后打开微机进行飞行数据采集。吊飞12h后停机，用微机将测试结果输出，采集系统为10通道，每次悬吊10头试虫，共测40头，其中雌、雄各20头。吊飞室内温度保持26~28℃，相对湿度50%~60%；测试时间为20：00—8：00；吊飞期间保持黑暗条件。主要测定的飞行能力参数为：飞行距离、飞行时间、飞行速度和最大飞行速度。

一、亚洲小车蝗飞行能力与成虫日龄的关系

选择高密度区的亚洲小车蝗为研究对象，在飞行磨上的吊飞12h，对成虫的飞行距离、飞行时间和飞行速度等指标进行测定。结果表明，成虫的飞行能力随成虫日龄增加而发生变化。初羽化及1日龄成虫由于虫体较软、飞行肌发育不完全，飞行能力弱，不具备远距离飞行的能力。2日龄后成虫飞行能力逐渐增强，因此亚洲小车蝗飞行能力从4日龄开始测定。

测试结果表明，不同日龄的亚洲小车蝗成虫间飞行能力存在显著差异。4日

龄成虫具有了一定的飞行能力，从 4 日龄起平均飞行距离和飞行时间显著增加，13 日龄达到最高峰，20 日龄开始下降但仍有较强的飞行能力。在 12h 的飞行测试中，4 日龄成虫单头平均累计飞行时间可达 0.2h，平均累计飞行距离 2km 左右；7 日龄成虫的飞行能力开始增强；13 日龄成虫飞行能力达到最强，其平均累计飞行时间可达 1.42h 和累计飞行距离近 15km；20 日龄的飞行能力开始减弱。从结果可以看出，成虫的平均飞行速度也随着日龄增长而逐渐增大变化，4 日龄、7 日龄成虫平均飞行速度与 10 日龄、13 日龄、20 日龄差异显著（$P<0.05$），10 日龄后成虫飞行速度变化不大。

表 1　亚洲小车蝗雌虫飞行能力与虫龄关系

日龄（d） Age	样本 Numbers	平均飞行距离（km） Average flight distance	平均飞行时间（h） Average flight time	平均速度（m/s） Average flight rate	最大速度（m/s） Maximum flight rate
4	20	（1.69±1.18）c	（0.21±0.09）c	（0.89±0.08）b	（1.21±0.07）b
7	20	（3.94±0.97）c	（0.52±0.10）c	（1.05±0.10）ab	（1.46±0.08）ab
10	20	（7.87±0.67）b	（0.85±0.36）b	（1.26±0.12）a	（1.83±0.13）a
13	20	（13.96±2.11）a	（1.42±0.55）a	（1.83±0.16）a	（2.01±0.19）a
20	20	（10.51±1.46）ab	（0.92±0.42）ab	（1.79±0.20）a	（1.96±0.28）a

所列数据为平均数±标准误；小写字母代表 Duncan 多重比较，$P<0.05$

　　亚洲小车蝗成虫不同性别比较结果表明（表 1 和表 2），雌虫飞行能力（飞行距离和飞行时间）略大于雄虫，不同日龄雌雄成虫飞行能力的变化趋势基本一致。雌雄之间的飞行参数均相近，即性别间的飞行能力差异不显著（$P>0.05$）。雄虫 4 日龄飞行能力最弱，13 日龄飞行能力达到最大。

表 2　亚洲小车蝗雄虫飞行能力与虫龄关系

日龄（d） Age	样本 Numbers	平均飞行距离（km） Average flight distance	平均飞行时间（h） Average flight time	平均速度（m/s） Average flight rate	最大速度（m/s） Maximum flight rate
4	20	（1.16±0.34）c	（0.17±0.06）b	（0.82±0.10）b	（1.17±0.09）b
7	20	（2.53±0.67）c	（0.39±0.08）b	（1.06±0.09）b	（1.39±0.10）ab
10	20	（6.98±1.00）b	（0.71±0.22）a	（1.21±0.08）ab	（1.78±0.11）a
13	20	（12.74±2.68）a	（1.39±0.32）a	（1.79±0.09）a	（2.00±0.09）a
20	20	（9.56±2.03）a	（0.81±0.19）a	（1.81±0.18）a	（1.91±0.15）a

所列数据为平均数±标准误；小写字母代表 Duncan 多重比较，$P<0.05$

二、亚洲小车蝗飞行能力与种群密度的关系

12h 的吊飞测试结果表明（图 1），种群密度对亚洲小车蝗飞行能力有显著影响，即同日龄的亚洲小车蝗高密度种群飞行能力显著高于低密度种群，雌雄虫测试结果一致。

高密度种群，雌虫最大飞行距离可达 14km，雄虫可达 10km，在 13 日龄飞行能力最强。平均飞行时间雌虫近 1.5h，雄虫近 1.2h，表现较强的飞行能力。低密度种群各日龄也有一定的飞行能力，雌雄之间差异不显著。最大飞行距离为5km，13 日龄飞行距离最大，这点与高密度种群相同，各日龄的单头累计飞行距离大多在 3km 左右。结果表明低密度种群亚洲小车蝗的飞行能力不强。

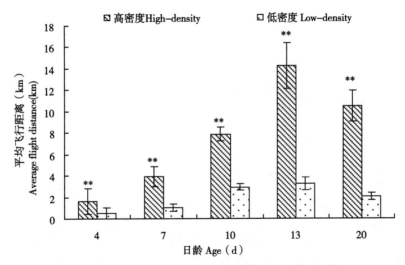

图 1 不同种群密度的亚洲小车蝗雌成虫的平均飞行距离

昆虫的迁飞行为一直是国内外昆虫研究领域中的热点，应用飞行磨来研究昆虫的飞行行为虽不能完全模拟或表达昆虫飞行的自然状况，但迄今为止在昆虫的生理、生态研究中仍是被普遍认可和应用的一种实验工具。许多昆虫学家通过飞行磨吊飞测试研究昆虫的飞行行为，蝗虫方面，张龙等利用飞行磨研究过两型东亚飞蝗 *Locusta migratoria* 飞行能力的差异；刘辉等对群居型与散居型东亚飞蝗飞行能力进行比较研究。目前对亚洲小车蝗这一重大草原害虫的飞行能力及迁移生物学等方面还处于空白状态，有许多基础科学问题尚不明确。

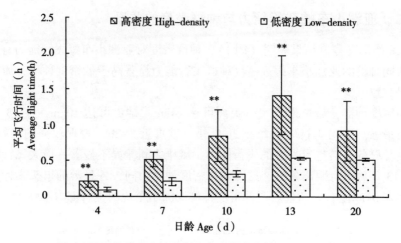

图2　不同种群密度的亚洲小车蝗雌成虫的平均飞行时间

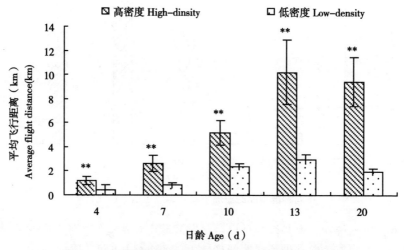

图3　不同种群密度的亚洲小车蝗雄成虫的平均飞行距离

　　种群密度是诱导昆虫迁飞行为发生的重要环境因子之一。种群密度同环境因子（光周期、温度）一样，都是影响昆虫迁飞行为发生的重要因子，虽然遗传因子对昆虫的飞行能力有一定影响，但是环境因子的作用更为重要，尤其种群密度对昆虫的飞行能力有直接的影响。郭利娜等研究表明，种群密度增加对马铃薯甲虫 *Leptinotarsa decemLineata* 越冬代成虫飞行具有明显的刺激作用；东亚飞蝗

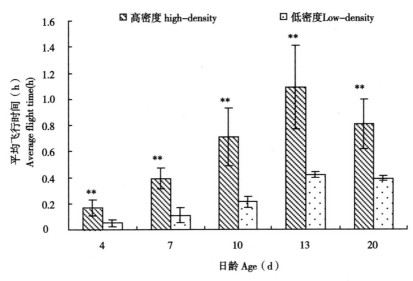

图4 不同种群密度的亚洲小车蝗雄成虫的平均飞行时间

L. migratoria 的研究表明飞蝗生态型转变与种群密度有显著的相关性，而且种群密度高低可影响它从群居型向散居型转化的速度；非洲黏虫 *Spodoptera exempta*（Walker）研究中，幼虫密度可影响其变型，即高密度条件下产生的群居型、低密度产生的散居型以及居于两者之间的中间型。

亚洲小车蝗属于土蝗，虽然近年来很多人观察到它的迁飞行为，但是对其迁飞习性还没有确定，它是否具有群居型与散居型的划分也不明确，高密度和低密度种群间形态上没有明显的差异。本研究表明，不同种群密度对亚洲小车蝗的飞行能力有显著影响，亚洲小车蝗高密度种群平均累计飞行距离近15km，累计飞行时间可达1.42h，而低密度种群成虫累计飞行距离大多在3km左右，累计飞行时间可达0.31h。亚洲小车蝗高密度种群的飞行能力显著地高于低密度种群。刘辉等对东亚飞蝗飞行能力研究表明，13日龄的散居型东亚飞蝗平均累计飞行距离和时间比群居型分别低17~18倍。高密度与食物数量、质量下降常常并存发生，而且食物资源缺乏能够诱使种群迁飞行为的发生。以上结果说明，亚洲小车蝗可能具有群居型和散居型的分化，而且亚洲小车蝗聚集暴发时具有迁飞的可能。虽然研究结果表明，亚洲小车蝗的飞行能力较东亚飞蝗低很多，东亚飞蝗的累积飞行能力可达35km以上，但是由于所取样本数及室内环境条件限制，需要结合田间试验进行深入研究。

目前，学者们总结了国内外蝗虫研究状况和近期新进展，但是蝗虫的飞行能力以及迁飞等相关研究工作涉及很少。我国仅对东亚飞蝗振翅频率、飞行能力等性开展过一些研究，亚洲小车蝗飞行能力及相关机制的尚处于空白状态，亟待加强，蝗虫出现散居型向群居型转变和群居型的大规模迁飞是其猖獗危害的重要特点。因此，如何控制群居型群体的形成是控制蝗灾发生的关键。本研究初步明确了亚洲小车蝗飞行能力及其与种群密度的关系，表明其可能具有群居型和散居型的分化，这对于开展相关研究有一定的借鉴意义。

第二节　种群密度对亚洲小车蝗能源物质含量的影响及飞行能耗与动态

种群密度是影响昆虫生物学和生活史的重要因素之一（Long，1953；Peters and Barbosa，1977；Mattee，1945），种群密度对昆虫的生态型转变有重要影响，如对东亚飞蝗 *Locusta migratoria* 的研究表明飞蝗生态型转变与飞蝗的种群密度有显著的相关性，而且种群密度高低可影响它从群居型向散居型转化的速度（张龙和李洪海，2002）；在非洲黏虫 *Spodoptera exempta* 研究中，幼虫密度可影响其变型，即高密度条件下产生的群居型、低密度产生的散居型以及居于两者之间的中间型（Faure，1943）。李克斌和罗礼智（1998）研究表明密度不仅影响成虫能源物质的含量，而且也可能影响到成虫能源物质的代谢。亚洲小车蝗是否有群居型与散居型分化？种群密度对其飞行能源物质含量和利用情况有何影响？这些科学问题目前还研究甚少。刘辉（2007）对群居型和散居型东亚飞蝗的飞行能力及能源物质利用情况进行了研究。因此，了解种群密度对亚洲小车蝗生理行为特征的影响，明确其在种群动态中的作用对于了解亚洲小车蝗迁移规律、提高预测预报和综合防治水平具有十分重要的意义。

一、亚洲小车蝗干重与日龄的关系及种群密度对虫体干重的影响

不同日龄亚洲小车蝗的成虫干重有一定程度的差异，并且存在随着日龄的增加其虫体干重逐渐升高，达到最大值又有所降低（表3）。高密度区亚洲小车蝗成虫干重大于低密度区，个别日龄差异显著，总体差异不显著。成虫1日龄、4日龄、7日龄的干重上升较快，亚洲小车蝗成虫都是在10日龄或13日龄达到最大干物质积累，20日龄后干重降低。低龄和高龄间干重差异显著（$P<0.05$）。对

亚洲小车蝗飞行能力的测试中发现，在初羽化时成虫飞行能力较弱，一般不飞行，4日后飞行能力快速上升，一般13日龄的飞行能力最强，20日龄后开始下降。

表3　不同日龄亚洲小车蝗干重变化　　　　　　　　　　　　　　　　　　　　（g）

性别 Sex	密度 Density	日龄 Days after emergence（d）					
		1	4	7	10	13	20
雄 Male	高密度 High-density	45.51±1.71c	48.33±3.62c	68.01±2.40b	69.15±3.15b	75.64±5.21ab	81.42±4.63a
	低密度 Low-density	43.88±1.82c	47.21±1.91c	67.52±2.09b	68.47±2.13 b	83.56±5.78b	69.01±3.42a
雌 Female	高密度 High-density	115.29±5.33b	130.60±7.91b	186.40±7.82a	212.70±12.71a	207.70±20.43a	202.70±16.29a
	低密度 Low-density	103.00±1.46d	126.11±8.79d	184.10±17.72c	207.80±6.93ab	220.56±14.05a	180.89±11.09bc

所有数值表示为平均数±标准误。同一性别间不同的字母表示其差异显著性，$P=0.05$

二、种群密度对亚洲小车蝗的糖原含量变化的影响

糖类是昆虫近距离飞行或起飞时经常动用的能源物质，测定结果表明，亚洲小车蝗不同日龄体内糖原的积累量存在着一定的差异，而且种群密度对亚洲小车蝗糖原含量变化也有一定影响（图5、图6）。随着日龄的增加，成虫糖原的含量呈峰型变化，13日龄的糖原含量明显高于1日龄、4日龄、7日龄、20日龄（$P<0.05$）。高密度种群的糖原含量略高于低密度种群，经t测验分析，不同种群密度的亚洲小车蝗成虫各日龄体内糖原含量差异不显著。不同种群密度下，亚洲小车蝗雌雄成虫糖原含量变化动态不同，高密度种群成虫糖原含量存在波动，在7日龄达到一个高峰后其含量有所降低，13日龄时糖原含量达到最大值；低密度种群成虫体内糖原含量变化相对平缓，随日龄增加逐步上升，13日龄时糖原达到最大值，之后开始下降。一般雌虫糖原含量略大于雄虫，但有个别时期雄虫糖原含量偏高。

三、种群密度对亚洲小车蝗甘油酯含量的影响

甘油酯是蝗虫的主要储备能源物质之一。测定结果表明，在正常补充营养条件下，不同日龄成虫甘油酯的积累量存在一定差异，种群密度对亚洲小车蝗成虫甘油酯含量也有较大影响（图7、图8）。亚洲小车蝗成虫甘油酯含量随日龄增加

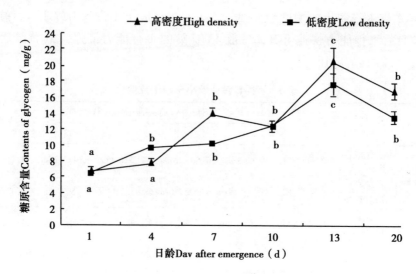

图5　不同种群密度下亚洲小车蝗雌虫糖原含量变化

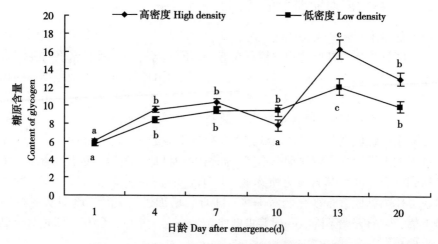

图6　不同种群密度下亚洲小车蝗雄虫糖原含量变化

而呈上升趋势，初羽化的成虫甘油酯含量较低，之后迅速上升达到最大值，随后有所下降。高密度种群的甘油酯含量高于低密度种群，经 t 测验分析，不同种群密度的亚洲小车蝗成虫各日龄体内甘油酯含量差异显著（$P<0.05$）。不同种群密度下，亚洲小车蝗雌雄成虫甘油酯含量变化动态也有不同，高密度种群，甘油酯

含量变化不规律，起伏明显，一般在 7 日龄或 13 日龄达到最大值；而低密度种群甘油酯含量随日龄增加而逐步上升，雌雄成虫均在 13 日龄时甘油酯含量达到最大值。13 日龄后甘油酯含量开始下降。雌雄成虫甘油酯含量差异不显著。

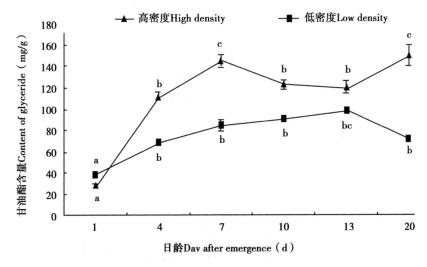

图 7　不同种群密度下亚洲小车蝗雌虫甘油酯含量变化

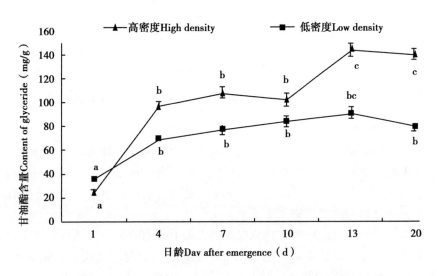

图 8　不同种群密度下亚洲小车蝗雄虫甘油酯含量变化

四、亚洲小车蝗飞行过程对不同能源物质的消耗动态

亚洲小车蝗飞行过程要消耗大量的能源物质，飞行不同距离的亚洲小车蝗糖原的消耗情况见图9，从图中可以看出，亚洲小车蝗在飞行的初始阶段要消耗大量糖原，在初始飞行的2km以内，大约有一半的糖原被消耗，在飞行6km以后糖原的含量变化不大，基本保持在一个较为恒定的水平。

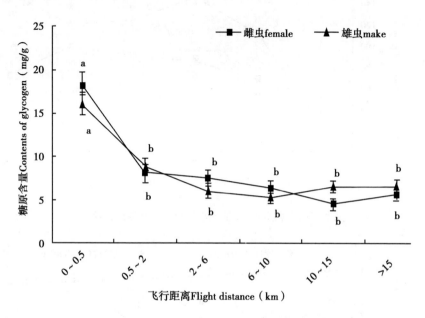

图9　13日龄亚洲小车蝗飞行不同距离糖原的消耗动态

飞行不同距离的亚洲小车蝗甘油酯的消耗情况见图10，结果表明，不同飞行距离甘油酯的消耗存在差异。在飞行初始阶段甘油酯的含量开始下降，在飞行6km范围内，亚洲小车蝗的甘油酯消耗量最大，飞行6km以上时随飞行距离的增加甘油酯含量的下降趋势减缓，但甘油酯仍处在被消耗状态。亚洲小车蝗雌虫在飞行初期对甘油酯的消耗略大于雄虫。

昆虫的飞行运动是胸部飞行肌在神经支配下收缩的结果，飞行过程中伴随着较高的代谢速度和能源消耗。昆虫飞行时主要利用的能源物质有：碳水化合物、脂类化合物和氨基酸（Rankin and Burchsted，1992）。碳水化合物作为能源物质的优点是产生能量快速、容易，是多数昆虫短期飞行或起飞燃料；脂类化合物含

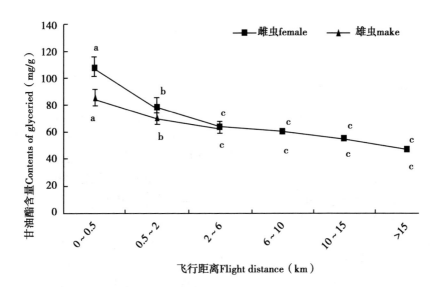

图10　13日龄亚洲小车蝗飞行不同距离甘油酯的消耗动态

有较高的能量，经济性强，适合昆虫长距离的飞行；氨基酸作为主要的能源物质只见于很少的昆虫（Beenakkers 等，1985）。不同昆虫飞行所利用的能源物质不同。东亚飞蝗 *Locusta migratoria* 能利用脂肪和糖类为其飞行提供能源；小柏天蛾 *philosamia cynthia* 的飞行主要利用脂肪；而红头丽蝇 *Clliphora vicina* 及大多数双翅类昆虫主要利用糖类为飞行提供能源（Beenakkers，1969）。

　　本研究结果表明，亚洲小车蝗不同日龄体内糖原和甘油酯的含量都存在着一定的差异，初羽化时含量较低，在10日龄或13日龄达到最大值，之后开始下降。种群密度对亚洲小车蝗体内能源物质的含量有较大影响，而且对糖原和甘油酯含量的影响不同。不同种群密度下，单位重量虫体的糖原含量差异不显著，高密度种群糖原含量略高于低密度种群。不同种群密度下，单位重量虫体的甘油酯含量存在显著的差异（*P*<0.05），高密度种群的甘油酯含量显著地高于低密度种群。这与很多学者的研究结果相同，Gunn 等（1987）对非洲黏虫的研究结果表明，群体饲养的成虫甘油酯含量比单头饲养的高2.5~6.1倍。黄冠辉（1964）和郭郛等（1991）对东亚飞蝗的研究表明，东亚飞蝗飞翔时的代谢强度平均为75.6cal/（mg·h），其中由脂肪供给的能量占87%，糖原供给的能量占12%左右。体内充足的脂肪含量可以保

证远距离飞行对能源的需要。种群密度也影响糖原和甘油酯含量的变化动态，高密度种群，糖原和甘油酯的含量随日龄的增加呈波动上升趋势，而低密度种群则呈上升平稳。

从亚洲小车蝗飞行中消耗能源物质的情况可以看出，亚洲小车蝗的飞行能源物质利用与其他远距离迁飞昆虫基本相似，既能利用脂类，又能利用糖类作为飞行能源；其飞行的起始能源包括糖类和脂肪，但脂类是其远距离飞行的能量保证。利用脂肪作为飞行的主要能量来源可能是迁飞昆虫飞翔代谢的特点（黄冠辉，1964）。在非洲塞内加尔小车蝗（*Oedaleus senegalensis* Krauss）曾有过远距离聚集迁飞的例子，一晚上可以迁飞350km（Cheke，1990；Riley and Reynolds，1990），亚洲小车蝗与塞内加尔小车蝗同属于斑翅蝗科、小车蝗属，因此其习性有可能相近。种群密度对亚洲小车蝗能源物质含量有很大影响，亚洲小车蝗在密度较高时会贮存能力，有迁飞的可能。而且，在对亚洲下车蝗飞行能力的测定结果也发现，高密度种群的飞行能力显著地高于低密度种群（高书晶等，待发表）。说明亚洲小车蝗可能具有群居型与散居型分化。

第三节　温湿度对亚洲小车蝗飞行能力及主要能源物质利用的影响

目前关于亚洲小车蝗的研究主要集中在食量、生物学及危害损失估计等、生长发育与温度的关系、嗅觉反应、多型性、对气候变化的响应、遗传多样性等方面，关于亚洲小车蝗飞行能力及其与环境条件的关系未见过报道。蝗虫暴发成灾的原因与迁飞习性及气候因素等密切相关，研究亚洲小车蝗飞行的最适温湿度条件及其与飞行时能源物消耗情况，对揭示亚洲小车蝗迁飞行为机制以及行为规律起到了重要的作用，对了解亚洲小车蝗迁飞生物学、生态学、迁飞运转高度、适宜空间及进一步提高监测预警和综合防治水平具有十分重要的意义。

一、温度对亚洲小车蝗飞行能力的影响

亚洲小车蝗的飞行能力与温度之间的关系见表4。结果表明，亚洲小车蝗成虫（10日龄）飞行能力随温度的增高而增加，到28℃时达最高，之后随着温度的进一步增高有所下降，雌雄虫在不同温度下的飞行能力差异不显著。在12h的吊飞过程中，累计最远飞行距离达18.74km，最大飞行速度可达2.51m/s，最长

持续飞行时间为3.85h。在16~32℃测试温度范围内，亚洲小车蝗都能进行正常的飞行活动，在设置的16~32℃的温度条件下，成虫的飞行能力出现有显著的变化，不同温度间飞行能力的差异显著（$P<0.05$）。温度为28℃条件下小车蝗成虫的飞行能力最强，从飞行距离、时间以及飞行速度均最大，平均时间可达1.66h，平均飞行速度达2.02m/s，平均飞行距离为11.65km，并显著高于其他温度下的相应值（$P<0.05$）。温度低于20℃或高于32℃时，成虫飞行能力均明显降低（$P<0.05$）。

表4　不同温度条件下亚洲小车蝗（10日龄）的飞行距离、飞行时间和飞行速度

性别	温度（℃） Temperature	虫数（头） Number of adults tested	平均飞行距离 （km） Average flight distance	平均飞行时间 （h） Average flight time	平均速度 （m/s） Average flight rate
♀	16	10	4.84±0.08b	0.87±0.02a	1.24±0.09b
	20	10	6.26±0.95a	1.05±0.23a	1.44±0.09b
	24	10	6.75±1.26a	1.15±0.22a	1.59±0.10b
	28	10	11.65±1.13c	1.66±0.41b	2.02±0.28a
	32	10	9.54±0.86c	1.48±0.36b	1.87±0.12a
♂	16	10	4.75±0.06c	0.88±0.02a	1.16±0.08b
	20	10	5.92±0.87a	0.98±0.24a	1.46±0.11b
	24	10	6.72±1.28b	1.23±0.21a	1.52±0.12b
	28	10	10.89±0.92d	1.58±0.37b	1.94±0.24a
	32	10	9.62±0.57e	1.51±0.41b	1.84±0.14a

数字后字母为Duncan测验结果，小写字母表示5%显著水平。下表同

二、相对湿度对亚洲小车蝗飞行能力的影响

亚洲小车蝗的飞行能力与相对湿度之间的关系见表5。结果表明，在40%~80%RH范围内，随着环境湿度的升高，亚洲小车蝗成虫的飞行能力也随之增加，在60% RH时飞行能力达最高，80% RH时飞行距离有所下降但是幅度不大。雌雄虫在不同相对湿度下的飞行能力差异不显著。在60% RH下的平均飞行距离、飞行时间和飞行速度分别为11.81km、1.68h和2.03m/s，差异显著性分析结果表明，亚洲小车蝗在40%相对湿度下的飞行能力与60%和80%间存在显著差异。

表 5   不同湿度条件下亚洲小车蝗的飞行距离、飞行时间和飞行速度

性别	相对湿度（%） RH	虫数（头） Number of adults tested	平均飞行距离 （km） Average flight distance	平均飞行时间（h） Average flight time	平均速度（m/s） Average flight rate
♀	40	10	6.62±1.24b	1.12±0.23b	1.57±0.21b
	60	10	11.81±1.16a	1.68±0.42a	2.03±0.31a
	80	10	10.64±0.97a	1.58±0.41a	1.72±0.25b
♂	40	10	6.49±1.14b	1.09±0.28b	1.53±0.23b
	60	10	11.24±0.94a	1.61±0.37a	1.96±0.27a
	80	10	10.48±0.81a	1.49±0.34a	1.67±0.22b

三、温度对亚洲小车蝗飞行能源物质利用的影响

1. 温度对飞行成虫体重消耗的影响

测定了 16~32℃温度范围亚洲小车蝗飞行 12h 后体重变化和含水量的情况（表6）。结果表明，吊飞 12h 后，不同温度条件下小车蝗 10 日龄成虫的体重损失和含水量消耗差异显著（$P<0.05$）。

表 6   亚洲小车蝗在不同温度下吊飞 12h 后的体重消耗及含水量

性别	温度（℃） Temperature	虫数（头） Number of adults tested	每头体重消耗 Biomass loss		飞行后含水量 Water content after flight	
			失重（mg） Lost weight	损失率（%） Lost rate	含水量（mg） Water content	占鲜重比率（%） fresh body weight
♀	16	15	110.32±26.5c	16.72	274.37±37.2a	41.61
	20	13	147.22±27.1b	21.43	257.72±36.5a	37.35
	24	15	163.26±27.1b	24.35	222.71±35.4b	33.24
	28	12	191.16±26.3a	29.52	204.55±35.6b	31.47
	32	15	176.54±25.7ab	27.63	169.85±35.2c	26.54
♂	16	15	29.96±8.2c	14.98	81.08±14.8a	40.54
	20	13	43.23±9.1b	19.65	81.16±14.6a	36.89
	24	15	48.01±9.1a	22.86	72.26±14.8ab	34.41
	28	12	55.63±9.3a	26.49	62.33±14.1b	29.68
	32	15	55.74±9.1a	25.34	55.46±13.7b	25.21

雌雄成虫的变化相同。

亚洲小车蝗飞行后体重消耗在测定范围内随温度的升高而增加，32℃时体重消耗略有减少，雌虫体重是雄虫 2～3 倍，所以体重消耗也比雄虫大，但是雌雄虫体重损失率无显著差异。成虫飞行后体内含水量随温度的升高呈下降趋势。从结果看出，温度直接影响亚洲小车蝗雌雄成虫飞行时体重和水分的消耗。在 16～32℃温度范围内，随温度的升高，成虫飞行过程中所需的水分和干物质均有所增加。雌雄虫变化趋势相同，雌虫体重和水分的消耗均大于雄虫。温度大于 32℃后，成虫体重消耗减少，但体内水分消耗仍有增加。

2. 温度对飞行成虫甘油三酯消耗及其利用效率的影响

吊飞 12h 后，不同温度下亚洲小车蝗成虫体内甘油三酯含量差异显著（$P<$ 0.05）。16℃时蝗虫飞行后体内甘油三酯含量较低，雌雄虫分别为 26.55mg/头、10.18mg/头，与对照相比减少 36.21% 和 34.64%，此后随温度的升高而增加，28℃时达到最高，雌雄虫分别为为 33.08mg/头、12.56mg/头，与对照相比减少 20.52% 和 19.36%，32℃甘油三酯含量又有所下降。结果表明，在 24～28℃条件下亚洲小车蝗飞行过程所消耗的能源物质较少，而高于 28℃或低于 24℃飞行过程所消耗的能源物质会有所增加，其中高温所需的能源物质比低温多。雌雄成虫的变化趋势相同。对不同温度下亚洲小车蝗成虫飞行后甘油三酯利用效率进行分析，可以看出，在最适温度（28℃）下，不仅飞行消耗甘油三酯较少，而且单位飞行距离其甘油三酯的消耗也明显减少，这说明在适宜温度下飞行时甘油三酯利用效率较高（$P<0.05$，表 7）。

表 7　亚洲小车蝗在不同温度下吊飞 12h 后体内甘油三酯含量及其利用效率

性别	温度（℃）Temperature	虫数（头）Number of adults tested	每头甘油三酯含量 Triglyceride content		每头甘油三酯利用效率（mg/km）Triglyceride utilization efficiency
			含量（mg）Content	与对照相比（%）Compared with CK	
♀	16	12	26.55±7.21c	−36.21	2.912±0.215a
	20	10	29.06±7.36bc	−30.17	2.004±0.147b
	24	12	32.03±7.46b	−23.04	1.375±0.091c
	28	11	33.08±6.94b	−20.52	0.664±0.082d
	32	12	24.63±5.67c	−40.83	1.621±0.156b
	CK	12	41.62±11.08a	—	

（续表）

性别	温度（℃） Temperature	虫数（头） Number of adults tested	每头甘油三酯含量 Triglyceride content		每头甘油三酯利用 效率（mg/km） Triglyceride utilization efficiency
			含量（mg） Content	与对照相比（%） Compared with CK	
♂	16	11	10.18±3.06b	-34.64	1.124±0.232a
	20	12	11.29±3.25b	-27.52	0.706±0.142b
	24	10	12.06±2.94ab	-22.58	0.529±0.095c
	28	12	12.56±3.41a	-19.36	0.268±0.062d
	32	12	9.92±2.08b	-36.32	0.571±0.115b
	CK	12	15.58±4.82a	—	

3. 相对湿度对飞行成虫体重消耗的影响

40%~60%湿度范围亚洲小车蝗飞行12h后体重变化和含水量的情况见表8。结果表明，10日龄雌雄成虫在不同相对湿度下飞行后体重消耗以及含水量变化差异显著（$P<0.05$）。亚洲小车蝗飞行后体重消耗在60%相对湿度下最低，低湿和高湿都会增加飞行后的体重消耗，雌雄虫体重损失率差异不显著。湿度对成虫飞行后体内含水量也有一定影响，40%RH时体内水分消耗较大，60%RH和80%RH水分消耗差异不显著，雌雄虫变化趋势相同。

表8 亚洲小车蝗在不同湿度下吊飞12h后的体重消耗及含水量

性别	相对湿度 （%） RH	虫数（头） Number of adults tested	体重消耗 Biomass loss		飞行后含水量 Water content after flight	
			失重（mg） Lost weight	损失率（%） Lost rate	含水量（mg） Water content	占鲜重比率（%） fresh body weight
♀	40	11	192.67±28.4b	29.87	159.83±24.6b	24.78
	60	12	138.51±26.1a	21.64	208.57±25.2a	32.59
	80	15	173.93±27.5b	27.52	198.32±24.7a	31.38
♂	40	15	63.07±17.62c	28.67	57.37±13.7b	26.08
	60	15	42.39±13.3a	20.19	64.30±14.2a	30.62
	80	13	55.51±14.6b	26.43	66.01±15.1a	31.43

4. 相对湿度对飞行成虫甘油三酯消耗及其利用效率的影响

相对湿度对亚洲小车蝗成虫体内甘油三酯消耗的影响见表9。结果表明，在60%RH时，飞行后成虫体内甘油三酯的消耗最低。80%RH的条件下，飞行所消耗的甘油三酯次之，40%RH飞行所消耗的甘油三酯最多。说明亚洲小车蝗成虫飞行的最适湿度60%RH，在这个湿度条件下，飞行消耗的甘油三酯含量最少，高于或低于这个最适湿度，所需的甘油三酯均会增加。进一步分析飞行过程中甘油三酯利用效率，结果表明，在最适的湿度条件，单位飞行距离所消耗的甘油三酯明显少于其他湿度条件，亚洲小车蝗飞行的能源利用效率较高。

表9　亚洲小车蝗在不同湿度下吊飞12h后体内甘油三酯含量及其利用效率

性别	相对湿度%RH	虫数（头）Number of adults tested	甘油三酯含量 Triglyceride content		每头甘油三酯利用效率（mg/km）Triglyceride utilization efficiency
			含量（mg）Content	与对照相比（%）Compared with CK	
♀	40	12	28.03±7.22c	31.56	1.871±0.215c
	60	11	32.25±7.68b	21.27	0.762±0.087a
	80	12	30.06±7.45c	26.06	0.914±0.113b
	CK	12	40.96±6.42a	—	—
♂	40	12	11.30±3.84b	30.48	0.697±0.146b
	60	11	12.86±3.16b	20.86	0.306±0.095a
	80	12	11.85±3.03b	27.12	0.384±0.124a
	CK	12	16.26±4.71a	—	—

昆虫的扩散和迁飞行为是其在生存空间上适应环境变化的一种方式。昆虫扩散和迁飞是受虫体内神经系统、激素调控和环境条件的影响。温度、湿度是昆虫发生飞行行为的诱发条件之一，对飞行有重要影响，昆虫通常会在适宜的温湿度条件下大规模迁移或迁飞。雷仲仁等利用昆虫飞行磨系统测试了美洲斑潜蝇 *Liriomyza sativae* 在18~36℃条件下的飞行能力，其结果表明，21~36℃是美洲斑潜蝇的适温飞行范围，33℃时飞行能力最强。程登发等研究了温度、湿度对麦长管蚜 *Sitobionavenae* 飞行能力的影响，发现适宜其飞行的温度范围为12~22℃，湿度范围为60%~80%。学者对黏虫 *Mythimna separata* 的研究结果表明，黏虫的起飞和飞行过程均需要在一定的温度和湿度条件下进行。从本研究可以看出，亚洲小车蝗具有一定的飞行能力，温度28~30℃和相对湿度60%~70%是其飞行的适宜

范围。温度对亚洲小车蝗的飞行能力的影响比较直接，且小车蝗飞行时要求的温度较高。在温度16℃以下和32℃以上，其飞行受到明显的抑制。湿度对亚洲小车蝗飞行能力的影响是间接的，主要通过影响蝗虫体内的含水量变化、能源物质含量变化及进一步影响小车蝗存活时间来降低飞行能力。低湿环境条件下的飞行行为会造成虫体内水分的过多损耗，减弱其生理代谢活动，影响能量的代谢与转化，导致飞行距离缩短、飞行速度降低和飞行能力的下降。高湿环境虽然降低了水分和能源物质的消耗进而延长飞行时间，但会减低飞行速度。亚洲小车蝗飞行能力的高低与环境的温湿度条件有极大关系，环境温湿度对亚洲小车蝗飞行能力有极显著的影响，这与江幸福（2003）和尹姣（2003）对黏虫、小地老虎等的研究结果相同。

高书晶等（2013）对亚洲小车蝗飞行过程中能源物质的消耗和动态的研究表明，小车蝗飞行所需的主要能源物质为脂类和糖类，而脂类（甘油三酯）是其远距离飞行的重要能量保证。本研究结果表明，环境的温度、湿度条件显著影响亚洲小车蝗的飞行能力和飞行过程中能源物质的消耗，在不同温度、湿度条件下，小车蝗飞行单位距离所需的能源物质的量有较大差异，在温度、湿度适宜的条件下，亚洲小车蝗飞行能力最强，单位飞行距离消耗的甘油三酯最少，对体内能源物质的利用率最高。环境的温度、湿度条件与亚洲小车蝗飞行行为具有明显相关性，不仅能够影响其飞行能力，而且还会影响其体内能源物质的消耗。环境的温度（尤其高温和低温）对蝗虫体温有较大影响，进而会影响体内能源物质的消耗。飞行时亚洲小车蝗体重和体内含水量变化主要取决于环境温湿度的大小和飞行的强度。昆虫迁飞行为的发生与否完全取决所处的环境条件，环境温湿度是其中的重要因素，明确温湿度对亚洲小车蝗飞行能力的影响将有利于进一步揭示其迁飞规律和迁飞的诱导因素，对提高其防治效率具有重要意义。

第四节　群居型、散居型亚洲小车蝗形态特征的数量分析

用形态测量方法对蝗虫的型变进行研究是 Uvarov 在 1921 年首次提出，为之后蝗虫的两型形态学研究提供了思路和依据。Dirsh 和 Symmons 利用成虫形态指标的比值 E/F、F/C 对非洲飞蝗两型形态差异进行定量测定，指出两型蝗虫的 E/F、F/C 比值的频率分布范围和高峰具有差异。黄亮文对群居型、散居型东亚飞蝗的形态进行了测量和比较，指出除了通常采用的体色及前胸背板以外，还可以采用 E/F、F/C、M/C 等形态比值来作为两型的区分依据。郭志永等对东亚飞蝗

的行为和形态型变的判定指标进行了进一步的研究，同样把 E/F、F/C 比值定为东亚飞蝗形态型变的判定指标，研究结果表明，相同龄期散居型飞蝗的 F/C 值极显著地大于群居型，而成虫期群居型飞蝗的 E/F 极显著大于散居型。牙森·沙力等利用 F/C 和 E/F 等 5 个形态特征参数对两型西藏飞蝗 9 个地理种群进行了分析。张洋等利用 15 个形态特征参数对群居和散居意大利蝗进行了详细的分析，确定了 E/F 比值在两型区分上的重要作用，推断 E/F 比值可以作为群居型和散居型意大利蝗成虫的判定指标。本研究采用 11 个形态学指标和 5 个形态指标比值，进一步验证了亚洲小车蝗的两型分化现象，并为鉴定两型蝗虫提供具体形态学指标，为亚洲小车蝗的聚集暴发提供预测的依据。

一、亚洲小车蝗种群形态指标

对亚洲小车蝗种群的 11 个形态指标进行方差分析（表 10），结果表明，11 个形态指标中与能量存储和运动、飞行相关的指标，体长、头宽、前翅长度和后足股节长度均表现出极显著差异（$P<0.01$），其他指标没有显著差异性。所有指标均表现为群居型雌性个体>散居型雌性个体>群居型雄性个体>散居型雄性个体。

表 10　亚洲小车蝗成虫形态参数　　　　　　　　　　　　　　　　　　（mm）

形态指标 Morphometrc measurements	群居型雌虫 Gregarious type females	群居型雄虫 Gregarious type males	散居型雌虫 Solitarious type females	散居型雄虫 Solitarious type males
体长（L）	（41.08±0.26）aA	（29.97 ± 0.22）cC	（39.85 ± 0.25）bB	（29.24 ± 0.20）dD
体宽（W）	（8.03±0.07）aA	（5.31 ±0.07）cC	（7.67±0.08）bB	（5.36 ± 0.07）cC
头高（HC）	（8.99 ± 0.08）aA	（6.52± 0.07）cB	（8.72 ± 0.09）bA	（6.34 ± 0.09）cB
头宽（C）	（5.55 ± 0.05）aA	（3.97± 0.05）cC	（5.53 ± 0.06）bB	（3.95± 0.06）dD
前翅长度（E）	（31.99± 0.21）aA	（23.88 ± 0.28）cC	（28.42 ± 0.24）bB	（19.77 ± 0.25）dD
前胸背板长度（P）	（6.33 ± 0.08）aA	（4.39± 0.09）bB	（6.16 ± 0.08）aA	（4.40 ± 0.07）bB
前胸背板高度（H）	（6.91 ± 0.08）aA	（4.71± 0.06）bB	（6.76 ± 0.08）aA	（4.66 ± 0.07）bB
前胸背板最窄处宽度（M）	（5.44 ± 0.07）aA	（3.73 ± 0.07）cB	（5.18 ± 0.07）bA	（3.72 ± 0.06）cB
后足股节长度（F）	（18.44±0.13）aA	（14.27±0.12）cC	（17.85 ±0.15）bB	（13.84 ±0.15）cD
后足股节宽度（WF）	（4.59 ± 0.10）aA	（3.45 ± 0.05）cC	（4.31 ± 0.06）bB	（3.39 ± 0.05）cC
后足胫节长度（T）	（15.82 ± 0.17）aA	（12.64 ± 0.12）bB	（15.43 ± 0.17）aA	（12.38 ± 0.15）bB

表中数据为平均值±标准误；同一行中小写字母表示 0.05 水平，大写字母表示 0.01 水平。下同

二、亚洲小车蝗种群形态指标比值

在探索判别亚洲小车蝗形态型变的指标中，选择 E/F、F/C、P/C、M/C、H/C 比值作为研究目标。形态指标比值结果显示（表 11）：E/F 比值在 4 个群体中差异显著，对群体的区分效果明显，群居型亚洲小车蝗成虫的 E/F 比值在 1.68~1.74，散居型亚洲小车蝗成虫的 E/F 比值在 1.44~1.59，群居型 E/F 比值显著大于散居型（$P<0.05$），可以推断 E/F 比值可以作为亚洲小车蝗成虫形态型变的判定指标。在其他 4 个形态指标比值中，F/C 比值在雌虫、雄虫之间存在着显著性差异（$P<0.05$），雌虫的 F/C 比值显著大于雄虫，而在不同形态中没有显著差异。H/C、M/C 和 P/C 比值在群居型和散居型亚洲小车蝗及雌、雄亚洲小车蝗中的区分效果都不明显，并且存在比较大的交叉数集。

表 11　亚洲小车蝗成虫形态参数比值

比值 Ratio	群居型雌虫 Gregarious type females	群居型雄虫 Gregarious type males	散居型雌虫 Solitarious type females	散居型雄虫 Solitarious type males
前翅长度 / 后足股节长度 E / F	(1.74 ± 0.02) aA	(1.68 ± 0.02) bA	(1.59± 0.02) cB	(1.44± 0.02) dC
后足股节长度 /头宽 F / C	(3.35 ± 0.04) bB	(3.64 ± 0.05) aA	(3.26± 0.08) bB	(3.56 ± 0.05) aA
前胸背板长度 /头宽 P / C	(1.14 ± 0.01) aA	(1.12 ± 0.02) aA	(1.13 ± 0.05) aA	(1.12 ± 0.02) aA
前胸背板高度 /头宽 H / C	(1.25 ± 0.01) aA	(1.20 ± 0.02) aA	(1.23 ± 0.02) aA	(1.19 ± 0.02) aA
前胸背板最窄处头宽 M / C	(0.99 ± 0.02) aA	(0.95 ± 0.04) aA	(0.94 ± 0.01) aA	(0.95± 0.02) aA

三、群居型和散居型亚洲小车蝗数量性状主成分分析

按形态以及性别将亚洲小车蝗种群分成 4 个分类单元：GF、GM、SF、SM；同时选择对构建亚洲小车蝗形态特征有重要作用的 8 个形态参数和形态比值 L、E、HC、P、F、T、E/F、F/C 进行主成分分析。通过分析，共获得 3 个主成分及各主成分的得分表（表 13）。6 个形态指标及 2 个形态指标比值对 3 个主成分的特征向量及 3 个主成分的方差贡献率见表 12。主成分分析结果表明：前 2 个主成分占总信息量的 99.84%；E/F 比值在亚洲小车蝗形态区分上具有重要的作用。

表 12 群居型、散居型亚洲小车蝗数量性状主成分参数

主成分 Principal component	特征值 Eigenvalue	方差贡献率（%） Variance contribution	累积方差贡献率（%） Cumulative variance contribution
Prin1	7.070 3	88.38	88.38
Prin2	0.916 7	11.46	99.84
Prin3	0.013	0.16	100

第 1 个主成分：

$Prin1 = 0.38L + 0.36E + 0.38HC + 0.37P + 0.38F + 0.38T + 0.22E/F - 0.34F/C$

特征值为 7.070 3，方差贡献率为 88.38%，除 F/C 之外均为正系数，说明是体长（L）、前翅长度（E）、头高（HC）、前胸背板长度（P）、后足股节长度（F）、后足胫节长度（T）、E/F 比值在形态构建上的综合效应，各指标的系数相接近，说明是形态指标及其比值的加权平均，代表群居型、散居型亚洲小车蝗雌虫、雄虫的形态变异程度。

第 2 个主成分：

$Prin2 = -0.08L + 0.28E - 0.07HC - 0.13P - 0.04F - 0.06T + 0.84E/F + 0.43F/C$

特征值为 0.916 7，方差贡献率为 11.46%，其中 E/F 值系数明显大于其他指标的系数，为 0.84，反映出第二主成分中 E/F 比值的重要作用。

表 13 群居型、散居型亚洲小车蝗数量性状主成分得分

生态型 Ecotype	♀/♂	代码 Code	主成分得分 The principal component scores		
			Prin1	Prin2	Prin3
G	♀	GF	3.033 4	0.600 1	0.130 3
	♂	GM	-2.193 7	1.257 1	-0.088
S	♀	SF	2.217 8	-0.898 8	-0.136 1
	♂	SM	-3.057 5	-0.958 5	0.093 7

蝗虫的型变与聚集行为和群集迁飞相关联，群体密度增加会使蝗虫由散居型向群居型转变，从而进行大规模种群迁移，对草原和农田环境产生危害。及时了解型变现象的发生，可以提前对蝗灾进行预测预报，采取有效的防治措施，减少蝗虫成灾对草原以及农田造成的损失。因此在研究蝗虫发生规律时，首先要判定蝗虫的形态和比例，而形态型变指标能为蝗虫的形态鉴别提供依据，通过对野外

蝗虫形态指标的测量，能够在蝗虫由低密度向高密度、散居型向群居型转变的过程中起到警示作用，对蝗虫迁飞暴发及时做出预测预报。

本研究为了明确亚洲小车蝗群居型和散居型差异，并在数量性状水平上探索了两型亚洲小车蝗关系，选用了 11 个形态指标和 5 个形态指标比值对两型亚洲小车蝗进行了测量、统计、分析。分析结果显示，与能量储存、运动及飞行相关的体长、头宽、前翅长度和后足股节长度等形态指标在群居型和散居型亚洲小车蝗之间具有极显著差异（$P<0.01$），群居型个体大于散居型个体。昆虫远距离迁飞的首要条件就是能量供给，除了在迁移路线上补充营养之外，个体本身的能量储存也是迁飞的关键因素，较大的个体可以在其长距离迁飞中提供更多的物质和能量。蝗虫的前翅、后足股节与蝗虫的飞翔、跳跃有关，群居型亚洲小车蝗的这两个形态指标明显大于散居型，这对群居型亚洲小车蝗的飞行、跳跃有着重要作用。其余形态指标在群居型和散居型间差异不显著。可能原因是亚洲小车蝗在最近几年才表现出聚集和迁飞习性，所以在形态上的差别并不大。群居型亚洲小车蝗雌成虫的各个形态参数均大于散居型，且多数指标差异显著，而在雄成虫上则不表现出明显规律，说明亚洲小车蝗在两型形态差异上更多地表现在雌性个体上。5 个形态指标比值 E/F、F/C、P/C、H/C、M/C 的结果表明，其中 E/F 值在两型亚洲小车蝗之间具有显著差异，群居型亚洲小车蝗成虫的 E/F 比值在 1.69~1.74，散居型亚洲小车蝗成虫的 E/F 比值在 1.44~1.59，群居型的 E/F 值显著大于散居型（$P<0.05$），可以推断 E/F 比值可以作为区分群居型和散居型亚洲小车蝗的形态指标标准。主成分分析也进一步肯定了 E/F 比值在亚洲小车蝗形态区分上的重要作用。亚洲小车蝗是内蒙古草原的主要优势种蝗虫。形态型变判定指标的确定可以使工作人员在亚洲小车蝗调查中，根据对标本的测量分析，结合调查的种群密度，确定群居型亚洲小车蝗的形态及比例，做好亚洲小车蝗的提前防治工作。

第五节　两型亚洲小车蝗卵巢发育的分级及差异研究

蝗虫为适应不同的环境条件，可以改变自身的形态、生理生化、行为、发育等特征，使其在形态学、生理学、行为学上分成两种明显不同的型相，即群居型和散居型。亚洲小车蝗属土蝗，一般分散活动。但近年来，亚洲小车蝗在各地起飞严重，聚集迁移，不仅危害草原，而且大量集群式在城市中心出现。目前该虫明显表现出与飞蝗相类似的聚集迁飞习性，Arianne 和 Hao 通过亚洲小车蝗体色变化对两型现象进行了研究，结果表明，棕色型和绿色型可能是亚洲小车蝗两型分化的表现型，确定了亚洲小车蝗群居和散居存在差异，具有两型现象。高书晶等通过形态特征、飞行能力及能源物质消耗利用等研究，证明亚洲小车蝗具有两型分化现象。

群居型与散居型种群的差异主要体现在形态学、发育和生理学、行为活动和生态学等方面。生殖力方面，群居型和散居型卵巢发育也有很大区别。蝗虫的型变现象决定了其聚集、迁飞、暴发为害，而卵巢发育各阶段及历期长短是其种群持续为害的重要因素。本研究对亚洲小车蝗的卵巢发育进行了研究，通过系统解剖提出亚洲小车蝗卵巢发育的分级标准为该蝗虫的预测预报提供科学依据。同时，比较了群居型和散居型亚洲小车蝗卵巢发育区别，为确定亚洲小车蝗具有两型分化提供生理学依据。

一、雌性生殖器官形态

亚洲小车蝗的雌性生殖器官由 1 对卵巢（ovaries）、中输卵管（common oviduct）、受精囊（receptaculum seminis）、1 对侧输卵管（lateral oviducts）、和中悬带（median ligament）等构成。侧输卵管与卵巢管（ovarioles）连接处膨大的囊状结构为卵巢萼（calyx），作用是蝗卵的临时储存场所。

二、卵巢发育分级

根据亚洲小车蝗雌性生殖器官各组成部分发育程度，将亚洲小车蝗雌成虫卵巢分为 5 个等级。

第一阶段：（透明期，羽化后 1～10d）卵巢小管透明且细长；卵母细胞较小，识别度低；侧输卵管和中输卵管均为细长型，没有发生膨大现象，有皱褶。

第二阶段：（卵黄沉淀期，羽化后 11～22d）侧输卵管发生膨大且皱褶较为明显；卵巢小管的基部有明显膨大，隐约可见有淡黄色卵粒。

第三阶段：（卵粒形成期，羽化后 23～33d）侧输卵管膨大，与卵巢管形成卵巢萼，具有明显的皱褶；卵巢小管变粗，清晰可见圆柱形、淡黄色的卵粒整齐排列。

第四阶段：（成熟待产期，羽化后 25～34d）卵粒在卵巢小管内开始成熟，向身体两侧分开，并暂时储存于卵巢萼中。

第五阶段：（产卵期，羽化后 35～45d）中输卵管和侧输卵管光滑无皱褶；卵巢小管基部的卵粒成熟。

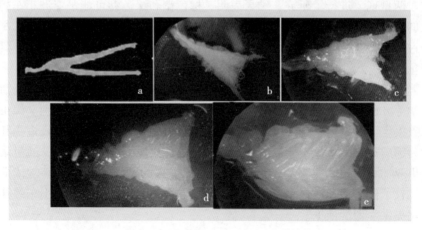

a. Ⅰ级，透明期；b. Ⅱ级，卵黄沉淀期；c. Ⅲ级，卵粒形成期；d. Ⅳ级，成熟待产期；e. Ⅴ级，产卵期

图 11 亚洲小车蝗雌成虫卵巢发育分级标准

三、两型亚洲小车蝗卵巢发育差异

从亚洲小车蝗羽化为成虫的日期作为零起点，测定卵巢发育起始时间（蝗虫卵巢进入发育的时间）和产卵时间（蝗虫开始产卵的时间）及发育历期（卵巢开始发育到产卵的时间），对比两型亚洲小车蝗卵巢发育的差异。

表 14 两型亚洲小车蝗卵巢的始发时间、发育历期及产卵时间

生态型 Ecotype	发育起始时间（d） Development starting time	产卵时间（d） Oviposition time	卵巢发育历期（d） Developmental duration
群居型 Gregarious phases	（5. 20 ±0. 87）B	（50. 21 ±0. 98）B	（43. 75 ±1. 12）B
散居型 Solitary phases	（5. 75 ±0. 83）A	（52. 25 ±1. 05）A	（46. 50 ±0. 83）A

表中数据为平均值±标准误，同列不同大字母表示差异极显著（$P<0.01$）

结果表明，群居型亚洲小车蝗的卵巢发育起始时间为羽化后 5. 20d，产卵时间为羽化后 50. 21d，卵巢发育历期为 43. 75d；散居型亚洲小车蝗的卵巢发育起始时间为羽化后 5. 75d，产卵时间为羽化后 52. 25d，卵巢发育历期为 46. 50d，群居型亚洲小车蝗的卵巢发育比散居型种群快，且均达到极显著水平（$P<0.01$）。

两型现象在飞蝗中普遍存在，当蝗虫聚集到一定密度时，蝗虫的形态、体色甚至生物学习性都会发生一系列的变化，从而由散居型转变为群居型。影响蝗虫型变的因素很多，如虫口密度、龄期、化学信息素、内分泌等都是影响型变的重要因子。群居型蝗虫可以进行迁飞，对农作物造成的危害比散居型蝗虫大得多。了解群居型和散居型亚洲小车蝗卵巢发育差异对于亚洲小车蝗的防治具有重要意义。本研究对群居型和散居型亚洲小车蝗卵巢发育进行分析，得出两型蝗虫卵巢发育时间具有极显著差异（$P<0.01$），群居型蝗虫的发育时间早，发育历期短，为其迁飞需找适合生存的环境条件留下了时间。从两型蝗虫的产卵时间差异来看，虽然统计上表现为显著差异，但是相比发育历期和开始发育时间来说差异较小，可以推测出，亚洲小车蝗成虫可能是在卵巢发育成熟之后进行迁飞；且迁飞过程中不产卵，直到找到栖息地才开始产卵；亚洲小车蝗具有聚集迁飞习性，但不是长远距离迁飞的害虫。本研究从生殖发育角度验证了亚洲小车蝗具有两型分化现象。

卵巢解剖是植保领域研究昆虫种群动态，进行害虫预测预报的一种重要手段。农业部在1957年制定的黏虫测报办法中，把雌蛾卵巢发育进度作为黏虫测报的常规步骤，这是卵巢解剖工作在我国害虫测报工作中的首次应用。根据昆虫雌成虫卵巢不同时间的形态变化，将卵巢分成不同的发育等级。由于不同昆虫的卵巢发育有一定差异，所以学者们对不同昆虫的发育等级划分不尽相同，戴宗廉等、张孝羲等、陈若篯等、吕万明、张韵梅和牟吉元、王宪辉等分别将黏虫 *Mythimna separata*、稻纵卷叶螟 *Cnaphalocrocis medinalis*、褐飞虱 *Nilaparvata lugens*、白背飞虱 *Sogatella furcifera*、棉铃虫 *Helicoverpa armigera*、甜菜夜蛾 *Spodoptera exigua* 等迁飞害虫的卵巢发育分为5级，分别为乳白透明期、卵黄沉积期、成熟待产期、产卵盛期和产卵末期；而孙雅杰等将草地螟的雌蛾卵巢发育分为4级，分别为初羽化期、产卵前期、产卵期、产卵末期；陈伟等将越北腹露蝗 *Fruhstorferiola tonkinensis* 卵巢发育分为5个阶段，分别为透明期、卵黄沉淀期、卵粒形成期、成熟待产期和产卵期。由于发育的形态特征相近，本研究将亚洲小车蝗卵巢发育定为与越北腹露蝗相同的5个阶段。为该蝗虫的预测预报提供科学依据。

亚洲小车蝗羽化后卵巢发育级别所需的天数仅供参考还需结合田间数据，因为卵巢发育受环境条件，如温度、食物等因素的影响。卵巢解剖作为一种常规监测手段，本研究对亚洲小车蝗卵巢发育程度的分级标准力求简便易行，适于推广，分级方法可用于亚洲小车蝗蝗区各基层植保部门进行常规产卵期监测和预报工作，为制定防治策略提供依据。

第六节　不同地理种群的亚洲小车蝗 mtDNA ND1 基因序列及其相互关系

亚洲小车蝗主要以禾本科植物为食，在内蒙古地区发生危害极其严重。了解亚洲小车蝗不同地理种群间的系统进化关系，对于其利用和综合防治会起到重要作用。近年来，分子生物学技术和生化方法的不断发展和完善，为研究昆虫分类和系统演化提供了许多新的方法。为昆虫的系统进化研究开辟了广阔前景。线粒体 DNA 序列是研究属、种间系统发育很好的对象材料，国外不少学者成功地应用线粒体 DNA 序列研究昆虫的系统进化关系。李伟丰等（2001）利用线粒体 DNA ND4 基因研究研究了 7 种长蠹科昆虫的系统进化关系。任竹梅等（2003）研究了不同地理区域小稻蝗 mtDNA 部分序列。

本实验所用蝗虫分别采自内蒙古地区的 7 个盟市，标本采集点及其地理位置等详见表 15。每种蝗虫在自然种群中随机取样，标本采集后活体带回实验室，并将每个个体分装于不同塑料管中进行标记，然后保存于-70℃冰箱中备用。

表 15　用于 mtDNA 研究的亚洲小车蝗标本

种群名称	采集地点	代码	个体数	采集时间	地理位置
乌兰察布市	四子王旗	S	5	2008 年 8 月	E：111°21′ N：41°22′
包头市	达茂旗	D	5	2007 年 8 月	E：109°16′ N：41°21′
呼伦贝尔	新巴尔虎左旗	H	4	2008 年 8 月	E：120°31′ N：49°51′
赤峰市	阿鲁科尔沁旗	C	5	2007 年 8 月	E：117°58′ N：42°26′
通辽市	扎鲁特旗	T	5	2007 年 8 月	E：121°14′ N：43°59′
阿拉善盟	阿拉善左旗	A	4	2008 年 8 月	E：103°10′ N：40°47′
兴安盟	阿尔山	Z	5	2008 年 8 月	E：120°51′ N：46°11′

一、ND1 区域 DNA 序列组成及变异

实验共获得亚洲小车蝗 7 个不同地理种群、1 个近缘种及 2 个外群种共 31 个样本的 mtDNA ND1 基因序列，mtDNA ND1 基因片段对应果蝇序列位置为 12 248～12 595，产物测序得到大约 378bp（包括引物长度）的序列，由于两端的碱基存在错配，不一定能够准确判读，对序列进行剪切。经氨基酸转换分析，确认所测序列第 1 位点为前一密码子的第 2 位点，为便于软件分析从该片段第 2 核苷酸位点算起

一共为 303bp（图 12）。对得到的亚洲小车蝗、1 个近缘种及 2 个外群种的 31 条序列进行软件分析，结果表明，种群内的个体差异较小，所测的 4~5 个个体变异位点差异不大。经比较共检测出 22 个变异位点，约占核苷酸总数的 7.26%，多数变异发生在密码子的第 3 位点上（占 68.18%），第 2 位点为 4.55%，第 1 位为 27.27%。就每个氨基酸密码子来看，第 3 位点 A+T 平均含量较高，达 90.3%，第 1 位点 A+T 平均含量 74.6%，第 2 位点为 61%。没有发现任何碱基的缺失或插入，计算得出它们的平均碱基含量为：A 25.8%，T 50.8%，C 12.5%，G 10.9%，A+T 平均含量较高为 76.6%。就每个氨基酸密码子来看，第 3 位点的 A+T 平均含量较高。对得到的 28 个亚洲小车蝗 ND1 序列做相似性比较，相似性达 96.48%，与 GenBank 上以发表序列比对同源性最高达 95%（EU287446）。用 MEGA 软件统计两两序列之间的核苷酸替换数，发现亚洲小车蝗 mtDNA ND1 基因部分序列不同个体之间核苷酸的替换数最大为 9，最小为 2，其中转换数明显高于颠换数，颠换中只有 A 与 T、A 与 C 之间的颠换发生，没有 T 与 C、C 与 G 之间的颠换。与其他昆虫类群研究的结果基本相同。遗传距离在不同亚洲小车蝗种群间最大是 2.3%，最小是 0，即序列相同，所有序列的平均遗传距离为 0.18%。

二、系统进化树

以宽须蚁蝗、鼓翅皱膝蝗为外群，采用 UPGMA 法构建 7 个不同地理种群的亚洲小车蝗 28 个个体的分子系统树，系统树各分支的置信度以自引导值来表示。Boot-strap 1000 循环检验结果表明最高和最低置信度分别为 99 和 64（图 13）聚类分析显示，所有个体大体上分别聚在 4 个主要簇群中，通辽亚洲小车蝗种群的一个个体 T1，以 90% 的置信度与赤峰亚洲小车蝗种群、阿拉善盟亚洲小车蝗种群、呼伦贝尔亚洲小车蝗种群构成聚类簇I；锡林浩特亚洲小车蝗种群、阿尔山亚洲小车蝗种群和达茂旗亚洲小车蝗种群以 67% 的置信度构成聚类簇II；宽须蚁蝗种群和鼓翅皱膝蝗种群作为外缘种各成一簇，构成聚类簇III和IV。从总体上看，除通辽种群的一个个体 T-1 和锡林浩特种群的一个个体 X-2 与该种群其他个体表现差异较大，种群内的个体间差异不明显，结果表明，相同地域的个体之间相聚的概率相对要大一些，跨地域不同个体之间也可以很高的置信度相聚，但从总体上看，亚洲小车蝗不同地理种群在聚类中分枝不明显，呈现出一种平行式的分布关系，并没有显示出与地理分布一致性的结果。空间位置相距较远的群体并不一定在核苷酸序列中有很大的差异，而相距较近种群间和同一地理种群内有可能存在较大的遗传距离。这与前人的研究结果一致。亚洲小车蝗不同地理种群个体与两个外群种的遗传差异较大。

```
            1111111111222222222233333333334444444444555555555566666666667777777777
            1234567890123456789012345678901234567890123456789012345678901234567890123456789012345678
Z-1  TTAGGTATTCCTCAACCTTTTAGAGATGCTATTAAATTAATTTGTAAGGAACAGCCAATTCCTTTTATATCAAATTAT
Z-2  .....................................................................................
Z-3  .....................................................................................
Z-4  .....................................................................................
A-1  ...........................G..G.......G.......A.......................................
A-2  ...........................G..G.......G.......A.......................................
A-3  ...........................G..G.......G.......A.......................................
A-4  ...........................G..G.......G.......A.......................................
C-1  .....................................................................................
C-2  .....................................................................................
C-3  .....................................................................................
C-4  .....................................................................................
D-1  ...........................G..G.......G...A...........................................
D-2  ...........................G..G.......G...A...........................................
D-3  ...........................G..G.......G...A...........................................
D-4  ...........................G..G.......G...A...........................................
H-1  .....................................................................................
H-2  .....................................................................................
H-3  .....................................................................................
H-4  .....................................................................................
T-1  ....T................................................................................
T-2  .....................................................................................
T-3  .....................................................................................
T-4  .....................................................................................
X-1  ...........................G..G.......G.......A.......................................
X-2  ...........................G.........G.......A.......................................
X-3  ...........................G.........G.......A.......................................
X-4  ...........................G..G.......G.......A.......................................
HJ-2 A...........G........T................A.......A.......................................
G-2  ..............G..........G...............T...........................................
K-2  A...........G........T...............A...A.......A.....T..............................
```

```
            11111111111111111111111111111111111111111111111111111111111111111111111111111
            78888888888899999999999900000000000111111111122222222222333333333344444444445555555
            901234567890123456789012345678901234567890123456789012345678901234567890123456
Z-1  TTTTTGTATTATTTTTCCCCTGTTTTTAATTTAATGATTTCTTTATTAGTTTGAATTATTTTTCCTTATATAACTTAT
Z-2  .....................................................................................
Z-3  .....................................................................................
Z-4  .....................................................................................
A-1  .....A...........T..A.......A.........A....G.G.......................................
A-2  .....A...........T..A.......A.........A....G.G.......................................
A-3  .....A...........T..A.......A.........A....G.G.....C.................................
A-4  .....A...........T..A.......A.........A....G.G.....C.................................
C-1  .....................................................................................
C-2  .....................................................................................
C-3  .....................................................................................
C-4  .....................................................................................
D-1  .....A...........T..A.......A.........A....G.G.....C.................................
D-2  .....A...........T..A.......A.........A....G.G.....C.................................
D-3  .....A...........T..A.......A.........A....G.G.....C.................................
D-4  .....A...........T..A.......A.........A....G.G.....C.................................
H-1  .....................................................................................
H-2  .....................................................................................
H-3  .....................................................................................
H-4  .....................................................................................
T-1  .....................................................................................
T-2  .....................................................................................
T-3  .....................................................................................
T-4  .....A...........T..A.......A.........A....G.G.....C.................................
X-1  ....T.T..........T....T.......A.......TA.....A..........T...........................
X-2  .....A...........T..A.......A.........A....G.G.....C.................................
X-3  .....A...........T..A.......A.........A....G.G.....C.................................
X-4  ..AC.T...........T.........A.........A.TA......A........T...........................
HJ-2 ...A.A...........A...............G..G.TA....TC.....C.................................
G-2  ..AC.T...........T...A.......G..A.....A.TA......A........T...........................
```

```
        1111111111111111111111111111111111111111111112222222222222222222222222222222222
        5556666666666677777777778888888888999999999900000000000111111111112222222222233333
        7890123456789012345678901234567890123456789012345678901234567890123456789012345
Z-1     ATATGTTCTTTTCCTTATGGTTTTTTATTTTTTCTTTGTTGTACTAGATTAAGAGTTTATACATTAATAATTGCTGGT
Z-2     .............................................................................
Z-3     .............................................................................
Z-4     .............................................................................
A-1     ...........T......A..........................................................
A-2     ...........T......A..........................................................
A-3     ...........T......A..........................................................
A-4     ...........T......A..........................................................
C-1     .............................................................................
C-2     .............................................................................
C-3     .............................................................................
C-4     .............................................................................
D-1     ...........T......A..........................................................
D-2     ...........T......A..........................................................
D-3     ...........T......A..........................................................
D-4     ...........T......A..........................................................
H-1     .............................................................................
H-2     .............................................................................
H-3     .............................................................................
H-4     .............................................................................
T-1     .............................................................................
T-2     .............................................................................
T-3     .............................................................................
T-4     .............................................................................
X-1     ...........T......A..........................................................
X-2     ...........T......A.................G..............TG........................
X-3     ...........T......A..........................................................
X-4     ...........T......A..........................................................
HJ-2    ..G.....A..T.........T.A.........G.T........TG.................A..............
G-2     ................A........C..C......G.G........T......A.......................
K-2     ..G.....A..T.........T.A.......A....G.T........TG............................

        2222222222222222222222222222222222222222222222222222222222222222222222223333
        3333344444444445555555555666666666677777777778888888888999999999990000
        5678901234567890123456789012345678901234567890123456789012345678901234567890123
Z-1     TGATCTTCTAATTCAAATTATTCATTATTGGGTTCTTTACGTTCTGTTGCTCAAACTATTTCTTATGAA
Z-2     .....................................................................
Z-3     .....................................................................
Z-4     .....................................................................
A-1     .......C...................A..........................................
A-2     .......C...................A..........................................
A-3     .......C...................A..........................................
A-4     .......C...................A..........................................
C-1     .....................................................................
C-2     .....................................................................
C-3     .....................................................................
C-4     .....................................................................
D-1     .......C...................A..........................................
D-2     .......C...................A..........................................
D-3     .......C...................A..........................................
D-4     .......C...................A..........................................
H-1     .....................................................................
H-2     .....................................................................
H-3     .....................................................................
H-4     .....................................................................
T-1     .....................................................................
T-2     .....................................................................
T-3     .....................................................................
T-4     .....................................................................
X-1     .......C...................A..........................................
X-2     .......C...................A..........................................
X-3     .......C...................A..........................................
X-4     .......C...................A..........................................
HJ-2    ......A..............................................................
G-2     ......A.......T......................................................
K-2     ......A...................A...................C......................
```

图 12　亚洲小车蝗 28 个个体及和 2 个外群种 mtDNA ND1 基因 303bp 序列

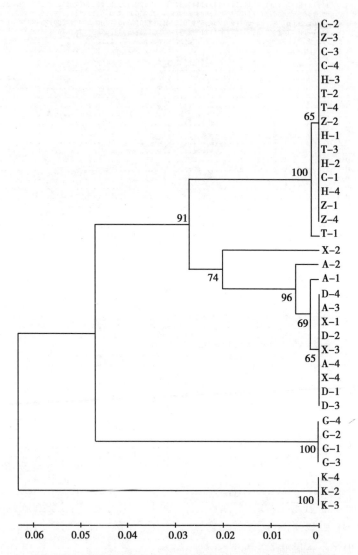

图 13　亚洲小车蝗及外群种 ND1 部分序列 UPGMA 分子系统树

　　本实验以采集的亚洲小车蝗冷冻标本为材料，对 7 个地理种群亚洲小车蝗、1 个近缘种及 2 个外群种 mtDNA ND1 基因 347bp 的序列进行测定，据文献报道，包括昆虫在内的许多生物类群的细胞核基因组中有类线粒体基因（又称线粒体假基因）的存在。我们的研究结果表明：① PCR 扩增总是产生大小相同的一条带，大约 378bp（包括引物长度），没有其他条带的影响；②经序列核对及氨基酸转换，没有缺失、插入或终止密码子出现。因此，我们所得到的序列应该是线粒体 DNA 序列，而非核中线粒体假基因干扰。测序得到 7 个地理种群群亚洲小车蝗、1 个近缘种及 2 个外群种的 31 个个体的序列，每条序列 378 个碱基。分析结果表明，该标记片段在种内较为保守，种内平均遗传距离在 0～0.018，核苷酸突变均为同义突变，多发生于密码子的第 3 位，多数为转换。本实验扩增目的片段的 A+T 含较高（76.6%），昆虫的线粒体 DNA 具有较高的 A+T 含量，其与进化间的关系已被广泛的研究过，但并没有得到一致的结论。测序结果得出种群内的个体差异较小，所测的 4～5 个个体变异位点差异不大。也可能是所测个体较少的原因，今后应增加种群内个体数量深入研究。从系统树的结果也可看出，不同的个体之间有一定的分歧，但不同种群间的关系并没有得到与地理分布相一致的结果。空间位置相距较远的群体并不一定在核苷酸序列中有大的差异，而较近种群间和同一种群内有可能存在较大的遗传距离，但不同地理种群的亚洲小车蝗与 2 个外群种的遗传距离基本一致。

本实验结果表明，分布于我国 7 个不同地理区域的亚洲小车蝗并没有受到地理环境的影响，不同的群体之间在遗传物质上有着较大的保守性。这可能是由以下几个因素造成的：第一，NADH 脱氢酶复合体亚基 ND1 基因由于编码蛋白质存在着功能上的约束性，亚洲小车蝗各群体之间没有达到足够的变异，需选择进化速率更快的遗传标记来研究各居群的演化；第二，蝗科的进化呈现出一种简单的爆炸式的辐射状态，各居群间存在着广泛的基因交流和融合，亚洲小车蝗飞行能力较强，有报道表明该种蝗虫一晚上可以迁飞 350km；第三，本研究只选择的内蒙古地区的亚洲小车蝗 7 个种群，研究个体数也相对较少，还需增加国内其他地区的种群数量和样本数进一步进行探讨。本研究在一定程度上为亚洲小车蝗的系统演化提供了分子生物学方面的证据。

第七节　不同地理种群的亚洲小车蝗 mtDNA COI 基因序列及其相互关系

动物的线粒体 DNA（mtDNA）具有结构简单，序列和组成一般较为保守，易于操作，母系遗传，单拷贝，含量丰富等特点，mtDNA 进化速度快，一般动物的 mtDNA 是单拷贝核 DNA 的 5～10 倍，昆虫 mtDNA 的进化率平均是单拷贝核

DNA 的 1~2 倍。快速进化意味着群体内变异增加，更有利于种群遗传结构及近缘种的研究。昆虫的 mtDNA 是单链环状分子，进化速率较慢，长度从 16~20kb，包括 12 或 13 个编码蛋白质的基因，其中细胞色素氧化酶 I（COI）基因是研究系统发育使用得较多的基因之一。用线粒体 DNA（mtDNA）作为标记，研究昆虫的系统发育近年来发展很快。关于 mtDNA 细胞色素氧化酶基因揭示不同地理种群遗传变异的研究，在昆虫学研究中有很多报道。Lunt 等（1998）对欧洲草地雏蝗 11 个地理种群的 COI 基因 300bp 片段进行了分析，探讨其内部遗传结构；villalba 等（2002）基于 COI 与 COII 基因部分序列对金龟甲亚科 33 种不同族的粪金龟进行了系统发育分析；任竹梅等（2003）研究了不同地理区域小稻蝗 mtDNA 部分序列，实验结果表明，不同地理区域的小稻蝗并没有受到地理环境的影响。

本实验以内蒙古地区亚洲小车蝗为研究对象，测定了 7 个不同地理种群的亚洲小车蝗线粒体 DNA 细胞色素氧化酶 I 基因部分编码区，并用槌角蝗科的宽须蚁蝗 *Myrmeleotettix Palpalis* 和斑腿蝗科的鼓翅皱膝 *Angaracris barabensis* 作外群，构建分子系统树，以期从分子水平获得它们的系统进化关系，并为其利用与防治提供分子生物学方面的依据。

本实验所用蝗虫分别采自内蒙古地区的 7 个盟市，标本采集点及其地理位置等详见表 16。每种蝗虫在自然种群中随机取样，标本采集后活体带回实验室，并将每个个体分装于不同塑料管中进行标记，然后保存于 -70℃ 冰箱中备用。

表 16　用于 mtDNA 研究的亚洲小车蝗标本

种群名称	采集地点	代码	个体数	采集时间	地理位置
乌兰察布市	四子王旗	S	10	2008 年 8 月	E：111°21′ N：41°22′
包头市	达茂旗	D	10	2007 年 8 月	E：109°16′ N：41°21′
呼伦贝尔	新巴尔虎左旗	H	10	2008 年 8 月	E：120°31′ N：49°51′
赤峰市	阿鲁科尔沁旗	C	10	2007 年 8 月	E：117°58′ N：42°26′
通辽市	扎鲁特旗	T	10	2007 年 8 月	E：121°14′ N：43°59′
阿拉善盟	阿拉善左旗	A	10	2008 年 8 月	E：103°10′ N：40°47′
兴安盟	阿尔山	Z	10	2008 年 8 月	E：120°51′ N：46°11′

一、COI 区域 DNA 序列组成及变异

亚洲小车蝗 7 个不同地理区域及 2 个外群种共个 32 个样本的 mtDNA COI 基

因 473bp 的序列被测定，据文献报道，许多生物包括昆虫类群等存在核中线粒体假基因（Zhang and Hewitt，1996），我们的研究结果表明：①PCR 扩增总是产生大小相同的一条带，大约 498bp（包括引物长度），没有其他条带的影响；②经序列核对及氨基酸转换，没有缺失、插入或终止密码子出现。因此，我们所得到的序列应该是线粒体 DNA 序列，而非核中线粒体假基因干扰。经氨基酸转换分析，确认所测序列第 1 位点为前一密码子的第 3 位点，为便于软件分析从该片段第 2 核苷酸位点算起一共为 465bp。对得到的亚洲小车蝗及 2 个外群种的 32 条序列进行软件分析，共得到 14 个不同的单倍型（序列见图 14），单倍型的分布为：阿盟的 3 个个体；通辽、呼盟、赤峰、兴安盟和包头的 2 个个体；乌盟有 1 个个体。经比较共检测出 29 个变异位点，约占核苷酸总数的 6.3%，多数变异发生在密码子的第 3 位点上（占 62.1%），第 1 位次之，占 27.6%，第 2 位点最少，仅占 10.3%。没有发现任何碱基的缺失或插入，其中 A、T、C 和 G 的碱基平均含量分别为 33.2%、38.5%、15.7% 和 12.6%，A + T 平均含量为 71.7%，而 G+C含量只有 28.3%。就每个氨基酸密码子来看，第 3 位点的 A+T 平均含量较高。用 MEGA 软件统计两序列之间的核苷酸替换数，发现亚洲小车蝗 mtDNA COI 基因部分序列不同单倍型之间核苷酸的替换数最大为 9，最小为 1，其中转换数明显高于颠换数，颠换中只有 A 与 T、A 与 C 之间的颠换发生，没有 T 与 C、C 与G 之间的颠换，序列之间的 TS/TV 值最高为 10.00（呼盟 3 与阿盟 2 之间），最低为 0，即没有转换，只有颠换。遗传距离在不同亚洲小车蝗种群间最大是2.0%，最小是 0.00%，即序列相同，所有序列的平均遗传距离为 0.4%。

二、系统进化树

以宽须蚁蝗和鼓翅皱膝蝗为外群种构建 7 个不同地理种群的亚洲小车蝗 32个个体 14 个单倍型的 NJ 分子系统树，Boot-strap 1000 循环检验结果表明最高和最低置信度分别为 100 和 2（图 15）聚类分析显示，32 个个体大体上分别聚在 2个主要簇群中，兴安盟阿尔山东种群的一个单倍型 Z2 较为特殊，单独成枝，以极高的置信度（100%）构成聚类簇一支（Ⅳ），呼盟种群的一个单倍型 H2 以63% 的置信度单独构成聚类簇第二支（Ⅲ），聚类簇Ⅱ由 4 个种群 4 个单倍型构成，包括赤峰种群的 C1、兴安盟种群的 Z4、呼盟种群的 H3 和乌盟种群的 S4；其余单倍型属于聚类簇Ⅰ包括 4 个种群的 8 个单倍型。结果表明，相同地域的个体之间相聚的概率相对要大一些，跨地域不同个体之间也可以很高的置信度相聚，但总体上看，其余亚洲小车蝗不同群体在聚类中分枝不明显，呈现出一种平行式的分布关系，并没有显示出与地理分布一致性的结果。

```
[      11111111112222222222333333333344444444445555555555666666666677777 7777888888888899999999999]
[      1234567890123456789012345678901234567890123456789012345678901234567890123456789012345678 9]
A-1   CCACGAATAAATAATATAAGAATTCTGGTGTTATTACCACCATCATTAACACTTTTAATTCTGTCTTCTTTAGTTGAAAATGGAGCAGGAACAGGATGA
A-2   ...........................................................N.................................
A-4   ..................................................................G..........................
C-1   .......................................................C.....................................
C-2   .......................................................C.....................................
D-1   .......................................................C...........G.........................
D-3   .......................................................C.....................................
H-1   ...C....................A....................................................................
H-3   ................................G...........................................................
T-2   ............................................................................................
T-3   ............................................................................................
S-4   .......................................................C.....................................
Z-2   ..........................................................................................C.
Z-4   ............................................................................................
GC    ...........C............A...........................AA...........A..........T.........C.....
KY    ................T....TGA.........................................................G.........C...
```

```
[      1111111111111111111111111111111111111111111111111111111111111111111111111111111111111111111111111]
[      0000000000111111111122222222223333333333444444444455555555556666666666777777777788888888889999999999]
[      0123456789012345678901234567890123456789012345678901234567890123456789012345678901234567890123456 78]
A-1   ACAGTTTACCCTCCACTAGCAAGAGTTATTGCACACAGAAGGTGCATCTGTAGATCTGGCAATTTTCTCATTACATTTAGCAGGTATTTCATCAATTCT
A-2   ..................................................A..............................C...........
A-4   .......G..................................................................C..................
C-1   .......G..................................................................C..................
C-2   .......G......................................A......................A.......................
D-1   ...........................................................................................T.
D-3   .......G....................................................................................
H-1   ...................T........................................................................
H-3   .......G...........T........................................................................
T-2   ............................................................................................
T-3   .......G..................................A..............................C..................
S-4   .......G...........T......................A..............................T..................
Z-2   .......G...........................................................A.........................
Z-4   .......G....................................................................................
GC    .T......A.................................A....T.A.......C................................T.
KY    .........C..............................G...............................C..................T.
```

```
[    1222222222222222222222222222222222222222222222222222222222222222222222222222222222]
[    9000000000011111111112222222222333333333344444444445555555555666666666677777777778888888888999999999]
[    9012345678901234567890123456789012345678901234567890123456789012345678901234567]
A-1  AGGAGCAATTAATTTCATCACAACAGCAATCAATATACGATCAAGCAATATAACCCTAGAACAGACACCACTATTTGTTTGATCTGTAGTAATTACAGC
A-2  ..............................T................................................................A.
A-4  ..................T...........G.........................A..........................................
C-1  ..................T.........................T.....................................................
C-2  ..................T..............................................................................
D-1  ..................T..............................................................................
D-3  .................................................................................................
H-1  .........................................T.......................................................
H-3  .....C............T...........G...........G.......T.........A...................A.................
T-2  ..................T.........................................A.....................................
T-3  ..................T..............................................................................
S-4  ..................T..............................................................................
Z-2  ...........................................................A.....................................
Z-4  ..................T...........G.....................T............................................
GC   .....C....T.......T...........AT..........T..T..A.............A...C...............................
KY   .....C...........G...........................T..............C...................................
```

```
[    2223333333333333333333333333333333333333333333333333333333333333333333333333333333]
[    9900000000001111111111222222222233333333334444444444555555555566666666667777777777888888888899999999]
[    8901234567890123456789012345678901234567890123456789012345678901234567890123456]
A-1  ATTGCTATTATTATTATCACTACCAGTACTAGCAGGAGCAATTACTATATTATTAACTGACCGAAACCTTAATACATCATTCTTTGATCCAGCAGGAGG
A-2  .......................T...............................................C...........................
A-4  .......................................................................C.................T.........
C-1  ...................T...................................................C...........................
C-2  .........G.........T...................................................C...........................
D-1  ...................T....................G.............................................................
D-3  .......................................................................C...........................
H-1  ....................................................................................C.............
H-3  .........G.........T..................N...........G.......C.......C...............................
T-2  .....................................................................................T...........
T-3  .................................................................................................
S-4  ...................T...................................................C...........................
Z-2  ...................T...................................................C...........................
Z-4  .........G.........T.............................................................................
GC   ..AT........GT.....TT.............C.C.................................................T.............
KY   .................G.........T.......T.............................G.................T.............
```

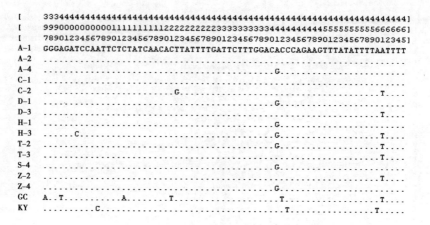

图 14　亚洲小车蝗 14 个单倍型 mtDNA COI 基因 473bp 序列

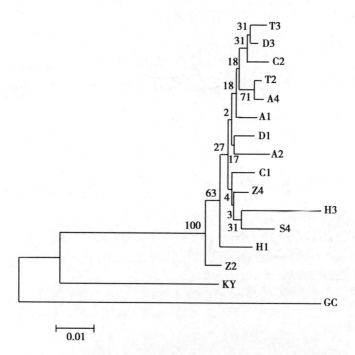

图 15　亚洲小车蝗 COI 基因 473bp 14 个单倍型 NJ 分子系统树

线粒体细胞色素氧化酶Ⅰ（COI）基因有几个显著的特点受得研究者青睐：一是该基因存在于所有昆虫体内；二是该基因具有进化速率较快而又相对保守，这样可以保证种间存在足够多的变异而种内个体相对保守；三是该基因序列有足够长，包含大约 50 个的功能域。线粒体基因很少存在缺失或插入现象，便于序列的比对及构建系统发育树。

本实验以采集的亚洲小车蝗冷冻标本为材料，所用引物很好地扩增出 7 个地理种群亚洲小车蝗的目的片段，且所得 PCR 产物可以直接用于测序反应。测序得到 7 个地理种群的 32 个个体的序列，每条序列 473 个碱基，共 14 个单元型。分析结果表明，该标记片段在种内较为保守，种内平均遗传距离在 0~0.02，核苷酸突变均为同义突变，多发生于密码子的第 3 位，多数为转换。本实验扩增目的片段的 A+T 含较高（71.7%），昆虫的线粒体 DNA 具有较高的 A+T 含量，其与进化间的关系已被广泛的研究过（Crozier andCrozier，1992；Hμgall，1997），但并没有得到一致的结论。从软件分析比较得到的单倍型的分配来看，单倍型的出现没有一定的规律可循，同一地域的个体之间出现相同单倍型的概率相对要大一些，但也有可能具有较大的变异，而且跨地域不同个体之间也有可能具有相同的单倍型，与任竹梅等（2003）的研究结果一致。从系统树的结果也可看出，不同的单倍型之间有一定的分歧，但不同种群间的关系并没有得到与地理分布相一致的结果。空间位置相距较远的群体并不一定在核苷酸序列中有大的差异，而较近种群间和同一种群内有可能存在较大的遗传距离，但不同的单倍型与两个外群种的遗传距离基本一致。

本实验结果表明，分布于我国 7 个不同地理区域的亚洲小车蝗并没有受到地理环境的影响，不同的群体之间在遗传物质上有着较大的保守性。这可能是由以下几个因素造成的：第一，细胞色素氧化酶Ⅰ基因由于编码蛋白质存在着功能上的约束性，亚洲小车蝗各群体之间没有达到足够的变异，需选择进化速率更快的遗传标记来研究各居群的演化；第二，蝗科的进化呈现出一种简单的爆炸式的辐射状态（Flook and Rowell，1998），各居群间存在着广泛的基因交流和融合，亚洲小车蝗飞行能力较强，有报道表明，该种蝗虫一晚上可以迁飞 350km；第三，本研究只选择的内蒙古地区的亚洲小车蝗 7 个种群，研究个体数也相对较少，还需增加国内其他地区的种群数量和样本数进一步进行探讨。本研究在一定程度上为亚洲小车蝗的系统演化提供了分子生物学方面的证据。

第八节 亚洲小车蝗不同地理种群遗传多样性的等位酶分析

亚洲小车蝗飞行能力很强,近年来,亚洲小车蝗在大发生时常常有大量聚集取食并且集体转移的习性,曾有人观察到其有迁飞现象,这更为它的防治工作带来困难。因此,研究亚洲小车蝗种群的遗传结构对其综合防治具有重要意义。在众多分子遗传标记技术中,等位酶技术是目前应用于物种遗传多样性研究的经典方法之一。等位酶作为同一位点上不同等位基因编码的同一种酶的不同形式,能够很好地表明等位基因位点的变化,从而了解物种种群内、种群间的遗传分化、基因流、遗传漂变及种群遗传变异的时空动态等,已经广泛应用于多种昆虫的种群遗传结构研究中。在对迁飞昆虫的研究中,等位酶标记是进行迁飞定量研究的一个重要手段,该方法对于迁飞昆虫的遗传分化、杂合程度的度量以及基因流动水平的评价都是不可替代的。国内外已利用等位酶标记研究了飞蝗、稻蝗等多种蝗虫的遗传学基础,但对亚洲小车蝗这种北方草原上的主要害虫等位酶标记工作还几乎没有研究。本实验以等位酶分析方法研究了内蒙古地区亚洲小车蝗不同地理种群的遗传结构。以探讨它们的种内遗传多样性及种内及种间遗传分化程度,从而为亚洲小车蝗系统进化研究以及防治工作提供理论依据。

本实验所用蝗虫分别采自内蒙古地区的 8 个盟市,标本采集点及其地理位置等详见表 17。每种蝗虫在自然种群中随机取样,标本采集后活体带回实验室,并将每个个体分装于不同塑料管中进行标记,然后保存于-70℃冰箱中备用。

表 17 用于等位酶研究的亚洲小车蝗标本

种群名称	采集地点	代码	个体数	采集时间	地理位置
乌兰察布市	四子王旗	WS	40	2008 年 8 月	E:111°21′ N:41°22′
巴彦浩特市	乌拉特前旗	BS	40	2008 年 8 月	E:108°42′ N:40°54′
呼伦贝尔	新巴尔虎左旗	HS	40	2008 年 8 月	E:120°31′ N:49°51′
赤峰市	阿鲁科尔沁旗	CFS	40	2007 年 8 月	E:117°58′ N:42°26′
通辽市	扎鲁特旗	TLS	40	2007 年 8 月	E:121°14′ N:43°59′
阿拉善盟	阿拉善左旗	AM	40	2008 年 8 月	E:103°10′ N:40°47′
兴安盟	乌兰浩特	XAM	40	2008 年 8 月	E:120°51′ N:46°11′
锡林浩特市	锡林浩特	XS	40	2009 年 7 月	E:116°12′ N:43°28′

一、亚洲小车蝗 8 个地理种群的等位酶酶谱分析

共进行 11 种等位酶电泳（EST、SOD、AMY、MDH、ME、ADH、GDH、GOT、IDH、AK 和 HK），从中筛选出图谱清晰、结果稳定的 8 种等位酶：MDH、ME、ADH、GDH、GOT、IDH、AK 和 HK 用于分析。根据酶带在亚洲小车蝗 8 个地理种群中的分布，并参考直翅目其他昆虫等位酶的相关文献，最终确定检测到 14 个基因位点 Adh、Got、$Gdh-1$、$Gdh-2$、$Hk-1$、$Hk-2$、$Idh-1$、$Idh-2$、$Mdh-1$、$Mdh-2$、$Me-1$、$Me-2$、$Ak-1$ 和 $Ak-2$。其中 7 个位点为多态位点：$Mdh-1$，$Me-1$、$Gdh-1$、$Idh-1$、$Idh-2$、$Hk-1$ 和 $Ak-1$。对 14 个基因位点进行遗传学分析，共检到 25 个等位基因，其中 $Mdh-1$、$Me-1$ 合 $Idh-1$ 含 3 个等位基因，$Gdh-1$、$Idh-2$、$Ak-1$ 和 $Hk-1$ 含 2 个等位基因，均属于复等位基因，其余单态位点各含一个等位基因。

二、亚洲小车蝗 8 个地理种群的等位基因频率

亚洲小车蝗 8 个地理种群的基因频率分布情况见表 18。在检测到的 25 个等位基因中，其中阿拉善盟种群和赤峰种群检测到的等位基因数最多为 23 个，乌兰察布市种群等位基因数最少为 19 个。根据各位点的等位基因频率分布特点可将等位基因分为以下几类：第一大类全域基因包括 19 个基因，在所有种群中均出现，即 $Mdh-1a$、$Mdh-1b$、$Mdh-2$、$Me-1b$、$Me-1c$、$Me-2$、Adh、$Gdh-1a$、Got、$Idh-1b$、$Idh-1c$、$Idh-2a$、$Idh-2b$、$Ak-1b$、$Ak-1c$ 和 $Hk-1b$ 占总基因数的 64%；第二大类包括 6 个基因，即 $Me-1a$、$Gdh-2$、$Ak-1a$、$Ak-2$、$Hk-1a$ 和 $Hk-2$，它们分布于 50% 以上的种群中，占总基因数的 24%，在亚洲小车蝗种群中普遍存在；第三大类包括 3 个基因，即 $Mdh-1c$、$Gdh-1b$ 和 $Idh-1a$，占总基因数的 12%，仅分布在亚洲小车蝗少数种群中。数据显示种群不同类型基因数目不同，而且，相同位点的等位基因频率在种群间也存在差异，在一定程度上反映了各种群的等位基因存在差异。

表 18　8 个亚洲小车蝗种群的等位基因频率

基因座	种群 Population							
Locus	AM	BS	CFS	HS	TLS	WS	XS	XAM
$Mdh-1a$	0.323	0.412	0.421	0.298	0.451	0.215	0.395	0.456
$Mdh-1b$	0.556	0.588	0.597	0.604	0.549	0.785	0.605	0.544

（续表）

基因座 Locus	种群 Population							
	AM	BS	CFS	HS	TLS	WS	XS	XAM
Mdh-1c	0.121	0.000	0.000	0.098	0.000	0.000	0.000	0.000
Mdh-2	1.000	1.000	1.000	1.000	1.000	1.000	1.000	1.000
Me-1a	0.212	0.000	0.214	0.000	0.310	0.000	0.206	0.000
Me-1b	0.315	0.396	0.106	0.392	0.221	0.382	0.312	0.623
Me-1c	0.473	0.604	0.680	0.608	0.469	0.618	0.482	0.377
Me-2	1.000	1.000	1.000	1.000	1.000	1.000	1.000	1.000
Adh	1.000	1.000	1.000	1.000	1.000	1.000	1.000	1.000
Gdh-1a	0.827	1.000	0.892	1.000	1.000	0.879	1.000	1.000
Gdh-1b	0.173	0.000	0.108	0.000	0.000	0.121	0.000	0.000
Gdh-2	0.000	1.000	1.000	0.000	1.000	1.000	1.000	1.000
Got	1.000	1.000	1.000	1.000	1.000	1.000	1.000	1.000
Idh-1a	0.000	0.223	0.000	0.206	0.000	0.000	0.000	0.000
Idh-1b	0.231	0.196	0.123	0.421	0.514	0.211	0.436	0.323
Idh-1c	0.769	0.581	0.877	0.373	0.486	0.789	0.564	0.677
Idh-2a	0.342	0.483	0.405	0.483	0.396	0.296	0.225	0.408
Idh-2b	0.658	0.517	0.595	0.517	0.604	0.704	0.775	0.592
Ak-1a	0.298	0.000	0.104	0.000	0.103	0.000	0.308	0.000
Ak-1b	0.214	0.325	0.214	0.512	0.487	0.415	0.398	0.523
Ak-1c	0.488	0.675	0.682	0.488	0.410	0.585	0.294	0.468
Ak-2	1.000	1.000	1.000	1.000	1.000	0.000	1.000	1.000
Hk-1a	0.156	0.512	0.120	0.219	0.325	0.000	0.112	0.105
Hk-1b	0.844	0.488	0.880	0.781	0.675	1.000	0.888	0.895
Hk-2	1.000	1.000	1.000	0.000	1.000	1.000		1.000
等位基因数	23	21	23	21	22	19	22	21

三、亚洲小车蝗 8 个地理种群的遗传多样性及遗传分化

亚洲小车蝗各种群遗传多样性参数指标见表 19。由表 19 可知，8 个亚洲小

车蝗种群平均多态位点比率 P 为 36.60%（变幅为 28.6%~42.8%），A 为 1.553（变幅为 1.428~1.714），He 为 0.072（变幅为 0.031~0.133）；种群总体水平 $P=42.86\%$，$A=1.786$，$He=0.081$；种群遗传多样性总体水平均高于种群平均水平。固定指数 F 可以用来判断群体中实际杂合体比率与理论期望杂合体比率的偏离程度及其原因，从而衡量群体基因型的实际频率是否偏离 Hardy-Weinberg 平衡。根据表 19 中各种群 F 值分析可知：BS，HS，WS，XS 和 XAM 种群的 F 值均为正值，说明种群内部纯合体过量；CFS 和 TLS 种群 F 值为负值，说明种群内部杂合体过量；AM 种群 F 值为零，说明该种群内部为随机交配，实际等位基因频率符合 Hardy-Weinberg 平衡。

表 19　8 个亚洲小车蝗种群遗传多样性参数

种群	A	Ae	I^x	Ho	He	P	F
AM	1.714	1.433	0.137	0.029	0.031	35.71%	0.000
BS	1.500	1.417	0.107	0.086	0.133	42.86%	0.824
CFS	1.643	1.300	0.080	0.073	0.098	35.71%	-0.517
HS	1.571	1.453	0.122	0.027	0.031	42.86%	0.692
TLS	1.571	1.456	0.126	0.045	0.109	35.71%	-0.452
WS	1.428	1.266	0.035	0.052	0.062	35.71%	0.630
XS	1.571	1.441	0.108	0.031	0.038	35.71%	0.720
XAM	1.428	1.331	0.059	0.015	0.079	28.57%	0.608 3
种群平均水平	1.553	1.387	0.097	0.045	0.073	36.60%	0.344
总体水平	1.786	1.431	0.138 3	0.057	0.081	42.86%	0.524

在种群遗传多样性研究中，常用 wright 的 F 统计量来描述群体的基因分化程度，可检测群体中基因型实际比率与 Hardy-Weinberg 理论期望比例的偏离程度，也可以度量群体间的分化程度。8 个亚洲小车蝗种群多态位点的 F 统计量分解值和 Nm 值见表 20。其中 Fis 表示在亚种群内基因型的实际频率和理论预期频率的离差；Fit 表示总种群中基因型的实际频率和理论预期频率的离差；Fst 表示随机取自每个亚种群两个配子的相互关系，用来测量亚种群间的遗传分化程度（王中仁，1998）。亚洲小车蝗各种群间杂合性基因多样度比率 Fst 的平均值为 0.086 4，相对较低，而实际频率和理论预期频率的离差 Fis 值为 0.401 2，相对较高，说明种群内的遗传变异大于种群间的遗传变异；种群迁移数 Nm 的平均值

为 3.142 3，说明亚洲小车蝗各种群间有一定的基因交流。

表 20　亚洲小车蝗种群在多态位点的等位基因 F-统计及基因流

位点 loci	Fis	Fit	Fst	Nm
MDH-1	0.610 9	0.623	0.031 1	7.795 9
ME-1	0.393 2	0.436 7	0.071 7	3.236 6
GDH-1	0.255 6	0.303 9	0.064 9	3.600 0
IDH-1	0.286 5	0.402 2	0.162 1	1.292 3
IDH-2	0.659 7	0.673 3	0.040 0	6.000 0
AK-1	0.416 8	0.469 5	0.090 4	2.515 0
HK-1	0.183 7	0.307 4	0.151 5	1.400 0
Mean	0.401 2	0.459 4	0.086 4	3.142 3

四、亚洲小车蝗 8 个地理种群的遗传距离及聚类分析

8 个亚洲小车蝗种群间的 Nei's 遗传距离和遗传一致度如表 21 所示。供试材料的遗传一致度从 0.780 7～0.952 5，遗传距离从 0.068 7～0.235 0，遗传变异较大。根据遗传距离可知：在亚洲小车蝗种群间遗传关系最近的是赤峰种群和通辽种群（D = 0.068 7），遗传关系最远的是阿拉善盟种群和呼盟种群（D = 0.235 0）；从种群分布的地理区域看，随着东到北的地理距离渐远，各种群的遗传距离也呈逐渐增大的趋势，反映出遗传距离和地理距离存在一定的相关性。

根据遗传距离用 UPGMA 法构建 8 个亚洲小车蝗种群的系统树，结果见图 16。可以看出亚洲小车蝗 8 个地理种群聚为 2 大类，处于中西部地区的巴盟种群、乌盟种群、锡林郭勒盟种群和阿拉善盟种群聚为一类，处于东部地区的呼盟种群、兴安盟种群、赤峰种群和通辽种群聚为另一类，遗传距离数据和聚类结果较符合昆虫的地理分布规律。

表 21　亚洲小车蝗种群间遗传相似性和遗传距离

种群	AM	BS	CFS	HS	TLS	WS	XS	XAM
AM	—	0.867 5	0.890 5	0.872 9	0.862 0	0.888 2	0.915 7	0.878 9
BS	0.109 0	—	0.871 1	0.883 7	0.864 6	0.926 4	0.857 0	0.870 9
CFS	0.139 5	0.149 3	—	0.867 6	0.952 5	0.885 5	0.867 7	0.867 9

（续表）

种群	AM	BS	CFS	HS	TLS	WS	XS	XAM
HS	0.235 0	0.126 4	0.093 0	—	0.881 8	0.878 7	0.878 5	0.886 9
TLS	0.138 7	0.116 0	0.068 7	0.078 3	—	0.852 3	0.884 8	0.819 1
WS	0.141 9	0.094 2	0.126 0	0.151 6	0.138 8	—	0.876 0	0.886 3
XS	0.129 4	0.104 4	0.132 9	0.101 8	0.154 2	0.124 3	—	0.780 7
XAM	0.161 3	0.099 5	0.142 6	0.083 2	0.131 4	0.103 7	0.139 5	—

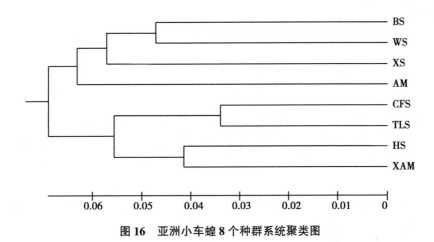

图 16 亚洲小车蝗 8 个种群系统聚类图

在等位酶实验中首先要注意选材的一致性，许多研究表明在昆虫不同的器官或不同的发育阶段，等位酶表达的种类及含量是不尽相同的（郭晓霞和郑哲民，2002；南宫自艳等，2008）。本研究在提取酶液时一致使用亚洲小车蝗成虫后足，避免了提取材料不统一而导致结果的不准确性。选取了 8 种等位酶（MDH、ME、ADH、GDH、GOT、IDH、AK 和 HK）进行了遗传学分析，亚洲小车蝗 8 个地理种群中共检测到 14 个基因位点，其中 7 个位点为多态位点，检测到 25 个等位基因。

本研究在根据固定指数 F 值衡量 8 个地理种群的亚洲小车蝗的基因型实际频率是否偏离 Hardy-Weinberg 平衡时，发现 8 个种群中绝大多数等位基因频率均在一定程度上偏离 Hardy-Weinberg 平衡。显著偏离 Hardy-Weinberg 平衡的原因是多方面的，例如，种群不是随机交配或是基因成分发生变化，并且除了受到遗传学规律的控制外还有可能是受外界环境因素的影响，也可能存在不利于某些杂合子的自然选择。这种偏离也见于其他一些蝗虫种类，亚洲小车蝗种群是否偏离H-W平衡，推测原因应该与各种群内繁育、生存环境、种群规模、寄主及地理隔离等因素有关。

本研究中亚洲小车蝗 8 个种群平均水平 $F_{st}=0.086\ 4$，$F_{is}=0.401\ 2$ 可知种群间的杂合性基因多样度比率 F_{st}，相对较低，而实际频率和理论预期频率的离差 F_{is}，相对较高，说明种群内的遗传变异大于种群间的遗传变异；Slatkin（1985，1987）认为群体间基因交流可以用群体每代迁移系数（Nm）来度量，如 $Nm>1$ 表明较大程度的基因交流可以使各基因在种群间广泛分布，在一定程度上抵消遗传漂变的作用，防止种群分化的发生；若 $Nm<1$ 则表明种群间基因交流较少，无法有效抵消遗传漂变所引起的种群分化，遗传漂变就成为刻画群体遗传结构的主要因素。8 个不同地理种群的亚洲小车蝗 $Nm=3.142\ 3$，说明亚洲小车蝗各种群间有一定的基因交流。亚洲小车蝗属中型蝗虫，飞行能力较强，具有能扩散出其地理起源的能力，以前有报道认为该种蝗虫一晚上可以迁飞 350km。迁飞可能是其基因交流水平较高的主要原因之一。根据 Nei's 遗传距离所构建的亚洲小车蝗种群的 UPGMA 图（图 16）表明 8 个种群聚为 2 支，聚为一类的地理种群生态条件有较高的相似性，加之地理距离较近，增加了基因交流机会，降低了遗传差异。

研究中只选取了 8 种等位酶进行了遗传学分析，在今后的工作中应该继续优化等位酶体系，并同时采用多种等位酶进行电泳，结合遗传变异与生态因子的相关性进行深入研究，以期达到更加准确的遗传学分析，从而为研究昆虫分子遗传进化提供更有价值的理论参考。

第九节　内蒙古地区亚洲小车蝗不同地理种群的 RAPD 分析

现代分子生物技术的飞速发展，为生物多样性研究提供了新的方法和手段，在 DNA 水平上检测物种的遗传结构和遗传多样性，越来越受到人们的重视。由于 RAPD 具有技术简单、对 DNA 纯度要求较宽松、不需要任何分子遗传背景、可用引物多等特点而广泛应用于昆虫遗传多样性检测、基因定位、品系鉴定、遗传图谱的构建和系统学等诸多领域。亚洲小车蝗 oedaleus asiaticus（Bienko）是北方草原的优势蝗虫，更是内蒙古草原的主要亚洲小车蝗 oedaleus asiaticus（Bienko）是北方草原的优势蝗虫，更是内蒙古草原的主要优势种，以禾本科植物为食，在内蒙古地区严重年份发生面积可达 9 000多万亩（1 亩约为 $667m^2$，全书同），发生为害早，发生数量大，可致受害作物减产 10%～30%，严重时可达 50%以上，甚至毁种或绝收，并加重了对草原生态系统的破坏。亚洲小车蝗属土蝗，飞行能力很强，还未见其他土蝗有聚集迁飞的报道。但近年来，亚洲小车蝗在大发生时常常有大量聚集取食并且集体转移迁飞的习性，曾有人观察到其有迁飞现象。因此，研究不同地理种群的亚洲小车蝗差异是确定其是否迁飞的基础。目前国内对于亚洲小车蝗的研究大多集中于营养学、蛋白质水平及危害损失估计等方面，分子系统学方面的研究尚未见报道。本研究利用 RAPD 技术，从分子水平上探讨内蒙古地区的亚洲小车蝗种群间及种群内的遗传多样性及遗传分化，进而分析种群之间的遗传分化与地区生境的关系，为亚洲小车蝗防治提供重要基础数据。

一、基因组 DNA 提取结果

对冷冻标本采用酚氯仿法进行了基因组 DNA 的提取，提取的样品经琼脂糖凝胶电泳检测，结果显示：DNA 带型整齐，无降解，说明此方法提取的 DNA 可满足 RAPD 研究的需要。

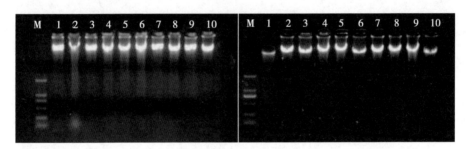

图 17　内蒙古地区蝗虫基因组 DNA（部分）的电泳检测图

二、RAPD-PCR 扩增结果

用筛选的 8 条随机引物对亚洲小车蝗的 9 个种群 90 个个体进行扩增，共获得稳定、清晰可见的条带 78 条，各片段分子量大小在 300～2 500bp。一般每条引物扩增的条带数为 8～10 条，其中 S283 扩增条带数最多，为 11 条，而 S8 扩增条带数最少，为 3 条。部分引物扩增结果见图 18 和图 19。由图可见，同一种群的不同个体的扩增谱带存在一定程度的差异，差异的产生与物种及所使用的引物有关。

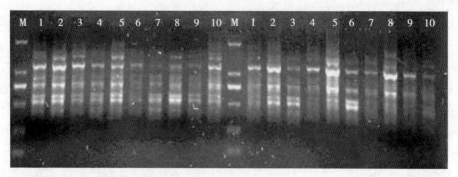

图 18　引物 S1406 对巴盟种群（左）和乌盟种群（右）10 个个体的扩增结果

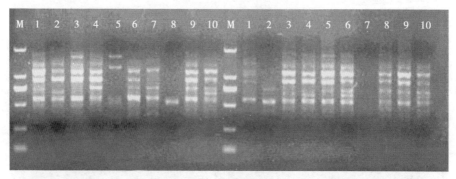

图 19　引物 S75 对呼盟种群（左）和兴安盟种群（右）10 个个体的扩增结果

三、多态位点百分率

8 个寡核苷酸引物共扩增出 78 个 RAPD 位点，多态位点共计 62 个，总的多态位点百分率为 79.48%。不同引物在不同种群中所检测出的 RAPD 位点及多态位点百分率不同（表 22）。多态片段在不同种群中的分布也不同，内蒙古呼伦贝尔市和阿拉善种群由这 8 条引物检测出的多态位点数量最多为 52 和 51。内蒙古锡林浩特种群多态位点数最少为 30，这 9 个种群的多态位点百分率都在 0.6 以上。

表 22　9 个种群 8 个引物的 RAPD 位点数和多态位点比率

种群	样本数	位点数	多态位点数	多态位点比率（P）
WS	10	54	41	0.759 3
BS	10	55	43	0.763 6
HS	10	71	52	0.732 4
CFS	10	46	32	0.695 7
TLS	10	72	50	0.694 4
AM	10	68	51	0.750 0
XAM	10	52	34	0.653 8
XS	10	49	30	0.612 2
BTS	10	42	31	0.738 1
总计	90	78	62	0.794 8

四、遗传多样性

根据等位基因频率计算的 Nei's 基因多样性指数见表 23，各引物检测出的基因多样性中，阿拉善盟种群最高（0.382 3），锡林浩特市种群最低（0.237 8），种群间的遗传分化系数为 0.234 3，即 23.43% 的遗传变异存在于种群间，76.57% 的遗传多样性存在于种群内。根据等位基因频率计算的 Nei's 基因多样性指数在亚洲小车蝗各种群的遗传多样性顺序为阿盟种群>兴安盟种群>巴盟种群>呼盟种群>包头种群>赤峰种群>乌盟种群>通辽种群>锡林郭勒盟种群。

表 23　由 Nei's 指数估计的亚洲小车蝗种群的遗传多样性和遗传分化

Primers	BS	HS	XS	CFS	AM	XAM	TLS	BTS	WS	H_S	H_T	G_{ST}
S61	0.343 9	0.304 0	0.216 4	0.247 8	0.415 2	0.278 9	0.324 6	0.270 7	0.284 7	0.298 5	0.359 9	0.170 6
S75	0.000 0	0.263 5	0.216 3	0.231 7	0.387 1	0.387 1	0.176 5	0.148 0	0.147 9	0.217 6	0.269 3	0.191 9
S125	0.251 6	0.272 5	0.118 6	0.181 7	0.266 0	0.300 1	0.162 28	0.188 8	0.235 7	0.219 7	0.272 1	0.192 6
S134	0.474 6	0.439 2	0.378 0	0.373 2	0.476 5	0.429 1	0.229 0	0.306 1	0.314 2	0.379 9	0.476 9	0.203 4
S283	0.393 9	0.250 1	0.338 1	0.335 2	0.434 2	0.312 7	0.371 2	0.330 3	0.419 9	0.353 9	0.421 2	0.159 8
S361	0.451 0	0.339 9	0.207 1	0.123 9	0.424 4	0.387 1	0.111 7	0.402 5	0.231 9	0.297 7	0.452 8	0.342 5
S823	0.298 2	0.294 7	0.224 4	0.403 6	0.279 2	0.335 0	0.284 6	0.379 9	0.330 9	0.314 5	0.494 2	0.363 6

（续表）

Primers	BS	HS	XS	CFS	AM	XAM	TLS	BTS	WS	H_S	H_T	G_{ST}
S1402	0.356 3	0.216 2	0.123 9	0.303 6	0.315 7	0.370 8	0.339 9	0.319 0	0.123 6	0.274 3	0.361 8	0.241 8
Mean	0.332 2	0.302 0	0.237 8	0.279 4	0.382 3	0.347 3	0.256 7	0.291 9	0.272 6	0.294 5	0.388 5	0.234 3

HS：种内遗传多样性；HT：总群遗传多样性；GST：种群间基因分化系数

五、遗传一致度和遗传距离

由 Nei's 遗传一致度（表 24 上三角值）和遗传距离（表 24 下三角值）可以看出，亚洲小车蝗的 9 个种群的遗传一致度在 0.773 6~0.923 4，遗传距离在 0.069 7~0.251 4。赤峰市种群和通辽市种群的遗传距离最小，为 0.069 7；阿拉善盟种群和呼伦贝尔市种群的遗传距离最大，为 0.251 4。由表中数据可以看出亚洲小车蝗不同种群之间存在一定程度的遗传差异。

表 24　亚洲小车蝗 9 个地理种群的遗传一致度和遗传距离

种群	BS	HS	XS	CFS	AM	XAM	TLS	BTS	WS
BS	—	0.844 2	0.941 5	0.843 2	0.878 5	0.839 9	0.830 1	0.902 1	0.878 9
HS	0.189 4	—	0.819 0	0.909 6	0.876 9	0.828 1	0.927 2	0.872 0	0.817 3
XS	0.160 3	0.139 6	—	0.835 4	0.873 1	0.773 6	0.815 1	0.888 5	0.842 7
CFS	0.170 5	0.094 8	0.179 9	—	0.879 3	0.817 2	0.923 4	0.869 1	0.848 7
AM	0.129 5	0.251 4	0.185 7	0.128 6	—	0.838 5	0.830 9	0.884 6	0.890 1
XAM	0.174 5	0.088 6	0.176 7	0.201 9	0.176 2	—	0.794 9	0.805 7	0.898 0
TLS	0.186 3	0.075 6	0.204 5	0.069 7	0.185 3	0.229 5	—	0.839 9	0.796 7
BTS	0.093 0	0.137 0	0.158 2	0.140 4	0.122 7	0.216 1	0.174 5	—	0.883 3
WS	0.129 1	0.201 7	0.171 2	0.164 0	0.146 4	0.107 6	0.227 3	0.124 0	—

种群代号同表 17

六、聚类分析

选取 RAPD 图片中清晰可辨的 DNA 带纹，以标准分子量为参考，进行 0、1 数据的转换，使用 POPGENE（version 1.31）计算 Nei's 相似系数和遗传距离，在 Mega 软件中用 NJ 法对距离短阵作聚类分析，构建分子系统树（图 20）。聚类结果表明：遗传距离与地理距离具有正相关性。

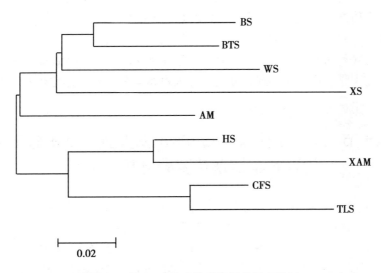

图 20　用 NJ 法构建的群体间分子系统树

RAPD 技术自 1990 年问世以来，由于其存在的稳定性问题，不少学者对该技术的可靠性提出过质疑，但由于 RAPD 技术的简单、快速、对 DNA 模板质量相对要求不高，且不需要了解所研究对象的背景等诸多优势，在种群遗传分化及物种特异分子标记的建立等领域仍发挥重要作用（Nkongolo 等，2002）。

本研究中用 8 个寡核苷酸引物共扩增出 78 个 RAPD 位点，多态位点共计 62 个，总的多态位点比率为 79.48%。RAPD 谱带的统计结果表明：共有带在种群间有一定的规律可循，种群内不同个体间的共有片段明显高于种群间。在所研究的亚洲小车蝗 9 个种群中，种群内的共有片段数为 10 ~ 12 条，种群间的共有片段数为 6 条。共有带数目的多少与聚类图中所显示的种群间遗传距离存在一定的正相关关系。张建珍等在研究中华稻蝗五种群的 RAPD 遗传分化时也认为种群间共有片段的多少与分化程度相关。本研究的结果与上述观点相一致。

由 Nei's 基因多样性指数计算的亚洲小车蝗 9 个种群的遗传多样性顺序为：种群间遗传分化系数为 0.234 3，即亚洲小车蝗 76.57% 遗传多样性存在于种群内部，23.43% 的遗传变异存在于种群之间。结果表明，不同地理种群间存在交流，而同一栖息环境种群内部可以进行较为广泛地自由交配，有利于种群内部遗传多样性的产生和维持。亚洲小车蝗的种间遗传多样性小于种内遗传多样性，可能是亚洲小车蝗具有迁飞习性，较强的长距离迁飞行为增加了种群间的基因交流，降低了种群间的遗传差异，蒋湘等人就观察到其迁飞习性。聚类分析结果显示巴盟种群、包头种群、乌盟种群和锡林郭勒盟种群聚为一类，呼盟种群、兴安盟种群、赤峰种群和通辽种群聚为一类，阿拉善盟种群单独为一类。可能是由于当地的环境、气候等原因造成，地理的差异、生境条件的不同可导致蝗虫出现遗传分化。本研究表明种群之间的遗传分化与地理距离呈正相关，这与前人的研究结果一致。

第十节　基于线粒体 16S rRNA 基因亚洲小车蝗 7 个地理种群的遗传变异分析

线粒体 DNA（mtDNA）具有分子量小、进化速度快、结构简单、表现为母系遗传等特点，近年来被广泛用于动物群体遗传学和系统进化的研究。国内外有关动物线粒体 DNA 研究的报道很多，发展比较迅速。在线粒体 DNA 中，16S rRNA 基因是研究得比较多的基因，为生物所共有，功能相同，既具有保守序列，又具有可变序列，可以很方便地用通用引物或保守引物进行 PCR 扩增，所以该基因的序列已在许多类群中被测定，在分子遗传学研究中应用广泛。目前，对亚洲小车蝗遗传多样性的研究还很少，邰丽华等（2011）利用 RAPD 技术对内蒙古中东部地区 3 个地理种群的遗传多样性进行了分析；高书晶等（2010）利用等位酶及 RAPD 技术对内蒙古地区 9 个地理种群的遗传多样性进行了研究。利用线粒体 16S rRNA 对亚洲小车蝗进行遗传学研究还未见报道。本研究利用线粒体 16S rRNA 测序技术研究了7 个地理种群亚洲小车蝗的遗传学关系，为揭示不同地理种群间的内在联系提供分子生物学方面的证据。同时为了解各地区亚洲小车蝗种群在数量和空间上的内在联系、生态适应性及制定合理的防治策略提供科学依据。

供试亚洲小车蝗主要采自内蒙古地区的 7 个盟市，采集地点及其地理位置见表 25。供试虫源在蝗虫自然种群中随机取样，样品采集后活体带回实验室，将每头蝗虫分别装于不同塑料管中做好标记，保存于-70℃冰箱中备用。

表 25　用于线粒体 DNA 分析的亚洲小车蝗标本

种群名称 Group	采集地点 Sites	代码 Code	个体数 Number	采集时间（年/月） Collection date （year. month）	地理位置 Location
乌兰察布市	四子王旗	X	4	2009 年 8 月	E：111°21′ N：41°22′

（续表）

种群名称 Group	采集地点 Sites	代码 Code	个体数 Number	采集时间（年/月） Collection date （year. month）	地理位置 Location
包头市	达茂旗	D	4	2009 年 8 月	E：109°16′ N：41°21′
阿拉善盟	阿拉善左旗	A	4	2009 年 8 月	E：103°10′ N：40°47′
赤峰市	阿鲁科尔沁旗	C	4	2009 年 8 月	E：117°58′ N：42°26′
通辽市	扎鲁特旗	T	4	2009 年 8 月	E：121°14′ N：43°59′
呼伦贝尔市	新巴尔虎左旗	H	4	2009 年 8 月	E：120°31′ N：49°51′
兴安盟	阿尔山	Z	4	2009 年 8 月	E：120°51′ N：46°11′

一、亚洲小车蝗 16S rRNA 基因检测结果

PCR 扩增结果见图 21，凝胶电泳检测显示在 289bp 左右有一清晰的条带，无其他干扰条带。对测得的亚洲小车蝗 28 个个体 16S rRNA 基因序列做相似性比较，相似性为 97.48%，与 GenBank 上已发表的亚洲小车蝗 16S rRNA 基因序列比对同源性最高达 99%（AY952309）。说明扩增的是目的片断而不是其他同源基因。

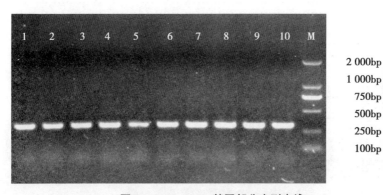

图 21　16S rRNA 基因部分序列电泳

二、16S rRNA 基因序列及其多态性

7 个不同地理种群亚洲小车蝗 16SrRNA 基因序列比较见图 22，对得到的 289 bp 的 mtDNA16S rRNA 基因序列，进行排序，去掉两端测序误差大的区域，得到

长度为 267bp 的片段可用于遗传差异分析。

经 Mega 4.1 软件分析，得到的 267bp 序列中的 A、T、C 和 G 碱基含量分别为：28.2%，42.1%，10.3%，19.4%。A+T 平均含量为 69.9%，而 G+C 含量只有 30.1%，A+T 含量明显高于 G+C 含量。用 dnasp3.0 软件统计核苷酸的变异位点，检测出 20 个变异位点，约占所测核苷酸总数的 7.49%，密码子第 3 位点上的变异最多，占 50.14%，第 2 位点 29.42%，第 1 位点 20.44%。不同个体间碱基替换数最小为 4，最大为 10，其中转换数要高于颠换数，没有发现碱基的插入或缺失。不同地理种群间亚洲小车蝗的遗传距离最大为 0.026，最小为 0，即序列相同，种群间平均遗传距离为 0.020 1。

```
                   111111111122222222223333333333444444444455555555556666666666777777777788888888889
                   1234567890123456789012345678901234567890123456789012345678901234567890123456789 0
A-2   GATGATTTCTTAATATTAATTTGTTTTGTTTGGTTGGGGTGACTTGAAGAATAAATAAACTCTTCATTATTAAATCATTGATTTATGTTT
A-3   ..........................................................................................
A-4   ..........................................................................................
A-5   ..........................................................................................
C-1   ..........................................................................................
C-2   ...A......G...........................................................................C....
C-3   ..........................................................................................
C-4   ..........................................................................................
D-2   ............T.......................T.....................................................
D-3   ..........................................................................................
D-4   ....................................C.....................................................
D-5   ..........................................................................................
H-1   ..........................................................................................
H-2   ...A.................................................................A.....................
H-3   ..........................................................................................
H-4   ..........................................................................................
T-1   .....................................................................................C....
T-2   ...A......G...............................................................................
T-3   ..........................................................................................
T-4   ..........................................................................................
X-1   ..........................................................................................
X-2   ..........................................................................................
X-3   ....................................................................A.....................
X-4   ..........................................................................................
Z-1   ..........................................................................................
Z-2   ..........................................................................................
Z-3   ..........................................................................................
Z-4   ..........................................................................................
HJ-2  .T.A....T....G.......G.................T.........T...................A.....................
K-2   ...AG.C.T..T....TGA.G..GG.....T........A.........A........T...A.......A.....................
G-2   ...T..C.T.CT..G.A.T...T.AC.A..............A.........T.....................................C
```

```
          1111111111111111111111111111111111111111111111111111111111111111111111111111111111111111
          99999999000000000011111111112222222222333333333344444444445555555555566666666667777777777788
          123467890123456789012345678901234567890123456789012345678901234567890123456789012345678901
A-2  ATTTGATCCATAATTTTTGATTATAAGATTAAGTTACCTTAGGGATAACAGCGTAATCATTTTTGAGAGTTCTTATTGATAAAGTGGATT
A-3  .........................................................................................
A-4  .....................................................................A...................
A-5  .........................................................................................
C-1  .........................................................................................
C-2  .C......................................G................................................
C-3  ...................G.....................................................................
C-4  ...........................................C.............................................
D-2  .........................................................................................
D-3  .........................................................................................
D-4  ...........................................................T.............................
D-5  .........................................................................................
H-1  .........................................................................................
H-2  .................................................................C.T.....................
H-3  .........................................................................................
H-4  .C.......................................................................................
T-1  ........................C...............G................................................
T-2  ...............................................................................C.........
T-3  .........................................................................................
T-4  .........................................................................................
X-1  .........................................................................................
X-2  .........................................................................................
X-3  .........................................................................................
X-4  .........................................................................................
Z-1  .........................................................................................
Z-2  .........................................................................................
Z-3  .........................................................................................
Z-4  ...........................................C.............................................
HJ-2 ...G.....A...............................................A.........C....A................
K-2  ........A..C.............................TG.........C..A......C....CA....................
G-2  ...G.....................................................A..C..C..A......................
```

```
          1111111111111111111112222222222222222222222222222222222222222222222222222222222222222222
          88888888999999999000000000011111111112222222222333333333344444444445555555555566666666
          234567890123456789012345678901234567890123456789012345678901234567890123456789012345678
A-2  GCGACCTCGATGTTGGATTAAGATTAATTACGGGTGTAGTGGCTTGATAATTAGGTCTGTTCGACCTTTAAATTCTTACGTGATCT
A-3  ..............................................................................
A-4  ..............................................................................
A-5  ..............................................................................
C-1  ..............................................................................
C-2  ......................A..........G............................................
C-3  C...........................................C.................................
C-4  ..............................................................................
D-2  ..............................................................................
D-3  ..............................................................................
D-4  ..............................................................................
D-5  ..............................................................................
H-1  ..............................................................................
H-2  ..............................................................................
H-3  .....................T...........G............................................
H-4  ..............................................................................
T-1  ..............................................................................
T-2  ..............................................................................
T-3  ..............................................................................
T-4  ..............................................................................
X-1  ..............................................................................
X-2  ..............................................................................
X-3  ..............................................................................
X-4  ..............................................................................
Z-1  C.............................................................................
Z-2  ..............................................................................
Z-3  ..............................................................................
Z-4  ..............................................................................
HJ-2 ...............T...........T..................................................
K-2  ...............AA....TT......A.TCCA...........................................
G-2  ...............TTA......A..A..................................................
```

图 22 亚洲小车蝗 28 个个体及 2 个外群种 mtDNA 16S rRNA 267bp 基因序列

三、系统进化树

以鼓翅皱膝蝗和宽须蚁蝗为外群种构建内蒙古7个不同地理种群的亚洲小车蝗共28个个体和18个单倍型的分子系统树，UPGMA和NJ法的聚类结果基本一致（图23），各分支的置信度用Boot-strap 1000循环检验，最低和最高置信度分别为87和100。聚类结果显示，28个亚洲小车蝗个体总体上聚在2个主要簇群中，赤峰（C-2）、通辽（T-2）、呼伦贝尔（H-2）的亚洲小车蝗首先聚成一簇，随后又与其他地区的亚洲小车蝗种群构成聚类簇Ⅰ。2个外群种分别聚成一簇，构成了聚类簇Ⅱ和Ⅲ。Ⅰ与Ⅱ先聚成一簇，表明鼓翅皱膝蝗与亚洲小车蝗的亲缘关系更近一些。除通辽（T-2）、赤峰（C-2）、呼伦贝尔（H-2）的3个个体表现出与其他个体较大的遗传差异外，种群内的多数个体间差异并不明显，呈现一种平行式的分布。同一地理种群间的个体相聚概率较大，同时，不同地理种群间的个体也可以较高的置信度相聚。聚类结果与种群地理距离间没有明显的相关性，亚洲小车蝗不同地理种群的个体之间呈现一种平行式的分布关系。2个外群种与亚洲小车蝗间的遗传差异较大。

昆虫线粒体DNA能够全面地反映种群间和种群内的遗传差异，如果地理种群间存在天然的或者人为的隔离屏障造成它们间基因交流的大幅度降低，mtDNA结构的地理变异可在短期内发生。mtDNA16S rRNA基因主要由1 500个核苷酸组成，其进化速率要比细胞核DNA编码的核糖体RNA快。16S rRNA基因一直以来备受研究者青睐的原因有几点：一是所有昆虫体内都有该基因存在；二是该基因具有高度的特异性和保守性；三是它具有足够长的基因序列，大约包含50个左右的功能域。因此，16S rRNA基因在许多领域被广泛地用于研究昆虫系统发育关系和群体遗传差异。

对亚洲小车蝗的线粒体16S rRNA部分基因扩增、测序得到289bp的序列，序列的A+T平均含量为69.9%，G+C含量为30.1%，A+T含量明显高于G+C的含量。这种现象在昆虫中比较普遍。多数变异发生在密码子的第3位点上，占50.14%，与直翅目的斑腿蝗科、蝗总科部分种类的研究结果一致。转换数明显高于颠换数，没有碱基的插入/缺失变异。这些结果说明，不同地理群体间DNA序列较多发生同义突变，密码子第3位点表现出极高的替换频率，该位点所发生的碱基替换大多属于同义替换，很少引起氨基酸的改变。

分子系统树表明，各地亚洲小车蝗种群基本聚成一簇，说明各地理种群间差异很小，有一定程度的分化，但分化程度较低。发生变异的位点主要集中在

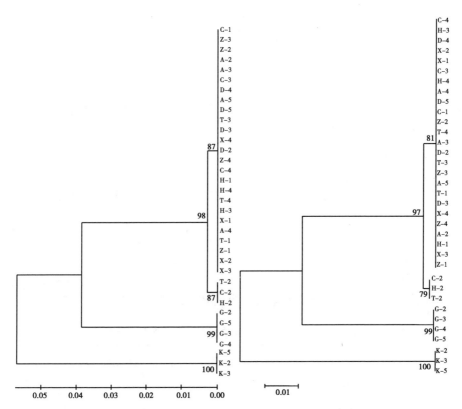

图23　28 个亚洲小车蝗及 2 个外群种 16S rRNA 基因序列
UPGMA 和 NJ 分子系统树

T-2、C-2、H-2 上。单倍型在系统树中的分布散乱、混杂，也没有显示出明显的地理分布族群，不同的群体之间在遗传物质上有着较大的保守性，种群彼此之间的遗传分化程度与其间相隔的地理距离之间并不具有显著的相关性。选取的 2 个外群种中鼓翅皱膝蝗先与亚洲小车蝗聚成一簇，表明鼓翅皱膝蝗与亚洲小车蝗的亲缘关系更近一些。

　　本研究选取了内蒙古地区 7 个地理种群的亚洲小车蝗，每个种群仅取了 4 个样品进行分析，研究个体数有些不足，为了更全面地反映亚洲小车蝗各地理种群间遗传变异和空间分布规律的内在联系，还需增加地理种群数量和样品数量及应用其他分子生物学手段进行进一步探讨，以期为亚洲小车蝗的区域性控制提供全面的科学依据。

第十一节　内蒙古亚洲小车蝗种群遗传多样性和遗传分化的 ISSR 分析

　　简单重复序列间区（inter-simple sequence repeat）（ISSR），是 1994 年由 Zietkiewicz 等基于 SSR 标记开发的一种分子标记方法。其操作简单、成本小、多态性丰富、可重复性好等优点被广泛地应用到分子研究当中，例如种群遗传多样性和种质资源鉴定的研究、亲缘关系的研究、系统发育的研究等。目前，被认为是最简便有效的分子标记技术之一。以前关于 ISSR 的研究大多集中于对植物的研究之中，近年来，随着分子标记技术的不断完善和发展，ISSR 技术在动物和昆虫的相关领域研究中也越来越受到专家学者们的关注。

　　本研究首次应用 ISSR 标记技术对内蒙古 15 个不同地点亚洲小车蝗种群的遗传多样性及种群间的分化进行分析，以期揭示不同地区亚洲小车蝗种群间的遗传分化和基因交流程度，进而从分子水平探索不同地区亚洲小车蝗种群间的内在联系，为制定亚洲小车蝗的综合治理策略提供必要的基础。

表 26　7 条 ISSR 引物对 15 个亚洲小车蝗种群扩增信息

位点 Locus	引物序列 Primer sequence	退火温度 （℃） Annealing Temperature	扩增条带数 No. of bands scored	多态性 （%） Polymorphism	多态信息 含量 PIC	基因分化 系数 Gst	基因流 Nm
807	AGAGAGAGAGAGAGAGT	48~55		100	0.849 7	0.431 4	0.659 0
810	GAGAGAGAGAGAGAGAT	50~53.5		100	0.854 4	0.460 6	0.585 5
811	GAGAGAGAGAGAGAGAC	50~53.6		100	0.840 5	0.439 5	0.637 6
812	GAGAGAGAGAGAGAGAA	50~53.7		100	0.852 1	0.190 5	2.125 1
823	TCTCTCTCTCTCTCTCC	48~55		100	0.825 6	0.338 9	0.975 5
880	GGAGAGGAGAGGAGA	48~55		100	0.855 0	0.323 3	1.046 6
899	CATGGTGTTGTTCATTGTTCCA	55~58.5		100	0.848 8	0.162 4	2.579 4
mean				100	0.846 6	0.335 2	1.229 8

一、7 条 ISSR 引物对 15 个亚洲小车蝗 PCR 扩增结果

　　7 条 ISSR 引物共扩增出 85 个色彩明亮、清晰可辨的条带（图 24 至图 30），

每条引物扩增出的条带数为 9～15，平均为 12.142 9，引物 880 扩增出的条带数最多为 15 条，823 扩增出的条带数最少为 9 条。本研究扩增出的所有条带均为多态性条带（多态性均为 100%）（表 26）。7 条 ISSR 引物的平均多态信息含量（*PIC*）为 0.846 6，均大于 0.5。

表 27　内蒙古亚洲小车蝗 15 个种群的种群内遗传变异统计

种群 populations	条带数 N	多态比例 P	Nei's 遗传多样性 H±SD	香农信息指数 I±SD
KQ	69	0.811 8	0.184 2±0.209 6	0.271 1±0.299 2
KL	74	0.870 6	0.246 8±0.209 0	0.363 2±0.293 5
BY	74	0.870 6	0.232 7±0.217 6	0.339 4±0.305 6
AZ	68	0.800 0	0.212 8±0.212 3	0.313 2±0.300 3
EQ	69	0.811 8	0.232 8±0.209 6	0.343 0±0.296 0
SQ	66	0.776 5	0.218 2±0.208 1	0.323 2±0.294 3
DM	67	0.788 2	0.212 7±0.211 8	0.313 6±0.299 0
CH	67	0.788 2	0.232 1±0.210 5	0.341 9±0.296 6
BQ	65	0.764 7	0.232 9±0.216 5	0.339 8±0.305 1
HQ	69	0.811 8	0.243 4±0.203 4	0.361 0±0.286 2
HD	74	0.870 6	0.246 6±0.204 9	0.364 6±0.288 3
GY	74	0.870 6	0.232 7±0.198 2	0.348 6±0.279 8
DL	71	0.835 3	0.218 4±0.199 8	0.327 5±0.283 2
WZ	70	0.823 5	0.250 4±0.213 8	0.365 7±0.300 1
BZ	76	0.894 1	0.281 4±0.196 5	0.415 9±0.271 6
mean	70.2	0.825 9	0.231 9±0.208 1	0.342 1±0.293 3

N 为扩增条带数；*P* 为多态比例；*H* 为 Nei's 遗传多样性；*I* 为香农信息指数；SD 为标准差

二、亚洲小车蝗种群内遗传多样性

由表 27 可知，15 个亚洲小车蝗种群扩增条带的多态比例（*P*）为 76.47%～89.41%，平均为 82.59%，其中正镶白旗种群最低，巴林左旗种群最高。香农信息指数（*I*）为 0.271 1～0.415 9，平均值为 0.342 1±0.293 3。Nei's 遗传多样性指数（*H*）为 0.184 2～0.281 4，平均值为 0.231 9±0.208 1，克什克腾旗种群最低，巴林左旗种群最高，表明巴林左旗种群的遗传多样性程度最丰富，而克什克

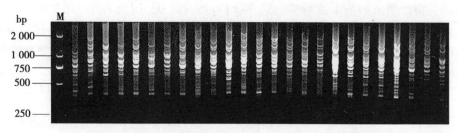

图 24　引物 807 对亚洲小车蝗部分个体 DNA 扩增结果

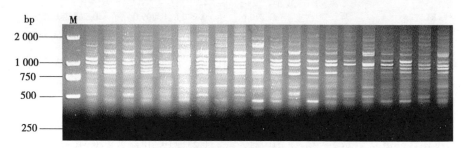

图 25　引物 810 对亚洲小车蝗部分个体 DNA 扩增结果

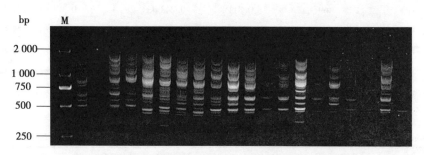

图 26　引物 811 对亚洲小车蝗部分个体 DNA 扩增结果

腾旗种群的遗传多样性较差。

　　7 条 ISSR 引物共扩增出 85 个色彩明亮、清晰可辨的条带，引物 880 扩增出的条带数最多为 15 条，823 扩增出的条带数最少为 9 条，7 条引物平均扩增条带数为 12. 142 9。本研究扩增出的所有条带均为多态性条带。多态信息含量（*PIC*）是遗传多样性的度量指标，其值越大，说明基因丰富度越高。Botstein 等提出，当 *PIC*>0. 5 时，该基因位点为高度多态性位点；当 0. 5>*PIC*>0. 25 时，该位点为中度多态性位点；当 *PIC*<0. 25 时，该位点为低度多态性位点。本研究所选用的

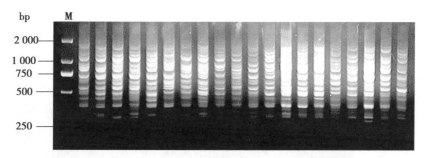

图 27　引物 812 对亚洲小车蝗部分个体 DNA 扩增结果

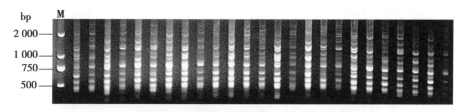

图 28　引物 823 对亚洲小车蝗部分个体 DNA 扩增结果

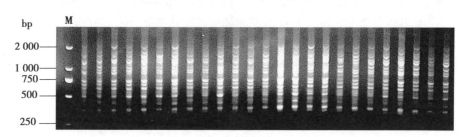

图 29　引物 880 对亚洲小车蝗部分个体 DNA 扩增结果

7 个 ISSR 引物检测到的 *PIC* 值均大于 0.5。综上所述，这 7 个位点均为高度多态性位点，都能为本研究的遗传多样性分析提供充足信息。

15 个地理种群扩增出的条带数范围为 65~76 条，其中巴林左旗种群最多，正镶白旗种群最少，均值为 70.2。多态比例为 76.47% ~ 89.41%，平均为 82.59%，其中正镶白旗种群最低，巴林左旗种群最高。香农信息指数（*I*）为 0.271 1~0.415 9，平均值为 0.342 1。Nei's 遗传多样性指数（*H*）为 0.184 2~ 0.281 4，平均值为 0.231 9，克什克腾旗种群最低，巴林左旗种群最高，表明巴林左旗种群的遗传多样性程度最丰富，而克什克腾旗种群的遗传多样性较差。

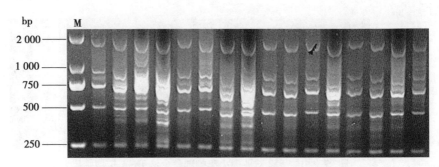

图30　引物899对亚洲小车蝗部分个体DNA扩增结果

三、亚洲小车蝗种群间遗传分化

　　7条ISSR引物对15个亚洲小车蝗种群的扩增中（表26），基因分化系数（Gst）为0.162 4~0.460 6，均值为0.335 2，其中引物810最大，899最小。基因流（Nm）为引物899最大，值为2.579 4，引物810最小为0.585 5，平均值为1.229 8。

　　在15个亚洲小车蝗遗传距离（D）和Nei's遗传相似度（S）的研究中（表28），巴林右旗种群与巴林左旗种群之间的遗传距离最小为0.040 6，固阳种群与多伦种群之间的遗传距离最大为0.281 2；Nei's遗传相似度的范围为0.754 9~0.960 3，其中固阳种群与多伦种群之间最小，巴林右旗种群与巴林左旗种群之间最大。

　　基因分化系数（coefficient of gene differentiation）（Gst）是反映群体间遗传分化的重要指标。Gst<0.05，说明种群间分化很弱；0.05<Gst<0.15，表示种群中等分化；Gst>0.15，表示种群遗传分化较大。本研究中Gst平均值为0.335 2，说明亚洲小车蝗15个种群的遗传分化较大，群体中有33.52%的变异来自种群间，66.48%的变异来源于不同个体间。李东伟等认为，亚洲小车蝗种群的变异来源主要是群体内不同个体之间产生的变异。

　　由于基因的相互交流会增加种群内的遗传变异，从而减少种群间的分化。所以，基因流Nm的存在是影响种群间遗传分化的重要因素。Slatkin认为：种群间的基因流可以阻止完全的基因固定和遗传分化。本研究中，7个ISSR引物检测到基因流（Nm）的均值为1.229 8（1<Nm<4），说明不同种群间基因交流处于中等水平。与李东伟等，韩海斌等对亚洲小车蝗不同地里种群的研究结果一致。

表 28 内蒙古亚洲小车蝗 15 个地理种群间的遗传距离和遗传相似度系数

	EQ	WZ	GY	AZ	DM	CH	HD	KQ	KL	BY	BZ	HQ	DL	BQ	SQ
EQ	—	0.854 5	0.855 8	0.805 4	0.819 4	0.788 8	0.813 6	0.813 0	0.820 1	0.808 3	0.834 6	0.805 9	0.856 0	0.816 7	0.775 1
WZ	0.157 2	—	0.880 7	0.796 0	0.865 7	0.794 2	0.835 0	0.816 3	0.832 6	0.799 3	0.820 5	0.792 4	0.785 3	0.791 6	0.834 2
GY	0.155 8	0.127 0	—	0.850 4	0.872 5	0.760 2	0.777 4	0.785 8	0.766 7	0.773 9	0.801 0	0.778 3	0.754 9	0.777 1	0.868 0
AZ	0.216 4	0.228 2	0.162 0	—	0.829 3	0.808 0	0.829 3	0.832 4	0.810 3	0.812 2	0.835 5	0.797 3	0.791 1	0.809 7	0.826 4
DM	0.199 2	0.144 2	0.136 4	0.187 2	—	0.868 1	0.872 8	0.874 5	0.858 5	0.862 2	0.884 0	0.867 6	0.841 1	0.836 5	0.908 6
CH	0.237 3	0.230 4	0.274 1	0.213 2	0.141 4	—	0.914 4	0.876 4	0.896 0	0.889 2	0.896 4	0.906 1	0.885 7	0.915 9	0.865 1
HD	0.206 3	0.180 3	0.251 8	0.187 2	0.136 0	0.089 5	—	0.900 7	0.901 5	0.903 2	0.919 0	0.936 3	0.896 0	0.925 0	0.857 7
KQ	0.207 0	0.203 0	0.241 0	0.183 5	0.134 1	0.131 9	0.104 5	—	0.935 7	0.958 4	0.950 4	0.888 5	0.902 6	0.875 6	0.861 2
KL	0.198 4	0.183 2	0.265 6	0.210 4	0.152 5	0.109 8	0.103 6	0.066 4	—	0.935 9	0.925 2	0.883 8	0.892 7	0.877 2	0.850 0
BY	0.212 8	0.224 0	0.256 3	0.208 0	0.148 3	0.117 4	0.101 8	0.042 5	0.066 2	—	0.960 3	0.917 3	0.908 3	0.895 9	0.869 1
BZ	0.180 8	0.197 8	0.221 9	0.179 7	0.123 3	0.109 4	0.084 5	0.050 9	0.077 8	0.040 6	—	0.926 0	0.910 7	0.899 3	0.877 6
HQ	0.215 7	0.232 7	0.250 7	0.226 6	0.142 1	0.098 6	0.065 8	0.118 2	0.123 5	0.086 3	0.076 9	—	0.901 4	0.910 1	0.873 7
DL	0.155 5	0.241 7	0.281 2	0.234 3	0.173 0	0.121 4	0.109 8	0.102 5	0.113 5	0.096 2	0.093 5	0.103 8	—	0.892 5	0.830 7
BQ	0.202 5	0.233 7	0.252 2	0.211 0	0.178 6	0.087 8	0.077 9	0.132 8	0.131 1	0.109 9	0.106 1	0.094 2	0.113 7	—	0.878 4
SQ	0.254 8	0.181 2	0.141 6	0.190 7	0.095 9	0.144 9	0.153 5	0.149 4	0.162 5	0.140 3	0.130 6	0.135 0	0.185 5	0.129 6	—

对角线上方为遗传相似度系数，对角线下方为遗传距离

四、亚洲小车蝗 15 个种群间的聚类分析

通过遗传距离，采用 UPGMA 方法对亚洲小车蝗 15 个不同地理种群进行聚类分析，得到聚类图（图 31）。结果显示，基于遗传聚类 15 个亚洲小车蝗种群共聚为 5 组，地理距离较近的种群聚为同一组或相邻组，第 1 支包含有巴林左旗种群、巴林右旗种群、克什克腾旗种群、开鲁种群和多伦种群；第 2 支为察右后旗种群、正镶白旗种群、化德种群和镶黄旗种群所组成；第 3 支包括达茂旗和四子王旗两个地理种群；第 4 支只有阿拉善左旗种群；第 5 支由鄂托克旗种群、乌拉特中旗种群和固阳种群组成。15 个亚洲小车蝗种群可分为两个大的分支，其中位于内蒙古西部的 4 个种群聚为一支；位于中部和东南部的其余 11 个种群聚为一支。

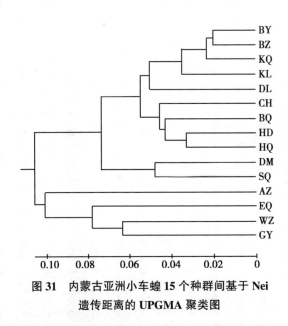

图 31　内蒙古亚洲小车蝗 15 个种群间基于 Nei 遗传距离的 UPGMA 聚类图

五、遗传距离与地理距离的相关性分析

使用 TFPGA 软件对亚洲小车蝗 15 个种群的遗传距离和地理距离进行 mantel 测定（图 32），回归方程为 $y = 2\ 715.5x + 69.119$，相关系数 $r = 0.501\ 1$（$P = 0.001 < 0.01$）。由此可见，内蒙古地区亚洲小车蝗种群间的遗传距离与其地理距

离呈极显著相关关系。

种群间的遗传分化主要是地理接近的作用。本研究中 15 个种群的亚洲小车蝗的聚类分析验证了这一结论，15 个地理种群共聚为 5 支，第 1 支包含有巴林左旗种群、巴林右旗种群、克什克腾旗种群、开鲁种群和多伦种群；第 2 支由察右后旗种群、正镶白旗种群、化德种群和镶黄旗种群所组成；第 3 支包括达茂旗和四子王旗两个地理种群；第 4 支只有阿拉善左旗种群；第 5 支由鄂托克旗种群、乌拉特中旗种群和固阳种群组成，其中阿拉善左旗种群单独聚为一支，可能是因为阿拉善左旗种群的样本采集于贺兰山以西，与其他种群形成较大的地理隔离造成的。所以，本研究认为地形的差异也是亚洲小车蝗种群遗传变异的重要因素。

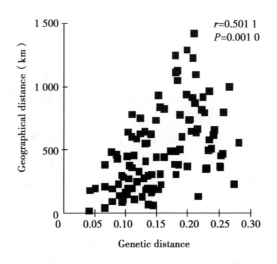

图 32 内蒙古亚洲小车蝗 15 个种群的遗传距离
与地理距离间的回归分析

本研究表明种群间遗传分化与地理距离呈正相关关系，这与大多数研究结果相一致。但是高书晶等对不同地理种群亚洲小车蝗线粒体的 ND1、16S 和 COI 序列的分析结果认为，不同地理区域的亚洲小车蝗并没有受到地理环境的影响，遗传距离与地理距离没有显著相关性，造成这一结果的原因可能是单一序列的所含有的遗传信息太少，不能对同一种蝗虫进行有效的分析。孙洁茹等采用 SSR 标记分析了中国梨木虱 *Cacopsylla chinensis* 种群的遗传多样性，结果表明中国梨木虱种群遗传距离与地理距离无明显的相关关系，中国梨木虱各种群间基因交流频繁，遗传分化很低，可能与中国梨木虱随苗木各地引种而迁移有关。孙嵬对科尔沁地区的亚洲小车蝗和黄胫小车蝗的遗传多样性进行研究，结果认为种群遗传距离与地理距离之间无显著相关关系，导致这一结果可能是由于取样范围太小造成的。

本研究首次选用 ISSR 标记的方法对亚洲小车蝗种群的遗传多样性进行研究，结果认为对于亚洲小车蝗等主要通过自然迁移扩散的种类，地理距离和地形差异是限制其种群间基因交流，导致遗传分化较高的主要原因。

第十二节　不同样本保存方法及冷冻胁迫对蝗虫基因组 DNA 提取的影响

蝗虫是农田、草原上的毁灭性害虫。近年来，随着气候异常，生态环境日益恶化，蝗虫灾害发生频繁，为害逐年加重，严重影响农业、畜牧业的可持续发展和农田、草原生态环境质量。2000 年以来，仅内蒙古草原蝗虫灾害连续 7 年大面积暴发成灾，已成为自治区草原生态和畜牧业生产中最为严重的生物灾害之一，对农牧民生活带来了巨大的损失。

为了有效地防治蝗虫为害，国内外学者已经从分类学、生态学、遗传学等进行了大量研究工作。目前，为阐明现存蝗虫生物学特性，寻求对蝗虫的有效治理，运用分子系统学的研究已经成为研究蝗虫的主要手段。在实际工作过程中，很难直接对活的蝗虫样本进行试验，样本 DNA 的提取质量会对试验造成影响，因此，保存样本的成为实际面临的问题，如果保存不当，样本 DNA 发生降解，则难以获得高质量的 DNA，将会影响试验的顺利完成。目前，对于蝗虫的样本保存方法，主要有乙醇保存和冷冻保存两种。本研究对比了不同保存方法以及冷冻胁迫下亚洲小车蝗基因组 DNA 的提取结果，为进一步进行蝗虫分子生物学的研究提供了必要的保障。

一、样本保存方法

液氮速冻后保存，将采集回实验室的活体蝗虫样本单头装入离心管中，将离心管放入液氮中速冻处理 3min，取出后放入 -40° 冰箱中保存 3 个月，然后进行 DNA 提取。

直接冷冻保存，将采集回实验室的活体蝗虫样本单头装入离心管中，直接放入 -40° 冰箱中保存 3 个月，然后进行 DNA 提取。

乙醇保存，将采集回实验室的活体蝗虫样本放入无水乙醇（分析纯）中保存 3 个月，然后进行 DNA 提取。

干制标本，将采集回来的活体亚洲小车蝗样本放入毒瓶中毒死后，针插保存于标本室中，放置 3 个月待完全风干后进行 DNA 提取试验。

二、液氮速冻处理对样本保存的影响

液氮速冻处理的 10 头亚洲小车蝗样本在 12h 内均无存活迹象，说明通过液氮速冻处理能够使亚洲小车蝗活体样本迅速死亡，从而消除因逆境胁迫造成的样本本身生理生化变化，避免这些变化对蝗虫样本基因组 DNA 提取产生可能的不利影响。

三、不同保存方法对基因组 DNA 提取影响

亚洲小车蝗基因组 DNA 用 1% 的琼脂糖凝胶电泳检测结果见图 33～图 35。由图可见液氮速冻后保存和无水乙醇保存的样本提取的基因组 DNA 电泳条带清晰、无拖尾且亮度高，说明得到的 DNA 浓度较大；直接冷冻保存的样本提取的 DNA 电泳检测结果显示条带整齐、无拖尾，但是亮度较低，说明得到的 DNA 浓度较小；蝗虫干标本提取的基因组 DNA 电泳检测显示条带不清楚并有明显拖尾现象，有的甚至看不到条带，说明干制标本保存会导致蝗虫基因组 DNA 发生严重的降解，会对下一步基因扩增、分子标记等分子生物学试验的进行造成不利的影响。

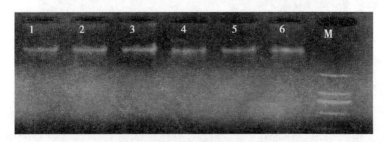

1～6. 液氮处理后保存的蝗虫样本；M. Marker

图 33　液氮处理后保存的蝗虫标本 DNA 提取结果

四、冷冻胁迫对基因组 DNA 提取影响

对比液氮速冻后保存和直接冷冻保存两种样本保存方法对蝗虫基因组 DNA

1~6. 100%乙醇保存的蝗虫样本；7~12. 直接冷冻保存的蝗虫样本；M. Marker

图34　乙醇保存和直接冷冻的蝗虫标本DNA提取结果

1~5. 蝗虫干标本；M. Marker

图35　蝗虫干标本DNA提取结果

提取结果可以看出，液氮速冻后保存的样本提取的基因组DNA明显比直接冷冻保存的样本基因组DNA的电泳条带亮度高，说明液氮速冻后保存得到的DNA的浓度较大。由此得出，样本在受到冷冻胁迫死亡的过程中会发生基因组DNA降解现象，使提取得到的DNA的浓度较小。所以，液氮速冻后保存更适合昆虫基因组学的研究。

　　不同保存方法对DNA提取的影响，本研究选用同一时间、相同地点采集，不同方法保存的亚洲小车蝗样本进行试验，避免了地域及保存时间差异对实验结果的影响。分别对液氮速冻后保存、无水乙醇（分析纯）保存、直接冷冻保存和干制蝗虫标本4种保存方法进行了基因组DNA提取的对比研究。通过DNA电泳条带与 Marker 的条带对比发现，液氮速冻后保存的标本和无水乙醇保存的标本提取的基因组 DNA 的浓度较大，琼脂糖凝胶电泳检测结果显示，DNA 电泳条带亮度高，无蛋白质污染，无降解现象；直接冷保存的标本提取的基因组 DNA 的浓度较低，琼脂糖凝胶电泳检测亮度低，干制标本提取得到的 DNA 电泳条带不清晰，降解、裂解情况严重，不能用于下一步的基因组学实验。无水乙醇保存的蝗虫标本提取效果优于直接冷冻保存的样本和干制标本，这一结果与张建珍的研究结果一致。但是在实际的样本采集过程，无水乙醇在携带、运输和邮寄中存在许多限制，所以给样本采集工作带来了许多不便。而要活体将昆虫样本拿回实验室保存也同样存在许多困难。本研究提出的液氮速冻后保存昆虫样本的方法，只要经过液氮处理即可通过冰盒来对样本进行运输、携带和邮寄，不仅基因组 DNA 提取效果好，而且也解决了无水乙醇在样本采集保存中出现的一些问题，在实际工作中较为实用。由于处理完昆虫样本的液氮还可以继续在研磨和其他方面使用，还可以节省采集成本。该方法同样适用于其他小型昆虫和动物。

蝗虫样本的 DNA 降解，昆虫基因组 DNA 提取是昆虫基因组学研究的基础，基因组 DNA 提取质量高、浓度大、连续片段长，是在后续 PCR、测序等实验中能够得到研究者想要的目的基因片段的首要前提。如果提取得到的基因组 DNA 有降解，在实验的结果中有可能得不到目的基因或者得到伪目的基因，对研究的准确性造成影响。王义权等对不同固定剂保存的蛇肌肉组织进行了 DNA 提取并使用获得的 DNA 进行随机引物扩增研究，结果表明，降解后的小分子 DNA 对扩增结果的可重复性有较大影响。干制标本的基因组 DNA 主要受内源酶水解而遭到破坏。昆虫死亡后，细胞内失去神经系统的调控，细胞内的酶对基因组 DNA 进行大量降解。所以，采取何种方法对野外昆虫标本采集保存，降低 DNA 降解程度，在基因组学的实验中尤为重要。本研究对比了液氮速冻处理和直接冷冻保存的蝗虫样本基因组 DNA 的提取结果，得出，液氮处理后冷冻保存比直接冷冻保存得到的基因组 DNA 的质量高，结果说明，在低温胁迫下，蝗虫标本的细胞在死亡过程中发生 DNA 降解。研究者证明，植物在逆境胁迫下会有 DNA 降解发生，但在动物界还没有相似的报道。

第十三节 基于 rDNA 部分序列的亚洲小车蝗遗传多样性分析

核糖体 DNA（rDNA）是目前广泛使用的细胞核 DNA 分子标记，其编码区的序列高度保守，间隔区的进化速度大约与物种形成的进程相仿（张仁利等，2007；Miller 等，1996；Ji 等，2003）。rDNA 中的内转录间隔区（rDNA-ITS）序列的进化速率较快，可以提供较丰富的变异位点和信息位点（王莉萍等，2007）。至 2000 年年底人们已对无脊椎动物中的 6 个门，62 个属的动物的 ITS 序列做过研究（唐伯平等，2002）。王莉萍等（2007）对美洲斑潜蝇 Liriomyza sativae Blanchard 不同地理种群的 ITS1 序列进行了分析研究，李正西和沈佐锐（2002）对松毛虫赤眼蜂 Trichogramma dendrolimi Matsumura 的不同地理种群的 ITS2 序列进行了研究分析，探讨了它们之间的系统发生关系。

本研究对内蒙古地区 15 个地点亚洲小车蝗的一段 rDNA 序列进行扩增、测序和比较分析。希望从分子水平对同种蝗虫不同自然种群遗传分化的影响，为其利用与综合防治提供遗传学方面的依据，从而为重灾蝗区蝗虫的防治工作提供基础资料。

供试的亚洲小车蝗采自内蒙古 15 个不同地点的自然种群，用养虫笼活体带回实验室后，单头装入离心管中液氮处理后-40℃冷冻保存。

表 29　亚洲小车蝗采集信息

种群代码 Population code	采集地点 Collecting locality	地理坐标 Geo-coordinates	海拔（m） Altitude	采集日期 Collecting date
KL	开鲁县 Kailu County	43°38′19. 2″N，121°34′3. 12″E	240	2010-8-5
BZ	巴林左旗 Baarin Left Banner	43°47′27. 99″N，119°11′32. 14″E	691	2010-8-13
BY	巴林右旗 Baarin Right Banner	43°22′33. 91″ N，118°45′2. 80″E	643	2010-8-13
KQ	克什克腾旗 Hexigten Banner	43°18′17. 88″N，116°49′57. 12″E	1 249	2011-8-17
DL	多伦县 Duolun County	42°02′9. 49″N，116°25′1. 44″E	1 324	2010-8-4
BQ	正镶白旗 Zhengxiangbai Banner	42°13′7. 08″N，115°06′18. 42″E	1 400	2011-8-16
HD	化德县 Huade County	41°57′31. 8″N，114°03′15. 42″E	1 461	2011-8-16
HQ	镶黄旗 Xianghuang Banner	42°19′21. 22″N，114°4′57. 12″E	1 241	2010-7-20
CH	察右后旗 Chahar Right Back Banner	41°29′50. 227″N，112°29′32. 33″E	1 536	2011-8-16
SQ	四子王旗 Siziwang Banner	41°46′41. 04″N，111°49′38. 4″E	1 419	2010-8-10
DM	达茂旗 Darhan Muminggan United Banner	41°32′44. 7″N，110°32′29. 7″E	1 476	2011-7-28
GY	固阳县 Guyang County	41°28′16. 8″N，109°44′19. 2″E	1 641	2011-7-28

（续表）

种群代码 Population code	采集地点 Collecting locality	地理坐标 Geo-coordinates	海拔（m） Altitude	采集日期 Collecting date
WZ	乌拉特中旗 Urat Middle Banner	41°24′59.13″N，108°11′49.28″E	1 364	2010-7-23
EQ	鄂托克旗 Otog Banner	39°34′49.26″N，107°02′32.22″E	1 652	2011-7-31
AZ	阿拉善左旗 Alxa Left Banner	38°52′1.2″N，105°48′5.04″E	1 946	2011-7-30

一、序列碱基组成分析

测序结果经与 GenBank 中已知蝗虫序列比较、剪切得到部分 5.8S，全部 ITS2 和部分 28S 共 288bp 的 rDNA 序列。测试的 15 个种群的 75 个个体序列中，共有 19 个变异位点，其中包括 16 个碱基的替换（5 个转换和 11 个颠换）和 3 个碱基插入，占所测序列的 6.60%，19 个多态性位点中包括 6 个单变异多态性位点和 13 个简约信息位点，其中碱基替换发生在密码子第一位的比例为 31.25%，第二位的占 37.50%，第三位占 31.25%。序列中 T、A、C 和 G 碱基平均含量分别为 19.9%、27.6%、19.3% 和 33.2%，G + C（60.8%）含量高于 A + T（39.2%）含量，与已知 GenBank 中 5 种蝗虫的对比序列碱基组成特点基本一致（平均碱基含量 G+C 为 63.8%，A+T 为 36.2%）。

二、亚洲小车蝗种群内遗传多样性分析

15 个亚洲小车蝗种群的遗传多样性指数，15 个种群的单倍型多样性（Hd）为 0.000~0.800，四子王旗和乌拉特中旗种群最高，察右后旗、巴林右旗和达茂旗种群最低；平均核苷酸差异数（k）在 0.000~8.000，其中正镶白旗种群最高，察右后旗、巴林右旗和达茂旗种群最低；核苷酸多样性（Pi）在 0.000 0~0.028 0，正镶白旗种群最高，察右后旗、巴林右旗和达茂旗种群最低。说明在察右后旗、巴林右旗和达茂旗种群中没有基因变异发生，四子王旗和乌拉特中旗种群变异产生的单倍型最多，正镶白旗种群发生的变异位点最多。

表 30 内蒙古亚洲小车蝗 15 个地理种群遗传多样性指数

参数 Parameter	GY	KQ	WZ	SQ	DL	KL	AZ	EQ	CH	HQ	HD	BY	DM	BZ	BQ	Mean
F_{ST}	0.078 6	0.131 5	0.402 8	0.098 1	0.159 3	0.194 3	0.148 2	0.159 3	0.145 0	0.105 2	0.148 2	0.145 0	0.145 0	0.131 5	0.050 6	0.149 5
Nm	5.933 6	1.384 6	0.451 2	2.849 8	3.012 7	1.736 0	1.351 3	3.012 7	0.231 2	3.012 7	1.351 3	0.231 2	0.231 2	1.384 6	3.645 7	1.988 0
H	2	2	3	4	2	2	2	2	1	2	2	1	1	2	2	2
Hd	0.400 0	0.400 0	0.800 0	0.800 0	0.600 0	0.600 0	0.600 0	0.600 0	0.000 0	0.600 0	0.400 0	0.000 0	0.000 0	0.400 0	0.400 0	0.426 7
K	2.000 0	1.200 0	2.400 0	6.200 0	1.800 0	1.800 0	1.200 0	1.800 0	0.000 0	1.800 0	1.200 0	0.000 0	0.000 0	1.200 0	8.000 0	2.040 0
Pi	0.007 0	0.004 2	0.008 4	0.021 7	0.006 3	0.006 3	0.004 2	0.006 3	0.000 0	0.006 3	0.004 2	0.000 0	0.000 0	0.004 2	0.028 0	0.007 1

三、亚洲小车蝗种群间遗传多样性分析

亚洲小车蝗 15 个地理种群的种群遗传分化系数（F_{ST}）为 0.050 6~0.402 8，正镶白旗种群检测到的 F_{ST} 值最小，乌拉特中旗种群检测到的 F_{ST} 值最大，均值为 0.149 5；基因流（Nm）在 0.231 2~5.933 6，固阳种群检测到的值最大，察右后旗、巴林右旗和达茂旗种群检测到的值最小，均值为 1.988 0。结果表明，15 个种群之间存在一定的基因交流和遗传分化。

四、单倍型分析

本研究的 75 条序列中鉴定出 8 个单倍型，其中有 3 个共享单倍型和 5 个独享单倍型。Hap1 被除乌拉特中旗种群以外的其他 14 个种群所共享，频率为 0.680 0；Hap2 被固阳种群与乌拉特中旗种群共享，频率为 0.040 0；Hap3 为克什克腾旗种群等 9 个种群所共享，频率为 0.213 3；其他 5 个单倍型分别被乌拉特中旗种群、四子王旗种群、四子王旗种群、阿左旗种群和正镶白旗种群独享，频率均为 0.013 3。四子王旗种群共有 4 个单倍型，在 15 个种群中最多，其次为乌拉特中旗种群，有 3 个单倍型，察右后旗、巴林右旗和达茂旗种群均只检测出 1 个单倍型，结果表明在各种群内存在一定的遗传分化。

由单倍型网络图可知，由四子王旗种群和正镶白旗独享的单倍型 Hap5 和 Hap8 分离出其他单倍型而存在，说明四子王旗种群和正镶白旗较其他种群变异程度大。Hap5 经 6 次变异形成 Hap8，Hap6 突变 3 次形成 Hap3，Hap4 和 Hap7 经过 4 次突变均可形成 Hap2。

表 31　各单倍型频率及在种群中的分布

单倍型 Haplotype	总个体数 Sample size	共享个体数 Sharing individual	频率 Frequency	种群中单倍型分布及频率 Frequency and distribution of haplotypes in populations
Hap1	75	51	0.680 0	GY (0.8)、KQ (0.8)、SQ (0.2)、DL (0.6)、KL (0.4)、AZ (0.8)、EQ (0.6)、CH (1)、HQ (0.6)、HD (0.8)、BY (1)、DM (1)、BZ (0.8)、BQ (0.8)
Hap2	75	3	0.040 0	GY (0.2)、WZ (0.4)
Hap3	75	16	0.213 3	KQ (0.2)、WZ (0.4)、SQ (0.4)、DL (0.4)、KL (0.6)、EQ (0.4)、HQ (0.4)、HD (0.2)、BZ (0.2)

（续表）

单倍型 Haplotype	总个体数 Sample size	共享个体数 Sharing individual	频率 Frequency	种群中单倍型分布及频率 Frequency and distribution of haplotypes in populations
Hap4	75	1	0.013 3	WZ（0.2）
Hap5	75	1	0.013 3	SQ（0.2）
Hap6	75	1	0.013 3	SQ（0.2）
Hap7	75	1	0.013 3	AZ（0.2）
Hap8	75	1	0.013 3	BQ（0.2）

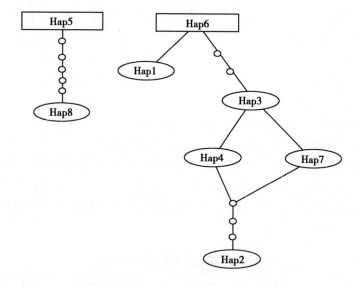

图36　单倍型网络图

五、遗传距离和地理距离的相关性分析

使用 TFPGA 软件对亚洲小车蝗 15 个种群的遗传距离和地理距离进行 mantel 测定（图37），回归方程为 $y=-804\ 5.4x+565.8$，相关系数 $r=-0.155\ 4$（$P=0.808\ 0>0.05$）。由此可见，本实验研究的亚洲小车蝗 15 个种群间的遗传距离与其地理距离间无显著的相关关系。

本研究测定的 rDNA 的 288bp 序列中 G+C 含量高于 A+T 含量与 GenBank 中

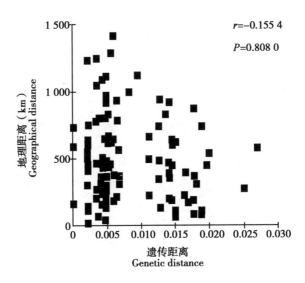

图37 内蒙古亚洲小车蝗15个种群的遗传距离
与地理距离间的回归分析

已知蝗虫的 rDNA 序列的碱基组成一致，但是与赤眼蜂（李正西和沈佐锐，2002）、褐飞虱、白背飞虱、灰飞虱（刘玉娣等，2009）、米尔顿姬小蜂（黄蓬英等，2012）的 rDNA 序列的碱基组成相反，与亚洲小车蝗线粒体基因（Ma 等，2009）的碱基组成也相反，说明不同物种之间的 rDNA 序列碱基组成存在差异而同一物种不同基因的碱基组成同样存在差异。

种群遗传分化系数 Fst 是种群间遗传分化的重要指标。Wright（1978）指出，$F_{ST}<0.05$，说明种群间分化很弱；$0.05<F_{ST}<0.15$，表示种群中等分化；$0.15<F_{ST}<0.25$，表示种群遗传分化较大。本研究中 F_{ST} 平均值为0.149 5，说明15个种群存在的遗传分化处于中等水平，群体中有14.95%的变异来自种群间，而有85.05%的变异来源于不同个体之间，个体间的变异大于种群间变异，这与李东伟等（2010）运用 RAPD 和韩海斌等（2013）运用微卫星标记对不同地点亚洲小车蝗遗传多样性研究的结果相似。

表 32　内蒙古亚洲小车蝗 15 个地理种群间的遗传距离和地理距离

种群 Population	GY	KQ	WZ	SQ	DL	KL	AZ	EQ	CH	HQ	HD	BY	DM	BZ	BQ
GY		617.07	128.64	176.92	557.39	997.45	442.38	310.05	229.39	371.73	362.25	796.99	67.37	814.71	452.15
KQ	0.005 1		739.55	443.73	145.14	383.84	1 046.77	914.32	409.08	249.48	272.13	108.06	551.99	197.70	185.68
WZ	0.013 0	0.012 7		304.52	658.37	1 121.82	349.01	226.30	358.03	497.54	490.00	918.98	195.83	937.02	579.22
SQ	0.017 0	0.014 6	0.018 1		380.86	821.75	604.55	471.63	63.64	195.79	185.49	623.72	109.89	641.08	275.24
DL	0.006 7	0.004 7	0.011 1	0.014 1		456.17	964.04	834.39	330.94	194.98	195.44	285.69	490.07	298.58	110.08
KL	0.008 2	0.005 9	0.009 5	0.013 6	0.005 5		1 417.94	1 287.04	779.92	625.99	640.55	210.72	931.32	191.65	549.16
AZ	0.005 1	0.003 4	0.012 7	0.014 6	0.004 7	0.005 9		133.10	638.98	797.31	778.25	1 226.13	500.64	1 242.97	869.36
EQ	0.006 7	0.004 7	0.011 1	0.015 1	0.005 1	0.005 5	0.004 7		507.36	664.94	646.75	1 093.87	367.56	1 110.84	738.04
CH	0.003 6	0.002 1	0.014 2	0.015	0.004 2	0.006 4	0.002 1	0.004 2		160.42	139.41	587.58	162.49	604.21	230.76
HQ	0.006 7	0.004 7	0.011 1	0.014 1	0.005 1	0.005 5	0.004 7	0.005 1	0.004 7		40.51	428.95	305.35	481.66	84.93
HD	0.005 1	0.003 4	0.012 7	0.014 6	0.004 7	0.005 9	0.003 4	0.004 7	0.002 1	0.004 7		449.17	294.97	465.51	91.40
BY	0.003 6	0.002 1	0.014 2	0.015 1	0.004 2	0.006 4	0.002 1	0.004 2	0.000 0	0.004 2	0.002 1		732.05	19.09	395.56
DM	0.003 6	0.002 1	0.014 2	0.015 1	0.004 2	0.005 9	0.002 1	0.004 2	0.000 0	0.004 2	0.002 1	0.000 0		749.61	385.09
BZ	0.005 1	0.003 4	0.012 7	0.014 6	0.004 7	0.005 9	0.003 4	0.004 7	0.002 1	0.004 7	0.003 4	0.002 1	0.002 1		375.48
BQ	0.019 6	0.017 7	0.026 9	0.025 1	0.018 9	0.020 0	0.017 7	0.018 9	0.016 5	0.018 9	0.017 7	0.016 5	0.016 5	0.017 7	

对角线上方为地理距离，对角线下方为遗传距离

Whitlock 和 Mccauley（1999）认为，由于基因的相互交流会增加种群内的遗传变异，从而减少种群间的分化。所以，基因交流 Nm 的存在是影响种群间遗传分化的重要因素。Slatkin（1987）认为，种群间的基因交流可以阻止完全的基因固定和遗传分化。本研究中 Nm 平均值为 1.988 0（$1<Nm<4$），15 个种群间基因交流处于中等水平。

本研究结果表明，内蒙古 15 种群的遗传距离与地理距离无显著相关性，这一结果与任竹梅等（2002）对不同区域日本稻蝗 Cytb 基因序列和高书晶等（2011）对亚洲小车蝗 mtDNA ND1 基因序列的研究结果一致。造成这一结果的原因可能是，本研究所选的 rDNA 序列在遗传上相对较为保守，进化较慢，在不同地理区域的亚洲小车蝗间没有达到足够的变异；也可能是亚洲小车蝗的迁移能力较强，在不同地理种群间存在较强的基因交流。这一推论符合本实验对基因交流的研究结果。李东伟等（2010）和韩海斌等（2013）运用 RAPD 和微卫星标记对不同地点亚洲小车蝗遗传多样性研究的结果显示不同地点的亚洲小车蝗种群的遗传距离与地理距离具有显著的相关性，说明单一的基因序列所涵盖的信息量难以实际的反应遗传多样性的全部规律。因此，在下一步的研究中，应该增加研究内容所涵盖的信息量和样本量，对分子系统学的研究进行更深入的探讨。

第十四节　内蒙古亚洲小车蝗种群遗传多样性的微卫星分析

遗传多样性是用以衡量一个种、亚种或种群内基因变异性的概念，是生物多样性的基础，在生物界中广泛存在：在一个自然群体中不会有两个遗传背景一致的个体（黄百渠等，1996），遗传多样性是物种多样性的主要来源（Slate 等，2002）。遗传多样性是物种长期进化的产物，是其生存适应和发展进化的必要前提。一个种群或物种的遗传多样性越高或遗传变异度越大，它对环境变化的适应能力就越强。了解了物种遗传分化的方向，就能更好地对有害生物进行综合防治。高书晶等（2010）应用等位酶、RAPD（李东伟等，2010）、线粒体 DNA 上的 ND1 序列（高书晶等，2011）和 COI 序列（高书晶等，2011）对内蒙古 5 个不同地点亚洲小车蝗种群遗传结构及多样性进行了研究，郇丽华等（2011）运用 RAPD 技术对内蒙古中东部 3 个地点亚洲小车蝗的种群遗传多样性进行了初步研究。

微卫星序列（microsatellite DNA）又称为简单序列重复（simple sequence repeat，SSR）或短串连重复（short tandem repeat），是核心序列为 1~6 个寡核苷酸

经多次重复形成的串联重复 DNA 序列（Ustinova 等，2006）。微卫星标记由核心序列和两侧保守的侧翼序列构成，保守的侧翼序列使微卫星特异地定位于染色体某一区域，核心序列重复数的差异则形成微卫星的高度多态性（高子淇等，2012）。目前已经成为群体遗传结构和遗传多样性研究中最有效的工具之一。近年来，SSR 分子标记技术已开始应用于昆虫学研究（Hermans 等，2006；Yao 等，2006；Berthier 等，2008；Aguirre 等，2010；朱翔杰等，2011；孙洁茹等，2011）。因此，本研究首次应用 SSR 标记技术对内蒙古 15 个不同地点亚洲小车蝗种群的遗传多样性及种群间的分化进行分析，以期揭示不同地区亚洲小车蝗种群间的遗传分化和基因交流程度，进而从分子水平探索不同地区亚洲小车蝗种群间的内在联系，为制定亚洲小车蝗的综合治理策略提供必要的基础。

供试的亚洲小车蝗采自内蒙古 15 个不同地点的自然种群（表 33），用笼养虫活体带回实验室后，单头装入离心管中液氮处理后冷冻保存，每个地点取 20 头蝗虫样本进行分析。

表 33 亚洲小车蝗采集信息

种群代码 Population code	采集地点 ＊ Collecting locality	地理坐标 Geo-coordinates	海拔（m） Altitude	采集日期 （年–月–日） Collecting date
KL	开鲁县 Kailu County	N：43°38′19. 2″， E：121°34′3. 12″	240	2010–8–5
BZ	巴林左旗 Balinzhuoqi	N：43°47′27. 99″， E：119°11′32. 14″	691	2010–8–13
BY	巴林右旗 Balinyouqi	N 43°22′33. 91″， E 118°45′2. 80″	643	2010–8–13
KQ	克什克腾旗 Keshiketenqi	N：43°18′17. 88″， E：116°49′57. 12″	1249	2011–8–17
DL	多伦县 Duolun County	N：42°02′9. 49″， E：116°25′1. 44″	1324	2010–8–4
BQ	正镶白旗 Zhengxiangbaiqi	N：42°13′7. 08″， E：115°06′18. 42″	1400	2011–8–16
HD	化德县 Huade County	N：41°57′31. 8″， E：114°03′15. 42″	1461	2011–8–16
HQ	镶黄旗 Xianghuangqi	N：42°19′21. 22″， E：114°4′57. 12″	1241	2010–7–20
CH	察右后旗 Chayouhouqi	N：41°29′50. 227″， E：112°29′32. 33″	1536	2011–8–16

（续表）

种群代码 Population code	采集地点 * Collecting locality	地理坐标 Geo-coordinates	海拔（m） Altitude	采集日期 （年-月-日） Collecting date
SQ	四子王旗 Siziwangqi	N：41°46′41.04″, E：111°49′38.4″	1419	2010-8-10
DM	达茂旗 Damaoqi	N：41°32′44.7″, E：110°32′29.7″	1476	2011-7-28
GY	固阳县 Guyang County	N：41°28′16.8″, E：109°44′19.2″	1641	2011-7-28
WZ	乌拉特中旗 Wulatezhongqi	N：41°24′59.13″, E：108°11′49.28″	1364	2010-7-23
EQ	鄂托克旗 Etuokeqi	N：39°34′49.26″, E：107°02′32.22″	1652	2011-7-31
AZ	阿拉善左旗 Alasanzhuoqi	N：38°52′1.2″, E：105°48′5.04″	1946	2011-7-30

图 38 亚洲小车蝗采集地

一、亚洲小车蝗遗传多样性

由表 34 可知，亚洲小车蝗 8 个微卫星位点的等位基因数为 5~11，有效等位基因数为 3.451 7~13.288 1，Shannon 信息指数为 0.701 8~4.178 9，多态信息含量为 0.560 1~0.856 3，其中 Ata68 位点最低，LmIOZc67 最高，但都大于 0.5，8 个位点的平均观测杂合度为 0.530 2，平均期望杂合度为 0.671 1，平均 Nei 氏期望杂合度为 0.669 8，说明本研究所选取的 8 个微卫星位点均为高度多态性位点且显示出丰富的遗传多样性。

15 个亚洲小车蝗种群的遗传多样性指数见表 35。结果表明，15 个种群扩增出的等位基因数为 40~58，阿拉善左旗种群最少，四子王旗种群最多；有效等位基因数为 36.814 9~51.854 3，阿拉善左旗种群最低，巴林右旗种群最高。15 个种群的观测杂合度在 0.097 7~0.298 5，期望杂合度在 0.535 1~0.657 2，Nei 氏期望杂合度在 0.530 3~0.651 3，说明 15 个亚洲小车蝗种群都存在较高的遗传变异，鄂托克旗种群的遗传变异最大，阿拉善左旗种群的遗传变异最小。

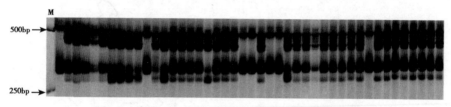

图 39　引物 Ata52 对亚洲小车蝗部分个体扩增结果

表 34　亚洲小车蝗在 8 个微卫星位点的遗传多样性

位点 Locus	观察杂合度 Observed heterozygotes Ho	期望杂合度 Expected heterozygotes He	Nei 氏期望杂合度 Nei's expected Heterozygotes H	多态信息含量 Polymorphism information content PIC	等位基因数 Number of alleles Na	有效等位 基因数 Number of effective allele Ne	Shannon 信息指数 Shannon-Weiner index I
Ata35	0.588 3	0.585 2	0.584 0	0.847 7	11	10.312 7	3.264 6
Ata52	0.646 0	0.762 3	0.760 8	0.821 4	10	6.212 3	1.500 7
LmIOZc67	0.454 0	0.714 4	0.712 8	0.856 3	15	13.288 1	4.178 9
MwGTD9	0.515 5	0.707 9	0.705 9	0.769 4	5	4.395 9	1.189 0
MwGTG12	0.479 9	0.763 0	0.761 6	0.824 3	8	7.469 6	2.614 5

（续表）

位点 Locus	观察杂合度 Observed heterozygotes Ho	期望杂合度 Expected heterozygotes He	Nei 氏期望杂合度 Nei's expected Heterozygotes H	多态信息含量 Polymorphism information content PIC	等位基因数 Number of alleles Na	有效等位 基因数 Number of effective allele Ne	Shannon 信息指数 Shannon-Weiner index I
MwGTC12	0.495 1	0.797 8	0.796 2	0.798 3	5	4.969 8	1.378 7
Ata68	0.430 6	0.424 9	0.424 6	0.560 1	6	3.451 7	0.701 8
Phr2T	0.632 5	0.612 9	0.612 3	0.836 7	11	8.549 2	2.390 9
Mean	0.530 2	0.671 1	0.669 8	0.789 3	8.875 0	7.331 2	2.152 4

表35　亚洲小车蝗15个种群的种群内遗传变异统计

种群 Population	等位基因数 Number of alleles Na	有效等位基因数 Number of effective allele Ne	观察杂合度 Observed heterozygotes Ho	期望杂合度 Expected heterozygotes He	Nei 氏期望杂合度 Nei's expected Heterozygotes H
CH	51	44.110 6±0.058 7	0.144 6±0.038 2	0.583 5±0.033 2	0.576 8±0.031 9
SQ	50	45.328 4±0.065 5	0.298 5±0.049 0	0.621 3±0.037 0	0.610 8±0.035 2
BY	57	51.854 3±0.066 1	0.244 6±0.050 8	0.635 9±0.037 4	0.625 1±0.035 5
KQ	49	46.187 4±0.061 8	0.148 6±0.047 2	0.544 2±0.034 9	0.538 2±0.033 4
HQ	50	46.490 6±0.065 2	0.121 8±0.033 5	0.566 7±0.035 9	0.561 4±0.034 7
HD	53	50.019 2±0.073 8	0.097 7±0.030 0	0.616 3±0.039 6	0.606 6±0.037 7
EQ	46	41.855 4±0.063 2	0.232 8±0.038 9	0.657 2±0.034 1	0.651 3±0.033 2
BQ	51	44.622 6±0.056 0	0.180 0±0.040 8	0.570 3±0.032 6	0.565 0±0.031 6
GY	44	40.214 7±0.064 4	0.184 9±0.052 9	0.575 2±0.036 1	0.567 1±0.034 3
DM	52	49.179 0±0.073 5	0.224 5±0.060 2	0.650 1±0.040 2	0.637 6±0.038 1
BZ	53	46.794 8±0.064 0	0.194 3±0.040 9	0.599 3±0.035 1	0.592 7±0.033 9
DL	58	51.608 4±0.063 6	0.220 6±0.047 2	0.614 7±0.035 8	0.605 2±0.034 1
WZ	46	43.372 5±0.066 0	0.118 1±0.040 8	0.555 4±0.036 0	0.550 2±0.034 7
AZ	40	36.814 9±0.058 5	0.161 7±0.049 9	0.535 1±0.032 9	0.530 3±0.031 7
KL	52	47.633 7±0.067 5	0.230 5±0.047 3	0.607 8±0.037 0	0.600 5±0.035 7
Mean	50.133 3	45.739 1±4.019 8	0.173 5±0.044 0	0.588 9±0.033 6	0.581 3±0.031 5

表中数据为平均值±标准误

二、亚洲小车蝗种群间的遗传分化

通过对 15 个种群 8 个微卫星的 F-statistics 分析可知（表 36），Ata35、Ata68 和 Phr2T 位点的近交系数为负值，表明杂合子过度，其余位点为正值，表明杂合子缺失。群体遗传分化系数 F_{ST} 为 0.065 2~0.343 7，LmIOZc67 位点最小，Ata68 位点最大，均值为 0.161 2，Nm 均值为 1.616 4，说明不同地理种群间存在一定的基因交流，且有较大的遗传分化。

表 36   F-statistics 统计分析结果以及基因流 Nm

位点 Locus	群体内近交系数 F_{IS}	群体间分化系数 F_{ST}	基因流 Gene flow Nm
Ata35	−0.005 3	0.133 8	1.619 2
Ata52	0.152 5	0.151 8	1.396 9
LmIOZc67	0.364 5	0.065 2	3.583 6
MwGTD9	0.271 8	0.144 0	1.486 5
MwGTG12	0.371 1	0.156 3	1.349 2
MwGTC12	0.379 5	0.176 0	1.170 2
Ata68	−0.013 4	0.343 7	0.477 3
Phr2T	−0.032 0	0.119 2	1.847 9
Mean	0.181 6	0.161 2	1.616 4

根据亚洲小车蝗 15 个种群间的遗传距离和遗传相似度可知（表 37），15 个种群的遗传距离在 0.109 2~0.423 5，镶黄旗与化德种群之间的遗传距离最小（0.109 2），巴林左旗与乌拉特中旗种群之间的遗传距离最大（0.423 5）。遗传相似度在 0.654 7~0.896 5，巴林左旗与乌拉特中旗种群之间的遗传相似度最小（0.654 7），镶黄旗与化德种群之间的相似度最大（0.896 5）。

三、种群聚类分析

用 MEGA 4.0 软件根据 Nei 氏无偏遗传距离利用 UPGMA 法对亚洲小车蝗 15 个种群进行聚类分析，得聚类图（图 40）。15 个不同地点的亚洲小车蝗种群共聚为 6 支：第一支，巴林左旗种群首先与距离最近的巴林右旗种群聚在一起再与相

表 37　亚洲小车蝗 15 个地理种群间的遗传距离和遗传相似度系数

种群 Population	CH	SQ	BY	KQ	HQ	HD	EQ	BQ	GY	DM	BZ	DL	WZ	AZ	KL
CH	—	0.856 0	0.814 1	0.817 3	0.798 4	0.817 0	0.798 3	0.765 5	0.803 6	0.772 0	0.733 7	0.784 7	0.814 9	0.780 8	0.747 8
SQ	0.155 5	—	0.802 8	0.707 2	0.784 0	0.784 7	0.713 4	0.736 7	0.768 9	0.825 4	0.742 5	0.779 1	0.767 0	0.702 4	0.759 4
BY	0.205 6	0.219 6	—	0.740 7	0.784 2	0.840 9	0.776 0	0.866 2	0.760 9	0.865 2	0.872 1	0.824 7	0.781 5	0.766 9	0.859 6
KQ	0.201 7	0.346 5	0.300 2	—	0.834 6	0.839 2	0.804 6	0.757 0	0.807 9	0.712 2	0.699 7	0.840 6	0.787 1	0.742 0	0.720 1
HQ	0.225 1	0.243 4	0.181 3	0.180 8	—	0.896 5	0.814 5	0.860 3	0.865 2	0.855 2	0.771 1	0.842 4	0.772 0	0.816 3	0.756 0
HD	0.202 1	0.242 5	0.173 3	0.175 3	0.109 2	—	0.822 7	0.865 0	0.800 9	0.814 1	0.826 1	0.870 2	0.726 4	0.753 8	0.757 0
EQ	0.225 2	0.337 7	0.253 6	0.217 4	0.205 1	0.195 1	—	0.719 5	0.716 9	0.745 2	0.765 6	0.733 9	0.756 2	0.695 5	0.733 5
BQ	0.267 3	0.305 6	0.143 7	0.278 4	0.150 5	0.145 0	0.329 2	—	0.768 5	0.798 2	0.779 1	0.805 3	0.742 0	0.829 0	0.787 6
GY	0.218 6	0.262 8	0.273 2	0.213 3	0.144 8	0.222 1	0.332 8	0.263 3	—	0.872 2	0.687 1	0.780 7	0.820 8	0.764 6	0.716 4
DM	0.258 8	0.191 9	0.144 8	0.339 4	0.156 4	0.205 7	0.294 1	0.225 4	0.136 8	—	0.773 6	0.810 8	0.829 4	0.734 0	0.813 8
BZ	0.309 7	0.297 7	0.136 9	0.357 1	0.260 0	0.191 0	0.267 1	0.249 6	0.375 3	0.256 7	—	0.792 3	0.654 7	0.719 9	0.800 6
DL	0.242 4	0.249 7	0.192 7	0.173 7	0.171 5	0.139 0	0.309 3	0.216 5	0.247 6	0.209 7	0.232 8	—	0.757 1	0.779 1	0.813 1
WZ	0.204 9	0.265 2	0.246 5	0.239 4	0.258 8	0.319 6	0.279 5	0.298 4	0.197 4	0.209 7	0.423 5	0.278 3	—	0.739 0	0.750 7
AZ	0.247 4	0.353 2	0.265 4	0.298 3	0.203 0	0.282 6	0.363 1	0.187 5	0.268 4	0.309 3	0.328 6	0.249 7	0.302 4	—	0.715 6
KL	0.290 6	0.275 2	0.151 2	0.328 3	0.279 7	0.278 4	0.309 9	0.238 8	0.333 5	0.206 1	0.222 4	0.206 9	0.286 7	0.334 6	—

对角线上方为遗传相似度系数，对角线下方为遗传距离

邻的开鲁种群相聚；第二支，化德种群与镶黄旗种群聚在一起再与正镶白旗种群相聚，再与聚在一起的克什克腾旗种群和多伦种群相聚；第三支，察右后旗种群和四子王旗种群聚在一起；第四支，固阳种群与达茂旗种群相聚再与乌拉特中旗种群聚在一起；第五支，鄂托克旗种群；第六支，阿拉善左旗种群。

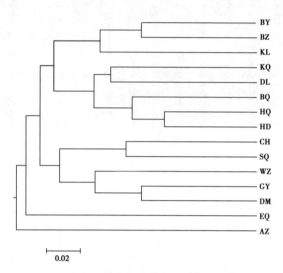

图 40　亚洲小车蝗 15 个种群间基于 Nei 氏无偏差遗传距离的 UPGMA 聚类图

四、遗传距离与地理距离的相关性分析

使用 TFPGA 软件对亚洲小车蝗 15 个种群的遗传距离和地理距离进行 mantel 测定（图 41），回归方程为 $y = 2\,129.5x - 24.736$，相关系数 $r = 0.424\,4$（$P = 0.001 < 0.01$）。由此可见，内蒙古地区亚洲小车蝗种群间的遗传距离与其地理距离呈极显著相关关系。

张娜娜等（2012）认为，每个微卫星位点要想作为评估遗传多样性的初步标准必须能够扩增出不少于 4 个等位基因。有效等位基因数也是体现种群遗传分化程度一个指标，但是等位基因数和有效等位基因数受样本量的影响（Maudet 等，2002），会随着样本数量的增加而增加（闫路娜和张德兴，2004）。本研究所使用的 8 个微卫星位点所扩增出的等位基因均大于 4 个，平均有效等位基因数为7.331 2，说明 8 个位点均可作为评估遗传多样性的标准，具有较高的基因丰富

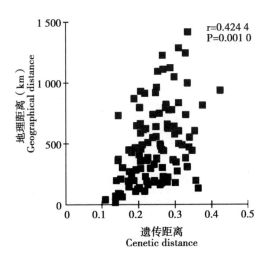

图41　亚洲小车蝗15个种群的遗传距离
与地理距离间的回归分析

度和遗传变异度，且本研究的样本量能够满足遗传多样性分析的要求。

多态信息含量（*PIC*）是遗传多样性的度量指标，其值越大，说明基因丰富度越高。Botstein 等（1980）提出，当 *PIC*>0.5 时，该基因位点为高度多态性位点；当 0.5>*PIC*>0.25 时，该位点为中度多态性位点；当 *PIC*<0.25 时，该位点为低度多态性位点。本研究所选用的 8 个微卫星位点的 *PIC* 值均大于 0.5，说明这 8 个位点均为高度多态性位点，都能为遗传多样性的分析提供充足信息。其中 LmIOZc67 位点最高为 0.856 3，Ata68 位点最低为 0.560 1。实验证明，不同的位点对种群的多态性表现不同，进一步说明了实验前期对于微卫星引物筛选的重要性。

杂合度的大小可反映遗传变异程度的高低，杂合度越高说明该群体内遗传变异越大，反之则群体内的遗传变异越小（杨建宝等，2012）。Takezaki 和 Nei（1996）提出，微卫星计算出的杂合度在 0.3～0.8 则可以说明群体有遗传多样性。本研究中亚洲小车蝗种群的平均期望杂合度为 0.588 9，说明本研究所选取的 15 个亚洲小车蝗种群均显示出了较高的遗传变异水平和丰富的遗传多样性。阿拉善左旗种群最低为 0.535 1，鄂托克旗种群最高为 0.657 2。但李东伟等（2010）的研究结果与本研究正好相反，阿拉善左旗种群的遗传多样性最高。我们认为本研究的结果更有说服力，因为亚洲小车蝗阿拉善左旗种群采集地东面为贺兰山，其他三面为荒漠戈壁，而且与亚洲小车蝗主要发生区（中东部）相距遥远，减少了与其他地区的基因交流，从而导致其种群内部遗传变异减少、多样性降低。因此，与 RAPD 方法相比，SSR 方法能更好地反映种群的遗传变异和多样性。

亚洲小车蝗种群间的遗传分化，Weir 和 Cockerham（1984）提出，$F_{IS}>0$，表明杂合子缺失；$F_{IS}<0$，表明杂合子过度。本研究 8 个微卫星位点中 Ata35、Ata68 和 Phr2T 位点表现为杂合子过度，可能是因为群体性别比例失衡和人为干扰导致稀有碱基的缺失造成的。

群体间分化系数 Fst 是反映群体间遗传分化的重要指标。Wright（1978）指出，$F_{ST}<0.05$，说明种群间分化很弱；$0.05<F_{ST}<0.15$，表示种群中等分化；$0.15<F_{ST}<0.25$，表示种群遗传分化较大。本研究中 F_{ST} 平均值为 0.161 2，说明 15 个种群的遗传分化较大，群体中有 16.12% 的变异来自种群间，83.88% 的变异来源于不同个体间。李东伟等（2010）的结果与本研究相似，20.97% 的变异来自种群间，79.03% 的变异来源于不同个体间。后者个体间的变异低于本研究的，可能是后者每个种群的样本量（10 头）少于本研究样本量（20 头）。因为一般随着样本量的增加，基因丰富度增加（闫路娜和张德兴，2004）。因此，进行种群遗传多样性研究时，必须保证足够的样本量。否则，研究结果的可靠性不足。

由于基因的相互交流会增加种群内的遗传变异，从而减少种群间的分化（Whitlock and McCauley，1999）。所以，基因交流 Nm 的存在是影响种群间遗传分化的重要因素。Slatkin（1987）认为：种群间的基因交流可以阻止完全的基因固定和遗传分化。本研究中 Ata68 位点的值小于 1，说明在 Ata68 位点上亚洲小车蝗群体的遗传分化低，其他的 7 个位点上 $1<Nm<4$，说明不同种群间基因交流处于中等水平。这说明虽然亚洲小车蝗具有较强的迁移扩散能力（蒋湘等，2003），但由于高山、沙漠等地理障碍作用，从而使亚洲小车蝗不同种群间基因交流处于中等水平。

聚类分析及遗传分化与地理距离的相关性分析，15 个不同地点的亚洲小车蝗种群共聚为 6 支。第一支，巴林左旗种群首先与距离最近的巴林右旗种群聚在一起再与相邻的开鲁种群相聚；第二支，化德种群与镶黄旗种群聚在一起再与正镶白旗种群相聚，再与聚在一起的克什克腾旗种群和多伦种群相聚；第三支，察右后旗种群和四子王旗种群聚在一起；第四支，固阳种群与达茂旗种群相聚再与乌拉特中旗种群聚在一起；第五支，鄂托克旗种群；第六支，阿拉善左旗种群。第一支的巴林左旗、巴林右旗和开鲁种群与其他种群被大兴安岭隔开，且采集地海拔高度均低于 1 000m，可能是造成与其他地区种群形成遗传分化的主要原因；第二支的 5 个种群位于大兴安岭以西和浑善达克沙地以南；第三支的 2 个种群和第四支的 3 个种群均位于阴山山脉以北；第五支的鄂托克旗种群位于贺兰山以东、阴山山脉和黄河以南；第六支的阿拉善左旗种群位于贺兰山以西。因此，高山和沙漠对不同地区亚洲小车蝗种群的迁移具有阻碍作用，从而可能是形成遗传分化的主要原因。

本研究研究表明种群间遗传分化与地理距离呈正相关关系，这与大多数研究结果相一致（李春选等，2004；张民照和康乐，2005；李东伟等，2010）。但孙洁茹等（2011）采用 SSR 标记分析了中国梨木虱种群的遗传多样性，结果表明中国梨木虱种群遗传距离与地理距离无明显的相关关系，说明中国梨木虱种群间的基因交流并未受到地理距离的限制。中国梨木虱各种群间基因交流频繁，遗传分化很低，可能与中国梨木虱随苗木各地引种而迁移有关。因此，我们认为对于亚洲小车蝗等主要通过自然迁移扩散的种类，地理距离、高山和沙漠等地理障碍是限制其种群间基因交流，导致遗传分化较高的主要原因。本研究结果进一步说明种群间遗传分化主要是地理接近（geographic proximity）的作用（Scribner，1986）。

第七章　内蒙古地区主要蝗虫遗传变异分析

第一节　亚洲小车蝗和黄胫小车蝗不同
地理种群遗传分化研究

RAPD（random amplified polymorphic DNA，随机引物扩增多态性DNA）技术是1990年由Williams和Welsh同时提出的一项在DNA分子水平上的多态性检测技术。它用于研究动物的遗传分化已有几十年的历史了，虽然其存在稳定性问题，但由于具有简捷、快速、成本低、信息含量丰富等特点，被广泛应用于种、属级单元的分类鉴定、遗传图谱构建、物种亲缘关系和种群遗传学等领域的研究。目前在国内外仍然是研究遗传分化的重要手段（Nkongolo，Michael等，2002）。在RAPD分析中，扩增区域随机分布于整个染色体基因组中，运用大量引物可对整个基因组进行地毯式多态性分析，2个基因组之间的微小差异也能被反映出来，因此，RAPD技术在种下不同种群及近缘种亲缘关系的研究中具有突出的优势（Ma R等，2004；Birmeta等，2004；赵锦和刘孟军，2003）。

表1　用于RAPD研究的小车蝗标本

种群名称 Species	采集地点 sites	代码 Code	个体数 Numbers	采集时间 Date	保存方式 Storage
亚洲小车蝗 O. asiaticus	呼伦贝尔	YZ-HM	10	2008年8月	冷冻保存
亚洲小车蝗 O. asiaticus	兴安盟	YZ-XAM	10	2008年8月	冷冻保存
亚洲小车蝗 O. asiaticus	包头市	YZ-BT	10	2008年8月	冷冻保存
黄胫小车蝗 O. infernalis	呼伦贝尔	HL-HM	10	2007年8月	冷冻保存
黄胫小车蝗 O. infernalis	兴安盟	HL-XAM	10	2007年8月	冷冻保存

一、基因组 DNA 提取结果

对冷冻标本采用改进的酚氯仿法进行了基因组 DNA 的提取，提取的样品经琼脂糖凝胶电泳检测，结果显示：DNA 带型整齐，无降解（图 1），说明此方法提取的 DNA 可满足 RAPD 研究的需要。

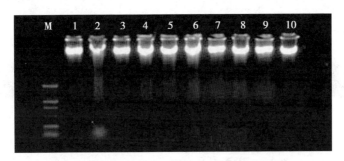

图 1　蝗虫基因组 DNA（部分）的电泳检测图

二、RAPD-PCR 扩增结果

用筛选的 8 条随机引物对亚洲小车蝗和黄胫小车蝗的 5 个种群 50 个个体进行扩增，共获得稳定、清晰可见的条带 65 条，各片段分子量大小在 200~2 500 bp。带型具有明显属种间多态性。一般每条引物扩增的条带数为 6~10 条。分析各物种带型特点发现，亚洲小车蝗和黄胫小车蝗之间共有带出现频率很低。部分引物扩增结果见图 2 和图 3。

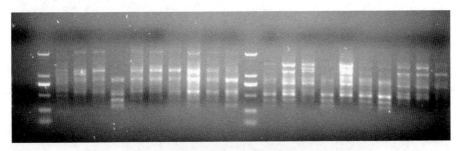

图 2　引物 S1406 对呼盟种群黄胫小车蝗（左）和亚洲
小车蝗（右）20 个个体的扩增结果

三、多态位点百分率

用 8 个寡核苷酸引物由供试蝗虫标本扩增出 65 个 RAPD 位点，多态位点共计 61 个，总多态位点百分率为 93.85%。所有引物在不同种、不同种群中所检测

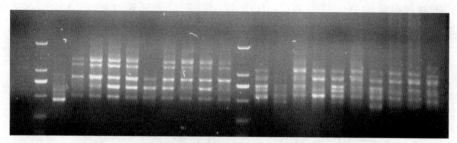

图3　引物 S283 对呼盟种群黄胫小车蝗（左）和亚洲
小车蝗（右）20 个个体的扩增结果

出的 RAPD 位点数及多态位点百分率不同（表2）。8个引物对亚洲小车蝗兴安盟
种群检测出的位点数最多，为 52；黄胫小车蝗兴安盟种群的位点数最少，为 40。
多态位点百分率以亚洲小车蝗呼盟种群为最高（90%）。

表2　不同种群8个引物的 RAPD 位点数和多态位点比率

种群 population	样本数 Sample size	位点数 Total loci	多态位点数 Polymorphic loci	多态位点比率（P） Proportion of polymorphic loci（P）
YZ–HM	10	50	45	0.900 0
YZ–XAM	10	52	44	0.846 2
YZ–BT	10	43	34	0.790 7
HJ–HM	10	46	40	0.869 6
HJ–XAM	10	40	32	0.800 0
总计	50	65	61	0.938 5

四、遗传多样性

Shannon 信息指数显示：在同一物种中，不同种群由同一引物获得的遗传多
样性（H 值）呈现差异（表3），如亚洲小车蝗 [引物 S283，H（兴安盟种
群）= 0.372 0，H（呼盟种群）= 0.412 0]，反映了引物对基因组 DNA 扩增片
段的多态性，说明了不同种群基因组 DNA 的差异。若比较2个物种的平均遗传
多样性，则发现黄胫小车蝗平均遗传多样性（0.322 4）高于亚洲小车蝗
（0.256 0）。由 Shannon 信息指数估算的种群间遗传分化指标见表4，亚洲小车蝗

0.276 1%的变异存在于种群之间，0.723 9%的变异存在于种群之内，黄胫小车蝗0.419 5%的变异存在于种群之间，0.580 5%的变异存在于种群之内。亚洲小车蝗和黄胫小车蝗的种群间变异均小于种群内变异。

表3　各种群引物的 Shannon 信息指数

引物 Primers	黄胫小车蝗 *O. infernalis*		亚洲小车蝗 *O. asiaticusle* CFS AM		
	HJ–XAM	HJ–HM	YZ–BT	YZ–HM	YZ–XAM
S61	0.208 0	0.231 4	0.234 4	0.218 6	0.196 3
S75	0.245 2	0.314 2	0.291 2	0.329 7	0.256 3
S125	0.331 6	0.321 0	0.111 8	0.188 9	0.123 5
S134	0.338 2	0.285 6	0.285 7	0.314 7	0.357 8
S283	0.372 0	0.412 0	0.248 2	0.268 0	0.246 3
S361	0.423 6	0.394 2	0.301 1	0.357 1	0.203 6
S823	0.432 6	0.412 0	0.152 7	0.152 7	0.312 5
S1406	0.233 3	0.203 2	0.523 8	0.360 1	0.110 2
Mean	0.323 1	0.321 7	0.268 6	0.273 7	0.225 8
	0.322 4		0.256 0		

表4　由 Shannon 信息指数估算的种群间遗传分化

引物 Primers	黄胫小车蝗 *O. infernalis*				亚洲小车蝗 *O. asiaticusle*			
	Hpop	Hsp	Hpop/Hsp	(Hsp−Hpop)/Hsp	Hpop	Hsp	Hpop/Hsp	(Hsp−Hpop)/Hsp
S61	0.219 7	0.300 8	0.730 4	0.269 6	0.216 4	0.260 8	0.829 7	0.170 2
S75	0.279 7	0.663 6	0.421 5	0.578 5	0.292 4	0.363 6	0.804 1	0.196 0
S125	0.326 3	0.501 2	0.651 0	0.349 0	0.141 4	0.201 2	0.702 7	0.297 2
S134	0.311 9	0.577 4	0.540 1	0.459 9	0.319 4	0.397 4	0.803 7	0.196 3
S283	0.392 0	0.538 5	0.727 9	0.272 1	0.254 2	0.325 3	0.781 4	0.218 6
S361	0.408 9	0.570 9	0.716 2	0.283 8	0.287 3	0.420 7	0.682 9	0.317 1
S823	0.422 3	0.566 5	0.745 4	0.254 5	0.206 0	0.366 5	0.562 1	0.437 9
S1406	0.218 3	0.553 5	0.394 4	0.605 6	0.331 4	0.493 5	0.671 5	0.328 5
Mean	0.322 4	0.557 8	0.580 5	0.419 5	0.256 0	0.353 6	0.723 9	0.276 1

Hpop：种群内遗传多样性；Hsp：总种群遗传多样性；Hpop/Hsp：种群内基因分化系数；（Hsp−Hpop）/Hsp：种群间基因分化系数

五、遗传距离

由 Nei's 遗传一致度（表5上三角值）和遗传距离（表5下三角值）可以看出，亚洲小车蝗和黄胫小车蝗的种内遗传距离小于种间遗传距离，如黄胫小车蝗的两个种群间的遗传距离为0.111 2，亚洲小车蝗三个地理种群间的遗传距离为0.100 2、0.244 9和0.211 0，均小于亚洲小车蝗和黄胫小车蝗的种间遗传距离（0.282 5~0.454 2）。同一采集地点混居的亚洲小车蝗与黄胫小车蝗之间的遗传距离小于地理上存在较大跨度的两物种间的遗传距离，如呼盟地区亚洲小车蝗和黄胫小车蝗之间的遗传距离为0.316 6，兴安盟地区亚洲小车蝗和黄胫小车蝗之间的遗传距离为0.398 5，而呼盟地区亚洲小车蝗和兴安盟地区亚洲小车蝗之间的遗传距离为0.407 8。同时可以看出，地理距离较近的种群首先聚为一类，如亚洲小车蝗呼盟种群和兴安盟种群先聚为一类（地理距离为451km），然后和包头种群聚为一类（呼盟种群和包头种群地理距离为2 414km）。而且地理距离大遗传距离大，如亚洲小车蝗呼盟种群和包头种群的遗传距离（0.244 9）大于呼盟种群和兴安盟种群遗传距离（0.100 2）。说明遗传距离与地理距离有一定的正相关关系。

表5　种群间的遗传距离

种群 population	YZ-HM	YZ-XAM	YZ-BT	HJ-HM	HJ-XAM
YZ-HM	—	0.999 8	0.640 9	0.659 3	0.665 1
YZ-XAM	0.100 2	—	0.599 9	0.635 0	0.645 0
YZ-BT	0.244 9	0.211 0	—	0.947 0	0.920 8
HL-HM	0.316 6	0.454 2	0.354 5	—	0.988 9
HL-XAM	0.407 8	0.398 5	0.282 5	0.111 2	—

六、聚类分析

基于 Nei's 遗传距离，分别用 UPGMA 和 NJ 法对所有个体之间的关系进行聚类分析，得出的聚类图基本相符（图4，图5）。聚类结果显示同一种群的个体优先相聚，黄胫小车蝗2个地理种群首先聚为一类，亚洲小车蝗3个种群呼盟和兴安盟先聚为一类而后与包头种群聚为一类。说明遗传距离与地理距离有一定的相关关系。用 Nei 遗传距离与空间距离进行 Mantel 测验，结果表明亚洲小车蝗3个

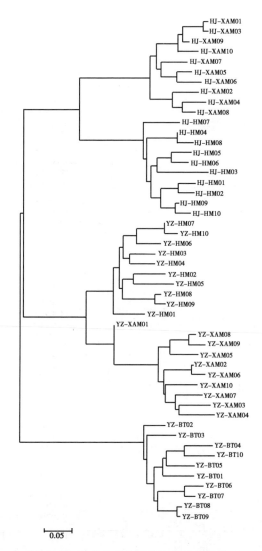

图4　用 NJ 法构建的所有个体间的聚类图

种群间的遗传距离随空间距离的增加而有增大的趋势，两对矩阵都存在极显著的正相关性（$R=0.4235$，$P=0.001$）。Nei 距离用空间距离可表示为 $Y_1 = 3.026 \times 10^{-5} X_1 - 0.04$。遗传距离和空间距离呈线性正相关，空间距离越大遗传距离越大，种群间分化程度越高。

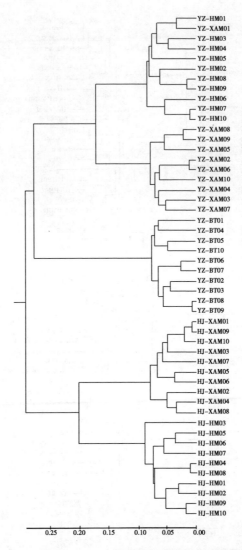

图 5　用 UPGMA 法构建的所有个体间的聚类图

　　本研究中用筛选的 8 条随机引物对亚洲小车蝗和黄胫小车蝗的 5 个种群 50 个个体进行扩增，共扩增出 65 个 RAPD 位点，多态位点共计 61 个，总的多态位点比率为 93.85%。RAPD 研究表明，亚洲小车蝗和黄胫小车蝗之间共有带出现频率很低。Shannon 信息指数显示：黄胫小车蝗平均遗传多样性（0.322 4）高于

亚洲小车蝗（0.256 0），两物种的 Shannon 信息指数平均值分别为 0.322 4 和
0.256 0。由 Shannon 信息指数估算的遗传指标表明，亚洲小车蝗 27.61% 的变异
存在于种群之间，72.39% 的变异存在于种群之内，黄胫小车蝗 41.95% 的变异存
在于种群之间，58.05% 的变异存在于种群之内。亚洲小车蝗和黄胫小车蝗的种
群间变异均小于种群内变异。亚洲小车蝗和黄胫小车蝗是广泛分布的种类，除内
蒙古地区外还有很多地区都有分布，由于生态习性和地理环境的差异，其种内多
态现象非常明显。张民照，康乐的研究表明迁飞对飞蝗不同地理种群的基因交
流、遗传多样性具有重要的影响（张民照和康乐，2005）。因为亚洲小车蝗存在
一定的迁飞习性（蒋湘，2003），不同地理种群的蝗虫可能进行交配，从而使种
群间个体的基因型趋于一致，导致种群间的分化程度降低，遗传多样性降低。本
研究从分子水平研究了 2 种蝗虫的遗传差异，为今后研究奠定了基础。结果也表
明，RAPD 分析方法可显示个体间的多态性，反映个体或物种间的细微差异，是
区分近缘物种的有效分子标记。

　　亚洲小车蝗和黄胫小车蝗的形态来看，两者均为属中体型蝗虫，具有很大程
度的相似性，从前胸背板的 X 形纹可以区分；从 RAPD 标记的 Nei 遗传距离结果
表明，亚洲小车蝗与黄胫小车蝗种群内遗传距离小于种群间遗传距离，种群间存
在的遗传变异和分化要高于种群内的遗传变异和分化。同时，混合发生的亚洲小
车蝗与黄胫小车蝗之间的遗传距离（0.316 6）小于地理上存在跨度的两物种间
的遗传距离（0.407 8），这些结果与张建珍等人的研究结果相同（张建珍等，
2004，2005）。分别用 UPGMA 和 NJ 法对 Nei 遗传距离作聚类分析，构建分子系
统树，结果显示：不同地区的亚洲小车蝗与黄胫小车蝗分别聚为两支，3 地区的
亚洲小车蝗聚为一支，2 地区的黄胫小车蝗聚为另一支。表明同一物种的不同种
群亲缘关系较近的首先相聚，然后才是种群间的聚类。用 Nei 遗传距离与空间距
离进行 Mantel 测验，结果表明亚洲小车蝗 3 个种群间的遗传距离随空间距离的增
加而有增大的趋势，遗传距离和空间距离呈线性正相关，空间距离越大遗传距离
越大，种群间分化程度越高，这与前人的研究结果一致（郑先云等，2002；李春
选等，2003，2004；张民照等，2005）。

第二节　直翅目昆虫线粒体 DNA（mtDNA）研究进展

　　直翅目（Orthoptera）是昆虫纲中较大的一个类群。全世界约有 20 000 种。
直翅目包括我们常见得蝗虫、蟋蟀、蝼蛄等。除少数为捕食性种外，多属于植食

性昆虫，且是多食性的，食量大，危害也大，严重发生时会对农、林、牧业造成极大的灾害，一直以来都已受到了人们的高度重视，科研工作者为阐明其生物学特性，寻求有效的防治策略，不断深入进行基础理论研究，包括系统学研究，对线粒体 DNA 的研究是系统学研究的一个热点。

一、mtDNA 的基因组特点

线粒体（mitochondria，mt）是真核细胞中普遍存在的特有的亚细胞细胞器，包含着核外基因组。动物的线粒体 DNA（mtDNA）具有结构简单，序列和组成一般保守，易于操作，母系遗传，单拷贝，含量丰富等特点。昆虫的 mtDNA 平均进化速率是单拷贝核 DNA 的 1~2 倍，长度从 16~20kb，包括 12 或 13 个编码蛋白质的基因，它可通过氧化磷酸化提供大量的细胞 ATP，同时它还参与细胞的发育、凋亡以及老化等过程，关系着细胞的存亡。线粒体 DNA 是进化研究的很好的分子标记，早已被广泛用于研究种群结构、基因缺失、杂交后代、生物地理学和系统发生关系等方面。

二、蝗虫 mtDNA 的基因组的结构

目前已对 6 种昆虫的线粒体 DNA 做了全序测定，飞蝗（*Locusta migratoria*）是其中之一。飞蝗线粒体 DNA 的全长为 15 722bp，包括 2 个 rRNA，20 个 tRNA（其中 tRNAlys 和 tRNAasp 基因发生重排），13 个蛋白编码基因和 1 个重复区，A+T 含量为 75.3；虽然编码基因 A+T 含量与线粒体基因组 A+T 含量相似，但是在其第 3 个密码子位置上，胞核嘧啶含量很高；A+T 富集区域中的 A，T 核苷含量要比其他昆虫低；其最大和最小的 rRNA 基因分别长 1 314bp 和 827bp，并且这 2 种序列都能够折叠形成与果蝇相应的推测结构相类似的二级结构。飞蝗 mtD-NA 全序列的测定极大地推动了 mtDNA 在蝗虫研究中的应用。

三、mtDNA 在蝗虫系统学中的应用

1. 近缘种的分类和鉴定

线粒体 DNA 多态性的研究，对传统分类上难以解决的近缘种、复合种、隐种的鉴定和识别有重要意义。

2. 蝗虫系统发育研究

系统发育分析是系统学研究的热点，通过分子系统发育研究可为类群系统发

育关系提供分子水平的证据。1995 年，Flook 测定了飞蝗线粒体基因全序列，与其他几个节肢动物的同源序列比较后，系统关系体现在核苷酸和氨基酸水平上，蝗虫的基因与双翅目具有比蜜蜂更大的相似性；Flook 等探讨了用 mtDNA12S 和16SrRNA 基因序列对直翅目进行系统发生重建的有效性。Chapco（1994，1997）测定了 mtDNA 基因部分序列，用简约性和最大似然法，分析了北美斑翅蝗代表种（斑翅蝗）的系统发育关系及其起源问题，并对各个分类单元的分类地位进行了详细分析说明；Lunt 等对沙漠蝗和雏蝗 mtDNA 的 COI 基因序列及其在进化上的保守性作了比较研究；Rand（1989）对蟋蟀线粒体 DNA 部分区域的核普酸序列进行了分析，其结果显示出有不连续的长度变异，主要体现在约 220bp 长的随机重复序列的变异，并对其成因进行了分析讨论；邵红光等（1999）用 RFLP技术对新疆荒漠中的 9 种束颈蝗和与其近缘的 2 种及远缘的 2 种蝗虫的 mtDNA进行了研究，用 UPGMA 法构建分子系统树，估算出了束颈蝗属（Sphingonotus Fieber）的分歧年代约为中新世的中期，距今 1 000 万~1 500 万年；曾维铭等测定了中国斑腿蝗科 2 个属 6 个种的线粒体 12SrRNA 基因长约 345bp 片段序列，通过构建 MP 和 NJ 分子系统树研究了其系统进化关系；李美，朱恩林等基于 5 个mtDNA 基因序列的中国 4 飞蝗地理种群系统发育关系进行了研究。

3. 物种起源与分化研究

线粒体 DNA 多态性的研究对推测物种起源和分化有着重要的作用。Rowell（1998）通过比较直翅目短角亚目 18SrRNA 基因、12S rRNA 和 16S rRNA 基因，认为蝗总科的演化呈现一个爆炸式辐射的状态，与白垩纪被子植物的辐射演化具有高度的一致性；Huang 等人在 2000 年联合研究线粒体 DNA 中 cryb 和 16SrRNA，分析北美田间蟋蟀属 11 个种 13 个种群共 20 个个体的系统进化关系；Lunt（1998）用 mtDNA COII 基因 300bp 序列调查了欧洲草地雏蝗种内遗传结构用 KST 统计法估算出了该种在欧洲不同地理分布区之间的遗传分化水平，并对该种的地域多态性和后冰期模式进行了讨论；Kuperus 等（1994）通过对飞蝗的rDNA 内转录间隔 1 区（ITS1）序列的测定，探讨了 ITSI 在种和亚种水平上作为进化生物学研究对象的应用价值，认为核糖体编码区序列非常保守，宜用于确定远缘种类的分类地位；而间隔区的变异较大且进化速度较快，宜用于推断种间或近缘种团的分类地位；Litzenberger 等用 mtDNA、Cytb、CO Ⅱ 和 ND2 基因序列研究表明，黑蝗亚科（Melanopline）起源于美洲的某一地点并扩散到东半球；欧洲的秃蝗属（Podismine）是同一单系，利用分子钟研究表明，它是在 6 200万年前来自北美黑蝗；Flook（1997）基于线粒体 rRNA 基因序列推断短角亚目的系统进化关系；Willett（1997）从线粒体 DNA 的系统发生推断一个田间蟋蟀杂交带的起源。所有这些研究为昆虫分子系统学的深入系统研究奠定了基础。

4. 蝗虫遗传多样性研究

遗传多样性是生物多样性的核心，遗传多样性研究有助于人们更清楚地认识生物多样性的起源和进化。人们利用 mtDNA 序列对蝗虫的遗传多样性进行了一系列研究。Lunt 等利用线粒体 COI 序列长 300bp 的片段，研究了草地雏蝗的种内遗传结构，并用 KST 统计分析法估算了该种在欧洲不同地理种群间的遗传分化水平；Martel 等用 mtDNA 基因序列对北美斑翅蝗亚科的种群结构和遗传变异进行了研究；Clemente 等对泣黑背蝗 *Eyprepocnemis plorans* 种群的 mtDNA 和 B 染色体的变异进行了研究，认为 B 染色体中心区和 mtDNA 已发生了 2 种置换；张德兴等尝试用 mtDNA 控制区序列对沙漠蝗的种群遗传结构进行了分析；任竹梅等利用线粒体 Cytb 序列对我国不同地域不同稻蝗分别进行了遗传多样性的分析。

自 20 世纪 80 年代后期以来，对线粒体基因组的研究已取得了显著的成绩。随着分子生物学技术的迅速发展，mtDNA 基因精细结构的不断揭示，分析 mtDNA 特定基因或特定区域的变异以便能更精确地找出变异已成为当前 mtDNA 的研究热点，更成为研究动物系统发育、种群遗传变异与分化和进行近缘种、种下分类单元鉴定的理想工具之一。

第三节　内蒙古地区 8 种主要蝗虫基因组 DNA 多态性的 RAPD 标记研究

RAPD（random amplified polymorphic DNA 随机引物扩增多态性 DNA）技术是 1990 年由美国杜邦公司 Williams 和加利福尼亚生物研究所 Welsh 同时提出的一项 DNA 分子水平上的多态性检测技术。它具有简捷、快速、成本低、信息含量丰富等特点，被广泛应用于物种亲缘关系、种群遗传分化、种属级单元的分类鉴定、构建遗传图谱等领域的研究，RAPD 技术尤其在近缘种、亚种及种群间亲缘关系的研究中具有突出的优势。目前，RAPD 技术已在昆虫领域的各方面都得到了广泛地应用，其中对昆虫纲直翅目蝗总科的研究主要包括种群间遗传多样性、近缘种鉴定以及分子进化和系统重建等。但是，采用 RAPD 技术等分子生物学技术对内蒙古蝗虫的研究还较少，有待加强。

本研究采用 RAPD 技术对内蒙古地区 8 种优势种蝗虫（分属于 4 科 6 属）的基因组 DNA 多态性差异进行分析，从分子水平上研究内蒙古草原主要蝗虫种类的遗传进化与系统发育关系，为进一步完善蝗总科的分类系统，并为其系统发育及演化提供分子生物学依据。同时对蝗灾的预测预报及其防治有重要理论意义和实践价值。

本实验所用8种蝗虫标本均为冷冻保存，标本来源见表6。

表6　用于 RAPD 研究的蝗虫标本

种名 Species	科 Family	属 Genus	采集地点 sites	代码 Code
亚洲小车蝗 Oedaleus asiaticus	丝角蝗科 Oedipodidae	小车蝗属	呼伦贝尔	OA
黄胫小车蝗 Oedaleus infernalis	丝角蝗科 Oedipodidae	小车蝗属	呼伦贝尔	OI
宽须蚁蝗 Myrmeleotettix Palpalis	槌角蝗科 Gomphoceridae	蚁蝗属	乌兰浩特	MP
红翅皱膝蝗 Angaracris rhodopa	斑翅蝗科 Oedipodidae	皱膝蝗属	乌兰浩特	AR
鼓翅皱膝蝗 Angaracris barabensis	斑翅蝗科 Oedipodidae	皱膝蝗属	乌兰浩特	AB
毛足棒角蝗 Dasyhippus barbipes	槌角蝗科 Gomphoceridae	棒角蝗属	呼和浩特	DB
白边痂蝗 Bryodema luctuosum Luctuosum	丝角蝗科 Oedipodidae	痂蝗属	呼和浩特	BL
小翅雏蝗 Chorthippus fallax	网翅蝗科 Arcypteridae	雏蝗属	呼伦贝尔	CF

一、基因组 DNA 提取结果

对8种蝗虫的冷冻标本采用改进的酚氯仿法进行了基因组 DNA 的提取，提取的样品经琼脂糖凝胶电泳检测，结果见图6，DNA 带型整齐，无脱尾，说明此方法提取的 DNA 可满足 RAPD 研究的需要。

二、引物筛选及 PCR 扩增结果

利用筛选的7条随机引物对内蒙古草原8种优势种蝗虫的80个个体进行扩增，共获得稳定、清晰可见的条带64条，各片段分子量大小在 300～2 000bp。带型具有明显种间多态性。一般每条引物扩增的条带数为5～12条。分析各物种带型特点发现，蝗虫不同种间共有带出现频率很低，同属间可能出现共有条带。

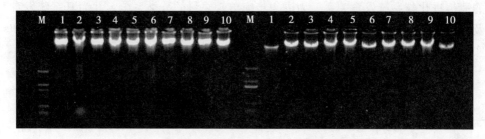

图6 蝗虫基因组 DNA（部分）的电泳检测图

部分引物扩增结果见图7。

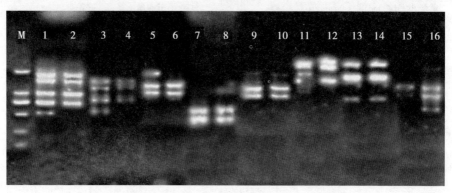

M. 分子量标准；1~2. 亚洲小车蝗；3~4. 黄胫小车蝗；5~6. 宽须蚁蝗；7~8. 红翅皱膝蝗；9~10. 鼓翅皱膝蝗；11~12. 毛足棒角蝗；13~14. 白边痂蝗；15~16. 小翅雏蝗

图7 引物 S1406 对 8 种蝗虫的扩增结果

三、多态位点百分率

7 条随机引物共扩增出 64 个 RAPD 位点，多态位点共计 62 个，总多态位点百分率为 96.87%。不同引物在不同种蝗虫中所检测出的 RAPD 位点及多态位点百分率不同。7 个引物对亚洲小车蝗检测出的位点数最多，为 49；宽须蚁蝗位点数最少，为 28。多态位点百分率以亚洲小车蝗为最高（81.63%）。多态位点百分率排序依次为：亚洲小车蝗>黄胫小车蝗>红翅皱膝蝗>小翅雏蝗>鼓翅皱膝蝗>白边痂蝗>毛足棒角蝗>宽须蚁蝗。

表 7　不同种群 8 个引物的 RAPD 位点数和多态位点比率

种 Species	样本数 Sample size	位点数 Total loci	多态位点数 Polymorphic loci	多态位点比率（P） Proportion of polymorphic loci（P）
OA	10	49	40	0.816 3
OI	10	32	25	0.781 3
MP	10	28	20	0.714 3
AR	10	41	32	0.780 5
AB	10	34	26	0.764 7
DB	10	32	24	0.750 0
BL	10	37	28	0.756 8
CF	10	31	24	0.774 2
总计	80	64	62	0.968 7

四、遗传距离

由 Nei's 遗传一致度（表 8 上三角值）和遗传距离（表 8 下三角值）可以看出，内蒙古地区的 8 种蝗虫（分属于斑翅蝗科、丝角蝗科、槌角蝗科和网翅蝗科）间遗传距离在 0.228 2~0.589 6。其中斑翅蝗科皱膝蝗属的红翅皱膝蝗和鼓翅皱膝蝗的遗传距离最小为 0.228 2，亚洲小车蝗（丝角蝗科）和毛足棒角蝗（槌角蝗科）的遗传距离最大为 0.589 6。遗传距离结果表明，科间遗传距离大于属间遗传距离大于种间遗传距离。

表 8　种间的遗传距离

种 Species	OA	OI	MP	AR	AB	DB	BL	CF
OA	—	0.671 7	0.668 8	0.662 9	0.634 8	0.612 9	0.647 4	0.652 4
OI	0.398 0	—	0.741 8	0.657 7	0.645 6	0.620 0	0.588 8	0.632 5
MP	0.502 2	0.498 7	—	0.744 0	0.755 1	0.689 0	0.744 3	0.589 1
AR	0.511 2	0.519 0	0.415 6	—	0.879 7	0.706 9	0.697 2	0.705 4
AB	0.554 4	0.537 6	0.380 9	0.228 2	—	0.654 2	0.679 4	0.632 5
DB	0.589 6	0.578 1	0.392 4	0.446 8	0.524 4	—	0.714 1	0.678 9
BL	0.424 9	0.439 7	0.462 3	0.460 7	0.486 6	0.466 7	—	0.615 2
CF	0.503 3	0.496 4	0.422 6	0.482 5	0.445 6	0.442 3	0.469 1	—

五、聚类分析

基于 Nei's 遗传距离，在 Mega 软件中用 UPGMA 法对 8 种蝗虫之间的关系进行聚类分析，构建分子系统树（图8），得出的聚类图与前人研究结果基本相符。从聚类图上看，蝗总科 8 种蝗虫的系统树可分为两大分支。在第一分支中，亚洲小车蝗和黄胫小车蝗 2 种蝗虫首先聚为一类，再与白边痂蝗聚为一类，这 3 种蝗虫都属于丝角蝗科。在第二分支内，同一科的蝗虫先聚为一类，如红翅皱膝蝗和鼓翅皱膝蝗，宽须蚁蝗和毛足棒角蝗；再与其他蝗科的蝗虫相聚。从这个结果来看，属间亲缘关系大于科间亲缘关系，不同科间的亲缘关系较远。

RAPD 影响因素分析，基因组 DNA 的提取对 RAPD 分析结果有很大影响，若 DNA 出现降解，将直接影响 PCR 扩增的稳定性和可重复性。本研究参考印红等（2002）、张民照和康乐（2001）的方法并进行改进，基因组 DNA 的提取结果显示，DNA 谱带整齐呈线形、无杂带、无降解现象、扩增结果稳定可满足 RAPD 扩增对样品的要求。PCR 反应体系对实验结果也有很大影响，在本实验中为了建立最优的反应体系，对 dNTP 的浓度、引物浓度、模板的质量与浓度、Taq DNA 聚合酶的用量、退火温度等条件都做了梯度试验。确定了最佳 PCR 反应体系。

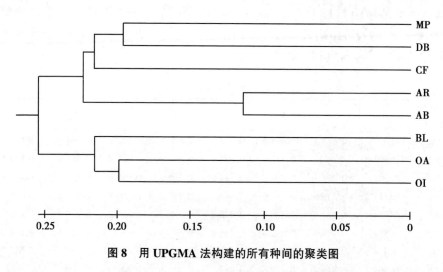

图8 用 UPGMA 法构建的所有种间的聚类图

8 种蝗虫的亲缘关系，应用 RAPD 技术对蝗总科反应体系进行了研究，反应体系分属于 4 科，6 属。所选取的 7 个引物共扩增出 64 个位点，其中多态位点 62 个，总多态位点百分率为 96.87%。在所研究的 8 种蝗虫中，出现共有片段数较少。共有片段在科、属及种间的出现有一定规律。种间共有片段多于属间，属间多于科间。共有片段的多少也反映各物种的亲缘关系，亲缘关系较近的物种间共有片段较多，反之较少。这与张建珍等人的研究结果相同。Nei's 遗传距离表明，8 种蝗虫间遗传距离在 0.228 2 ~ 0.589 6。遗传距离大小排序为：科间 > 属间 > 种间。从构建的聚类图中也可以看出，首先是同属不同种的蝗虫先聚为一类，然后是同科不同属的相聚，最后是不同科之间相聚。如亚洲小车蝗和黄胫小车蝗 2 种蝗虫首先聚为一类，再与白边痂蝗聚为一类。此结果与汪桂玲等人的研究观点相一致。综上所述，RAPD 标记有助于揭示分类阶元之间的遗传差异和进化关系，基于 RAPD 图谱的分子系统树所展示的物种间亲缘关系与传统的形态分类结果基本一致，此结果表明 RAPD 在科下不同属间亲缘关系的研究方面具有一定的可行性。

第四节　内蒙古 10 种草原蝗虫和亚洲小车蝗不同地理种群的 ITS2 序列分析

核糖体 DNA（rDNA）是目前广泛使用的细胞核 DNA 分子标记，rDNA 单位由 18S、5.8S、28S RNA 编码区、基因间隔区（IGS）、第 1 和第 2 转录间隔区（ITS1、ITS2）、外转录间隔区（EST）组成，编码区的序列高度保守，间隔区的进化速度大约与物种形成的进程相仿。核糖体 DNA 中的内转录间隔区（rDNA-ITS）序列的进化速率较快，可以提供较丰富的变异位点和信息位点。本试验对内蒙古地区常见的 10 种蝗虫的 rDNA-ITS2 序列进行扩增、测序和比较分析。以望从分子水平构建内蒙古地区的蝗虫系统进化关系，以及不同地理环境和生态条件对同种蝗虫不同自然种群遗传分化的影响，为其利用与综合防治提供遗传学方面的依据，从而为重灾蝗区蝗虫的防治工作提供基础资料。

本实验供试的蝗虫均采自内蒙古草原的自然种群，用养虫笼活体带回实验室后，单头装入离心管中液氮处理后冷冻保存。

一、亚洲小车蝗不同地理种群的 rDNA-ITS2 序列分析

测序结果经比较、剪切后得到 194 bp 的 rDNA-ITS2 完整序列，测试的 15 个种群的 75 个个体中仅有四子王旗和正镶白旗种群的两个个体产生变异，共有 11 个变异位

点，均为碱基的替换（包括2个转换和9个颠换）（图9），占所测序列的5.67%。序列中G+C（66%）含量高于A+T（34%）含量，与已知GenBank中5种蝗虫的rDNA-ITS2序列碱基组成特点基本一致（平均碱基含量G+C为67.9%，A+T为32.2%）。

表9　蝗虫样本采集信息

蝗虫 locust	种群代码 Population code	采集地点 * Collecting locality	地理坐标 Geo-coordinates	海拔（m） Altitude	采集日期 （年-月-日） Collecting date
	OA_KL	开鲁县 Kailu County	N：43°38′19. 2″, E：121°34′3. 12″	240	2010-8-5
	OA_BZ	巴林左旗 Baarin Left Banner	N：43°47′27. 99″, E：119°11′32. 14″	691	2010-8-13
	OA_BY	巴林右旗 Baarin Right Banner	N 43°22′33. 91″, E 118°45′2. 80″	643	2010-8-13
	OA_KQ	克什克腾旗 Hexigten Banner	N：43°18′17. 88″, E：116°49′57. 12″	1249	2011-8-17
	OA_DL	多伦县 Duolun County	N：42°02′9. 49″, E：116°25′1. 44″	1324	2010-8-4
	OA_BQ	正镶白旗 Zhengxiangbai Banner	N：42°13′7. 08″, E：115°06′18. 42″	1400	2011-8-16
	OA_HD	化德县 Huade County	N：41°57′31. 8″, E：114°03′15. 42″	1461	2011-8-16
一、斑翅蝗科 1. 斑翅蝗亚科 亚洲小车蝗 *Oedaleus asiaticus*（Bienko）	OA_HQ	镶黄旗 Xianghuang Banner	N：42°19′21. 22″, E：114°4′57. 12″	1241	2010-7-20
	OA_CH	察右后旗 Chahar Right Back Banner	N：41°29′50. 227″, E：112°29′32. 33″	1536	2011-8-16
	OA_SQ	四子王旗 Siziwang Banner	N：41°46′41. 04″, E：111°49′38. 4″	1419	2010-8-10
	OA_DM	达茂旗 Darhan Muminggan United Banner	N：41°32′44. 7″, E：110°32′29. 7″	1476	2011-7-28
	OA_GY	固阳县 Guyang County	N：41°28′16. 8″, E：109°44′19. 2″	1641	2011-7-28
	OA_WZ	乌拉特中旗 Urat Middle Banner	N：41°24′59. 13″, E：108°11′49. 28″	1364	2010-7-23
	OA_EQ	鄂托克旗 Otog Banner	N：39°34′49. 26″, E：107°02′32. 22″	1652	2011-7-31
	OA_AZ	阿拉善左旗 Alxa Left Banner	N：38°52′1. 2″, E：105°48′5. 04″	1946	2011-7-30

（续表）

蝗虫 locust	种群代码 Population code	采集地点 * Collecting locality	地理坐标 Geo-coordinates	海拔（m） Altitude	采集日期 （年-月-日） Collecting date
2. 痂蝗亚科 鼓翅皱膝蝗 *Angaracris barabensis*	AB	四子王旗 Siziwang Banner	N：41°46′41.04″, E：111°49′38.4″	1 419	2012-8-9
红翅皱膝蝗 *Angaracris rhodopa*	AR	四子王旗 Siziwang Banner	N：41°46′41.04″, E：111°49′38.4″	1 419	2012-8-9
白边痂蝗 *Bryodema luctuosum Luctuosum*	BL	达茂旗 Darhan Muminggan United Banner	N：41°21′7.92″, E：111°14′24.42″	1 613	2012-8-4
3. 异痂蝗亚科 黄胫异迦蝗 *Bryodemella holdereri holdereri*（Krauss）	BH	四子王旗 Siziwang Banner	N：41°46′41.04″, E：111°49′38.4″	1 419	2012-8-9
轮纹异痂蝗 *Bryodemella tuberculatum dilutum*	BD	察右中旗 Chahar Middle Back Banner	N：41°10′13.56″, E：112°35′6.78″	2 042	2012-8-9
二、网翅蝗科 网翅蝗亚科 宽翅曲背蝗 *Pararcyptera microptera meridionalis*	PM	达茂旗 Darhan Muminggan United Banner	N：41°21′7.92″, E：111°14′24.42″	1 613	2012-8-4
三、槌角蝗科 槌角蝗亚科 宽须蚁蝗 *Myrmeleotettix palpalis*	MP	达茂旗 Darhan Muminggan United Banner	N：41°21′7.92″, E：111°14′24.42″	1 613	2012-8-4
毛足棒角蝗 *Dasyhippus barbipes*	DB	达茂旗 Darhan Muminggan United Banner	N：41°21′7.92″, E：111°14′24.42″	1613	2012-8-4
四、斑腿蝗科 星翅蝗亚科 短星翅蝗 *Calliptamus Abbreviatus*	CA	达茂旗 Darhan Muminggan United Banner	N：41°21′7.92″, E：111°14′24.42″	1 613	2012-8-4

不同地理种群亚洲小车蝗 rDNA-ITS2 序列分析，王丽萍等，李正西和沈佐锐对美洲斑潜蝇和赤眼蜂的 ITS 研究中提出，同一个体的不同拷贝间的 ITS 序列遗传变异非常小，可忽略同一个体不同拷贝之间的差异，所以本研究没有对同一个体不同拷贝进行测定。本研究样本序列采用 PCR 产物直接测序法，样本的纯化和序列测定由上海生工生物工程有限公司完成。结果经对比、剪切得到亚洲小车蝗 194bp 的 ITS2 完整序列在 15 个种群的个体中只有两个种群的两个个体发生变异，仅有 11 个变异位点，因此，我们认为该基因不适合用于蝗虫种下遗传分化的标记，这一结果与王丽萍等对美洲斑潜蝇 ITS1 序列研究结果一致。我们推测对 ITS2 序列来说这 11 个位点是亚洲小车蝗发生种群变异的活跃位点。序列中 G+C 含量高于 A+T 含量，与赤眼蜂、褐飞虱、白背飞虱、灰飞虱、米尔顿姬小蜂的 ITS2 序列的碱基组成相反。

二、10 种蝗虫 rDNA-ITS2 序列分析

内蒙古 10 种草原蝗虫测序结果经比较、剪切后得到 180~197bp 的 rDNA-ITS2

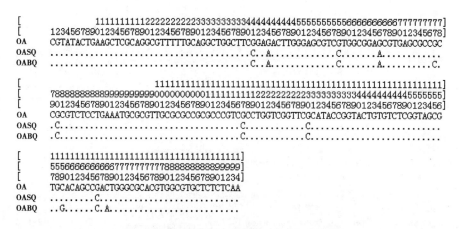

图9　亚洲小车蝗两个变异个体 ITS2 序列对比

完整序列，平均碱基含量 G+C 为 67.6%，A+T 为 32.3%。ITS2 序列之间差异显著，共有 81 个变异位点，其中毛足棒角蝗、宽须蚁蝗、宽翅曲背蝗、短星翅蝗和亚洲小车蝗具有特异变异位，特异变异位点数为 2~36 个，其中宽须蚁蝗最少为 2 个，短星翅蝗最多为 36 个；红翅皱膝蝗和鼓翅皱膝蝗序列相同与其他蝗虫之间有 1 个

特异的变异位点（图 10）。这些位点均可作为蝗虫之间鉴别的分子标记。

```
[                    1111111111222222222233333333334444444444555555555566666666667777777777]
[          1234567890123456789012345678901234567890123456789012345678901234567890123456789]
DB        CGTATACTGAAGCGCTCAGGCGTTT-----------------CGGAGACTTGGGAGCGTCGTGTCGGGGCGCGAGCCT
MP        ..........................-----------------.......................................
PM        ..C.......................-----------------.......CT.............................
CA        ...............G..C.................................A......C.G....C-..AC.-GC
BL        .............TGGTGCGCCTGCCGCTT................G..................................
BD        .............G....TGGTGCGCCTGCCGCTT..........G..................................
BH        .............G....TGGTGCGCCTGCCGCTT..........G..................................
AR        .............G....TGGTGCGCCTGCCGCTT..........G..................................
AB        .............G....TGGTGCGCCTGCCGCTT..........G..................................
OA        .............T.G...TTGCAGGCTGG---CTT.................G...A...T....GC

[                    11111111111111111111111111111111111111111111111111111111111111111]
[          7888888888889999999999000000000011111111112222222222333333333344444444445555555]
[          901234567890123456789012345678901234567890123456789012345678901234567890123456]
DB        CGACGCGTCTCCTGAAATGCGCTTT-GCGCACCGCGCCCGTCGCCCTGGCGGTTCGCATACCGGTACTGTGTCTCGGT
MP        ...G.....................G...-....................................................
PM        ...G.....................G...-....................................................
CA        T.C.......T..GC..T.GA--AT..---....C....TG..-.........G.........................
BL        ...C.............GA..-...G....................G.T..............................
BD        ...C.............GA..-...G...........TG.T......................................
BH        ...C.............GA..-...G...........TG.T......................................
AR        ...C.............GA..-...G...........G.T.......................................
AB        ...C.............GA..-...G...........G.T.......................................
OA        ...C.............G..-..G...........TG.T.......................................

[                    11111111111111111111111111111111111111222222222]
[          5556666666666777777777778888888888899999999990000000000]
[          789012345678901234567890123456789012345678901234567]
DB        AGCGTGCACAGCCGAC---TGGGCGTA-TGTGGCG--CGCACCT-TTCGTAC
MP        ..........-....---.......TAC.................---....
PM        ..........C.-....C--C......AG......C-.............
CA        ...T.........T.GGGC..A.ACG-G..-.....--..AGC.ACTC...
BL        ..............-...-...-C....-..A----CTC...
BD        ..............-...-...-C....-..A----CTC...
BH        ..............-...-...-C....-..A----CTC...
AR        ..............-G...-...-C....-..A----CTC...
AB        ..............-G...-...-C....-..A----CTC...
OA        ..............-...C.-C....--T..----CTC...TC.A
```

图 10　10 种蝗虫之间的 ITS2 序列对比

表 10 可以看出，10 种蝗虫的遗传距离为 0.000 ~ 0.265 1，其中短星翅蝗和宽翅曲背蝗之间的距离最大（0.265 1），轮纹异痂蝗和黄胫异迦蝗之间的距离与红翅皱膝蝗和鼓翅皱膝蝗之间距离相同，都为 0.000 0。由 10 种蝗虫的系统发育树（图 11）可以看出，同属于斑翅蝗科、痂蝗亚科、皱膝蝗属的红翅皱膝蝗和鼓翅皱膝蝗与同一亚科，痂蝗属的白边痂蝗先聚在一起再与同属于斑翅蝗科、异痂蝗亚科、异痂蝗属的轮纹异痂蝗和黄胫异迦蝗相聚为一支；槌角蝗科、槌角蝗亚科、棒角蝗属的毛足棒角蝗与同一亚科，蚁蝗属的宽须蚁蝗相聚再与网翅蝗科、网翅蝗亚科、曲背蝗属的宽翅曲背蝗聚为一支；这两支相聚再与斑翅蝗科、斑翅蝗亚科、小车蝗属的亚洲小车蝗相聚；再与斑腿蝗科、星翅蝗亚科、星翅蝗属的短星翅蝗聚在一起。结果表明，ITS2 序列不能鉴别同一属之间的蝗虫。

表 10　10 种蝗虫基于 ITS2 序列的遗传距离

	DB	MP	PM	CA	BL	BD	BH	AR	AB	OA
DB	—	0.011 9	0.017 1	0.044 3	0.019 4	0.020 4	0.020 4	0.020 4	0.020 4	0.028 3
MP	0.023 6	—	0.013 3	0.043 2	0.018 3	0.019 4	0.019 4	0.019 3	0.019 3	0.027 3
PM	0.048 0	0.0297	—	0.0463	0.0224	0.0234	0.0234	0.0234	0.0234	0.0308
CA	0.248 4	0.239 9	0.265 1	—	0.036 2	0.035 2	0.035 2	0.036 0	0.036 0	0.039 7
BL	0.060 5	0.054 2	0.079 7	0.178 6	—	0.005 9	0.005 9	0.005 8	0.005 8	0.022 7
BD	0.066 9	0.060 5	0.086 2	0.170 9	0.005 8	—	0.000 0	0.008 3	0.008 3	0.0216
BH	0.066 9	0.060 5	0.086 2	0.170 9	0.005 8	0.000 0	—	0.008 3	0.008 3	0.0216
AR	0.066 8	0.060 5	0.086 2	0.178 1	0.005 8	0.011 7	0.011 7	—	0.000 0	0.0236
AB	0.066 8	0.060 5	0.086 2	0.178 1	0.005 8	0.011 7	0.011 7	0.000 0	—	0.023 6
OA	0.120 0	0.113 0	0.140 5	0.208 6	0.080 1	0.073 5	0.073 5	0.086 5	0.086 5	—

对角线以下为遗传距离，对角线以上为标准误。种群代码同表 8

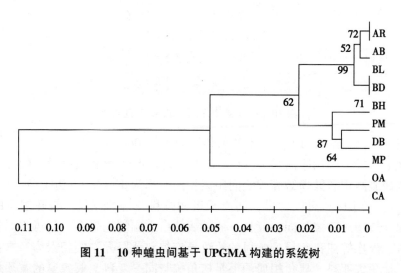

图 11　10 种蝗虫间基于 UPGMA 构建的系统树

　　10 种蝗虫之间 rDNA-ITS2 序列分析，10 种蝗虫的 ITS2 序列分析结果表明，蝗虫的 ITS2 序列显示出一定的 GC 偏好性。遗传距离为 0.000~0.265 1说明，同一属的蝗虫之间 ITS2 序列没有差异。从它们的聚类结果来看，同一属的蝗虫相聚，再与同一亚科的蝗虫聚类，再与同一科的相聚，但是结果中显示亚洲小车蝗与斑翅蝗科其他蝗虫的亲缘关系较远，与高书晶等对内蒙古 8 种蝗虫 RAPD 标记研究的结果中亚洲小车蝗与白边痂蝗相聚再与聚在一起的红翅皱膝蝗和鼓翅皱膝蝗相聚，存在差异，可能是标记方法不同导致的。本研究结果显示，槌角蝗科先与网翅蝗科相聚，再与斑翅蝗科相聚，再与斑腿蝗科聚类，表明了各科蝗虫的亲缘关系的远近，这一结果与汪桂玲等对蝗总科 5 种蝗虫的比较研究结果一致，任竹梅等对线粒体 Cytb 基因序列研究及印红等对蝗总科部分种类 16S rDNA 序列研究认为，槌角蝗科的蝗虫先于网翅蝗科相聚，再与斑腿蝗科相聚，再与斑翅蝗科聚类。

综上所述，关于 DNA 序列的研究，已经广泛地应用于昆虫的分子系统学的研究中，并取得了一定成果。但是不同的序列所得结果并不一致，在进一步的研究中，应该增加研究内容所涵盖的信息量，以期为分子系统学的研究提供依据。

参考文献

曹慧，李春霞，王孝威 . 2009. 水分胁迫诱导八棱海棠和平邑甜茶细胞程序性死亡的研究 [J] . 园艺学报，36（4）：469-474.

曹雅忠，黄葵，李光博 . 1995. 空气相对湿度对黏虫飞翔活动的影响 [J] . 植物保护学报，2（2）：134-138.

陈斌，冯明光 . 2003. 两种杀虫真菌制剂与低用量吡虫啉对温室粉虱的协同防效评价 [J] . 应用生态学报，14（11）：1 934-1 938.

陈广平，郝树广，庞保平，等 . 2009. 光周期对内蒙古三种草原蝗虫高龄若虫发育、存活、羽化、生殖的影响 [J] . 昆虫知识，46（1）：51-56.

陈湖海，赵云鲜，康乐 . 2003. 两种同域分布的草原蝗虫对植物挥发性化合物的嗅觉反应 [J] . 中国科学（C辑），33（5）：421-428.

陈若篪，程遐年，杨联民，等 . 1979. 褐飞虱卵巢发育及其与迁飞的关系 [J] . 昆虫学报，22（3）：280-288.

陈素华，乌兰巴特尔，吴向东 . 2007. 内蒙古草地蝗虫生存与繁殖对气候变化的响应 [J] . 自然灾害学报，16（3）：66-69.

陈伟，陈伟洲，吴伟坚 . 2005. 越北腹露蝗卵巢发育程度的分级研究 [J] . 中国植保导刊，25（5）：5-6.

陈永久，张亚平，沈发荣 . 1999. 中国5种珍稀绢蝶非损伤性取样的mtDNA序列及进化 [J] . 遗传学报，26（3）：203-207.

陈永林 . 1991. 蝗虫和蝗灾 [J] . 生物学通报，（11）：9-12.

程登发，田品，孙京瑞，等 . 1997. 适用于蚜虫等微小昆虫的飞行磨系统 [J] . 昆虫学报，40（增刊）：172-179.

代金霞 . 2005. 线粒体b基因与昆虫分子系统学研究 [J] . 四川动物，27（2）：62-67.

戴宗廉，焦明阳，钱奕民 . 1962. 黏虫生殖系统的解剖 [J] . 沈阳农业大学学报，（1）：68-74.

都瓦拉 . 2006. 草原蝗灾遥感监测与评估方法研究 [D] . 呼和浩特：内蒙古

师范大学.

冯光翰, 樊树喜, 刘秋芳, 等. 1995. 室外罩笼条件下几种草原蝗虫的食量测定 [J]. 草地学报, 3 (3): 230-235.

冯光翰, 王国胜, 鲁建中, 等. 1995. 草原蝗虫防治指标的研究 [J]. 植物保护学报, 22 (1): 33-37.

冯慧. 1989. 昆虫生物化学分析方法 [M]. 北京: 农业出版社.

高书晶, 韩靖玲, 刘爱萍, 等. 2011. 亚洲小车蝗和黄胫小车蝗不同地理种群的 RAPD 遗传分化研究 [J]. 华北农学报, 26 (2): 94-100.

高书晶, 李东伟, 刘爱萍, 等. 2011. 不同地理种群的亚洲小车蝗 mtDNA CO I 基因序列及其相互关系 [J]. 草地学报, 19 (5): 846-851.

高书晶, 李东伟, 刘爱萍, 等. 2010. 亚洲小车蝗不同地理种群遗传多样性的等位酶分析 [J]. 生态学杂志, 29 (10): 1 967-1 972.

高书晶, 刘爱萍, 韩静玲, 等. 2011. 不同地理种群的亚洲小车蝗 mtDNA ND1 基因序列及其相互关系 [J]. 应用昆虫学报, 48 (4): 811-819.

高书晶, 刘爱萍, 李东伟, 等. 2010. 内蒙古地区 8 种主要蝗虫基因组 DNA 多态性的 RAPD 标记研究 [J]. 安徽农业科学, 38 (23): 12 535-12 537.

高书晶, 刘爱萍, 徐林波, 等. 2010. 杀蝗绿僵菌与植物源农药混用对亚洲小车蝗的杀虫效果 [J]. 农药, 49 (10): 757-759.

高书晶, 刘爱萍, 徐林波, 等. 2011. 8 种生物农药对草原蝗虫的田间防治效果评价 [J]. 草业科学, 28 (2): 304-307.

高书晶, 刘爱萍, 闫志坚, 等. 2010. 亚洲小车蝗不同地理种群遗传多样性的等位酶分析 [J]. 生态学杂志, 29 (10): 19 67-1 972.

高书晶, 魏云山, 特木儿, 等. 2012. 亚洲小车蝗飞行能力及其与种群密度的关系 [J]. 草业科学, 29 (12): 1 915-1 919.

耿博闻, 张润杰. 2005. 低浓度噻嗪酮与黄绿绿僵菌对褐飞虱协同作用的生物测定 [J]. 植物保护学报, 23 (1): 53-56.

关敬群, 魏增柱. 1989. 亚洲小车蝗 (*Oedaleus asiaticus* B. -bienko) 食量测定 [J]. 昆虫知识, 26 (1): 8-10.

郭郛, 陈永林, 卢宝廉. 1991. 中国飞蝗生物学 [M]. 济南: 山东科学技术出版社.

郭利娜, 郭文超, 刘曼双, 等. 2011. 拥挤度对马铃薯甲虫飞行能力的影响 [J]. 新疆农业科学, 48 (2): 320-327.

郭志永，石旺鹏，张龙，等.2004. 东亚飞蝗行为和形态型变的判定指标
　　[J].应用生态学报，15（5）：859-862.

韩海斌，周晓蓉，庞保平，等.2013. 内蒙古亚洲小车蝗种群遗传多样性的
　　微卫星分析 [J]. 昆虫学报，56（1）：79-87.

韩海斌，周晓蓉，庞保平.2013b. 内蒙古10种草原蝗虫和亚洲小车蝗不同
　　地理种群的 ITS2 序列分析 [J]. 草地学报，21（4）：805-811.

郝树广，秦启联，王正军，等.2002. 国际蝗虫灾害的防治策略和技术：现
　　状与展望 [J]. 昆虫学报，45（4）：531-537.

黄冠辉.1964. 东亚飞蝗飞翔过程中脂肪和水分的消耗及温湿度所起的影响
　　[J].动物学报，16（3）：372-379.

黄蓬英，廖富荣，林玲玲，等.2012. 米尔顿姬小蜂 rDNA ITS1 和 ITS2 的序
　　列分析及其分子鉴定 [J]. 应用昆虫学报，49（2）：448-453.

黄文亮.1965. 东亚飞蝗二型的形态测量比较 [J]. 昆虫知识，11（4）：
　　230-234.

黄原.1998. 分子系统学：原理、方法及应用 [M]. 北京：中国农业
　　出版社.

贾佩华，曹雅忠.1992. 小地老虎成虫飞翔活动 [J]. 昆虫学报，35（1）：
　　59-65.

江幸福，蔡彬，罗礼智，等.2003. 温、湿度综合效应对枯虫蛾飞行能力的
　　影响 [J]. 生态学报，23（4）：738-743.

江幸福，罗礼智.2008. 昆虫迁飞的调控基础及展望 [J]. 生态学报，28
　　（6）：2 835-2 842.

蒋湘，买买提明，张龙.2003. 夜间迁飞的亚洲小车蝗 [J]. 草地学报，11
　　（1）：75-77.

康乐，李鸿昌，马耀，等.1990. 内蒙古草地害虫的发生与防治 [J]. 中国
　　草地，（5）：49-57.

寇静.2006. 网翅蝗科部分种类线粒体 16srNRA 基因的分子进化与系统学研
　　究 [D]. 西安：陕西师范大学.

李春选，段毅豪，郑先云，等.2003. 山西省8种蝗虫8个种群的遗传学研
　　究 [J]. 遗传学报，30（2）：119-127.

李春选，马恩波，郭亚平.2003. 中国东亚飞蝗两个种群遗传分化的研究
　　[J].遗传学报，30（11）：1 027-1 033.

李春选，马恩波，郑先云，等 . 2004. 中国东亚飞蝗四个地理种群遗传结构的比较研究 [J]. 昆虫学报，47（1）：73-79.

李东伟，高书晶，庞保平，等 . 2010. 内蒙古地区亚洲小车蝗不同地理种群的 RAPD 分析 [J]. 昆虫知识，47（3）：472-478.

李广，张泽华，张礼生 . 2007. 科尔沁草原亚洲小车蝗防治指标研究 [J]. 植物保护，35（5）：63-67.

李广 . 2007. 亚洲小车蝗为害草场损失估计分析的研究 [D]. 北京：中国农业科学院 .

李克斌，罗礼智，1998. 黏虫幼虫密度对成虫能源物质含量的影响 [J]. 昆虫学报，41（3）：250-257.

李永丹，覃晓春，赵朝阳，等 . 2003. 亚洲小车蝗痘病毒对绿僵菌治蝗的增效作用 [J]. 中国生物防治，19（3）：115-117.

李正西，沈佐锐 . 2002. 赤眼蜂分子鉴定技术研究 [J]. 昆虫学报，45（5）：559-566.

林久生，王根轩 . 2001. 渗透胁迫诱导的小麦叶片细胞程序性死亡 [J]. 植物生理学报，27（3）：221- 225.

刘长仲，王刚，王万雄 . 2002. 小翅雏蝗种群动态的研究 [J]. 兰州大学学报（自然科学版），38（4）：105-108.

刘殿锋，蒋国芳，时号，等 . 2005. 应用 16SDrNA 序列探讨斑腿蝗科的单系性及其亚科的分类地位 [J]. 昆虫学报，48（5）：759-769.

刘庚山，庄立伟，郭安红 . 2006. 内蒙古草原亚洲小车蝗龄期气候预测初步研究 [J]. 草业科学，23（1）：71-75.

刘辉，李克斌，尹姣，等 . 2007. 群居型与散居型东亚飞蝗飞行能力的比较研究 [J]. 植物保护，33（2）：34-37.

刘玲，郭安红 . 2004. 2004 年内蒙古草原蝗虫大发生的气象生态条件分析 [J]. 气象，30（11）：55-57.

刘玉娣，林克剑，韩兰芝，等 . 2009. 基于 rDNA ITS1 和 ITS2 序列的褐飞虱、白背飞虱和灰飞虱的分子鉴定 [J]. 昆虫学报，52（11）：1266-1272.

卢辉，韩建国，张录达 . 2009. 高光谱遥感模型对亚洲小车蝗危害程度研究 [J]. 光谱学与光谱分析，29（3）：745-748.

卢辉，韩建国，张泽华 . 2008. 典型草原亚洲小车蝗危害对植物补偿生长的作用 [J]. 草业科学，25（5）：112-116.

卢辉，韩建国．2008．典型草原三种蝗虫种群死亡率和竞争的研究［J］．草地学报，16（5）：480-484.

陆庆光，邓春生，张爱文，等．1993．四种不同绿僵菌菌株对东亚飞蝗毒力的初步观察［J］．生物防治通报，9（4）：187-189.

吕万明．1980．白背飞虱雌性生殖系统的构造和卵巢发育分级的初步观察［J］．昆虫知识，17（4）：182-183.

罗晨，姚远，王戎缰，等．2002．利用 mtDNA COI 基因序列鉴定我国烟粉虱的生物型［J］．昆虫学报，45（6）：759-762.

罗礼智，李光博，胡毅．1995．黏虫飞行与产卵的关系［J］．昆虫学报，38（3）：284-289.

马喜平，李翠兰，郭亚平，等．2007．蝗总科 6 种蝗虫 6 个种群的遗传分化［J］．山西大学学报（自然科学版），30（1）：90-94.

牛虎力，周强．2005．草原蝗虫的红外灯光诱集实验初报［C］．中国植物保护学会第九届会员代表大会暨 2005 年学术年会农业生物灾害预防与控制研究．

潘建梅．2002．内蒙古草原蝗虫发生原因及防治对策［J］．中国草地，24（6）：66-69.

乔峰．2005．蝗灾北移的主力军——亚洲小车蝗［J］．人与生物圈，（3）：23-25.

邱星辉，康乐，李鸿昌．2004．内蒙古草原主要蝗虫的防治经济阈值［J］．昆虫学报，47（5）：595-598.

全国畜牧兽医总站草业饲料处．2002．内蒙古草原蝗虫形成大暴发之势［J］．草业科学，19（4）：78-78.

任竹梅，马恩波，郭亚平，等．2002．山稻蝗及相关物种 Cyt b 基因序列及其遗传关系［J］．遗传学报，29（6）：507-513.

任竹梅，马恩波，郭亚平．2002．不同区域日本稻蝗 Cytb 基因序列及相互关系［J］．山西大学学报，25（3）：244-248.

任竹梅，马恩波，郭亚平．2002．蝗总科部分种类线粒体 Cytb 基因序列及系统进化研究［J］．遗传学报，29（4）：314-321.

任竹梅，马恩波，郭亚平．2002．山稻蝗及相关物种 Cytb 基因序列及其遗传关系［J］．遗传学报，29（6）：507-513.

任竹梅，马恩波，郭亚平．2003．不同地域小稻蝗 mtDNA 部分序列及其相互关系［J］．昆虫学报，46（1）：51-57.

邵红光，严健.1999.新疆荒漠束颈蝗属及其近、远缘种线粒体 DNA RFLP 与系统进化［J］.昆虫学报，42（2）：132-139.

孙家宝，王非，宋小双.2007.金龟子绿僵菌与农药混用室内杀虫效果研究［J］.植物保护，4：220-221.

孙雅杰，陈瑞鹿，王素云，等.1991.草地螟雌蛾生殖系统发育的形态变化［J］.昆虫学报，34（2）：248-249.

邰丽华，贾建宇，王塔娜，等.2011.内蒙古中东部地区亚洲小车蝗3个种群的遗传多样性分析［J］.华北农学报，26（1）：122-126.

唐伯平，周开亚，宋大祥.2002.核 rDNA ITS 区序列在无脊椎动物分子系统学研究中的应用［J］.动物学杂志，37（4）：67-73.

唐启义，冯明光.2002.实用统计分析及其计算机处理平台［M］.北京：科学出版社.

汪桂玲，郑哲民，黄原.2000.蝗总科5科蝗虫间 RAPD 带型变异的比较研究［J］.陕西师范大学学报（自然科学版），28（1）：83-90.

王丽萍，杜予州，何雅婷，等.2007.不同地理种群美洲斑潜蝇及近缘种的 rDNA-ITS1 序列分析和比较［J］.昆虫学报，（50）6：597-603.

王宪辉，徐洪富，许永玉，等.2003.甜菜夜蛾雌性生殖系统结构、发育分级及在测报上的应用［J］.植物保护学报，30（3）：261-266.

王泽乐，刘映红，刘洪，等.2007.重庆市26个南亚果实蝇种群 mtDNA 16S rRNA 基因部分序列及其系统进化［J］.昆虫知识，556-561.

王中仁.1996.植物等位酶分析［M］.北京：科学出版社.

问锦曾，雷仲仁，谭正华，等.2003.6株绿僵菌对东亚飞蝗的毒力测定［J］.植物保护，29（3）：50-52.

吴虎山，能乃扎布.2009.呼伦贝尔市草地蝗虫［M］.北京：中国农业出版社.

吴效东.2007.乌兰察布市蝗虫发生规律及危害特点［J］.内蒙农业科技，（6）：69-70.

夏慧莉，陈浩明，吴逸.1999.羟自由基诱导烟草细胞凋亡［J］.植物生理学报，25：339-342.

徐利敏，冯万玉，白全江.2006.可可油杀虫剂对亚洲小车蝗蝗蝻的毒力测定［J］.华北农学报，21（6）：188-190.

许富祯, 孟正平, 郭永华, 等 . 2005. 乌兰察布市农牧交错区亚洲小车蝗发生与防治 [J]. 内蒙古农业科技, (7): 384-387.

牙森·沙力, 高松, 白松, 等 . 2011. 散居型西藏飞蝗九个地理种群形态特征的数量分析 [J]. 应用昆虫学报, 48 (4): 862-871.

牙森·沙力, 高松, 格桑罗布, 等 . 2010. 西藏飞蝗九个地理种群群居型形态特征的数量分析 [J]. 昆虫知识, 47 (6): 1 201-1 207.

杨新华, 李永丹, 田兆丰, 等 . 2008. 亚洲小车蝗痘病毒与化学杀虫剂混用的杀虫效果及对寄主主要解毒酶活性的影响 [J]. 昆虫学报, 51 (5): 498-503.

尹蛟, 封洪强, 程登发, 等 . 2003. 黏虫成虫在气流场中飞行行为的观察研究 [J]. 昆虫学报, 46 (6): 732-738.

印红, 刘晓丽, 王彦芳, 等 . 2002. 一种改进的昆虫基因组 DNA 的提取方法 [J]. 河北大学学报 (自然科学版), 22 (1): 80-83.

印红, 张道川, 毕智丽, 等 . 2003. 蝗总科部分种类 16S rDNA 的分子系统发育关系 [J]. 遗传学报, 30 (8): 766-772.

袁锋, 张雅林, 冯纪年, 等 . 2006. 昆虫分类学 [M]. 北京: 中国农业出版社 .

曾维铭, 蒋国芳, 张大羽, 等 . 2004. 用 12S rRNA 基因序列研究斑腿蝗科二属六种的进化关系 [J]. 昆虫学报, 47 (2): 248-252.

张德兴, 闫路娜, 康乐等 . 2003. 对中国飞蝗种下阶元划分和历史演化过程的几点看法 [J]. 动物学报, 49 (5): 675-681.

张方, 米志勇 . 1998. 动物线粒体 DNA 的分子生物学研究进展 [J]. 生物工程进展, 18 (3): 25-31.

张建珍, 郭亚平, 段毅豪, 等 . 2004. 日本稻蝗和赤胫伪稻蝗地理种群的 RAPD 遗传分化研究 . 生态学报, 7 (24): 1 339-1 405.

张龙, 李洪海 . 2002. 虫口密度和龄期对东亚飞蝗群居型向散居型转变的影响 [J]. 植保技术与推广, 22 (4): 3-5.

张龙, 严毓华, 李光博, 等 . 1995. 蝗虫微孢子虫病对东亚飞蝗飞行能力的影响 [J]. 草地学报, 3 (4): 324-347.

张龙, 严毓骅, 王贵强, 等 . 1995. 蝗虫微孢子虫病田间流行的初步调查 [J]. 草地学报, 3 (3): 223-229.

张民照, 康乐 . 2001. 飞蝗总 DNA 的提取及其 RAPD 分析条件的摸索 [J].

动物学研究，22（1）：20-26.

张民照，康乐．2005. 飞蝗（*Locusta migratoria*）地理种群在中国的遗传分化 [J]．中国科学 C 辑生命科学，35（3）：220-230.

张仁利，耿艺介，黄达娜，等．2007. 深圳市白纹伊蚊 rDNAITS2 区克隆及 SNP 分析 [J]．中国热带医学，7（1）：8-11.

张孝羲，陆自强，耿济国．1979. 稻纵卷叶螟雌蛾解剖在测报上的应用 [J]．昆虫知识，16（3）：97-99.

张洋，高松，牙森·沙力，等．2011. 群居型、散居型意大利蝗形态特征的数量分析 [J]．应用昆虫学报，48（4）：854-861.

张韵梅，牟吉元．1994. 棉铃虫卵巢发育的组织化学及测报分级研究 [J]．山东农业科学，（3）：7-9.

郑先云，段毅豪，李春选，等．2002. 华北 2 蝗区东亚飞蝗种群遗传结构的比较研究 [J]．遗传学报，29（11）：966- 971.

郑先云．2006. 斑翅蝗科部分种群遗传结构研究 [D]．山西：生命科学与技术学院．

郑哲民，夏凯龄．2002. 中国动物志·昆虫纲 第十卷·直翅目·蝗总科 [M]．北京：科学出版社．

周发林，江世贵，姜永杰，等．2009. 中国南海野生斑节对 5 个地理群体线粒体 16srRNA 基因序列比较分析 [J]．水产学报，33（2）：205-214.

Arianne JC, Hao SG, Kang L, Harrisona JF, *et al*. 2010. Are color or high rearing density related to migratory polyphenism in the band-winged grasshopper, *Oedaleus asiaticus*? [J]. Journal of Insect Physiology, 56：926-936.

Avise JC, Arnold J, Ball RM, *et al*. 1987. Intraspecifis phylogeography：the mitochondrial DNA bridge between population genetics and systematics [J]. Ann. Rev. Ecol. Syst. 18：489-522.

Avise JC. 1994. Molecular Markers, Natural History and Evolution [M]. New York：Chapman & Hall, 1-9.

Beenakkers AMT. 1969. Carbohydrate and fat as a fuel for insect flight：a comparative study [J]. *Insect Phsiol.*, 15：353-361.

Berthier K, Loisesu A, Streife R, Arlettaz R. 2008. Eleven polymorphic microsatellite markers for *Oedaleus decorus*（Orthoptera：Acrididae）, an endangered grasshopper in Central Europe [J]. Molecular Ecology Resources, 8：

1 363-1 366.

Birmeta G, Nybom H, Bekele E. 2004. Distinction between wild and cultivated enset (Ensete ventricosum) gene pools in Ethiopia using RAPD markers [J]. Hereditas, 140 (2): 139-148.

Bligh EG, Dyer WM. 1959. A rapid method of lipid extraction and purification [J]. *Can. J. Biochem. Physiol.*, 35: 911-917.

Bouaaichi A, Simpson SJ, Roessingh P. 1996. The influenceof environmental microstructure on the behavioral phase state and distribution of the desert locust (*Schistocerca gregaria*) [J]. Physiological Entomology, 21 (4): 247-256.

Canapa A, Barucca M, Marinelli A, *et al.* 2000. Molecular data from the 16S rRNA gene for the phylogeny of Pectinidae (Mollusca: Bivalvia) [J]. J Mol Evol, 50: 93-97.

Chapco W, Kelln RA, Mcfadyen DA. 1992. Intraspecific mitochondrial DNA variation in the migratory grasshopper, *Melanoplus sanguinipes* [J]. Heredity, 69: 547-557.

Cheke R A, Holt J. 1993. Complex dynamics of desert locust plagues [J]. Ecological Entomology, 18 (2): 109-115.

Cheke RA. 1990. A migrant pest in the Sahel: the Senegalese grasshopper*Oedaleus enegalensis*. Philosophical Transactions of the Royal Society of London. Series B [J]. Biological Sciences, 328 (1251): 539-553.

Chen H H, Kang L. 2000. Olfactory responses of two speciesof grasshoppers to plant odours [J]. Entomologia Experimentalis et Applicata, 95 (2): 129-134.

Clement M, Posada D, Crandall KA. 2000. TCS: a computer program to estimate gene genealogies [J]. Molecular ecology, 9 (10): 1 657-1 659.

Crozier R H, Crozier Y C. 1992. The cytochrome b and ATPase genes of homeybee mitochondrial DNA [J]. Mol. Biol. Evol., 9: 474-482.

Danforth BN, Mitchell PL, Packer L. 1998. Mitochondrial DNA differentiation between two *Gryptic halictus* (Hymenoptera: Halictidae) species [J]. Ann. Entomol. Soc. Am., 91 (4): 387-391.

Dirsh VM. 1953. Morphometrical studies on phase of thedesert locust (*Schistocerca gregaria* Forskal) [J]. Anti Locust Bull, 16: 1-34.

Faure JC. 1943. Phase variation in the armyworm, Laphygma exempta (Walk.) [J]. Sci. Bull. Dep. Agic. For. UN. S. Afr. no.

Felsenstein. 1985. Confidence limits on phylogenies: an approach using the bootstrap [J]. Evolution, 39: 783-79.

Flook P K, Rowll G H F, Gellissen G. The sequence, organization, and evolution of the locusta migratoria mitochondrial genome [J]. J. Mol. Evol., 1995, 41: 928-941.

Flook PK, Klee S, Rowell CHF. 1999. Combined molecular phylogenetic analysis of the Orthoptera (Arthropoda, Insecta) and implications for their higher systematics [J]. Syst. Biol., 48 (2): 233-253.

Furlong MJ. Groden E. 2001. Evaluation of syngersitic interactions between the Colorado potato beetle (Coleoptera: Chrysomelidae) pmhogen *Beauveria bassiana* and the insecticides, imidacloprid, and cyromazine [J]. Journal of Economic Entomology, 94: 344-356.

Gray MW. 1989. Origin and evolution of mitochondrial DNA [J]. *Annu. Rev. Cell Bio.*, 5: 25-50.

Gunn A, Gatehouse AG. 1987. The influence of larvae phase on metabolic reserves, fecundity and lifespan of the African armyworm moth, *Spodoptera exempta* (Walker) (Lepidoptera: Noctuidae). *Bull. Ent. Res.*, 77: 651-660.

Guo K, Hao SG, Sun OJ, *et al.* 2009. Differentialresponses to warming and increased precipitation amongthree contrasting grasshopper species [J]. Global Change Biology, 15 (10): 2 539-2 548.

Hao SG, Kang L. 2004. Postdiapause development andhatching rate of three grasshopper species (Orthoptera: Acrididae) in Inner Mongolia [J]. Environmental Entomology, 33 (6): 1 528-1 534.

Hassanali A, Bashir MO. 1999. Insights for the management of different locust species from new findings on the chemical ecology of the desert locust [J]. Insect Science and its Application, 9 (4): 369-376.

Hugall. 1997. Evolution of the AT-rich mitochondrial DNA of the root knot nematode*Meloidogyne hapla* [J]. Mol. Biol. Evol., 14 (1): 40-48.

Injeyan HS, Tobe SS. 1981. Phase polymorphism in *Schistocerca gregaria*: Reproductive parameters [J]. Insect Physiology, 27 (2): 635-649.

Ji YJ, Zhang DX, He LJ. 2003. Evolutionary conservation and versatility of a new set of primers for amplifying the ribosomal intermal transcribed spacer (ITS) regions in sects and other invertebrates [J]. Molecular Ecology Notes, 3 (4): 581-585.

Kang L, Chen YL. 1995. Dynamics of grasshopper communities under different grazing intensities in Inner Mongolia steppes [J]. Entomologia Sinica, 2: 265-281.

Kimura M. 1980. A simple method for estimating evolutionary rate of base substitutions though comparative studies of nucleotide sequences [J]. Journal of Molecular Evolution, 16: 111-120.

Knor IB, Bashev AN, Alekseev AA, et al. 1993. Effect of population density on the dynamics of the beet webworm Loxostege sticticalis L. (Lepidoptera: Pyralidae) [J]. Entomol Rev, 72: 117-124.

Kumar S, Tamura K, Nei M. 2004. MEGA3: Integrated software for Molecular Evolutionary Genetics Analysis and sequence alignment [J]. Briefings in bioinformatics, 5 (2): 150-163.

Li CX, Duan YH, Zheng XY, et al. 2003. Genetic studies on eight populations of eight locust species from Shanxi Province, China [J]. Acta Genetica Sinica, 30 (2): 119-127.

Lomer C J, Prior C, Kooyman C. 1997. Development of Metarhizium spp. for the control of grasshoppers and locusts [J]. Memoirs of the Entomological Society of Canada, 171: 265-286.

Long DB. 1953. Effects of population density on larvae of Lepidoptera [J]. Trans. R. Ent. Soc. Lond, 104 (15): 543-585.

Lunt DH, Ibrahim kM, Hewitt GM. 1998. mtDNA phylogegraphy and post-glacial patterns of subdivision in the meadow grasshoppcr Chorthippus parallelus [J]. Heredity, 80: 633-641.

Ma C, Liu CX, Yang PC and Kang L. 2009. The complete mitochondrial genomes of two band-winged grasshoppers, Gastrimargus marmoratus and Oedaleus asiaticus [J]. BMC Genomics, 10 (Special section), 1-12.

Ma R, Yli-Mattila T, Pulli S. 2004. Phylogenetic relationships among genotypes of worldwide collection of spring and winter ryes (Secale cereale L.)

determined by RAPD-PCR markers. Hereditas, 140 (3): 210-221.

Maehado EG, Dennebouy M, Suarez M, et al. 1993. Mitochondrial 16srRNA gene of two species of shrimps: sequence variability and secondary strueture [J]. Crustaceana, 65 (3): 279-286.

Mattee JJ. 1945. Biochemical differences between the solitary and gregarious phases of locusts and noctuids. Bull. Ent. Res, 36: 343-371.

McCaffery AR, Simpson ST, Saiful I M. 1998. A gregarising factor present in the egg pod foam of the desert locust, Schistocerca gregaria [J]. The Journal of Experimental, 201: 347-363.

Michael SC, Soowon C, Felix A H S. 2000. The current state of in sect molecular systematics: A thriving tower of Babel [J]. Annu Rev Entomol, 45: 1-54.

Miller BR, Crabtree MB, Savage HM. 1996. Phylogeny offourteen Culex mosquito species, including the Culex pipiens complex, inferred from the intermal transcribed spacers of ribosomal DNA. Insect Molecular Biology, 5 (2): 93-107.

Nkongolo KK, Michael P, Gratton WS. 2002. Identification and characterization of RAPD makers inferring genetic relationships among Pine species. Genome, 45: 51-58.

Pener MP, Simpson SJ. 2009. Locust phase polyphenism: an update [J]. Advances in Insect Physiology, 36: 1-272.

Pener MP, Yerushalmi Y. 1998. The physiology of locust phase polymorphism: an update [J]. Journal of Insect Physiology, 44 (5/6): 365-377.

Peters T M. Barbosa P. 1977. Influence of population density on size, fecundity and developmental rate of insects in culture [J]. Annu. Rev. Entomol. , 22: 431-450.

Prior C, Carey M, Hraham YJ, et al. 1995. Development of a bioassay method for the selection of entomopathogenic fungi virulent to the desert locust Schistocerca gregaria (Forakal) [J]. J Appl Ent, 11 (9): 567-575.

Rankin MA, Burchsted JCA. 1992. The cost of migration in insects [J]. Annu. Rev. Entomol, 37: 533-559.

Rowell CHF, Flook PK. 1998. Phylogeny of the Caelifera and the Orthoptera as derived from ridosomal gene sequences [J]. Journal of Orthoptera Research, 7: 147-156.

Rozas J, Sánchez-DelBarrio JC, Messeguer X, *et al.* 2003. DnaSP, DNA polymorphism analyses by the coalescent and other methods [J]. Bioinformatics, 19 (18): 2 496-2 497.

Shimizu T, Masaki S. 1993. Injury causes microptery in the ground cricket, *Dianemobius fascipes* [J]. *J lnsect Physiol*, 39: 1 021-1 027.

Simon C, Frati E, Bechenbach A, Crespi B, Liu H, Rlook RE. 1994. Volition, weighting, and phylogenetic utility of mitochondrial gene sequences and a compilation of conserved polymerase chain reaction primers [J]. Annals of the Entomological Society of American, 87: 651-701.

Slatkin M. 1987. Gene flow and the geographic structure of natural populations [J]. Science, 236: 787-792.

Symmons PM. 1969. A morphometric measure of phase in the desert locust, *Schistocerca gregaria* (Forsk.) [J]. Bulletin of Entomological Research, 58 (4): 803-809.

Tammaru T, Ruohomki K, Montola M. 2000. Crowding – induced Plasticity in Epirrita autumnata (Lepidoptera: Geometridae): weak evidence of specific modifications in reaction norms [J]. *Oikos*, 90: 171-181.

Tawfik AI, Sehnal FA. 2003. A role for ecdysteroids in thephase polymorphism of the desertlocust [J]. Physiological Entomology, 28 (1): 19-24.

Thomas M, Gbongboui C, Lomer C, *et al.* 1996. Between-season survival of the grasshopper pathogen *Metarhizium flavoviride* in the Sahel [J]. Biocontrol Science and Technology, 6: 569-573.

Uvarov BP. 1921. Arevision of the genus *Locusta*, L. (=*Pachytylus* Fieb.), with a new theory as to the periodicity and migrations of locusts [J]. Bulletin of Entomological Research, 12 (2): 135-163.

Villalba S, Lobo JM, Martin-Piera F, *et. al.* 2002. Phylogenetic relationships of Ibrian dung beetles (Coleoptera: Scarabaecinae): insights on the evolution of nesting behavior [J]. J. Mol. Evol. , 55 (1): 116-126.

Welsh J, McClelland. 1990. Finger printing genome using PCR with arbitrary primers [J]. Nucleic Acids Research, 18: 7 213-7 218.

Whitlock MC, Mccauley DE. 1999. Indirect measures of gene flow and migration: $F_{ST} \neq 1/$ ($4Nm+1$) [J]. *Heredity*, 82: 117-125.

Wilbur A, Orbacz EA, Wakefield JR, *et al.* 1997. Mitochondrial genotype variation in a siberian population of the Japanese scallop, Patinopecten yessoenssis (Jay) [J]. J ShellfishRes, 16 (2): 541-545.

Williams JG, Kublik AR, Livak KJ, *et al.* 1990. DNA polymorphism amplified by arbitrary primers are useful as genetic markers [J]. Nucleic Acids Research, 18: 6 531-6 535.

Wright S. 1978. Evolution andthe Genetics of Populations (Vol. 4): Variability within and among Natural Populations [M]. University of Chicago Press, Chicago and London.

Zhang D X, Hewitt G M. 1996. Nuclear integrations: challenges for mito - chondrial DNAmarkers [J]. TREE, 11 (6): 247-251.

第二篇　草地蝗生物防治技术研发应用

第一章　草地螟的研究进展

草地螟（*Loxostege sticticalis* L.）属鳞翅目（*Lepidoptera*）、螟蛾科（*Pyralidae*）、野螟亚科（*Pyraustinae*）、锥额野螟属（*Loxostege*），又称黄绿条螟、甜菜网螟，俗称罗网虫，吊吊虫等。以其幼虫为害，为害症状与虫龄相关。成虫具有趋蜜向水性、趋光性、迁飞性、昼伏夜出性，幼虫具有栖息性、迁移性、多食性、间歇暴发性和滞育性，是一种集中为害、突发性很强的害虫。

草地螟主要发生在我国北方农牧区，一年发生 2~3 代，各地区的发生世代数受当地气温及海拔影响而不同，但对农牧区的为害主要是由第一代造成的。草地螟是以老熟幼虫在地表下大约 5cm 处结茧越冬，其越冬地区主要在山西雁北、内蒙古乌盟及河北张家口的坝上地区。草地螟成虫羽化后先补充营养，然后才交尾产卵，但均在夜间进行，雌蛾在灰菜、刺蓟等杂草的茎叶上产卵，初孵幼虫一般会在幼嫩多汁的杂草叶片上取食；幼虫到 2 龄时会集群在心叶内造成为害；进入 3 龄后，幼虫的取食量逐渐增大，开始进入为害期，且具有成群转移的特点，并转移到农作物上为害，对附近的农田造成为害；4~5 龄幼虫为暴食期，其取食量占总量的 60%~90%，造成大面积为害，在很短的时间内就会造成严重减产。

第一节　草地螟的分布为害

草地螟是一种世界性分布的农牧业害虫，为害范围较广，广泛发生于北美、欧洲和亚洲的部分地区。据统计，可严重为害 50 余科 300 余种植物，包括大豆、甜菜、亚麻、马铃薯、玉米等农作物及苜蓿、灰菜、猪毛菜等杂草作物，并在 3 龄后有转株为害的特点。由于草地螟是一种具有间歇暴发性和毁灭性特征的迁飞性害虫，已经成为国家农业部高度关注的重要害虫之一。

从 19 世纪 50 年代开始，在苏联就有其大发生的记载，在西伯利亚及远东地区也有大发生记载。在蒙古国，20 世纪初有草地螟大发生记载，其发生主要集中在蒙古国的北部和东部地区。进入 21 世纪，草地螟仍严重发生于俄罗斯、哈萨克斯坦、塞尔维亚等国家的部分地区。在我国主要发生于山西、河北、内蒙古、辽宁、吉林和黑龙江等省。它的发生表现为具有较长周期的间歇性，远距离迁移性和毁灭性等特点。

中华人民共和国成立以来曾有四次大暴发，每次暴发都给我国经济造成了严重损失。第一次是在 20 世纪 50 年代中期曾连续猖獗几年，经过 20 余年发生轻微间歇期后，在 1978—1984 年又连续猖獗数年，特别是在 1982 年为害面积达 707 万 hm^2，之后又进入间歇期。至 1996 年开始进入第三个猖獗危害周期，猖獗年间种群数量巨大，为害年均超过 400 万 hm^2，累计发生为害面积 2 125 万 hm^2，在 2002 年发生面积高达 853 万 hm^2，仅在宁夏就造成苜蓿干草产量损失 3.6 亿 kg，直接经济损失 2 亿元，2003 年 2 代幼虫在山西、内蒙古、陕西、河北和黑龙江部分地区为害面积达 130 万 hm^2 以上，是中华人民共和国成立以来末代幼虫成灾最严重的一次，为农牧业生产带来了严重损失，对畜牧业可持续发展也造成严重威胁。2008—2009 年又是我国草地螟严重发生的年份，为第四个暴发周期。全国越冬成虫发生面积 1 630.2 万 hm^2，其中一代幼虫发生面积 418.5 万 hm^2，主要发生范围河北、山西、新疆、陕西以及自内蒙古阿拉善北至黑龙江大兴安岭的广大农牧区，包括华北、东北和西北 11 个省（自治区、直辖市）48 个市（盟、地）261 个县（市、区）。2008 年 2 代草地螟幼虫发生面积是中华人民共和国成立以来最大，为害程度最重的一个世代，不仅给农牧业生产造成了严重的经济损失，而且对北京奥运会的举办产生了一定影响。在第 4 个暴发周期内，2010 年全国草地螟成虫共发生 118.5 万 hm^2，幼虫发生面积为 31.0 万 hm^2，是发生程度最轻，发生面积及发生范围都最小的年份，仅在山西和新疆局部地区造成严重为害，在山西 2 代幼虫为害农田 8.7 万 hm^2，其中严重的田块面积为 1.8 万 hm^2，新疆阿勒泰和和田地区，在 6 月中下旬苜蓿田间一代幼虫平均密度 23 头/m^2，严重田块高达 485 头/m^2。

1. 草地螟在内蒙古发生为害

1979 年，西部区发生为害高于东部区，锡林郭勒盟太仆寺旗和多伦县，百步惊蛾 500～1 000 头，最高 10 000 头。1 代幼虫密度 300～800 头/m^2，最高 3 205 头/m^2。2.3 万 ha 农作物严重减产。1982 年 2 代幼虫重发生，发生 48.2 万 hm^2。兴安盟受害面积有 6.7 万 hm^2，绝产 1.3 万 hm^2。察右前旗调查，2 代越冬幼虫活虫茧 30～50 头/m^2，最高为 396 头。

1996—2008 年。1996 年 1 代幼虫发生从 1995 年的 0.77 万 hm^2 猛增到 18.1 万 hm^2。重发生的兴安盟，平均有幼虫 361～392 头/m^2。成灾 1.79 万 hm^2，绝收 0.9 万 hm^2。1997 年，1 代幼虫发生 66.3 万 hm^2。其中虫量大于 200 头/m^2 的重发生地有 20 万 hm^2。时值干旱，草滩、荒地植被稀疏，田间作物处在苗期，幼虫为害程度加重。受灾（损失大于 5%）33.1 万 hm^2，其中：成灾 21.1hm^2，绝收 2.8 万 hm^2。经防治后挽回粮食 5.8 万 t，仍损失近 3 万 t。7 个盟市调查，越冬活茧 0.16 头/m^2，主要越冬地的乌盟、锡林郭勒盟，越冬活茧 4.6 头/m^2。

1999 年，1 代幼虫中等偏重发生，部分地区重发生。发生 1 133 330 多 hm^2。主要发生在东部 4 盟市和乌盟，其余盟市多在个别旗县的部分乡镇发生。呼盟成灾 165 070hm^2，毁种或绝收 23 530hm^2，受害面积占作物总播面积的 57.4%。受害重的地块将甜菜、玉米等吃成光杆，大豆被害仅剩表皮和叶脉，被迫毁种。受灾 280 670hm^2，绝收改种 60 280hm^2。

2000 年，1 代幼虫发生 248 550hm^2，乌盟、呼市、巴盟等地中等偏轻发生，局部偏重发生。防治 62 280hm^2。东部地区除林西县发生 1 330 多 hm^2 外，其他地区未发生。6 月 12 日玉泉区调查，玉米地虫量 210 头/m^2；乌盟察右前旗、兴和县、凉城县、丰镇市幼虫密度 100～200 头/m^2，高的千头。6 月 7～10 日调查，甜菜、油菜、玉米地有虫 120～170 头/m^2，胡麻田较高，抽查一块地 822 头/m^2，局部地块密度达千头以上。

2002 年，重发生，个别地方出现了 3 代幼虫发生危害。主要发生区为呼伦贝尔市、鄂尔多斯市和乌盟，发生 1 366 200hm^2 次，防治 219 330hm^2 次。呼伦贝尔市岭北部分地区 2 代幼虫密度约 1 000 头/m^2。鄂尔多斯 3 代幼虫密度为 25～30 头/m^2，最高达 280 头/m^2，发生面积不大。6 月上中旬 1 代卵和幼虫盛发。发生 1 643 030hm^2，防治 853 870hm^2 次，成灾 70 330hm^2，绝收 1 210hm^2。波及 11 个盟市、47 个旗县、300 多个乡镇。虫口密度为 40～60 头/m^2，重发生乡镇 100～500 头/m^2，田间荒格地 200～1 200 头/m^2。玉泉区、赛罕区、和林县、托克托县、清水河县幼虫密度为 70～200 头/m^2，杂草密集地块为 250～300 头/m^2，最高 500 头/m^2。土左旗 7 月 12 日调查，小麦田虫口密度 200 头/m^2，均为老熟幼虫。

2004 年，越冬代成虫发生 2 187 890hm^2。1 代幼虫发生 947 940hm^2，防治 332 450hm^2 次。2005 年，1 代幼虫发生 93 000hm^2 次，防治 80 670hm^2 次，以兴安盟为主。

2008 年，1 代幼虫在东部区严重发生，发生 652 670hm^2，防治 300 000hm^2。蛾峰次数多，灯下蛾量大，盛蛾期时间长。克什克腾旗、林西县 7 月 30 日单灯诱蛾 70 000 多头。宁城县 8 月 3 日频振式杀虫灯单灯诱蛾约 6 万头。

田间蛾量大。卵和幼虫发生面积大、密度高。2 代幼虫在海拉尔区、陈巴尔虎旗、鄂温克旗、满洲里市等地发生 2 080 000hm^2，其中草场、草滩发生 1 866 670hm^2，农田 213 330hm^2。7 月 25—29 日，自治区植保站和呼伦贝尔市植保站联合调查，发生较重的海拉尔区到岭西各旗市主干公路两侧的草滩，虫量500~600 头/m²，最高虫口密度达 1 000 头/m²以上。防治为 133 330hm²。科左后旗海力吐镇苜蓿田幼虫量 200 头/m²；开发区辽河镇胡萝卜田幼虫量 500~1 000头/m²，高的 1 500头/m²。奈曼旗、科尔沁区和科左后旗新镇，葵花田幼虫 30~60 头/株，荞麦田、豆田、苜蓿田 100 头/m²左右。

2009 年，1 代幼虫发生 1 047 190hm²，2 代幼虫发生 21 590hm²。越冬代成虫、1 代幼虫防治 498 100 hm²，其中灯光诱杀成虫 51 710 hm²，幼虫防治446 350hm²。2 代幼虫防治 8 370hm²。越冬代成虫多次出现迁出、迁入。12 个盟市 82 个旗县市区成虫普遍出现盛发。湿度相对较高的农田周边草滩、开花的柠条林和长势较好的苜蓿田百步惊蛾 3 000~10 000 头，局部 10 000~30 000 头。大部地区雌蛾卵巢发育缓慢，前期大部分蛾量外迁。前 3 次蛾峰灯下蛾量相对于田间偏低，灯下诱蛾量明显增加，田间蛾量大。

东部地区 1 代幼虫发生明显重于西部。农田虫量 30~50 头/m²，田边荒滩10~20 头/m²，最高达 50~80 头/m²，喜食杂草密度高的地块 100~300 头/m²。严重地块 2 000~3 000头/m²，发生 2 670hm²。

2010—2015 年，发生不重。

2. 草地螟在我国大发生历史统计

见图 1。

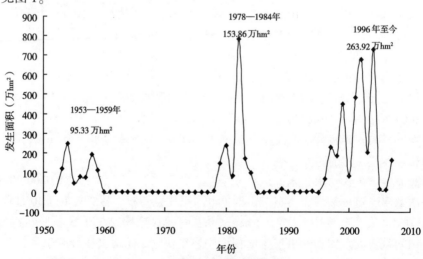

图 1　草地螟不同年份发生面积

第二节　草地螟生活史

草地螟在我国北方地区一年发生 2~3 代，各地区的发生世代数受当地气温及海拔影响而不同。

草地螟是以老熟幼虫在地表下 2~5cm 处结茧越冬，其越冬地区主要在山西雁北、内蒙古乌盟及河北张家口的坝上地区。

越冬代草地螟始见于翌年 5 月中旬，越冬代成虫发生盛期为 6 月上旬，6 月中旬为其成虫产卵高峰期。卵经 4~5d 孵化为第 1 代幼虫，于 6 月中旬初始见幼虫，6 月下旬至 7 月上旬为幼虫高峰期。

幼虫一般分 5 龄，2 龄前幼虫食量很小，仅在叶背取食叶肉，残留表皮；3龄以后幼虫食量逐渐增大，可将叶肉全部食光，仅留叶脉和表皮，且具有吐丝结苞为害的习性。4~5 龄为暴食期，也是田间为害盛期，其取食量占总量的60%~90%。

第三节　草地螟生活习性

草地螟成虫羽化后先补充营养，然后才交尾产卵，但均在夜间进行。草地螟成虫活动昼伏夜出，有远距离迁飞习性，喜在潮湿低凹地活动。成虫产卵有很强选择性，喜在藜科、蓼科、十字花科等花蜜较多的植物叶片产卵，有时也可将卵产在叶柄、茎秆、枯枝落叶上。一头雌虫可产卵十几粒至几十粒不等。

草地螟初孵幼虫一般会在幼嫩多汁的杂草叶片上取食；幼虫到 2 龄时会集群在心叶内造成为害；进入 3 龄后，幼虫的取食量逐渐增大，开始进入为害期，且具有成群转移的特点，并转移到农作物上为害，对附近的农田造成为害；4~5 龄幼虫为暴食期，其取食量占总量的 60%~90%，这一时期为害也最严重，造成大面积为害，在很短的时间内就会造成严重减产。因此防治应早在 2~3 龄的低龄幼虫期为宜。

草地螟寄主范围广，幼虫较嗜好在灰菜、苋菜等藜、苋科植物上取食，其高龄幼虫有转主为害的习性，可从嗜好寄主转到牧草及其他农作物上为害，从而提高了对不同寄主植物和不利环境的适应性，使其为害性加重，潮湿的气候条件有利于该虫的发生。

草地螟幼虫具有栖息性、迁移性、多食性、间歇暴发性和滞育性。草地螟对农牧区的为害主要是由第一代造成的。

第四节　草地螟的生态学特性

温度对草地螟的生长、发育及繁殖均有影响。草地螟蛹期、成虫期、幼虫期进行不同温度处理试验表明，如蛹期遇到30℃以上高温，则成虫产卵量下降，不孕率上升，寿命延长，尤其产卵期遇到高温时间越长，卵量下降越大，不孕比率越高，寿命也缩短；而成虫期产卵前遇到高温后，雄蛾比雌蛾反应更为敏感；当5龄幼虫遇到35℃、40℃高温时，成虫生殖力则减退75.6%~100%，不孕率增加到80%~100%；成虫期遇到短期低温（7℃），卵量反而增加。草地螟全世代的发育起点温度为10.5℃，有效积温为531.2℃·d；卵、幼虫、蛹和成虫发育的起点温度分别为14.3℃、12.7℃、11.6℃、11.0℃，上述各虫态的有效积温分别为30.5℃·d、190.7℃·d、158.3℃·d、96.7℃·d。草地螟有效积温的研究为预测其在中国主要为害地区可能发生的世代数和提高预测预报提供了科学的依据。

湿度对草地螟的影响也很大。一定的温度配以合适的湿度才能促进种群的增长。在室温（21.5±1.32）℃条件下，随着处理湿度的增加，雌蛾平均寿命显著延长、成虫产卵前期相应缩短、单雌平均产卵量显著增加；当湿温系数在2.047以下的环境条件对草地螟的生殖发育有明显的抑制作用；草地螟成虫生殖前期（卵巢发育1~2级）是接受湿度效应的敏感期；在一定虫源的前提下，成虫发育阶段的降雨量和相对湿度是决定草地螟种群变动的主要因素。分析草地螟成虫在田间的分布可知，无论是越冬代还是一代成虫，总是在高湿的环境中高密度聚集，体现了它对湿度有较强的趋性，因此可以认为：湿度状况及能引起湿度变化的其他因子（如降雨频率、降雨量、蒸发量等）是决定草地螟发生的重要因素。所以，从虫源、幼虫发生程度、气象因素之间找出相应的关联或规律，建立经验预测式或数理统计预测式，对草地螟的发生趋势做出较为准确的中短期预报，是一项值得长期开展的工作。

迁飞是草地螟成虫的主要生理行为特征，也是其监测、预报困难的主要原因。研究人员在获得草地螟迁飞证据的同时，对草地螟的迁飞路径、迁飞过程、迁飞距离和迁飞原因进行了研究，并取得了一些进展。早在19世纪80年代初杨素钦等认为草地螟具有远距离迁飞的现象，提出了利用气流分析来测报草地螟成虫的迁飞路径。多篇研究表明，在东北三省等草地螟扩散发生区主要是第一代幼虫为害，第二、第三代发生很少，尽管发现少量草地螟越冬茧，但以第一世代的主要虫源为春季由外地迁入的观点占主要地位。1980 年后山西省山阴县岱岳镇进行标放回收试验的结果表明，草地螟成虫的最远迁飞距离达 230km。此后，中国先后用雷达观察到了随气流迁飞的草地螟蛾群空中飞行情况，其迁飞的方向多随西南气流飞向东北方，盛期向东北方向迁飞的草地螟蛾数量达 1 夜 1km 宽度空间飞越 180 万头。草地螟迁飞过程经历着起飞、运转和降落 3 个阶段。周惟敏等认为脂肪是草地螟成虫迁飞的主要能源物质。草地螟在中国的主要越冬区为北纬 39°~43°与东经 110°~116°。但其在各地的越冬场所主要随着气候与寄主变化，存在着大范围水平方向（向东南西北方向的发生和发展）与垂直方向（高山与平川）的变迁；越冬区域存在扩大和缩小的变化。

第五节　草地螟的发生规律

一、草地螟不同发生期的性比

草地螟在不同发生时期的性比不同，性比与发生时期的关系，见图 2。

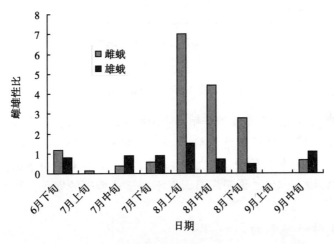

图 2　草地螟雌雄性比

越冬带始发期，即 5 月下旬或 6 月上旬，雄蛾显著多于雌蛾；在 6 月中下旬至 7 月中下旬，雌娥和雄蛾两者比例接近；从 8 月上旬至 9 月上旬，则雌蛾量显著高于雄蛾；9 月中旬以后，雄蛾的数量略高于雌娥。说明，2 代成虫的雌娥明显多于雄蛾。

二、温湿度对草地螟繁殖率的影响

高温干燥或持续降雨都会使卵巢退化或腐烂。试验证明，成虫羽化期在相对湿度低于 40%，温度高于 34℃时，会使卵巢退化形成不孕雌蛾；持续降雨 3~4d，使雌蛾卵巢因缺乏补充营养，发育不全或卵巢基部腐烂，亦可造成不孕雌蛾。

1. 温度对草地螟繁殖率的影响

不同温度条件下，草地螟的繁殖率不同。如图 3 所示。

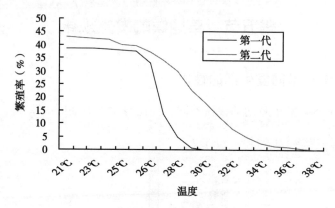

图 3 不同温度下草地螟繁殖率的变化曲线

从图 3 可以看出，草地螟的繁殖率随温度的增高而降低。即使环境条件较适宜，草地螟的生殖率也很少能达到 50%。我们试验的结果，第一代的生殖率38.26%，第二代的生殖率 42.78%。第一代、第二代相对生殖率达 50%时的温度分别为 27.3℃和 29.4℃。说明高温天气不利于草地螟的繁殖，其变化幅度呈指数曲线下降。

2. 湿度对繁殖率的影响

由上图 4 可知，在 50%~90%的相对湿度条件下，草地螟的生殖率随湿度的增加而呈指数上升。但在相对湿度小于 40%或大于 90%时，草地螟生殖率明显下降。说明干燥天气，阴雨天气，都不利于草地螟的繁殖。也就是说，成虫发生较多，如遇阴雨天气，二代幼虫发生少，也不会造成严重为害。

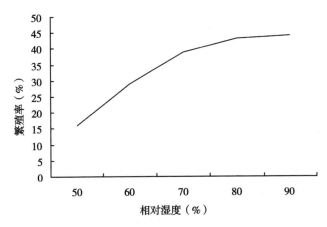

图4 不同湿度下草地螟繁殖率的变化曲线

第六节 草地螟的国内外研究概况

国外在草地螟防治方面采用物理、化学和生物等方法对草地螟进行综合防治。我国目前对草地螟的防治，倡导以"预防为主，综合防治"的环保方针为指导，采用农业措施（中耕除草、早秋深耕灭虫灭蛹）和杀虫灯诱杀、生物防治技术与其他措施相结合的综合防治方针。诸多措施中主要采取的是化学防治，大量有机杀虫剂的使用，起到了及时消灭害虫的作用，但大多数杀虫剂同时会伤害天敌昆虫，影响自然控制和生态控制的作用，特别是广谱性杀虫剂对天敌种群的影响尤为显著。此时，害虫天敌的优势就显而易见了。因此，我们要充分利用天敌，以虫治虫来改变当前以化学防治为主带来的负面作用，进而改善环境条件，提高农畜产品质量，增加生态环境稳定性。

鉴于草地螟具有迁飞性、周期性、突发性和群集性为害的特点，给防治带来巨大的困难。总结有关报道及基层防治经验，可将其归纳为以下几点。

（1）加强草地螟的预测预报。于每年秋末冬初，根据越冬虫茧发生数量和气象部门长期气候预测，进行综合分析和评价，或与翌年5月底至6月初，根据越冬幼虫进入化蛹期的死亡率高低，结合气象部门的气候预测及蜜源植物生长情况，做出一代幼虫的发生趋势预测。同时加强各省级测报站间的异地信息交流，逐步建立异地测报预警系统，以提高测报工作的准确性和时效性。

（2）物理防治与人工防除相结合。利用草地螟成虫的趋光性，采用黑光灯诱杀成虫，以压低草地螟的种群数量。同时注意铲除田边杂草，减少草地螟产卵及幼虫孵化的孳生场所。

（3）化学防治。要在草地螟 3 龄前实施防控，尽量减少对天敌的伤害。推行"统一时间、统一用药"的方法。对草地螟具良好防效的药剂有：甲胺磷乳油、水胺硫磷乳油、辛硫磷乳油、功夫和敌杀死等化学药剂，徐林波等选用 4 种农药对草地螟幼虫进行毒力测定发现，7.2%苦参碱·烟碱乳油>3%高渗苯氧威>25%灭幼脲Ⅲ号悬浮剂>5%吡虫啉乳油，其中以苦参碱·烟碱的毒力最强，半致死浓度（LC_{50}）为 10.499mg/L，致死浓度（LC_{95}）为 16.093mg/L。虽然大量化学药剂的使用能对草地螟为害起到及时控制作用，但是对生态环境也造成了很大的污染，而且农药残留还会危害人畜健康，同时对其天敌种群数量和种类也造成严重威胁，破坏了天敌自然控制和生态控制的能力，特别是广谱性生物杀虫剂使用对天敌种类及种群数量的影响更为明显。

我们在不同温湿度对草地螟白僵菌的致病力影响的研究中发现，在温度为 26℃时的致死时间（LT_{50}）最短，死亡速度最快，死亡率最高；相对湿度发生变化时，草地螟幼虫死亡速度和死亡率不同，相对湿度为 95%时，草地螟幼虫死亡速度最快，死亡率最高，相对湿度低于 55%时，草地螟幼虫死亡率显著降低，从而得出温湿度对白僵菌的致病力具有显著性影响。吴晋华等在不同的球孢白僵菌对草地螟的毒力测定的研究中发现，来自内蒙古地区的 16 个球孢白僵菌对草地螟幼虫均有不同的致病率，但是毒力强弱有所不同，其中 S3 的毒力相对较强，并且在试验中发现，累积死亡率是随着处理后时间的延长而递升；菌株的半死亡时间（LT_{50}）随浓度的增加而减小。

（4）鉴于化学防治带来的负面影响，草地螟的防治工作逐步采取以生物防治为主的综合防治手段。在自然界中，天敌昆虫是一种害虫的致死因素，是影响害虫群落数量变动的最重要的生物因子，因此我们要充分利用天敌，以虫治虫来改变当前以化学防治为主带来的负面作用，进而改善环境条件，提高农畜产品质量，增加生态环境稳定性。寄生性天敌昆虫的平均寄生率是判断其对寄主害虫控制效能高低的指标，各种害虫都有它的天敌昆虫，草地螟也不例外。在草地螟幼虫为害的区域内，存在很多种类的草地螟幼虫天敌，包括捕食性天敌：如步甲、金针虫、蜘蛛、蚂蚁等；寄生性天敌：如寄生蜂，寄生蝇。一般平均寄生率为 8%，最高寄生率可达 13.8%，对草地螟的发生、种群蔓延有一定的抑制作用。寄生性天敌昆虫在草地螟种群数量下降后，对其种群数量起到明显的抑制作用，是形成草地螟间歇性大发生的一个重要原因，有时可以将其为害控制在发生之前。因此，为更好地保护草地螟寄生性天敌和利用其进行生物防治，明确草地螟的发生规律、预报预测及其寄生性天敌的相关基本情况是十分必要的。目前在这方面的研究也取得了一定的研究成果。

近年来，我们对草地螟开展的各项研究均获得了阶段性成果，但对草地螟暴发成灾的突发性、周期性以及与环境因子的关系还不明确，对草地螟迁飞特点和迁飞规律还需要进一步研究。由于其种群动态规律和成灾环境特征不能完全明确，以致迁飞全程跟踪监测和准确预测预报实践工作变得十分困难，从而使防治工作处于被动态势。草地螟作为一种世界性分布的农牧业害虫，目前不管是对其发生规律以及防治技术的研究，还是相关的基础研究都存在很大的研究空间。针对草地螟开展的防治研究应当充分发挥中国植保战线互相合作，贯彻"预防为主、综合治理"的植保方针，加强对草地螟预测预报和跟踪监测，深入了解草地螟的迁飞特点和生活史规律，以明确其发生为害的时间、地点与原因，从生态控制的角度出发，拿出切实可行的控制方案。在基础研究方面除注重草地螟生物学特性的研究外，还要积极开展草地螟的人工饲料和人工饲养技术研究，草地螟虫卵和虫茧的滞育储存技术研究，为草地螟的其他各项研究提供足够的虫源。此外，草地螟作为一种多食性害虫，在自然界中的寄主种类繁多，因此可从生物化学和营养生理学角度入手，运用生理生化与分子生物学方法以及质谱技术，明确草地螟信息化合物的结构与组成，揭示其与寄主协同进化的规律是今后的一个重要研究方向。

第二章 病原微生物防治草地螟的研究进展

　　虫生真菌是生态系统的重要组成部分，在各种农林生态系中占据重要生态地位，是虫口自然控制的重要因子和害虫生物防治的重要资源，对于维持生态系统的平衡起着不可替代的作用。

　　世界上虫生真菌资源极其丰富，全球已记载的虫生真菌有100余属800多种，不均匀的分布在各个亚门，多数分布在子囊菌亚门（Ascomycotina）虫草属（*Ccordyceps*）、接合菌亚门（Zygomycotina）虫霉属（*Entomophthorales*）及半知菌亚门（Deuteromycotina）丝孢纲（Hyphomycetes）。在现已记载的虫生真菌中，半知菌占近一半，它们分布的66个属占虫生真菌的2/3。我国地大物博，虫生资源相当丰富，当前已报道的虫生真菌已达400多种，其中，寄生昆虫的真菌占200多种，虫草属（*Ccordyceps*）占80余种，捕食和寄生的有10多种。

　　目前，国内外研究和应用最多的虫生真菌是白僵菌（*Beauveria bassiana*），其次是绿僵菌（*Metarrhiziurn anisopliae*），其中白僵菌占虫生真菌的21%。白僵菌是一种广谱性的昆虫病原真菌，寄主范围广，致病力和适应性强。已被用于防治多种重要的农林害虫，如玉米螟、马铃薯叶甲、松毛虫、鳃金龟、烟粉虱、蝗虫、家白蚁、小蔗螟等，由于其能快速、有效地控制种群数量，真菌制剂的药效持效期长，同时不仅不伤害其他天敌昆虫和有益生物，而且还可以与其他杀虫因子协同作用并能维持物种的多样性，维护着自然界的生态平衡。同时，白僵菌又具有容易大量生产，防治成本较低的优点，与化学农药相比有较高的竞争力，因此白僵菌具有较好的应用前景。目前，白僵菌已发展成为当前世界上研究和应用最广泛的一种虫生真菌。

　　我国疆域辽阔，气候和地理条件复杂以此推测，我国现已记载的虫生真菌与应有资源相比只是极少的一部分，但是系统的资源调查收集十分有限，从事虫生真菌研究的人数也非常少，专门从事虫生资源调查的人员更少。20世纪80年代中期到90年代初期我国一些虫生真菌工作者曾对福建、贵州、广西、华中、西南等地的虫生真菌资源作过区域性调查，取得了很大的成果，这些成果极大丰富了我国虫生真菌资源库，同时也为其进一步利用虫生真菌奠定了良好的基础。

第一节 草地蟆病原菌的鉴定

一、草地蟆感病虫体的特征

从野外采集到的草地蟆幼虫虫尸，体表长满白色菌丝和孢子，后期呈淡黄色，有的很快形成粉层状孢子，为白色，尸体僵硬。

接种致死的草地蟆幼虫，初期虫体体表无明显变化，随着病势的进展，在体表出现油斑状浸润性病斑，病斑不断出现增多，幼虫表现食欲减退，体软瘫痪不能正常爬行，只能靠躯干的腹面来蠕动，并伴随有抽搐等病症，随后死亡。死亡虫体初期开始轻度僵硬，进而从气孔长出白色菌丝，逐渐遍及全身，虫尸进一步僵化，尸体表面出现一层白色菌丝和分生孢子，体表由乳白色变为淡黄色。显示出一般真菌病的典型特征。

二、草地蟆病原菌的鉴定

根据实验观察，草地蟆幼虫感染白僵菌后，均出现食量下降，反应迟钝，活动明显减弱，并伴随有抽搐现象，死亡虫体僵化，显示出一般真菌病的典型特征，多数产生菌丝和大量白色分生孢子。从接种致死的虫尸内分离得到的菌株与初次分离得到的菌株进行菌落特征、菌丝形态、产孢形状、孢子大小和形态等镜检对比观察，结果一致。

丝状真菌的鉴定通常以形态特征为主要指标。在 PDA 平板培养基上呈棉絮茸毛或匍匐状，或形成束梗状菌丝体结构，或菌丝塌陷形成粉层状，产生大量的分生孢子后，出现大量粉末。菌落初期为白色，后期慢慢变为淡黄色。菌丝有隔、分枝、透明，宽 1.6~2.43 μm，隔膜长 7.62~16.70μm，分生孢子梗多不分枝，呈筒形或瓶形，着生于营养菌丝上。产孢细胞浓密簇生于菌丝、分生孢子梗或泡囊上，呈球形或瓶形，颈部延长形成产孢轴，轴上具有小齿突，呈膝状弯曲或 "之" 字形弯曲。分生孢子球形或近球形，单孢、无色、透明、光滑。经镜检和检索表鉴定，该菌株均为半知箇亚门（Deuteromycotina）、丝孢纲（Hypho-mycetes）、丝孢目（Hyphomycetales）、丝孢科（Hyphomycetaceae）、白僵菌属（Beauv eria）的球孢白僵菌（Beauveria bassiana）从感病虫体分离的草地蟆白僵菌菌株。

三、草地螟球孢白僵菌的致病力

草地螟幼虫的累计死亡率随孢子浓度的增加而上升，累计死亡率是随着处理时间的延长而递升。在 5 个浓度的处理中，孢子浓度为 10^9 个/mL、10^8 个/mL、10^7 个/mL 三个浓度在第 8 天幼虫的感病率达到 100%；浓度为 10^6 个/mL 在 10d 感病率也达到 100%；浓度为 10^5 个/mL 在 10 天感病率只达到 60%，之后的累计死亡率不再增加；对照累计死亡率则为 0%。这些数据说明草地螟白僵菌的致病力强，寄生效果极显著，室内最佳的感染浓度是 10^7 个/mL。

从接种致死的虫尸内分离得到的菌株与初次分离得到的菌株进行菌落特征、菌丝形态、产孢形状、孢子大小和形态等镜检对比观察，结果完全相同，从而进一步证明白僵菌 Bb-0801 菌株为草地螟幼虫的病原菌。

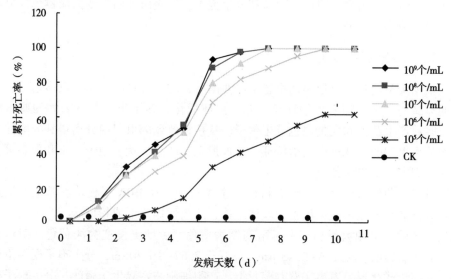

图 1　不同浓度白僵菌对草地螟幼虫的累计死亡率曲线

四、Bb-0801 菌株对草地螟幼虫的致病过程分析

白僵菌对寄主的入侵过程是寄主与病原菌之间相互抑制、相互斗争的过程，所涉及的面广，入侵机理相当复杂，笔者仅就草地螟白僵菌 Bb-0801 菌株对草地螟幼虫的致病过程简单分为真菌入侵、体内器官病变、虫体僵化死亡三大步，分别进行阐述。

第一步，侵入供试幼虫表皮的 Bb-0801 菌丝，起初在幼虫蜕皮的空隙间产生芽生孢子和虫菌体，继而穿过细胞膜进入细胞内，以细胞内涵物为养料，使细胞质和细胞核失去活性。当细胞内涵物被耗尽时，细胞将自行解体，以致局部的上皮组织崩解。菌丝侵入体腔后，供试幼虫表皮出现暗褐色油斑状侵润性病斑。它的出现是因为供试幼虫真皮组织内血球堆积而形成的外表症状。

第二步，随着 Bb-0801 侵入体腔后，便在血液中和血液侵润的组织中生长活动。由于菌丝分泌毒素，抑制了血细胞对菌丝的防御作用；菌丝慢慢侵入血细胞，最终导致细胞质和细胞核被破坏。由于体液中充满着单细胞的菌丝体碎片（菌丝段、芽生孢子等）而使体液黏滞性变大，从而阻碍血淋巴循环。供试幼虫的脂肪体是菌丝寄生的主要场所，当菌丝侵入后耗尽脂肪体内涵物，使脂肪体萎缩、死亡以致完全解体，供试虫体内脂肪体被破坏后，导致蜕皮受阻，不能变态发育。同时菌丝入侵体内各种肌肉组织，纵横贯穿的生长，破坏肌肉组织的细胞质和细胞核，导致供试幼虫失去运动器官的控制，而出现行动迟缓、瘫痪状态。体腔内有些菌丝会沿着马氏管生长侵入管腔内生长发育，而且镜下检测比其他组织内的菌丝还要粗大。随着菌丝的进一步侵入，菌丝入侵到消化道内，破坏消化器官，当侵入腺腔体时会使整个腺体崩解。经过一段时间的寄生繁殖，供试虫濒于死亡之际，菌丝也会侵入到幼虫的脑、咽神经节及腹神经索，破坏神经细胞，使神经传导失调，供试幼虫对外界的刺激缺乏反应。伴随侵入气管的菌丝破坏气管内组织细胞，最后使呼吸系统的呼吸作用受阻。供试虫体组织由于供氧不足，加速了供试幼虫的死亡。

第三步，随着菌丝的不断入侵、生长繁殖，导致供试虫体内各种组织细胞及神经系统的破坏不断加重，从而使供试幼虫正常的代谢机能和形态结构发生变化，最终因不能维持正常的生命活动过程而死亡。

通过对草地螟幼虫病原真菌——球孢白僵菌的鉴定及对该菌的致病力和致病机理的初步研究分析白僵菌不仅寄生率高，而且极易侵染草地螟幼虫，并对草地螟幼虫的致死率极强，一旦浸染，致死率可达 100%。

白僵菌侵染寄主过程比较复杂，镜检观察给出了白僵菌侵染草地螟幼虫的侵染过程图，但有些致病机理受客观条件限制没能进行分析和研究，比如侵染过程的生理生化指标以及对其他寄主的侵染情况等等。初步研究表明白僵菌作为杀虫真菌具有侵染快、易感染、致死率高的特点，因此，白僵菌应作为生物控制草地螟幼虫的首选菌株，对生物防治草地螟具有极其重要的意义。

第二节 不同营养条件对草地螟球孢白僵菌生长的影响

营养条件是影响白僵菌菌株生长的重要因素之一，不同的营养因素影响着白僵菌的生长及产孢水平，适宜的营养会促进菌株生长，增强杀虫活性。营养贫乏或缺失会导致菌株性状的退化，造成菌落局变等现象，进而影响真菌的活力。碳源、氮源、微量元素等营养是白僵菌生长不可缺少的物质和能量来源，只有在一定的营养供应条件下才能够生长和繁殖，只有对其最适的营养生长条件充分了解和认识以后，筛选出生产高质量球孢白僵菌孢子粉的营养需求，才能进行有效的大量生产，为完成生物农药的产业化提供重要依据和指导。

一、不同碳源对各菌株生长指标的测定

不同碳源对各菌株生长指标的测定结果见下表1～表3。

表1 不同碳源对17株菌株的萌发率的影响　　　　　　　　　　　（%）

菌株	蔗糖	葡萄糖	碳酸钠	可溶性淀粉
Bb～D01	55.10±4.80b	79.50±3.00a	0.00±0.00d	46.30±8.50c
Bb～D02	59.18±4.50b	81.52±3.00a	0.00±0.00d	48.20±9.50c
Bb～D03	57.19±5.50b	83.42±3.50a	0.00±0.00d	49.10±5.10c
Bb～D04	80.10±2.50b	95.40±3.00a	0.00±0.00d	50.34±9.00c
Bb～Y01	90.60±2.20a	95.32±2.00a	0.00±0.00c	75.50±3.60b
Bb～Y02	89.10±2.00b	94.12±1.30a	0.00±0.00d	76.10±2.60c
Bb～Y03	87.20±2.10b	90.22±1.20a	0.00±0.00d	67.30±1.60c
Bb～Y04	88.32±1.10a	89.22±1.20a	0.00±0.00c	70.00±1.20b
Bb～Y05	85.02±1.20b	89.28±1.20a	0.00±0.00d	69.03±1.10c
Bb～Y06	86.10±3.80b	90.42±2.50a	0.00±0.00d	69.50±6.30c
Bb～Y07	85.10±3.50b	90.40±2.50a	0.00±0.00d	68.10±7.30c
Bb～S01	90.80±2.50b	97.40±2.20a	1.30±0.00d	83.50±4.60c
Bb～S03	73.10±2.20b	82.10±2.00a	0.60±0.10d	46.50±2.60c
Bb～S04	74.60±2.10b	80.30±2.10a	0.20±0.10d	41.50±2.10c
Bb～S05	68.40±1.10b	81.10±2.20a	0.10±0.10d	39.50±2.10c
Bb～S06	67.60±1.20b	83.20±2.10a	0.15±0.00d	41.20±2.20c

表2　不同碳源对17株菌株生长速率的影响　　　　　　　（mm/d）

菌株	蔗糖	葡萄糖	碳酸钠	可溶性淀粉
Bb~D01	1.90±0.10a	1.80±0.10a	0.00±0.00d	1.50±0.00b
Bb~D02	1.90±0.20b	2.90±0.10a	0.00±0.00d	1.55±0.20c
Bb~D03	2.10±0.20a	1.99±0.10a	0.00±0.00d	1.64±0.20b
Bb~D04	2.99±0.10b	4.84±0.20a	0.00±0.00d	1.80±0.10b
Bb~Y01	4.57±0.01b	6.36±0.02a	0.00±0.00c	2.60±0.01c
Bb~Y02	4.77±0.02b	5.86±0.03a	0.00±0.00d	2.30±0.01c
Bb~Y03	4.17±0.02b	5.36±0.02a	0.00±0.00d	2.10±0.02c
Bb~Y04	3.87±0.00b	5.06±0.02a	0.00±0.00c	1.90±0.01c
Bb~Y05	3.89±0.02b	4.96±0.01a	0.00±0.00d	1.60±0.01c
Bb~Y06	1.99±0.20b	2.25±0.10a	0.00±0.00d	1.71±0.10b
Bb~Y07	2.25±0.20a	2.00±0.10a	0.00±0.00d	1.84±0.10b
Bb~S01	3.87±0.50b	5.38±0.20a	0.70±0.00c	1.50±0.00b
Bb~S02	3.87±0.02b	6.31±0.03a	0.71±0.01c	2.40±0.01b
Bb~S03	3.21±0.01ab	3.74±0.02a	0.42±0.01c	2.10±0.01c
Bb~S04	3.23±0.01b	4.14±0.05a	0.31±0.01d	2.20±0.01c
Bb~S05	1.13±0.02b	2.94±0.02a	0.21±0.00d	0.90±0.01c
Bb~S06	1.33±0.02b	3.14±0.01a	0.26±0.01d	1.30±0.02c

表3　不同碳源对17株菌株产孢量的影响　　　　　　　（×10^8 个孢子）

菌株	蔗糖	葡萄糖	碳酸钠	可溶性淀粉
Bb~D01	0.35±0.06b	0.60±0.18a	0.00±0.00d	0.15±0.11c
Bb~D02	0.40±0.05b	0.61±0.19a	0.00±0.00d	0.10±0.10c
Bb~D03	0.54±0.07b	0.71±0.15a	0.00±0.00d	0.12±0.10c
Bb~D04	0.55±0.03b	1.01±0.10a	0.00±0.00d	0.18±0.21c
Bb~Y01	0.74±0.01a	1.00±0.10a	0.00±0.00c	0.91±0.02b
Bb~Y02	0.80±0.01b	1.24±0.10a	0.00±0.00d	0.32±0.01c
Bb~Y03	0.61±0.02b	0.90±0.10a	0.00±0.00d	0.11±0.02c
Bb~Y04	0.51±0.10b	0.73±0.10a	0.00±0.00c	0.20±0.02c
Bb~Y05	0.49±0.20b	0.74±0.00a	0.00±0.00d	0.10±0.01c

（续表）

菌株	蔗糖	葡萄糖	碳酸钠	可溶性淀粉
Bb~Y06	0.46±0.05b	0.65±0.10a	0.00±0.00d	0.13±0.11c
Bb~Y07	0.53±0.07b	0.79±0.20a	0.00±0.00d	0.11±0.10c
Bb~S01	0.85±0.00ab	1.18±0.10a	0.10±0.00d	0.20±0.01b
Bb~S02	0.39±0.01ab	0.86±0.10a	0.02±0.00d	0.11±0.01b
Bb~S03	0.30±0.10b	0.57±0.20a	0.04±0.01d	0.10±0.01c
Bb~S04	0.22±0.20b	0.65±0.22a	0.06±0.01d	0.10±0.02c
Bb~S05	0.29±0.21b	0.61±0.32a	0.05±0.00d	0.19±0.00c
Bb~S06	0.31±0.11b	0.76±0.22a	0.05±0.02d	0.18±0.02c

从以上结果我们得出：

①有机碳源均能给 Bb-D01 系列菌株提供碳源，但生长情况不同；葡萄糖作为碳源时，菌株萌发率和产孢量最高，萌发率最高可达（95.40±3.00）mm/d，产孢量可达（1.01±0.10）×10^8个/mL，蔗糖其次。无机碳源碳酸钠作为碳源时，Bb-D01 系列菌株均没有出现萌发现象。

Bb-D01 系列菌株的形态特征表现为：白色或乳白色，绒毛状伞形、菌落较厚，中心凹陷，褶皱强烈，放射沟明显。个别呈现棉絮状、菌落较薄、中凸、皱褶较多。

②有机碳源不仅能为 Bb-Y01 系列菌株提供碳源，而且菌株萌发率和产孢量均较高。葡萄糖和蔗糖作为碳源时，菌株萌发率均在（85.02±1.20）%以上，可溶性淀粉作为碳源时，菌株的萌发率相对较低但也达到（67.30±1.60）%以上，无机盐碳酸钠作为碳源时菌株却没有萌发现象，且各碳源之间存在差异。其中葡萄糖作碳源时 Bb-Y02 的产孢量最高，为（1.24±0.10）×10^8个/mL。

Bb-Y01 系列菌株的形态特征表现为：乳黄色，绒毛状、2~3 道同心环、菌落较厚、放射沟明显、皱褶强烈。或乳白薄粉状，中凸、有同心环，有皱褶，菌落较厚。

③有机碳源和无机碳源均能为 Bb-S01 系列菌株提供碳源，但是有机碳和无机碳之间存在显著差异。有机碳作为碳源时，最低萌发率为（39.50±2.10）%，无机碳源的最高萌发率仅为（1.30±0.0）%，两者相差 39 倍多。

有机碳源中以葡萄糖作为碳源时，菌株的各项生长指标良好，蔗糖其次。其中 Bb-S01 生长指标位居该系列菌株之首,萌发率高达(97.40±2.2)%,产孢量最高达(1.18±0.10×) 10^8个/mL。其菌丝生长速度为(5.38±0.2) mm/d,仅次于 Bb-S02 菌株的(6.31±0.03) mm/d。

Bb-S01 系列菌株的形态特征表现为:白色或乳白色,粉状、中凸、有同心环、无褶皱、菌落薄、有液滴出现。或者绒毛状、中凹、菌落较厚、表面湿润平滑、无褶皱、有液滴出现。

综上所述:有机碳源比无机碳源更适合内蒙古自治区草地螟白僵菌的生长。从形态特征上分析接种在葡萄糖上的菌株,一般菌落颜色较深,且菌落厚于其他碳源。从生长指标上分析,有机碳源葡萄糖的萌发率高、菌丝生长快、产孢量高,生长指标明显高于其他碳源。

综合分析,以上 17 株菌株的形态特征和生长指标,我们可以得出,有机碳源葡萄糖是该地区白僵菌生长的最佳碳源,蔗糖次之,相反,无机碳源碳酸钠则不适合。

二、不同氮源对各菌株生长指标的测定

不同氮源对各菌株生长指标的测定结果见下表4~表6。

表 4　不同氮源对 17 株菌株的萌发率的影响　　　　　　　　　　(%)

菌株	蛋白胨 Peptone	硝酸钾	牛肉膏	酵母浸粉
Bb~D01	92.00±0.60a	79.50±2.50b	91.10±1.10a	96.30±0.50a
Bb~D02	89.20±0.60b	75.50±2.20c	90.20±0.20a	91.31±0.40a
Bb~D03	89.00±0.00b	77.50±2.20c	91.51±0.10a	92.11±0.30a
Bb~D04	91.00±0.40c	87.50±2.20d	95.30±1.10b	99.11±0.30a
Bb~Y01	99.30±0.10a1	82.50±0.50b	98.00±0.10a	99.50±0.10a
Bb~Y02	98.90±0.10a	83.60±0.50b	98.30±0.10a	99.00±0.00a
Bb~Y03	93.78±1.10a	81.30±1.00b	93.80±1.10a	94.00±1.10a
Bb~Y04	89.18±1.10a	80.30±0.00b	89.30±1.00a	90.01±1.60a
Bb~Y05	91.78±0.10a	84.38±0.20b	90.80±0.00a	91.80±0.20a
Bb~Y06	90.00±0.20c	86.60±2.10d	93.30±2.10b	96.11±1.30a
Bb~Y07	89.00±1.20b	70.10±1.10c	89.50±1.10b	90.60±1.30a
Bb~S01	89.90±1.30b	79.90±1.30c	90.20±1.20b	91.30±1.50a

（续表）

菌株	蛋白胨 Peptone	硝酸钾	牛肉膏	酵母浸粉
Bb~S02	90.90±0.10b	77.60±1.10c	90.60±2.10b	95.50±1.20a
Bb~S03	90.30±1.20b	77.30±1.10c	90.10±1.30b	93.40±1.00a
Bb~S04	89.10±1.20b	70.30±1.10c	88.80±1.30b	90.40±1.10a
Bb~S05	90.00±1.00b	76.40±1.00c	89.81±1.00b	90.82±1.30a
Bb~S06	92.00±1.10b	80.00±1.20c	91.90±1.10b	95.82±1.10a

表5　不同氮源对17株菌株生长速率的影响　　　　（mm/d）

氮源 Nitrogen 菌株 strains	蛋白胨 Peptone	硝酸钾 KNO$_3$	牛肉膏 Beef extract	酵母浸粉 Yeast extract
Bb~D01	3.00±0.20a	0.90±0.10c	2.70±0.10b	2.80±0.10b
Bb~D02	3.10±0.21a	0.89±0.10d	2.81±0.20b	2.10±0.20c
Bb~D03	3.20±0.21a	0.88±0.10d	2.81±0.80b	2.00±1.20c
Bb~D04	3.28±0.41a	1.00±0.70c	2.99±0.30b	2.90±0.00b
Bb~Y01	2.20±0.10b	0.90±0.20c	2.90±0.00a	3.00±0.00a
Bb~Y02	2.14±0.12b	0.91±0.10c	2.96±0.00a	3.01±0.20a
Bb~Y03	2.07±0.12b	0.87±0.15c	2.76±0.00a	2.88±0.00a
Bb~Y04	1.97±0.12b	0.83±0.15c	2.66±0.20a	2.78±0.20a
Bb~Y05	2.07±0.10b	0.81±0.20c	2.84±0.10a	2.89±0.10a
Bb~Y06	3.19±0.41a	1.03±0.20d	2.89±0.30b	2.41±1.10c
Bb~Y07	2.89±0.01a	0.97±0.10c	2.32±0.10b	2.14±0.10b
Bb~S01	2.04±0.10c	0.90±0.10d	2.12±0.10b	2.39±0.01a
Bb~S02	2.04±0.10b	0.90±0.10c	2.02±0.11b	2.80±0.10a
Bb~S03	2.04±0.11c	0.90±0.30c	2.20±0.10b	2.61±0.20a
Bb~S04	1.94±0.20b	0.84±0.20c	1.99±0.10b	2.11±0.20a
Bb~S05	1.96±0.10b	0.84±0.30c	1.94±0.00b	2.10±0.20a
Bb~S06	2.06±0.20b	0.89±0.10c	2.12±0.10b	2.30±0.00a

表6　不同碳源对 17 株菌株产孢量的影响　　　　（×10⁸ 个孢子）

菌株	蛋白胨	硝酸钾	牛肉膏	酵母浸粉
Bb～D01	0.95±0.20b	0.67±0.10c	1.00±0.00a	1.15±0.11a
Bb～D02	0.90±0.10b	0.62±0.10c	0.93±0.01b	1.01±0.11a
Bb～D03	0.87±0.10c	0.62±0.60d	0.91±0.20b	1.00±0.11a
Bb～D04	0.90±0.10c	0.72±0.60d	1.00±0.20b	1.50±0.11a
Bb～Y01	0.90±0.00b	0.70±0.07c	0.89±0.01b	1.18±0.06a
Bb～Y02	0.91±0.60b	0.72±0.60c	0.90±0.40b	1.08±1.10a
Bb～Y03	0.90±0.20b	0.70±0.20c	0.91±0.40b	1.00±0.00a
Bb～Y04	0.89±0.40b	0.71±0.20c	0.90±0.40b	0.96±0.00a
Bb～Y05	0.89±0.04b	0.71±0.27c	0.90±0.14b	0.97±0.20a
Bb～Y06	0.89±0.10c	0.71±0.40d	0.94±0.20b	1.10±0.01a
Bb～Y07	0.78±0.50c	0.69±0.20d	0.89±0.10b	0.95±0.40a
Bb～S01	0.88±0.20c	0.73±0.10d	0.95±0.30b	1.00±0.20a
Bb～S02	0.94±0.20b	0.69±0.20c	0.95±0.10b	1.05±0.10a
Bb～S03	0.91±0.10b	0.70±0.30c	0.90±0.30b	1.00±0.20a
Bb～S04	0.91±0.00b	0.68±0.10c	0.90±0.00b	1.00±0.20a
Bb～S05	0.92±0.20b	0.69±0.00c	0.91±0.10b	1.00±0.20a
Bb～S06	0.91±0.10b	0.70±0.30c	0.92±0.20b	1.03±0.00a

有机氮源和无机氮源均可作为 Bb-D01 系列菌株生长所需的能源物质，维持菌株的正常生长。蛋白胨作为氮源时，菌丝生长最快，其中 Bb-D04 的菌丝生长达到（3.28±0.41）mm/d，与其他氮源差异显著。酵母浸粉作为氮源时，Bb-D04 萌发率和产孢量最高，分别为（99.11±0.30）%、（1.50±0.11）×10⁸个/mL。无机氮源和有机氮源之间存在显著差异。

其形态特征表现为：有机氮源菌株呈乳黄色棉絮状、菌落较厚、有放射沟、同心环明显。无机氮源的菌株呈现白色粉状、中凸、有同心环、无褶皱，菌落薄。

所选氮源对 Bb-Y01 系列菌株效果优良，从萌发率分析有机氮源之间均无显著差异，有机和无机氮源之间存在差异。虽然无机氮源和有机氮源之间存在差异，但是其萌发率却均在 80%以上。从生长速率分析牛肉膏和酵母浸粉之间无显著差异；从产孢量上分析牛肉膏和蛋白胨之间无明显差异，与酵母浸粉相比较存在差异。其中，酵母浸粉的菌丝生长和产孢量均最高分别为（3.01±0.20）mm/d、（1.18±0.06）×10^8个/mL，在这两项指标中均处首位。

其形态特征表现为：有机氮源菌落呈现乳黄色、菌落较厚，有同心环、放射沟明显。无机氮源菌落呈现白色粉状或者白色绒毛状伞形、菌落较薄、有同心环和放射沟。

Bb-S01系列菌株对有机氮源和无机氮源均能利用，且菌丝生长正常。有机氮源之间差异不显著，蛋白胨和牛肉膏之间各项生长指标均无差异。以酵母浸粉为氮源时，促进作用最强，与其他氮源相比，各项指标均最佳。当氮源（无论是有机氮源还是无机氮源）为同一种氮源时，Bb-S01系列各菌株之间的各项生长指标差异不明显。

其形态特征表现为：有机氮源菌落呈现乳黄色、较厚、有清晰同心环2~3道、中心深陷、皱褶强烈、放射沟明显。无机氮源呈现白色粉状、疏松、菌落薄、有同心环、无褶皱。

本实验所选的有机氮源和无机氮源不仅适合内蒙古地区草地螟白僵菌的生长，而且效果良好。从形态特征上分析接种有机氮源上的菌株，一般菌落颜色较深较厚，多呈现乳黄色。无机氮源的菌落多呈现白色粉状或绒毛状，菌落厚度低于有机氮源。从生长指标上分析，由于菌株之间存在差异可能导致菌丝生长快但产孢量却不一定高的现象。总体来看有机氮源远比无机氮源的萌发率高、菌丝生长快、产孢量高，其中以酵母浸粉的利用最为充分。综合分析各个菌株的形态特征和生长指标可以得出：有机氮源酵母浸粉是该地区白僵菌生长的最佳氮源，牛肉膏和蛋白胨次之。

三、不同碳氮比对各菌株生长指标的测定

由于菌株数量较多，根据上述碳氮源试验分析和采集地点的不同，将碳氮比试验将从采集的菌株中按居群随机选取3株作为供试菌株。以葡萄糖和酵母浸粉为供试碳源和氮源，进行不同碳氮比对其的生长影响测定。结果见表7和表8。

从表9可以看出，在12个不同碳氮比的培养基中，菌株Bb-D01菌丝均能够正常生长，但是生长情况和产孢量均有所不同。在多重分析比较下，12个比例之间菌丝生长和产孢量差异显著。编号2的培养基（C∶N=5∶1）的菌丝生长最快、产孢量最高分别为（0.66±0.02）mm/d、（1.58±0.04）×10^8个/mL。编号7和12同样也是C∶N=5∶1，但是在$P≤0.05$时菌丝生长均和编号2之间

存在显著差异。

表 7　不同碳氮比对 Bb-D01 的菌丝生长和产孢量的影响

C：N 编号	生长速率 （mm/d）	差异显著性		产孢量 （×10⁸个）	差异显著性	
1	0.54±0.02	bc	BC	1.34±0.04	c	BC
2	0.66±0.02	a	A	1.58±0.04	a	A
3	0.29±0.03	g	F	1.15±0.04	d	C
4	0.48±0.04	de	C	0.92±0.04	de	D
5	0.54±0.02	bc	BC	1.35±0.03	c	BC
6	0.38±0.05	fg	EF	0.47±0.03	g	G
7	0.59±0.01	b	AB	1.47±0.11	bc	AB
8	0.40±0.02	f	DE	0.87±0.07	ef	DE
9	0.53±0.03	cde	BC	1.06±0.08	d	D
10	0.41±0.02	e	CD	0.65±0.07	f	EF
11	0.54±0.02	bcd	BC	0.76±0.05	ef	E
12	0.54±0.04	bc	BC	1.42±0.06	bc	AB

表 8　不同碳氮比对 Bb-S05 的菌丝生长和产孢量的影响

C：N 编号	生长速率 （mm/d）	差异显著性		产孢量 （×10⁸个）	差异显著性	
1	0.42±0.02	e	CD	0.91±0.04	de	D
2	0.66±0.02	a	A	1.59±0.03	a	A
3	0.54±0.02	bc	BC	1.33±0.04	c	BC
4	0.37±0.05	fg	EF	1.14±0.04	d	C
5	0.55±0.02	bc	BC	1.34±0.04	c	BC
6	0.41±0.02	f	DE	0.86±0.07	ef	DE
7	0.60±0.01	b	AB	1.46±0.10	bc	AB
8	0.47±0.04	de	C	0.64±0.06	f	EF
9	0.54±0.02	bcd	BC	1.05±0.07	d	D
10	0.31±0.03	g	F	0.46±0.03	g	G
11	0.53±0.03	cde	BC	0.75±0.04	ef	E
12	0.54±0.04	bc	BC	1.42±0.05	bc	AB

表9 不同碳氮比对 Bb-Y03 的菌丝生长和产孢量的影响

C：N 编号	生长速率（mm/d）	差异显著性		产孢量（×10⁸个）	差异显著性	
1	0.44±0.03	ef	CD	1.26±0.13	b	B
2	0.60±0.05	a	A	1.55±0.04	a	A
3	0.54±0.02	bc	AB	0.59±0.04	fg	D
4	0.39±0.02	gh	DE	1.00±0.06	c	BC
5	0.40±0.03	fg	DE	0.79±0.04	cd	C
6	0.49±0.02	cd	BC	0.83±0.04	cd	C
7	0.59±0.02	ab	A	1.45±0.04	ab	A
8	0.46±0.03	de	C	0.58±0.08	fg	D
9	0.35±0.02	hi	EF	0.71±0.11	e	C
10	0.31±0.01	i	F	0.54±0.08	H	E
11	0.35±0.02	hi	EF	0.79±0.01	cd	C
12	0.56±0.03	ab	A	1.38±0.02	ab	AB

从表8可以看出，菌株 Bb-S05 均能在12种不同碳氮比的培养基中正常生长，但是生长情况和产孢量均有所不同。以编号2的培养基（C：N＝5：1）时利用率最佳，菌丝生长最快和产孢量最高，分别为（0.66±0.02）cm/d、（1.58±0.04）×10⁸个/mL。当 $P \leqslant 0.05$ 时编号7和12的菌丝生长和产孢量之间均不存在差异性；但是编号2号分别和7号、12号相比它们之间无论菌丝生长和产孢量都存在差异；当 $P \leqslant 0.01$ 编号2、7、12在产孢量上均无显著差异。

从表9可以看出，12种不同比例的培养基同样也适合 Bb-Y03 的正常生长。当 $P \leqslant 0.05$ 和 $P \leqslant 0.01$ 时编号2、7、12三种培养基在菌丝生长和产孢量上均无差异，其中以编号2的培养基利用率最高，菌丝生长最好为（0.60±0.05）mm/d、产孢量最高为（1.55±0.04）×10⁸个/mL。

四、不同微量元素对菌株生长指标的测定

以葡萄糖和酵母浸粉为供试碳源和氮源，比例为5：1，进行不同微量元素对其的生长影响测定。

从表10、表11可知，Bb-D01、Bb-S05、Bb-Y03 对微量元素的需求不同，微量元素对3菌株生长的作用与产孢量的影响均存在一定的差异。

对 Bb-D01 而言，除单元素 Cu^+ 对其菌落生长有抑制作用外，其余单元素均对其有促进作用，Fe^+、Mn^+ 组合和 Fe^+ 对 Bb-D01 菌落生长有较大的促进作用，相互间没有显著性差异；从 Bb-D01 的产孢量看，除 Cu^+、Zn^+、Fe^+ 组合外，其余组合及单元素对 Bb-D01 产孢量均无促进作用。

表 10　微量元素对 3 个菌株菌落生长的影响

处理	Bb~D01	Bb~S05	Bb~Y03
Cu^{2+}	3.43 ±0.21a	3.29±0.10c	2.58±0.30b
Fe^{3+}	4.15±0.41a	3.34±0.10d	2.69±0.10b
Zn^{2+}	3.98±0.10ab	3.19±0.10c	2.62±0.10b
Mn^{2+}	3.98±0.12b	2.69±0.30c	2.73±0.11b
Cu^{2+}、Fe^{3+}	3.70±0.12b	3.54±0.20b	2.78±0.10b
Cu^{2+}、Zn^{2+}	3.68±0.12b	3.38±0.30c	2.60±0.10b
Cu^{2+}、Mn^{2+}	3.90±0.12b	3.17±0.10c	2.38±0.00b
Fe^{3+}、Zn^{2+}	3.67±0.10b	3.49±0.10b	2.52±0.10b
Fe^{3+}、Mn^{2+}	4.26±0.41ab	3.36±0.20b	2.50±0.10b
Zn^{2+}、Mn^{2+}	3.95±0.01a	3.16±0.80b	2.51±0.20c
Cu^{2+}、Zn^{2+}、Fe^{3+}	3.55±0.10a	3.35±0.30b	2.35±1.20c
Cu^{2+}、Fe^{3+}、Mn^{2+}	3.65±0.10ab	3.43±0.00ab	2.17±0.00b
Cu^{2+}、Zn^{2+}、Mn^{2+}	3.67±0.11ab	3.42±0.00a	2.11±0.00a
Fe^{3+}、Zn^{2+}、Mn^{2+}	3.58±0.20b	3.55±0.00a	2.56±0.20a
Cu^{2+}、Fe^{3+}、Zn^{2+}、Mn^{2+}	3.58±0.10b	2.93±0.20a	2.04±0.00a
CK	3.50±0.20b	3.38±0.10a	2.90±0.20a

表 11　微量元素对 3 个菌株产孢量的影响

处理	Bb~D01	Bb~S05	Bb~Y03
Cu^{2+}	0.99±0.28b	1.13±0.17a	1.23±0.37d
Fe^{3+}	1.14±0.32c	1.56±3.29a	1.25±0.56d
Zn^{2+}	1.25±0.09a	1.11±0.42b	1.32±0.82d
Mn^{2+}	1.33±1.38a	0.96±0.70b	1.07±0.23c

（续表）

处理	Bb～D01	Bb～S05	Bb～Y03
Cu^{2+}、Fe^{3+}	1.27±0.15c	1.09±0.26c	0.91±0.12c
Cu^{2+}、Zn^{2+}	1.12±0.34d	1.32±0.79c	1.09±0.24c
Cu^{2+}、Mn^{2+}	1.44±0.77d	1.15±0.84a	1.07±0.15a
Fe^{3+}、Zn^{2+}	1.91±0.15a	1.29±0.97a	1.11±0.39a
Fe^{3+}、Mn^{2+}	0.94±0.70b	1.24±0.26ab	1.40±0.61b
Zn^{2+}、Mn^{2+}	1.25±0.43b	1.20±0.42b	1.28±1.03b
Cu^{2+}、Zn^{2+}、Fe^{3+}	1.50±0.74b	1.15±0.00bc	1.07±0.09a
Cu^{2+}、Fe^{3+}、Mn^{2+}	1.29±0.12c	1.15±1.28c	1.00±0.34b
Cu^{2+}、Zn^{2+}、Mn^{2+}	1.41±0.24c	1.18±0.70abc	1.23±0.06c
Fe^{3+}、Zn^{2+}、Mn^{2+}	1.08±1.12a	0.97±1.18a	1.25±0.07c
Cu^{2+}、Fe^{3+}、Zn^{2+}、Mn^{2+}	1.12±0.55a	1.13±0.41ab	1.20±0.27d
CK	1.45±0.71a	0.87±0.65a	1.51±0.99c

对 Bb-S05 而言，单元素对其菌落生长没有促进作用；Fe^{3+}、Zn^{2+} 组合，Fe^{3+}、Zn^{2+}、Mn^{2+} 组合促进作用较大，并且 Fe^{3+}、Zn^{2+}、Mn^{2+} 组合对其的促进作用最大，相互间没有显著性差异；所有单元素及多元素组合对 Bb-S05 的产孢量有增产作用，其中单元素 Fe^{3+} 增产效果最明显。

对 Bb-Y03 而言，添加任何单元素或多元素组合对其菌落生长均有抑制作用，尤其 Cu^{2+}、Fe^{3+}、Zn^{2+}、Mn^{2+} 组合对其抑制作用最大；从菌株产孢量的情况观察，任何单元素或多元素组合对 Bb-Y03 菌落生长均有抑制作用。

因此，综合考虑各微量元素对菌落生长与产孢量影响的差异，实际生产中，对 Bb-D01 菌株可适当添加 Fe^{3+}，应尽量避免加入 Cu^{2+}；对 Bb-S05、Bb-Y03 菌株不添加任何微量元素。

综合以上分析：营养条件是影响白僵菌菌株生长的重要因素之一，营养贫乏或缺失会导致菌株性状的退化，造成菌落局变等现象，进而影响真菌的活力。碳氮源的试验表明，不同的碳源或者氮源白僵菌的影响显著；不同的碳氮比试验中，对比例相同的配方来说，影响白僵菌菌丝生长和产孢量的因素取决于各个配方中碳源和氮源的含量而不是碳氮源的比例。

有机碳源的利用率高于无机碳源，个别菌株出现不能利用碳酸钠的情况；各菌株单糖和多糖等碳源均能很好的利用，这表明菌丝的淀粉水解酶活性很强，能够顺利地把淀粉水解为葡萄糖。葡萄糖作为碳源时菌株的形态特征表现优良、各项生长指标的参数最高，与其他碳源相比存在差异。从经济方面考虑，淀粉的价格低于葡萄糖，同时菌株又具有较高的淀粉水解酶，所以工业生产可以利用各种植物淀粉作为碳源，应用于工业生产中。

所有菌株均能在不同的氮源试验中正常生长。在不同的氮源培养基中上，菌落的形态特征略有不同，萌发率、菌丝生长、产孢量之间存在显著差异。其中以酵母浸粉的各项生长指标最佳，利用率最高；牛肉膏和蛋白胨次之，无机氮源硝酸钾最差，菌株的吸收率最低。

在不同的碳氮比中试验，我们得出，C∶N＝5∶1 时，菌株对营养物质吸收利用率最高；其菌丝生长最快，产孢量最高。因此 C∶N＝5∶1 是该地区菌株的最佳配比。

在不同微量元素对 Bb-D01、Bb-S05、Bb-Y03 三菌株生长指标的测定实验表明：Cu^{2+} 对 Bb-D01 菌落生长有抑制作用；Mn^{2+} 促进 Bb-D01 菌落生长，却抑制 Bb-S05、Bb-Y03 菌落生长，Mn^{2+} 降低了 Bb-D01 的产孢量，却增加了 Bb-S05、Bb-Y03 的产孢量；因此在科研和实际应用中，应根据实际情况决定是否添加 Mn^{2+}，如果需要增加 Bb-S05、Bb-Y03 的产孢量，则在培养基中适量添加 Mn^{2+}。

第三节　草地螟白僵菌的遗传多样性的 ISSR 分析

供试的 17 株菌株采自内蒙古地区的五个样地。根据采集地点的经纬度绘制成样点地理分布（图 2）。

一、草地螟白僵菌总基因组 DNA 提取

从图 3 中我们可以看出，所有泳道均得到单一的条带，而且明亮一致，基本没有降解现象。因此，所提取的白僵菌基因组 DNA 质量良好，可以用于 PCR 反应。

二、ISSR 扩增产物的多态性分析

将 ISSR 电泳胶图进行人工读带。多态位点百分比是衡量一个群体内遗传变异水平高低的一个重要指标，一个种群多态性位点百分比较高，说明这个种群适

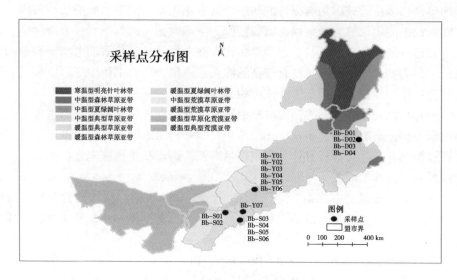

图 2　白僵菌居群采样点示意图

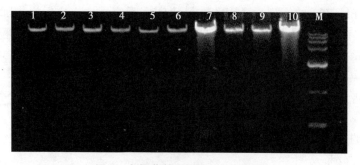

图 3　白僵菌基因组 DNA 检测图

应环境的能力较强；反之，如果一个种群多态性位点百分比较低，它适应环境的能力就较弱，在长期进化中被淘汰的可能性就大。

在本研究中，对 21 个 ISSR 引物筛选，选择了扩增结果稳定，多态性好的 15 个引物进行分析，这 15 个引物在 17 株菌株中共扩增出 90 条带，其中 87 条为多态条带，多态百分比为 96.67%，平均每个引物扩增出 5.8 条带，见表 12 及扩增图谱图 4、图 5。

表 12　15 条 ISSR 引物序列、退火温度和扩增结果

引物号	序列 (5'-3')	退火温度℃	总扩增多态位点	多态性条带	多态带百分率 (%)
BIS 1	$(AG)_8G$	50.0	7	6	85.71
BIS 2	$(AAG)_6$	48.0	6	6	100
BIS 3	$(TA)_8GT$	58.0	6	6	100
BIS 4	$(AC)_8T$	51.0	5	5	100
BIS 5	$(AC)_8CC$	56.0	7	6	85.71
BIS 6	$(AC)_8CT$	54.0	7	7	100
BIS 7	$(CT)_8AT$	52.0	5	5	100
BIS 8	$(AG)_8TC$	54.0	6	6	100
BIS 9	$(TG)_6CC$	50.0	5	5	100
BIS 10	$(AG)_8S$	52.0	5	5	100
BIS 11	$(AG)_8YT$	53.0	6	6	100
BIS 12	$(AG)_8YC$	52.3	5	5	100
BIS 13	$(AC)_8YC$	52.0	7	7	100
BIS 14	$(AC)_8YT$	55.0	5	5	100
BIS 15	$(CT)_8RT$	52.3	8	7	87.50
总计			90	87	
平均			6	5.8	96.67

1. 种群体遗传变异与遗传多样性

对内蒙古地区 17 株菌株的遗传多样性研究表明：总体上，多态位点百分率（PPL）96.67%，Nei's 基因多样性指数（H）为 0.430 9，Shannon 信息指数（I）为 0.610 6。从各个居群来看，按照不同的地区，兴安盟地区的多态位点百分率最高（PPL＝85.12%），乌兰察布—呼和浩特市地区的多态位点百分率最低（PPL＝77.10%），即兴安盟地区居群遗传多样性较高。从各个居群的 Shannon 多样性指数中，兴安盟地区居群最大达到 0.302 0，乌兰察布—呼和浩特市地区居群最小为 0.270 0。根据 Shannon 多样性指数的大小将各种源排序为：兴安盟地区＞鄂尔多斯地区＞乌兰察布—呼和浩特地区。根据 Nei 遗传多样性指数排列的顺序与根据 Shannon 多样性指数排列的顺序基本一致。采用这两种指数估计遗传多样性都是可行的（具体数值见表 13）。

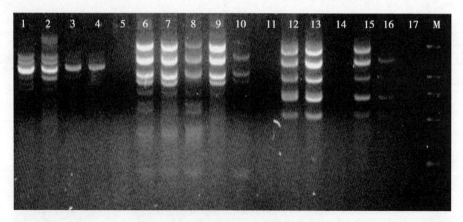

图 4 BIS 6 引物对白僵菌的扩增结果

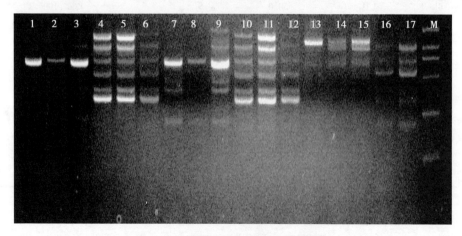

图 5 BIS13 引物对白僵菌的扩增结果

表 13 白僵菌居群内的遗传多样性

居群 Population	等位 基因数 Na	有效等位 基因数 Ne	Nei's 基因 多样性指数 H	Shannon's 信息 多样性指数 I	多态位点百分率 PPL（%）
兴安盟	1. 851 2 （0. 366 3）	1. 279 8 （0. 289 9）	0. 185 6 （0. 157 8）	0. 302 0 （0. 232 0）	85. 12
乌兰察布－ 呼和浩特	1. 771 0 （0. 428 9）	1. 250 1 （0. 280 6）	0. 167 5 （0. 156 8）	0. 270 0 （0. 226 5）	77. 10
鄂尔多斯	1. 837 3 （0. 378 6）	1. 261 1 （0. 301 3）	0. 169 9 （0. 159 6）	0. 276 8 （0. 226 3）	83. 73

括号中的数值为标准差

POPGEN 分析结果表明，居群内基因多样度（Hs）为 0.112 6，总基因多样度（Ht）为 0.432 0。各个居群之间的基因分化系数（Gst）是 0.739 2。以上结果表明，遗传变异主要来源于居群间，各居群内的群体遗传变异较小。

2. 遗传一致度与遗传距离分析

遗传距离是显性频率的函数，用于分析群体间的遗传相似性，遗传一致度常用来判断群体间的亲缘关系，当遗传一致度为 0 时，表明两个群体完全不一样，无亲缘关系；当遗传一致度为 1 时，表明两个群体完全一样，表 13 反映了不同居群间的遗传距离和遗传一致度。遗传分化指数只能对居群分化的程度作出评价，却不能判定居群间相互关系的远近，而遗传相似系数和遗传距离的度量则可以说明每个居群间彼此关系的远近。所测定的 3 个居群的遗传一致度（I）和遗传距离（D）见表 14。

表 14　三个居群的 ISSR 位点的 Nei's 遗传一致度和遗传距离

居群	鄂尔多斯	乌兰察布-呼和浩特	兴安盟
鄂尔多斯市	—	0.989 7	0.960 1
乌兰察布—呼和浩特市	0.007 6	—	0.962 1
兴安盟	0.039 8	0.016 2	—

从表 14 可以看出，其遗传一致度（I）的变化范围为 0.960 1~0.989 7。遗传距离（D）的变化范围为 0.007 6~0.039 8。表明 3 个地区的各白僵菌之间的亲缘关系很近，但并非完全一样，也存在一定的遗传变异。其中以乌兰察布—呼和浩特地区和鄂尔多斯两个地区的遗传一致度最高为 0.989 7，其亲缘关系相对最近。而兴安盟地区的遗传一致度最低为 0.960 1，其亲缘关系相对较远。

3. 个体间的聚类分析

根据个体间的遗传距离进行 UPGMA 聚类分析，结果见（图 6）：17 株菌株并没有严格按照地理来源聚在一起，总体上同一地区菌株大部分都聚类在一起，但也有个别菌株交替排列在其中，呼和浩特采集的菌株 Bb-Y07 和鄂尔多斯地区聚为一类，并没有按照地理位置和乌兰察布—呼和浩特地区聚为一类，从地理环境因素分析其原因可能是 Bb-Y07 和乌兰察布—呼和浩特地区其他菌株被大青山阻隔，而这种阻隔导致了 Bb-Y07 和其他菌株之间的遗传差异性，从而没有聚为一类。第二个原因可能是 Bb-Y07 和鄂尔多斯地区均处在典型草原带的农垦区，因此聚为一类。聚类分析同时证明了内蒙古地区草地螟白僵菌菌株的遗传变异较多的集中在居群间，居群内部的变异较少。

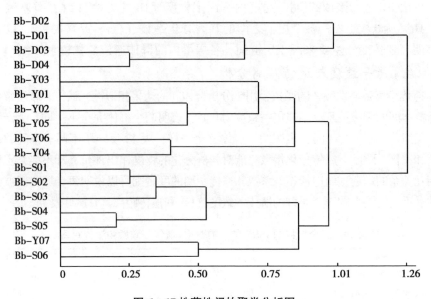

图6　17株菌株间的聚类分析图

　　从内蒙古不同地区的感病草地螟幼虫虫体上共分离纯化出 17 株菌株，按照居群可分为兴安盟地区 4 株、乌兰察布—呼和浩特地区 7 株、鄂尔多斯地区 6 株三个居群。

　　本实验提取 DNA 参考朱衡等人的真菌基因组 DNA 提取方法进行，同时进行了一定的改进。我们利用新鲜菌丝体不经冻干直接进行 DNA 提取，也获得较高质量的 DNA 模板。利用新鲜菌丝体进行 DNA 的提取可以使得整个提取过程更加快捷，大大减少所需时间。通过对草地螟白僵菌 ISSR 反应体系各影响因素的摸索，建立了一套适合于草地螟白僵菌的 ISSR-PCR 及电泳技术优化体系。

　　利用 ISSR 分子标记技术对分布于内蒙古自治区草地螟白僵菌群体进行的遗传多样性研究，用筛选出的 15 条引物对 17 个群体进行 ISSR 分析，共获得 90 条清晰的谱带，其中多态性条带 87 个，多态带百分率为 96.67%。因此应用 ISSR 分子标记技术研究草地螟白僵菌群体的遗传多样性和遗传结构在理论上是合理的，实践上是可行的。

　　内蒙古地区草地螟白僵菌总体上是按照地理区域化分的；其中乌兰察布—呼和浩特地区和鄂尔多斯地区遗传距离较近，遗传一致度较高，亲缘关系较近。兴安盟与其他地区相比遗传距离较远，遗传一致度较低，亲缘关系相对较远。聚类分析也得到同样的结论，乌兰察布—呼和浩特地区和鄂尔多斯地区先聚为一类，然后再与兴安盟地区聚为一类。整个聚类图的分布与地理位置远近的格局大致吻合，即地理位置较近的居群首先聚在一起。从而得出：内蒙古自治区草地蝗白僵菌的遗传变异多集中在居群间，居群内部的变异较少，大致按照地理位置的划分而划分。

采用 ISSR 引物对草地蝗白僵菌的遗传多样性进行了研究。ISSR 具有较好的稳定性和多态性，对于白僵菌的遗传多样性的研究具有较高的一致性和可信度，是用于研究球孢白僵菌多样性的有效的方法。

通过实验建立了草地蝗球孢白僵菌的扩增反应条件，获得了稳定、可重复的扩增技术体系。通过各项指标分析发现内蒙古地区的草地蝗球孢白僵菌基本按照居群分类，同一地区的菌株基本聚为一类，随着地理位置的远近其遗传距离也相应发生变化。

杀虫真菌与现在所应用的资源相比只是极少的一部分，目前开发和即将开发应用的大部分生防菌株主要来源于从自然资源中直接筛选的菌株。由于遗传学的研究薄弱，对于菌株退化问题一直没有很好的解决。原生质体的融合技术是很有希望的优良菌株选育措施，我国对此方面研究较少，因此，为了选育出优良的生产菌株，这方面的研究应该进一步加强。本试验对草地蝗白僵菌菌进行了遗传多样性的研究，为今后进一步深入研究奠定了理论基础。

第四节　球孢白僵菌对草地蝗幼虫的毒力测试

目前草地蝗的防治多采用化学防治，化学防治虽然速度快，但其成本高又给环境和人们的生产生活带来很大负面影响，长期使用化学农药已经造成了很严重的后果，人类曾经付出了惨痛的代价。因此，迫切需要人们研发和使用高效、安全、经济的新型农药，以减少环境压力。白僵菌防治草地蝗效果明显，持效期长，容易大量生产，防治成本较低。因此，白僵菌防治草地蝗符合可持续农业发展的需要。研究白僵菌对草地蝗幼虫的活性和毒力，为生产实践提供可靠的科学依据显得尤为重要。故笔者在国内首次进行白僵菌对草地蝗致病力的测定。用 16 个分离自内蒙古地区的球孢白僵菌菌株对草地蝗幼虫的致病力作了室内测定。

一、菌株筛选

供试菌株为内蒙古地区 3 个样点采集到的草地蝗僵死幼虫的虫尸分离提纯得

到的球孢白僵菌。编号为 Y1-Y4 的 4 株球孢白僵菌菌株来自鄂尔多斯市；编号为 S1-S6 的 6 株球孢白僵菌菌株来自乌兰察布市和呼和浩特市；编号为 D1-D6 的 6 株球孢白僵菌菌株来自兴安盟。

所有菌株的孢子都稀释成每毫升含 10^7 个孢子浓度的悬浮液，采用喷雾法对 2~3 龄草地螟幼虫作喷雾处理。喷雾时幼虫放入底部垫有滤纸的培养皿内，每种菌株处理 10 头幼虫，各 3 个重复无菌水处理作为对照。接种后的幼虫移入底部垫有两层湿润滤纸的干净培养皿内，用保鲜膜将培养皿封好，在薄膜上扎小孔通气。置于温度 25℃、湿度 50% 的恒温恒湿光照培养箱培养。连续 10d 每天观察记载死亡成虫数，虫尸均置于无菌培养皿内保湿，凡一周后其表面长出球孢白僵菌菌丝或分生孢子者，判定为白僵死亡。

根据菌株筛选结果，将筛选出菌株的孢子悬浮液按 10 的倍数稀释成每毫升含 10^5~10^8 个孢子共 4 个梯度，接种草地螟幼虫，观察接种幼虫死亡情况。

二、草地螟幼虫感染白僵菌后症状

草地螟幼虫在感染白僵菌后第 3 天左右开始出现感病死虫，同时存在大量感病的病虫。病虫症状为：活动缓慢，有的虫体缩短。僵虫的症状为：腹部腹面为浅红褐色，虫体僵硬，大部分略有弯曲；第 5~6 天在虫体尾部开始长出绒状菌丝，接着在头部长出，最后长满僵虫整个体表；第 7~10 天后僵虫体表的白色菌丝变成微黄色的成熟粉状白僵菌孢子，有的长满菌丝的僵虫虫体会有体液呈水珠状溢出，颜色为浅褐色。

三、各菌株的致病力效果

草地螟幼虫在接种球孢白僵菌后存活数量逐日减少，即累积死亡率逐渐上升，而对照组在 10d 内的死亡率很低。累计死亡率和累计僵死率见表 15 和图 7、图 8。

结果发现供试的 16 个菌株对草地螟都表现出一定的致病性，但毒力强弱因菌株而有所不同。各菌株均在第 2~3 天出现染病而死的幼虫，第 7 天达到死亡高峰后渐趋平缓，但期间表现出的曲线上升幅度不同。

表 15　白僵菌对草地螟的致病力

菌种	供试虫数	10⁷个/mL 的累计死亡率（%）											校正死亡率（%）	僵虫率	LT_{50}	显著性差异 5%	1%
		0	1	2	3	4	5	6	7	8	9	10					
CK	30	0.0	0.0	0.0	0.0	0.0	3.3	3.3	3.3	3.3	3.3	6.6	—	—	4.29		
Y1	30	0.0	0.0	6.7	10.0	20.0	40.0	50.0	60.0	73.3	76.7	80.0	78.6	76.7	3.98	ab	A
Y2	30	0.0	0.0	3.3	3.3	10.0	33.3	46.7	50.0	53.3	53.3	53.3	50.0	53.3	4.33	ab	A
Y3	30	0.0	0.0	0.0	6.7	26.7	53.3	63.3	63.3	66.7	66.7	66.7	64.3	56.7	4.33	ab	A
Y4	30	0.0	56.7	63.3	66.7	76.7	93.3	96.7	96.7	96.7	96.7	96.7	96.4	3.3	4.33	ab	A
S1	30	0.0	0.0	0.0	0.0	0.0	0.0	16.7	33.3	56.7	63.3	66.7	64.3	43.3	4.33	ab	A
S2	30	0.0	10.0	23.3	26.7	43.3	63.3	70.0	73.3	73.3	73.3	73.3	71.4	36.7	4.33	a	A
S3	30	0.0	0.0	0.0	0.0	10.0	56.7	66.7	90.0	90.0	90.0	90.0	89.3	80.0	4.33	ab	A
S4	30	0.0	6.7	16.7	23.3	33.3	60.0	63.3	76.7	76.7	76.7	76.7	75.0	16.7	4.33	ab	A
S5	30	0.0	0.0	0.0	0.0	13.3	50.0	60.0	60.0	63.3	63.3	63.3	60.7	63.3	4.03	ab	A
S6	30	0.0	0.0	0.0	16.7	40.0	70.0	70.0	73.3	76.7	76.7	76.7	75.0	26.7	4.33	ab	A
D1	30	0.0	3.3	3.3	6.7	10.0	26.7	43.3	53.3	63.3	73.3	76.7	75.0	66.7	4.33	ab	A
D2	30	0.0	0.0	6.7	13.3	30.0	56.7	76.7	76.7	76.7	76.7	76.7	75.0	56.7	3.95	ab	A
D3	30	0.0	0.0	3.3	3.3	10.0	66.7	66.7	66.7	66.7	66.7	66.7	64.3	66.7	4.33	ab	A
D4	30	0.0	23.3	23.3	36.7	56.7	66.7	66.7	76.7	80.0	80.0	80.0	78.6	0.0	4.33	ab	A
D5	30	0.0	0.0	0.0	30.0	53.3	66.7	70.0	70.0	70.0	70.0	70.0	67.9	0.0	4.56	b	A
D6	30	0.0	0.0	0.0	3.3	3.3	40.0	50.0	56.7	56.7	56.7	56.7	53.6	36.7	4.33	ab	A

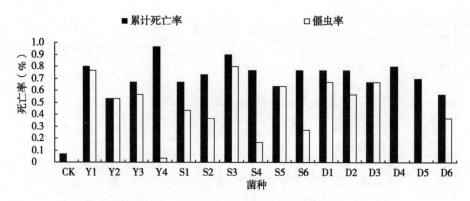

图 7 孢子浓度为 10^7 个/mL 时各菌株的累积死亡率与僵虫率

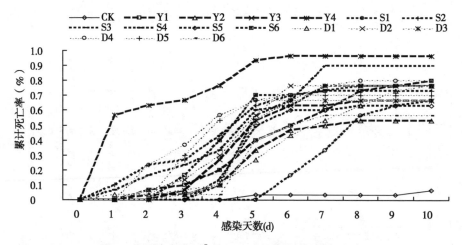

图 8 孢子浓度为 10^7 个/mL 时各菌株的累积死亡率

从图 7 可以看出，在孢子浓度为 1×10^7 个/mL 剂量的处理下，10 日内的累计死亡率 Y4 的最高，累计致死率为 96.7%，其次是 S3，累计致死率也高达 90.0%。单从致死率指标看，菌株 Y4 的毒力最强。

僵虫率也是考察致病力的一个重要指标，由图 7 可知，Y4 的平均僵虫率只有 3.3%，而 S3 的僵虫率最高为 80.0%。单从僵死率指标看，菌株 S3 毒力最强。

由表 15 也可知，菌株 S3 对草地螟幼虫致死率和僵死率均较高，与其他菌株的差异性显著，LT_{50} 为 4.33，所以筛选出菌株 S3 为供试的 16 个菌株中毒力相对较强菌株。

四、菌株 S3 的毒力测定

用菌株 S3 的悬浮液配置成四个浓度梯度的孢子液感染草地螟幼虫，结果如图 9 所示。

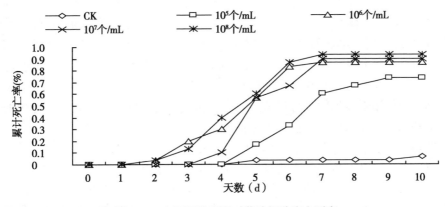

图 9　S3 在不同浓度下对草地螟致病力测定

同一菌株在不同的孢子浓度处理下，草地螟幼虫的累积死亡率随孢子浓度的增加而上升。接种白僵菌后幼虫存活数逐日减少，说明累积死亡率是随着处理后时间的延长而递升。但上升幅度及高峰值的出现时期因浓度而异。图 9 表明菌株 S3 在不同孢子浓度下的测定结果，累积死亡率随孢子浓度的增加而大：孢子浓度为 1×10^5 个/mL 时，累积死亡率为 73.3%；孢子浓度为 1×10^8 个/mL 时累积死亡率可达 93.3%。菌株不同浓度的毒力回归方程、相关系数、LT_{50} 如下表 16 所示，LT_{50} 随浓度的增加也呈递减趋势，孢子浓度为 1×10^6 个/mL 和 1×10^7 个/mL 对幼虫的处理不是很显著。

表 16　菌株 S3 的毒力回归方程、相关系数、LT_{50}

白僵菌菌种	菌株浓度（个/mL）	毒力回归方程	相关系数（r）	LT_{50}	差异显著性 5%	差异显著性 1%
S3	10^5	$y = 0.387\,8 + 6.280\,8x$	0.872 7	5.907 8	b	A
	10^6	$y = 1.887\,4 + 4.660\,9x$	0.975 5	5.231 8	ab	A
	10^7	$y = 0.035\,8 + 6.906\,5x$	0.920 5	4.824 5	ab	A
	10^8	$y = 1.315\,6 + 5.730\,0x$	0.988 3	4.496 3	a	A

S3 的浓度毒力回归方程为 $y = 3.131\,3 + 3.751\,2x$，相关系数（r）为 0.992 3，$LD_{50} = 10^{3.149\,0}$。

研究结果表明：来自内蒙古不同地区的 16 个球孢白僵菌菌株对草地螟都表现出一定的致病力，筛选比较，菌株 S3 表现出较强毒力，对草地螟的控制效果较为明显。

测定的 16 个菌株中，分别采自三个不同的地区，本实验从 16 个不同菌株中筛选出一个毒力相对最强的菌株（S3），有效死亡率（僵虫率）仍以此菌株的为高。对于同一个菌株，孢子浓度越大，杀虫效果越好；菌株的半死亡时间（LT_{50}）也随浓度的增加而减小。本实验中菌株 Y4 的死亡率在第一天就达到了56.7%，而其僵虫率只有 3.3%，有可能是在对幼虫喷洒药剂时湿度太大引起的意外死亡，可见喷雾法存在一定的局限性。

利用白僵菌对草地螟进行病力的测定在国内报道甚少，本实验为草地螟的生物防治和筛选高毒力菌株提供了理论依据。

菌株 S3 表现出较强毒力，但与化学杀虫剂相比，其杀虫效果均较为缓慢，我们可以考虑用其与生物源农药复配以达到更强的杀虫效果。尽管球孢白僵菌对草地螟的致病力存在一定的局限性，但球孢白僵菌作为草地螟微生物防治因子仍具有一定潜力。本研究中是在室内对用白僵菌菌株对草地螟进行的测定，如果要在室外进行推广，还应考虑湿度、温度、光强度等一系列因素。另外菌种的保存时间长短也是白僵菌毒力的一个决定因素。

第五节　白僵菌与印楝素复配对草地螟的增效作用

利用白僵菌防治草地螟的为害，虽然具有效果明显，持效期长，容易大量生产，防治成本低的特点。然而，白僵菌在生产中应用时也暴露出杀虫速度较慢的缺点。为此，人们在筛选强毒菌株的同时，还开展其制剂与生物源农药复配的研究，以期提高白僵菌制剂的防治效果。杀虫剂的合理复配被认为是克服或延缓害虫抗性的有效措施之一，并且可以提高药效、降低成本。采用 Sun-Johnson 法，对球孢白僵菌菌株与印楝素进行最佳配比初筛，然后采用数学模型对复配剂的共毒系数与复配剂中单剂的比例关系进行拟合，计算出最佳理论配比，提高了筛选结果的准确性。本节就探讨白僵菌与印楝素复配对草地螟防治的增效作用。

一、供试菌株、虫源、药剂

球孢白僵菌菌株为从草地螟僵死幼虫虫尸分离提纯的，经过毒力测试筛选出的，编号为 S3 的球孢白僵菌，僵虫采自内蒙古乌兰察布地区。供试草地螟为人工饲养的 3~4 龄幼虫。3% 印楝素乳油由四川省成都绿金生物科技有限责任公司提供。

1. 单剂 LC_{50} 的测定

将 S3 菌株的孢子都稀释成每毫升含 $10^6 \sim 10^8$ 个孢子浓度（1‰吐温溶液溶解），印楝素也稀释成（1.0×10^4）~（1.0×10）^{6} 倍。采用浸沾法对 3~4 龄草地螟幼虫作处理。将草地螟幼虫分别浸于不同菌株不同浓度的孢子悬浮液中浸渍 10s，每个浓度处理 10 头幼虫，3 个重复。同时用加吐温 -80 的无菌水与稀释 2 倍后的印楝素分别作对照处理。接种后的幼虫移入底部垫有两层湿润滤纸的干净培养皿内，用保鲜膜将培养皿封好，在薄膜上扎小孔通气。置于 25℃、相对湿度 50% 恒温光照培养箱培养。连续 10d 每天观察记载死亡成虫数，虫尸均置于无菌培养皿内保湿，凡一周后其表面长出球孢白僵菌菌丝或分生孢子者，判定为白僵菌死亡。统计死亡率和校正死亡率，用 Excel 软件计算致死中浓度 LC_{50}、95% 置信限和毒力回归方程。

2. 混剂的配制与最佳配比的筛选

首先测定出 2 种单剂的 LC_{50} 值，假设经毒力测定 A、B 两单剂的致死中浓度分别为 a 和 b，再根据等效线法中相加作用线的六等分点法将两种单剂按 a/5b、a/2b、a/b、2 a/b、5 a/b 混合，这 5 个配比混剂的浓度分别为（a+5b）/6、（a+2b）/3、（a+b）/2、（2a+b）/3、（5a+b）/6。

根据单剂的毒力测定结果，先配制两单剂的致死中浓度药液 7×10^7 个/mL 白僵菌菌株 S3 与 14mg/mL 印楝素，再按体积比 1∶5、1∶2、1∶1、2∶1、5∶1 混合即得 5 个不同配比（白僵菌∶印楝素）为 1∶10、1∶4、1∶2、1∶1、5∶2（质量比，下同）的混剂药液。各复配制剂再用 1‰吐温溶液稀释为 3 个系列浓度梯度。采用浸润法感染草地螟幼虫（实验方法同上），统计死亡率和校正死亡率，用 Excel 软件计算致死中浓度 LC_{50}、95% 置信限和毒力回归方程及共毒系数。

3. 田间试验

试验地点安排在呼和浩特沙尔泌乡苜蓿试验基地。药剂施用时期为草地螟 3 龄左右幼虫。虫口密度为 30~50 头/m²。试验共设 3 个处理：①白僵菌菌株 S3；②印楝素和白僵菌菌株 S3 的混合液；③清水对照。每个处理设三次重复，共计 10 个小区，每小区面积为 500m²，小区采用随机排列，每小区间隔为 10m。

4. 增效作用的测定

按 Sun-Johnson 法计算各混剂的共毒系数，若混剂的共毒系数接近 100，表示此混剂作用类似联合作用。若共毒系数显著大于100，表示有增效作用，若共毒系数小于100，则表示有拮抗作用。

毒力指数（toxicity index，TI）、实测毒力指数（actual toxicity index，ATI）、理论毒力指数（theoretical toxicity index，TTI）和共毒系数的计算方法分别如下。

假定某一单剂 A 的毒力指数为100，则与之混配的 B 单剂的毒力指数（ATI）为：

$$ATI = A 单剂的 LC_{50}B 单剂的 LC_{50} \times 100$$

$$实测混剂毒力指数（ATI）= A 单剂的 LC_{50} 混剂的 LC_{50} \times 100$$

$$理论混剂毒力指数（TTI）= A 单剂的毒力指数 \times A 单剂在混剂中的百分含量 +$$
$$B 单剂毒力指数 \times B 单剂在混剂中的百分含量$$

$$共毒系数（CTC）=（ATI/TTI）\times 100$$

5. 数学模型的建立及理论最佳配比的拟合

运用 DPS 软件对配方中一种有效成分的质量分数（K）进行反正弦转换，得反正弦值 × $[X = arcsin（K）^{1/2}]$，共毒系数 Y 与 X 之间的关系应用 DPS 软件进行一元二次方程拟合，根据所拟合的数学模型计算出最佳配比。

6. 田间试验统计

田间小区试验于施药前进行虫口基数调查，在施药后第3、第5、第7天分别对各处理进行防后调查。虫口密度采用标准样框法（样框面积 $1m^2$）调查，采用 Z 字形取样，记录试验期间气象资料和活虫数等。计算虫口减退率，以空白对照处理区虫口增减率计算校正防效，计算公式如下：虫口减退率（%）=（施药前活虫数 - 施药后活虫数）/施药前活虫数 × 100；防治效果（%）=（处理虫口减退率 - 对照区虫口减退率）/（1 - 对照区虫口减退率）× 100，对照试验结果进行方差分析，用 Duncan 氏新复极差测验法比较处理间防效差异的显著性。

二、白僵菌与印楝素配合的试验分析

1. 试剂、复配的毒力及共毒系数

白僵菌与印楝素单剂对草地螟幼虫毒力测定 LC_{50}、95% 置信限和毒力回归方程见表17，由 LC_{50} 可知，白僵菌对草地螟幼虫的毒力比印楝素高，白僵菌对草地螟幼虫的毒力约为印楝素的2倍多。

在测定了供试虫对单剂毒力反应的基础上，根据单剂的毒力测定结果，设定5个配比（白僵菌∶印楝素）为 1∶10、1∶4、1∶2、1∶1、5∶2。

表 17　白僵菌与印楝素单剂对草地螟幼虫的毒力

试药	回归方程	相关系数	95%置信区间 （mg/mL）	致死中浓度 （mg/mL）
白僵菌	$y = 4.347\ 5 + 0.170\ 3x$	$r = 0.959\ 439$	0.043 94～1 041.961	6.766 4
印楝素	$y = 4.206\ 7 + 0.191\ 4x$	$r = 0.973\ 609$	9.00E-9～2.25E+10	13.941 4

　　白僵菌与印楝素各配比复配剂的毒力及其共毒系数见表 18。由表中可以看出，在所设 5 个配比 1∶10、1∶4、1∶2、1∶1、5∶2 中，以 1∶2 混剂的增效作用最大，共毒系数高达 327.506 8，1∶1 混剂的增效作用仅次于 1∶2 混剂，共毒系数为 325.295 1，其他 1∶10、1∶4、5∶2 各配比的共毒系数依次为 165.465 2、249.037 1 和 141.346 2，均表现为增效作用。

表 18　白僵菌与印楝素混配对草地螟幼虫的毒力与共毒系数

配比	回归方程	相关系数	致死中浓度 （mg/mL）	95%置信区间 （mg/mL）	共毒系数
A	$y = 3.534\ 5 + 0.379\ 0x$	$r = 0.952\ 7$	7.362 1	0.501 1～108.170 2	—
B	$y = 4.652\ 2 + 0.083\ 9x$	$r = 0.999\ 9$	13.903 8	0.000 2～1 067 617	—
1（A∶B=1∶10）	$y = 3.118\ 0 + 0.483\ 7x$	$r = 0.935\ 7$	7.774 9	1.255 0～48.166 0	165.465 2
2（A∶B=1∶4）	$y = 3.389\ 5 + 0.438\ 1x$	$r = 0.951\ 3$	4.740 6	0.811 3～27.699 6	249.037 1
3（A∶B=1∶2）	$y = 1.439\ 9 + 1.012\ 7x$	$r = 0.999\ 8$	3.275 3	1.455 8～7.369	327.506 8
4（A∶B=1∶1）	$y = 4.415\ 1 + 0.168\ 5x$	$r = 0.999\ 9$	2.959 4	0.045 6～192.187 4	325.295 1
5（A∶B=5∶2）	$y = 3.409\ 6 + 0.420\ 8x$	$r = 0.974\ 6$	6.017 4	0.680 1～53.242 4	141.346 2

A＝$7×10^7$个/mL 白僵菌菌株 S3；B＝14mg/mL 印楝素

2. 数学模型的拟合及理论最优配比的计算

　　将印楝素在白僵菌与印楝素复配剂中有效成分的质量分数 K 进行反正弦转换，白僵菌与印楝素复配剂的共毒系数 Y 与反正弦转换值（X）之间的关系用 DPS 软件进行拟合，得数学模型 $Y = -837.369\ 9 + 2\ 578.119\ 4X - 141\ 9.048\ 6X^2$。对方程求导得：$Y' = 2\ 578.119\ 4 - 2\ 838.097\ 2X$。令 $Y' = 0$，则有 $X = 0.908\ 4$。将 $X = 0.908\ 4$ 代入原方程 $Y = -837.369\ 9 + 2\ 578.119\ 4X - 1\ 419.048\ 6X^2$，求得最大共毒系数 Y = 333.608 3，将 $X = 0.908\ 4$ 代入反正弦转换公式 $X = \arcsin(K)1/2$ 中可以求得印楝素在白僵菌与印楝素复配剂有效成分中的质量分数 K 值为 0.025 13%。将 K 值转换为两单剂的配比可得，白僵菌∶印楝素 =（1－

0. 000 251 3）：0. 000 251 3≈3 978：1为最优配比。7×10⁷个/mL 白僵菌菌株 S3 与 14mg/mL 印棟素的最佳配比是 3 978：1

复配剂配比与 CTC 关系数学模型拟和参数具体见表 19。方程代表性检验结果（表 20）表明，以上拟合方程能够代表 CTC 与单剂在复配剂中质量分数的反正弦转换值之间的相关关系。

表 19　复配剂配比与 CTC 关系数学模型拟和参数

一元二次回归方程参数			r
a	b	c	
−837. 369 9±106. 763 2	2 578. 119 4±258. 829 4	−1 419. 048 6±146. 502 4	0. 991 3

$Y=aX^2+bX+C$

表 20　二次回归的方差分析表

方差来源	平方和	df	均方	F 值	p 值
回归	30 489. 1	2	15 513. 31	56. 909 6	0. 017 6
剩余	536. 321 1	2	268. 160 6		
总的	31 575. 08	4	7 681. 04		

3. 复配制剂田间防效

由表 21 可知，白僵菌菌株 S3 与印棟素复配对草地螟的杀伤效果较好，药后第 3 天的防效达到 86. 8%，第 5 天的防效略有降低，但之后第 7 天的防效高达 90. 8%，高于单独用白僵菌菌株 S3 和 CK 对照组。差异显著性分析表明，混合施用印棟素、白僵菌和单独施用白僵菌间的差异显著。

表 21　白僵菌吉 I、吉 II、吉 II 与印棟素复配对草地螟致病力的田间试验

处理小区	虫口基数	药后 3d			药后 5d			药后 7d		
		虫口数	减退率（%）	防效（%）	虫口数	减退率（%）	防效（%）	虫口数	减退率（%）	防效（%）
S3	43. 7	15. 3	65	75. 1bB	12. 7	70. 9	76. 1 bB	11	74. 8	81. 0 bB
印棟素+S3	36	6. 7	81. 39	86. 8aA	6	83. 3	86. 3 aA	4. 7	87. 8	90. 8 aA
CK	55. 3	77. 7	−40. 5	—	67. 4	~21. 9	—	73. 3	−32. 5	—

三、植物源农药与白僵菌混合施用的优点评价

植物源农药印棟素是高效、广谱、低毒杀虫剂，本身对很多害虫有很好的防治作用。植物源农药与白僵菌混合施用有以下优点。

（1）可以解决真菌杀虫剂致死缓慢问题，提高杀虫时间和杀虫效率。

（2）植物源农药和白僵菌都是低毒的生物农药可以很大程度上减少化学污染，缓解害虫对化学农药产生抗药性问题。

虽然植物源农药和化学农药一样也会在一定程度上降低了白僵菌的孢子萌发率，但是同时也大大降低了害虫的免疫力，使之更容易被白僵菌寄生。

杀虫剂的合理复配被认为是克服或延缓害虫抗性的有效措施之一，并且可以提高药效、降低成本。通常复配制剂"最优"配方的筛选方法是设置一系列梯度配比，分别对单剂和每一配比进行毒力测定，根据毒力回归直线求得致死中量（LD_{50}）或致死中浓度（LC_{50}），然后按照 Sun-Johnson 法计算共毒系数（CTC），共毒系数最大的配比即为最优配方。但由于配比设置的个数有限，漏设的可能性较大，所获得的 CTC 值最大的配比是所设置配比中最好的，但未必就是该混配配方的最优配比。因此根据某个配比的共毒系数大小来确定最优配比具有一定的局限性。

本试验采用 Sun-Johnson 法，对球孢白僵菌菌株与印棟素进行最佳单剂组合和最佳配比初筛，然后采用数学模型对复配剂的共毒系数与复配剂中单剂的比例关系进行拟合，利用数学模型计算出 $7×10^7$ 个/mL 白僵菌菌株 S3 与 14mg/mL 印棟素的最佳理论配比是 3 978：1，可达到的最大共毒系数为 333.608 3，室内毒力测定和田间药效试验结果表明，白僵菌菌株 S3 与印棟素复配可以协同提高对草地螟幼虫的毒力。

另外作者根据致死中浓度 LC_{50}（或 LD_{50}）确定测试配比的方法，增加配方筛选的可靠性和科学性。研究农药复配的增效作用，需要设置一系列配比，根据等效线法相加作用线的六等分点设置 5 个配比，可以较全面地代表农药复配中两单剂的混合增效情况。白僵菌和植物源农药混合施用可提高对草地螟幼虫的毒杀效果，这在草地螟的生物防治中具有广阔的应用前景。

第三章　草地螟人工扩繁技术

第一节　草地螟室内饲养

利用天敌防治草地螟的为害，必须大量的进行天敌的扩繁，而天敌的扩繁需要大量发育整齐的实验用虫。因此，在室内大量繁殖草地螟就成为天敌扩繁与利用的关键。

一、草地螟的采集

1. 草地螟幼虫的采集

在大量实验用虫时，可用田间扫网法，此法缺点是对幼虫的机械损伤较大，优点是采集速度快。也可采用毛笔轻扫法或震落法等方法采集。

2. 虫茧的采集与放置管理

采集虫茧时，用铁丝耙扒松 1cm 左右的土壤表层，就可以看到竖立在土层中的虫茧，用铁丝耙将虫茧逐个挖出，装在种子袋内并小心保存以免虫茧受机械损伤。

从野外采集的土茧，在土壤中以茧口（羽化出口）向上并与土表垂直进行栽植，定期喷水，保持土壤的湿度，放置在温度为 0~4℃ 的冷鲜柜中进行储存备用，确保虫茧的羽化。

二、草地螟的室内饲养繁殖技术

1. 草地螟饲养条件及饲养器具

（1）草地螟的饲养条件。在草地螟幼虫的饲养过程中，饲养条件对草地螟的饲养有着重要的影响。一般情况下，幼虫的饲养温度控制在（23±1）℃，相对湿度在 60%~70%，光照条件为 L16：D8；成虫的饲养温度（22±1）℃，相对湿度在 60%~70%，光照条件为 L16：D8。在每次饲养前都要对养虫室或培养箱进行彻底的消毒。

(2) 草地螟的饲养器具。野外采集的虫茧栽植在 6~8cm 厚、含水量 10% 左右的消毒的土壤和蛭石混合的土中。

幼虫饲养容器为口径 7cm，高 10cm 的罐头瓶，罐头瓶以细纱布蒙上，并用橡皮筋扣紧。

成虫饲养采用自制的产卵容器（以细铁丝弯制成圆柱形，规格为 15cm×15cm×20cm，外套一次性塑料袋，袋用解剖针刺孔，保持通透性），便于收集草地螟卵。

卵收集在底部铺有湿润滤纸的培养皿中，用保鲜膜封口并在薄膜上扎小孔通气。

(3) 草地螟的饲养管理。草地螟卵的发育需要 3~4d 即可孵化为幼虫，因此在成虫产卵的第 3 天，将新鲜灰菜叶放入培养皿中，卵孵化后幼虫直接爬到灰菜上取食。草地螟具有自残性，从 2 龄以后需分瓶饲养，一个瓶内以 10~20 头最佳。进入 3 龄以后草地螟食量开始增大，粪便也多，所以需要勤换饲料并及时清除粪便。5 龄末幼虫减少或停止取食，可将其放入加有 3~5cm 厚、含水量 10% 左右的消毒土壤、蛭石混合土中供幼虫入土作茧化蛹。入土后隔日观察一次并用喷壶喷水，以保证其湿润度。

草地螟幼虫易感染病毒，第一要所有的饲养器具能进行高温消毒的，要在使用前用高压锅高温消毒 30min，不能高温消毒的在紫外灯下消毒。第二要控制好温湿度以及光照条件，温湿度尤其要注意，1~3 龄幼虫喜湿，4~5 龄由于排便量大，要注意其环境湿度的控制。第三是老熟幼虫停止进食时要及时的放入土壤中使其作茧化蛹。第四是成虫羽化后要及时捕捉放入养虫笼内，并添加葡萄糖水作为补充营养。

连续在室内饲养草地螟要注意其种群衰退和繁殖力下降等问题。为解决此问题，可在夏天幼虫高发期从野外采集草地螟幼虫补充到室内，以增强其种群活力，避免室内近亲繁殖而造成的种群衰退。

在草地螟的室内大量饲养中，除了给予其一定食料和适当的生长条件外，还应注意饲养幼虫的密度，避免其自相残杀。

(4) 草地螟幼虫龄期的识别。草地螟幼虫的 1 龄、2 龄、3 龄较好识别，到 4 龄与 5 龄之间较难识别。4 龄幼虫头部斑点较明显，两侧淡黄色纵带较明显，体色较灰；5 龄幼虫头部斑点明显，两侧黄色纵带较明显，体色较黑。

2. 草地螟各虫态饲养方法

（1）草地螟卵的收集。雌成虫一般第 5~6 天开始产卵，从产卵开始，必须每天收 1 次卵，分别标记产卵日期，草地螟产卵较散，如果保鲜膜上的卵较散，待卵变成微黄时用毛笔蘸水轻轻的刷取，如果较集中则连同产卵底物一起剪下放入垫有湿润滤纸的培养皿内，使其自然孵化。培养皿内的滤纸要每天酌情滴水，保证卵环境的湿润。

（2）草地螟初孵幼虫的收集与饲养。草地螟卵的发育需要 3d，第 4 天即可孵化为幼虫。因此在成虫产卵的第 3 天，将新鲜的灰菜叶放入培养皿中，卵孵化后幼虫直接爬到灰菜上取食，次日将此灰菜移入玻璃瓶中用细纱网封口，橡皮筋砸紧，并在瓶口加放一块湿脱脂棉增加湿度即可。初孵幼虫取食量很少，灰菜叶不需太多，次日只需根据幼虫取食状况适当补充新鲜幼嫩的灰菜叶即可。枝条过多容易腐烂，对初孵幼虫生长不利。初孵幼虫表现有明显的向湿性，往往迅速地向瓶口更换的湿脱脂棉处爬行，如果不在微湿或潮湿环境中生长，会很容易在干燥的环境中死亡。

（3）草地螟各龄期幼虫的饲养。对于 1 龄幼虫饲养同初孵幼虫只需酌情补充新鲜幼嫩的灰菜叶即可。草地螟具有自残性，且幼虫密度对草地螟幼虫体色、发育历期、存活率、蛹重及成虫生殖等有显著影响作用。所以从 2 龄以后需分瓶饲养，一个瓶内以 10~20 头最佳。分瓶时只需将带有幼虫的灰菜枝叶取出放入另一个瓶内，以免幼虫受到机械损伤。进入 3 龄以后草地螟食量开始增大，所以需要勤换饲料。更换饲料时，可以先轻振灰菜枝叶，此时大部分幼虫会被振落，对于仍圈在灰菜叶里的幼虫用软毛笔轻轻扫下；随着龄期的增大，幼虫取食量增大，排出的粪便也多，致使瓶内湿度增加，所以必须每日在更换饲料时，及时清除粪便，必要时可在底部垫一层干燥的滤纸，帮助吸湿。

草地螟 1、2 龄幼虫喜湿，要注意保湿，一方面保证加入的灰菜叶足够幼嫩新鲜，另一方面在饲养幼虫的玻璃瓶瓶口加脱脂棉保湿，同时可以减缓灰菜叶失水萎蔫。草地螟 3 龄以后的幼虫其粪便会使瓶内湿度增加，可适当的减少湿度。

（4）老熟幼虫入土和蛹期管理。5 龄末幼虫减少或停止取食，可将其放入加有 3~5cm 厚、含水量 10% 左右的消毒土壤和蛭石混合土中。具体操作为：将蛭石与土壤按 2∶1 混合，高温消毒后加水搅匀，手轻轻握刚好结团为佳。把混合好的湿泥土放入瓶中 3~5cm 厚，将 5 龄末的幼虫放入玻璃瓶中，加少量灰菜，注意每日更换饲料至全部草地螟幼虫入土作茧化蛹。入土后隔日观察一次并用喷壶喷水，以保证其湿润度。

（5）草地螟的贮存与管理。如果想保存一部分草地螟，可以在室内通过人工诱导的方法对草地螟 5 龄幼虫（幼虫孵化后的 11～17d）进行滞育，诱导滞育的光周期和温度条件分别为 L∶D = 12∶12 和 21℃。

如果要打破滞育，可以把虫茧在 5℃ 或 0℃ 低温处理 20～30d，此时化蛹前期约为 8d，死亡率低于 4%。

（6）草地螟成虫的饲养。将脱脂棉放入直径 6cm 的小培养皿，滴入 10% 葡萄糖水或 20% 的蜂蜜水直至脱脂棉充分吸透，然后将培养皿放入草地螟成虫饲养装置中，为成虫补充营养。每天在培养皿内加一次 10% 葡萄糖水或 20% 的蜂蜜水，隔日用清水彻底清洗一次脱脂棉，以防其发霉。

三、草地螟室内饲养繁殖效果

1. 草地螟的饲养饲料

饲养草地螟的饲料分为天然饲料和人工饲料。

（1）草地螟的天然饲料。天然饲料涉及藜科、豆科、十字花科等草地螟寄主植物，主要有灰菜、苜蓿、豌豆和大豆等饲养草地螟幼虫，观察饲养效果，发现其中以灰菜的饲养效果较好。

（2）草地螟的人工饲料。人工饲料是在王延年的《昆虫人工饲料手册》中草地螟人工饲料配方的基础上改进的自制的人工饲料。

2. 草地螟的饲养繁殖效果

（1）天然饲料的饲养繁殖效果。用灰菜在室内连续饲养 3 代草地螟，其饲养效果较理想（表1），平均蛹重 0.038 5g，幼虫存活率在 82% 以上，羽化率均在 94% 以上，产卵量在 160 粒左右。各项指标的世代数之间差异性不显著，说明在室内用灰菜连续饲养草地螟 3 个世代，草地螟种群没有明显退化现象。

表1　灰菜对草地螟连续 3 代饲养结果

世代数	幼虫历 （d）	蛹期 （d）	蛹重 （mg）	产卵量 （粒）	幼虫 （%）	羽化率 （%）
1	18.59±0.29a	12.63±0.26a	0.038 5±0.000 6a	151.70±36.81a	83.33	97.30
2	19.52±0.23a	11.97±0.35a	0.041 8±0.001 1a	163.39±60.53a	82.22	94.74
3	18.97±0.35a	11.87±0.56a	0.038 7±0.000 9a	162.63±20.74a	86.67	94.29

表中数据为平均值±SE，数据后有不同小写字母表示差异显著，以下同

（2）人工饲料的饲养繁殖效果。用人工饲料在室内连续饲养 3 代草地螟，饲

养效果（表2），蛹重在0.036 5g以上，幼虫的成活率在70%左右，成虫的羽化率在93%以上，产卵量均在160粒以上。三代之间除了蛹重有较显著的差异外（二代蛹重0.036 5g一代与三代都在0.04g以上），其他生长指标的三代之间均无显著差异，说明用人工饲料饲养草地螟幼虫三代没有退化，同时也说明此饲料可考虑作为室内繁殖的人工饲料。

表2 人工饲料对草地螟连续3代饲养结果

世代数	幼虫历期 （d）	蛹期 （d）	蛹重 （g）	产卵量 （粒）	幼虫存活率 （%）	羽化率 （%）
1	19.31±0.27a	13.14±0.30a	0.044 1±0.001 1a	194.9±75.07a	71.25	97.30
2	19.74±0.64a	13.34±0.45a	0.036 5±0.002 2b	167.9±6.33a	74.07	93.75
3	19.71±0.26a	13.51±0.62a	0.041 3±0.001 1ab	170.97±10.64a	68.97	94.11

表中数据为平均值±SE，数据后有不同字母表示差异显著（$P<0.05$）

（3）天然饲料与人工饲料的比较。从利用两种饲料饲养草地螟的效果看，天然饲料饲养的草地螟和人工饲料饲养的草地螟的生长指标基本相近，只有个别指标有一些差异。用天然饲料饲养的草地螟的幼虫成活率明显高于人工饲料饲养的草地螟，二者相差近10%，而人工饲料饲养的草地螟的产卵量明显高于天然饲料饲养的草地螟，二者平均相差15粒。比较的结果说明用人工饲料饲养和繁殖草地螟是可行的。

四、饲养繁殖草地螟的注意事项

（1）草地螟幼虫易感染病毒，饲养时一定要注意草地螟幼虫的病毒感染。一是所有的饲养器具能进行高温消毒的，要在使用前用高压锅高温消毒30min以上，不能高温消毒的在紫外灯下消毒。二是要控制好温湿度以及光照条件，温湿度尤其要注意，1~3龄幼虫喜湿，4~5龄由于排便量大，要注意其环境湿度的控制。三是老熟幼虫停止进食时要及时的放入土壤中使其作茧化蛹。四是成虫羽化后要及时捕捉放入养虫笼内，并添加葡萄糖水或蜂蜜水作为补充营养。

（2）连续在室内饲养草地螟要注意其种群衰退和繁殖力下降等问题。为解决此问题，可在夏天幼虫高发期从野外采集草地螟幼虫补充到室内，以增强其种群活力，避免室内近亲繁殖而造成的种群衰退。

（3）在草地螟的室内大量饲养中，除了给予其一定食料和适当生长条件外，还应注意饲养幼虫密度，避免其自相残杀。

第二节　草地螟人工饲料配置

随着人们对草地螟各领域研究的不断深入，需要提供大量生理标准统一的试验用虫，但自然饲料受季节限制不可能全年供应。因此，研究草地螟人工饲料，解决草地螟的饲料的季节性短缺，为草地螟的研究和防治试验提供健康的、生理发育整齐一致的虫源，具有重要的意义。

一、草地螟人工饲料研究进展

到目前为止，国内对草地螟幼虫人工饲料的改进已进行了大量的研究。1984年王延年等出版了《昆虫人工饲料手册》，里面记载了草地螟的一种全人工饲料和一种是半人工饲料，两种饲料都连续饲养了数代草地螟幼虫，此外，这两种饲料还可以饲养棉铃虫和蜀葵麦蛾。1987年王义等用灰菜苗期叶粉为基本原料制作人工饲料，饲养了草地螟和5种夜蛾的幼虫，幼虫均连续饲养3代以上，饲养效果优于天然饲料。1991年潘洪玉用甘蓝夜蛾人工饲料对草地螟进行了饲养，并饲养了2代以上。2005年李朝绪以甜菜夜蛾饲料配方为基础通过改变配方比例，筛选出适合草地螟幼虫的人工饲料配方。

二、人工饲料的基本营养成分

昆虫所需要的营养成分与高等动物基本相同。因此，不论那一种类型的饲料，都必须含有蛋白质、糖类、脂类、维生素和无机盐。

1. 蛋白质和氨基酸

蛋白质是构成昆虫虫体的主要物质，也是昆虫进行生命活动的物质基础之一。从本质上说，昆虫对蛋白质的需要就是对氨基酸的需要。昆虫所需的氨基酸分为必需氨基酸和非必需氨基酸两类。必需氨基酸通常有十种：即精氨酸、赖氨酸、亮氨酸、异亮氨酸、色氨酸、组氨酸、苯丙氨酸、甲硫氨酸、苏氨酸、缬氨酸等10种，但也存在种间差异。人工饲料常用的蛋白质源有酪蛋白、酵母粉、麦胚、豆粉等。

2. 糖类

糖类又称碳水化合物，是昆虫的主要能量来源物质，植食性昆虫体内常含有各种酶类，如淀粉酶、蔗糖酶或海藻糖酶等。饲料中常用的糖类有蔗糖、葡萄糖、麦芽糖、淀粉、纤维素等，少数种类的饲料中也有果糖、乳糖和半乳糖。蔗糖除了在营养上的作用之外，还是重要的取食刺激因子。淀粉和纤维素除了营养之外，还常常当作影响饲料物理化学性质的因素来综合考虑。

3. 脂肪酸和固醇

脂肪酸和固醇是昆虫人工饲料中不可缺少的部分。在鳞翅目中，多数蛾类都需要亚油酸或亚麻酸，缺少这类不饱和脂肪酸，蛹发育不好，成虫的羽化和展翅都受到影响。固醇又称甾醇。多数昆虫不能自身合成甾醇物质，必须从外源获取甾醇，昆虫必须从食物中获得固醇才能维持正常生长发育。

4. 维生素

昆虫需要在食物中摄取维生素。人工饲料中一般常用的维生素为 B 族维生素、维生素 C、肌醇和胆碱等，有的还要添加维生素 A、维生素 D、维生素 E、维生素 K。肌醇和胆碱需要量大，因此含量远远超过一般维生素，生理作用也同B 族维生素不一样，是组成脂类的成分，所以将它们归为脂原因子。肌醇虽不是昆虫的必需营养成分，但能够促进很多种类的生长发育。胆碱不但能促进幼虫的生长，而且对雄虫精子的产生，雌虫的产卵都有重要的作用，因此为很多昆虫所必需。饲料中常用的胆碱是氯化胆碱。

对于大部分鳞翅目昆虫来说，抗坏血酸是要从外源补充的。不过也有少数，如红棉铃虫饲料中不添加也能正常发育。

5. 无机盐

昆虫和其他动物一样，也要从食物中摄取无机盐。全人工饲料必须含有少量无机盐混合物。而在半纯的人工饲料中，酵母、动、植物组织，琼脂、干酪素等也含有少量的无机物，但含量却不能满足昆虫生长发育的需要，所以还要补充混合盐。鳞翅目昆虫大多为植食性，其血淋巴中钾的含量高于钠，所以用于鳞翅目昆虫的无机盐含钾量比钠高。

此外，人工饲料还需要添加防腐剂以便实用化，这些防腐物质包括山梨酸、对羟基苯甲酸、甲酚、甲醛、乙酸以及各种抗生素类物质。这些防腐剂一般都对昆虫有毒害，而且需在一定的 pH 值范围内抑菌效果才好。人们一直希望能够找到对昆虫无害或者有益的理想防腐剂来替代目前使用的上述防腐剂。

三、人工饲料的质量

人工饲料的质量包含很多方面，比如其物理性状、防腐能力及营养平衡等。

其核心问题是营养平衡的问题,好的昆虫人工饲料能满足昆虫所有的营养需求,能使昆虫摄取的营养达到配比平衡。在通常情况下,研发一种新的昆虫人工饲料配方时应参考已饲养成功的相近种类的饲料配方,在实践中不断进行调整。其次,人工饲料还应该具备能适应所饲养昆虫的口器和取食习性的物理性状。饲料的性状若能模仿昆虫天然寄主的外形和质地,就会获得很好的饲养效果。大多数植食性昆虫对饲料中水分的含量要求很高,所以成功的饲料不仅要有一定的硬度和外形外,还要有良好的保水性能。昆虫的人工饲料营养丰富、水分适宜,很适合微生物的生长,所以饲料的防腐能力也很重要。为了防止昆虫人工饲料的变质,不仅要对饲料进行高压蒸汽灭菌外,还要在饲料中添加一定的防腐物质。一般原则是:在能控制微生物污染的基础上,尽量减少防腐剂的用量。

四、人工饲料的配置与筛选

1. 人工饲料的成分

根据王延年等《昆虫人工饲料手册》中提供的草地螟人工饲料配方,参考王义、李朝绪等的研究结果,添加灰菜叶汁、灰菜叶粉、苜蓿叶汁、苜蓿叶粉和空白添加,减少维生素 D、干芦苇与胆固醇等成分,设定 5 种配方(HS、HG、MS、MG、CK)进行初筛(表3)。

表3　人工饲料配方

配方	酪蛋白(g)	酵母粉(g)	麦麸(g)	蔗糖(g)	灰菜叶汁(mL)	灰菜叶粉(g)	苜蓿叶汁(mL)	苜蓿叶粉(g)	琼脂(g)	山梨酸(g)	抗坏血酸(g)	蒸馏水(mL)
HS	4	1.6	4	8	15	0	0	0	3	0.2	0.15	100
HG	4	1.6	4	8	0	15	0	0	3	0.2	0.15	100
MS	4	1.6	4	8	0	0	15	0	3	0.2	0.15	100
MG	4	1.6	4	8	0	0	0	15	3	0.2	0.15	100
CK	4	1.6	4	8	0	0	0	0	3	0.2	0.15	100

2. 人工饲料的配制方法

(1)灰菜(苜蓿)叶粉、叶汁的制备。将鲜灰菜(苜蓿)叶洗净,70℃烘干后粉碎过90目筛,将得到的叶粉装入棕色瓶密封,低温下保存备用。取苗期灰菜嫩梢洗净、消毒后匀浆,双层纱布过滤,滤液放0℃冰箱备用。

（2）人工饲料的配置方法。将琼脂（放入100mL水中加热溶解）、灰菜（苜蓿）叶粉、麦麸在121℃高压湿热灭菌20min，冷却至50~60℃，将制备好的麦麸、灰菜（苜蓿）叶粉（汁）、酵母粉、干酪素、蔗糖、抗坏血酸和山梨酸倒入，充分搅拌后，再将其余成分用少量无菌水溶解后一并倒入搅拌均匀，置于4℃冰箱中保存备用。

3. 饲喂方法

将配制好的饲料切块分别装入编号的透明塑料养虫盒中。将刚孵化的草地螟幼虫接入养虫盒，置于人工气候箱 [T=（24±1）℃，L：D=16：8] 饲养，以新鲜苜蓿叶和灰菜叶作为人工饲料的对照（CK）。每盒接30头，每个配方重复3次。待幼虫长至1龄末时，将幼虫分开单头饲养。低龄幼虫每天换一次饲料，大龄幼虫3d换一次饲料。

4. 人工饲料的饲养效果评价

（1）从昆虫表观的生物学指标评价人工饲料效果。在昆虫人工饲料的研究中，评价指标多采用幼虫历期、幼虫存活率、化蛹率、蛹重、羽化率、雌雄性比、产卵量、孵化率和饲养代数等。

按配置好的人工饲料饲养草地螟幼虫，饲养的草地螟各项生长及生理指标结果见表4。

表4　人工饲料饲养试虫结果

配方	幼虫历期 （d）	存活率 （%）	蛹期 （d）	蛹重 （mg）	羽化率 （%）	成虫寿命 （d）	性比 （♀：♂）	产卵量 （粒）	孵化率 （%）
HS	—	—	—	—	—	—	—	—	—
HG	18.33± 0.24a	71.25	12.45± 0.35ab	47.54± 1.493a	97.30	23.60± 1.06a	11：10	167.11± 33.79a	97.31
MS	—	—	—	—	—	—	—	—	—
MG	19.53± 0.284a	52.50	12.66± 0.34a	47.39± 1.296a	85.12	22.07± 1.68a	19：14	194.9± 75.07a	96.64
KB	—	—	—	—	—	—	—	—	—
灰菜	16.73± 0.25b	86.67	10.64± 0.89c	39.31± 1.786a	94.12	24.32± 1.99a	5：4	162.51± 17.80a	97.44
苜蓿	18.73± 0.27a	80.25	10.81± 0.26bc	30.5± 1.665b	80.00	25.37± 1.70a	7：9	180.04± 10.05a	96.83

HS添加灰菜叶汁，HG添加灰菜干粉，MS添加苜蓿叶汁，MGS添加苜蓿干粉，KB未添加植物

结果表明：草地螟幼虫取食饲料配方HS、MS、CK后均不能完成正常的发

育历期，不到 1 龄末就全部死亡，而用添加灰菜叶粉的 HG 和苜蓿叶粉的 MG 人工饲料饲养草地螟幼虫，均有部分幼虫能够完成整个阶段的生活史，但不同饲料表现出不同的饲养效果。用人工饲料饲养的草地螟在幼虫历期、存活率、蛹期、成虫寿命、羽化率方面都明显弱于取食新鲜灰菜叶和苜蓿叶的，但在蛹重、产卵量方面人工饲料却优于取食新鲜灰菜叶和苜蓿叶。

对于用天然食物灰菜喂养的幼虫在生理指标上（除产卵量）基本上都优于用苜蓿叶喂养的幼虫；对于人工饲料，添加灰菜叶粉的人工饲料在幼虫历期、存活率、蛹期、成虫寿命、羽化率（除产卵量）等方面也都优于添加苜蓿叶粉的人工饲料。由此可见，人工饲料添加苜蓿叶粉能提高草地螟成虫的产卵量，但与添加灰菜叶粉的人工饲料、天然食物的差异性却不显著。

（2）从昆虫的生理消化指标评价人工饲料效果。昆虫的中肠是分泌消化酶、消化食物和吸收养分的主要部位。营养物质进入体内后在血液、脂肪体等组织中在消化酶的作用下进一步代谢，这些酶活性的强弱与饲料的吸收利用有着较为直接的联系。所以，分析人工饲料对消化酶活性的影响，不仅可以为饲料中营养成分消化、吸收和利用提供重要指标，而且对人工饲料的合理配制具有重大意义。

（3）从分子水平快速评价人工饲料效果。羧酸酯酶广泛分布于多种组织中，能有效地催化含有酯键、酰胺键和硫酯键的内源性和外源性化合物水解。消化道中羧酸酯酶的活性反映了两方面的信息：首先羧酸酯酶是昆虫体内重要的解毒酶系之一，不仅与昆虫抗药性有关，而且可减轻或使昆虫免受来自植物次生物质的毒害，从而增强昆虫对不同品种植物的适应性。其次已有研究明确，昆虫体内酯酶的活力大小可反映其消化食物能力的强弱，酯酶活力越大，消化食物能力越强。

5. 人工饲料配方筛选

在初筛饲养结果基础上，进一步通过运用正交试验筛选。草地螟人工饲料正交试验及结果如表 3、表 4。

（1）筛选关键因子。极差分析和趋势图分析是正交试验筛选关键因子的常用方法。极差（R）是两水平的平均值（Y）之差，极差大说明此因子的不同水平产生的差异大，是重要的因子。同时可根据各因子在 2 水平上的平均值可判断其变化趋势。极差和趋势分析的结果（表 5~表 8）均表明，草地螟生长发育的不同阶段有不同的关键因子，其中影响草地螟幼虫历期的关键因子是酪蛋白（A），影响草地螟幼虫成活率的关键因子是酪蛋白（A）、蔗糖（C）和灰菜粉（N），影响草地螟化蛹率的关键因子是酪蛋白（A）、抗坏血酸（L）和灰菜粉

表5 草地螟人工饲料正交试验方案及结果

处理号	试验方案															试验结果				
	A	B	C	D	E	F	G	H	I	J	K	L	M	N	O	幼虫历期(d)	存活率(%)	化蛹率(%)	蛹重(g)	羽化率(%)
1	1	1	1	1	1	1	1	1	1	1	1	1	1	1	1	19.50	12.50	90.00	0.035 6	100.00
2	1	1	1	1	1	1	1	2	2	2	2	2	2	2	2	18.50	13.33	100.00	0.035 7	100.00
3	1	1	1	2	2	2	2	1	1	1	1	2	2	2	2	17.00	11.67	85.71	0.038 9	100.00
4	1	1	1	2	2	2	2	2	2	2	2	1	1	1	1	18.00	25.00	95.00	0.032 7	94.74
5	1	2	2	1	1	2	2	1	1	2	2	1	1	2	2	19.00	10.00	83.33	0.033 5	100.00
6	1	2	2	1	1	2	2	2	2	1	1	2	2	1	1	18.00	11.67	85.71	0.034 6	83.33
7	1	2	2	2	2	1	1	1	1	2	2	2	2	1	1	18.00	10.00	100.00	0.034 1	100.00
8	1	2	2	2	2	1	1	2	2	1	1	1	1	2	2	19.00	15.00	88.89	0.031 3	87.50
9	2	1	2	1	2	1	2	1	2	1	2	1	2	1	2	17.00	26.67	100.00	0.041 7	93.75
10	2	1	2	1	2	1	2	2	1	2	1	2	1	2	1	18.00	15.00	88.89	0.038 7	100.00
11	2	1	2	2	1	2	1	1	2	1	2	2	1	2	1	17.00	16.67	90.00	0.046 8	88.89
12	2	1	2	2	1	2	1	2	1	2	1	1	2	1	2	17.40	52.50	97.62	0.037 8	100.00
13	2	2	1	1	2	2	1	1	2	2	1	1	2	2	1	17.50	15.00	91.67	0.042 1	90.91
14	2	2	1	1	2	2	1	2	1	1	2	2	1	1	2	16.00	17.50	92.86	0.040 2	92.31
15	2	2	1	2	1	1	2	1	2	2	1	2	1	1	2	17.43	30.00	95.83	0.040 3	100.00
16	2	2	1	2	1	1	2	2	1	1	2	1	2	2	1	17.25	20.00	93.75	0.039 6	93.33

T1~T16 表示16个处理；A~O 表示15个因子；数字1和2表示2个水平

表6　草地螟人工饲料正交试验极差分析结果

指标（因子）		A	B	C	D	E	F	G	H	I	J	K	L	M	N	O
幼虫历期(d)	T_{1j}	147.00	142.40	141.18	143.50	144.08	144.68	142.90	142.43	142.15	140.75	143.83	144.65	143.93	141.33	143.25
	T_{2j}	137.58	142.18	143.40	141.08	140.50	139.90	141.68	142.15	142.43	143.83	140.75	139.93	140.65	143.25	141.33
	Y_{1j}	19.97	19.21	18.63	18.07	17.80	18.36	18.04	19.33	17.68	18.54	18.11	18.11	17.88	18.86	18.22
	Y_{2j}	18.61	18.19	18.26	17.46	17.73	17.74	18.84	17.93	18.25	19.70	18.85	17.42	19.09	18.06	18.07
	R_j	1.36	0.15	0.18	0.61	0.07	0.48	0.22	0.09	0.17	0.76	0.70	0.70	0.24	0.18	0.10
存活率(%)	T_{1j}	109.17	173.34	145.00	121.67	166.67	142.50	152.50	132.51	149.17	131.68	163.34	176.67	141.67	185.84	125.84
	T_{2j}	193.34	129.17	157.51	180.84	135.84	160.01	150.01	170.00	153.34	170.83	139.17	125.84	160.84	116.67	176.67
	Y_{1j}	14.81	22.22	18.74	15.56	22.07	18.25	19.64	17.51	19.34	16.72	21.50	22.87	18.49	23.93	17.22
	Y_{2j}	25.52	16.60	21.36	23.80	17.77	20.54	19.70	22.88	20.93	22.08	18.10	17.17	20.61	14.86	23.00
	R_j	11.19	5.75	1.38	7.78	4.40	2.34	0.12	4.61	0.49	5.48	3.24	6.62	2.40	9.09	6.53
化蛹率(%)	T_{1j}	713.77	742.76	746.61	713.71	723.75	721.94	721.87	727.92	729.78	734.96	738.61	734.01	724.80	734.11	718.35
	T_{2j}	744.37	715.38	711.53	744.42	734.39	736.19	736.27	730.22	728.35	723.17	719.52	724.13	733.33	724.03	739.78
	Y_{1j}	90.20	98.52	98.49	89.58	91.16	98.47	91.69	92.85	90.57	96.44	92.14	95.42	92.82	96.33	95.32
	Y_{2j}	96.65	95.86	95.35	94.91	94.30	95.91	97.82	98.85	93.58	96.38	92.04	94.10	96.65	89.22	94.34
	R_j	7.96	2.21	2.05	3.72	3.18	2.01	2.72	2.73	4.60	0.06	1.54	5.74	0.49	7.12	3.09
蛹重(g)	T_{1j}	0.276 4	0.307 9	0.305 0	0.302 0	0.303 9	0.296 9	0.303 6	0.312 9	0.298 4	0.308 6	0.299 3	0.294 2	0.299 1	0.297 0	0.304 1
	T_{2j}	0.327 1	0.295 6	0.298 5	0.301 5	0.299 6	0.306 5	0.299 9	0.290 5	0.305 1	0.294 9	0.304 2	0.309 3	0.304 4	0.306 5	0.299 4
	Y_{1j}	0.012 5	0.030 2	0.029 5	0.024 9	0.025 2	0.028 3	0.029 4	0.026 4	0.025 7	0.029 6	0.028 1	0.033 3	0.034 1	0.030 4	0.029 6
	Y_{2j}	0.041 5	0.025 6	0.025 1	0.029 4	0.030 6	0.026 0	0.024 8	0.029 7	0.030 2	0.025 4	0.025 6	0.021 2	0.021 6	0.025 7	0.024 1
	R_j	0.030 3	0.005 4	0.004 2	0.003 6	0.003 8	0.003 3	0.005 4	0.002 2	0.005 3	0.005 9	0.002 8	0.012 2	0.013 6	0.003 5	0.005 8
羽化率(%)	T_{1j}	742.26	753.65	754.65	745.60	757.94	766.55	745.32	758.85	778.02	731.08	747.46	771.74	768.70	768.97	763.13
	T_{2j}	765.44	754.05	753.06	762.10	749.76	741.15	762.38	748.86	729.68	776.62	760.24	735.96	739.00	738.73	744.57
	Y_{1j}	86.24	93.40	97.10	93.51	97.39	100.28	91.26	90.18	95.85	98.10	99.30	100.39	96.01	96.88	96.01
	Y_{2j}	95.98	97.92	93.49	98.45	91.60	97.35	100.22	98.89	98.89	96.63	98.31	89.25	94.57	93.70	95.47
	R_j	9.48	2.30	3.46	3.60	1.41	2.23	2.24	4.28	0.67	0.88	1.52	3.67	1.38	3.08	0.37

T1表示水平1的总和，T2表示水平2的总和，Y1表示水平1的平均值，Y2表示水平2的平均值，R表示极差

（N），影响草地螟蛹重和羽化率的关键因子均是酪蛋白（A）。因此，影响草地螟整体发育的关键因子为酪蛋白（A）、蔗糖（C）、抗坏血酸（L）和灰菜粉（N）4个。

结果表明：草地螟不同生长发育阶段的关键影响因子不同，影响草地螟幼虫历期的关键因子是酪蛋白；影响草地螟幼虫成活率的关键因子是酪蛋白、蔗糖和灰菜粉；影响草地螟化蛹率的关键因子是酪蛋白、抗坏血酸和灰菜粉；影响草地螟蛹重的关键因子是酪蛋白；影响草地螟羽化率的关键因子是酪蛋白。因此，影响草地螟整体发育的四个关键因子为酪蛋白、蔗糖、抗坏血酸和灰菜粉。同时也说明草地螟在不同的生长发育阶段需要不同的营养成分，因此，在饲养草地螟时在不同阶段添加不同饲料成分，满足其生长发育所需。

（2）趋势图分析。根据各因子两水平的平均值（Y）可绘制出各因子影响草地螟发育的趋势图（图1、图2、图3、图4、图5）。趋势图分析的结果更直观地证明了以上极差分析的结论。

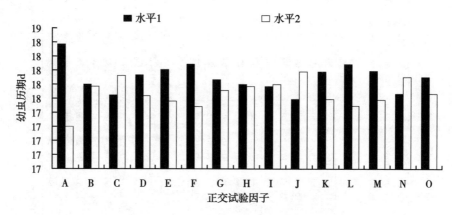

图1　不同因子对草地螟幼虫历期的影响趋势图

图1表明影响草地螟幼虫历期的关键因子是酪蛋白（A）。

图2表明影响草地螟幼虫存活率的关键因子是酪蛋白（A）、蔗糖（D）和灰菜粉（N）。

图3表明影响草地螟化蛹率的关键因子是酪蛋白（A）、酵母粉（B）、麦麸（C）和蔗糖（D）。

图4表明影响草地螟蛹重的关键因子是酪蛋白（A）。

图5表明影响草地螟羽化率的关键因子是尼泊金（I）、无机盐（J）。

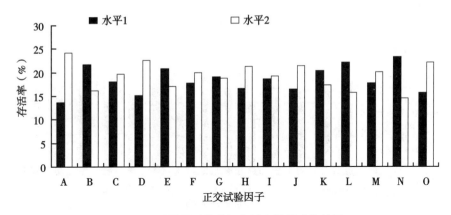

图2 不同因子对草地螟存活率的影响趋势图

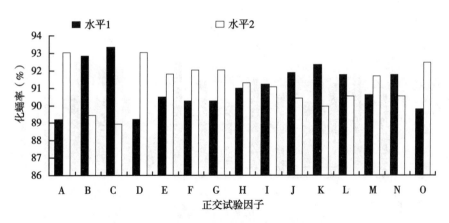

图3 不同因子对草地螟化蛹率的影响趋势图

（3）人工饲料对草地螟消化酶活性的影响。从生物学指标评价昆虫人工饲料的饲养效果是无法知道饲料成分对幼虫生长发育所造成的具体影响的，通过测定昆虫中肠主要消化酶的活性，可以从饲料成分的转化吸收情况来明确饲料成分对虫体生长发育造成的影响，从而得出幼虫最佳生理发育时所要求的饲料最佳营养水平。笔者在研究了不同人工饲料对草地螟生物学影响的基础上，深入研究饲料成分对草地螟幼虫中肠主要消化酶活性的影响，可为天敌昆虫的消化生理和营养需求积累基础资料，同时也为草地螟人工规模化饲养提供理论依据。

草地螟中肠总蛋白量测定结果见图6，可以看出，幼虫取食人工饲料HG和12后总蛋白量活性分别为0.052mg/mL、0.059mg/mL，略低于对照组H的

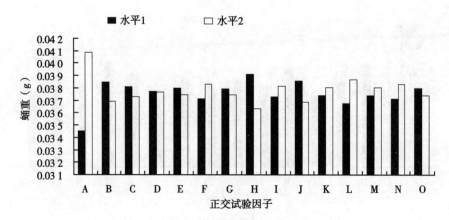

图 4　不同因子对草地螟蛹重的影响趋势图

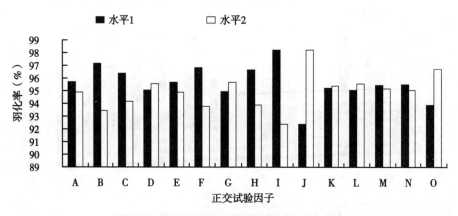

图 5　不同因子对草地螟羽化率的影响趋势图

0.076mg/mL，且三者之间差异不显著（$P>0.05$）。

　　草地螟取食人工饲料后，其中肠蛋白酶活性测定结果见图 7，人工饲料 HG 和对照组 H 的蛋白酶活性分别为 6.18U［μg/（min·mg），下同］和 7.91U，明显高于人工饲料 12 的，且与人工饲料 12 差异显著（$P<0.05$）。可能是在人工饲料 12 中添加的蛋白质（酪蛋白、酵母粉）含量高于幼虫本身所需所致。

　　草地螟中肠淀粉酶活性测定结果见图 8，可以看出，对照组 H 的淀粉酶活性为 13.29U，远远大于两种人工饲料的，且与两种人工饲料差异显著（$P<0.05$）。饲料组 HG 与 12 相差不大，分别为 0.18U 和 1.29U。分析可知，草地螟取食饲

料后的中肠淀粉酶活性，随饲料 12 中蔗糖添加量的增加而增大。

草地螟中肠酯酶活性测定结果见图 9，可以看出，对照组 H 酯酶活性最高，为 12.77U；其次是人工饲料 HG，其酯酶活性（11.97U）仅次于对照组；人工饲料 12 最低，仅约为人工饲料 HG 酯酶活性的 1/2。人工饲料 HG、对照组 H 显著差异于人工饲料 12（$P<0.05$）。

草地螟中肠脂肪酶活性测定结果见图 10，可以看出，人工饲料 12 脂肪酶活性最高，为 0.68U，为其他两组脂肪酶活性的 2~3 倍，且与其他两组差异显著（$P<0.05$）。这可能是在人工饲料 12 中添加了胆固醇的原因。

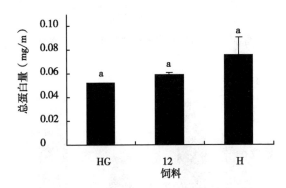

图 6　人工饲料对草地螟中肠蛋白质含量的影响

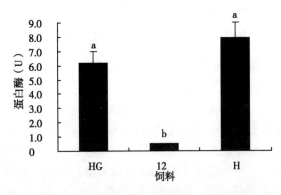

图 7　人工饲料对草地螟中肠蛋白酶的影响

通过实验可知，取食人工饲料 HG 和 12 的草地螟幼虫与取食灰菜在生物学指标上相比，人工饲料的幼虫历期、蛹期、成虫寿命、幼虫存活率都明显低于灰

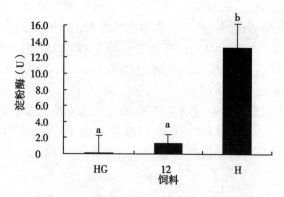

图 8　人工饲料对草地螟中肠淀粉酶的影响

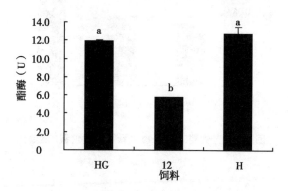

图 9　人工饲料对草地螟中肠酯酶的影响

菜的，而人工饲料的蛹重、产卵量却明显高于灰菜的。这说明人工饲料具有较好的饲养效果，但与草地螟天然食物相比仍然有一定差距。草地螟幼虫的几种中肠消化酶活力之间相比，酶活力要么过高要么偏低，同样也说明人工饲料中营养成分比例与草地螟天然食物相比有一定差距。

人工饲料组成成分对昆虫生理方面的影响非常复杂，适当改变草地螟幼虫人工饲料的组分含量，如增加配方中的蛋白含量和糖类含量，降低脂类含量，都有可能提高人工饲料的饲喂效果。本次酶活性测定结果表明，饲料 HG 的饲养效果更接近于草地螟天然食料，只是蔗糖的添加量需稍做改动；饲料 12 的淀粉酶、蛋白酶、酯酶和脂肪酶都与对照组相差较多，蛋白含量、脂类含量与糖类含量都需做进一步的修正与试验。由于消化酶的活性受各方面因素的影响，应适当降

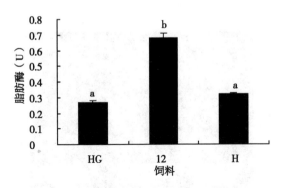

图10　人工饲料对草地螟中肠脂肪酶的影响

低。因此，对于草地螟消化酶活性与饲料之间的关系还有待进一步深入的研究。

（4）人工饲料对草地螟羧酸酯酶mRNA丰度的影响。羧酸酯酶广泛分布于多种组织中，能有效地催化含酯键、酰胺键和硫酯键的内源性和外源性化合物水解。消化道中羧酸酯酶的活性反映了两方面的信息：首先羧酸酯酶是昆虫体内重要的解毒酶系之一，不仅与昆虫抗药性有关，而且可减轻或使昆虫免受来自植物次生物质的毒害，从而增强昆虫对不同品种植物的适应性。其次已有研究明确，昆虫体内酯酶的活力大小可反映其消化食物能力的强弱，酯酶活力越大，消化食物能力越强。

利用RT-PCR方法，通过研究实验筛选出人工饲料对草地螟羧酸酯酶基因的转录水平的影响，从而在分子水平确认羧酸酯酶分泌量的变化，旨在从分子水平快速评价草地螟饲料配方的好坏。

采用RNAprep pure动物组织总RNA提取试剂盒提取的总RNA，经电泳检测，显示28S和18S RNA条带清晰，说明RNA的完整性较好。

通过Quantity one分析图12、图13中各条带光密度（IOD），结果显示（表7），配方HG和12 CarE基因mRNA的丰度与对照组H相比，差异均有统计学意义。对照组H的mRNA丰度最高，为1.02；其次是配方HG，其丰度为0.95；最低是配方12，其丰度为0.85。可见取食配方HG的草地螟幼虫对草地螟羧酸酯酶基因的转录水平高于取食配方12的，即取食饲料HG的草地螟幼虫体内羧酸酯酶的分泌量高于配方12。配方HG与对照组H差异性不显著，而配方12与对照组H差异显著，即配方HG的丰度更接近于对照组H。由于昆虫体内酯酶的活力大小可反映其消化食物能力的强弱，酯酶活力越大，消化食物能力越强，所以

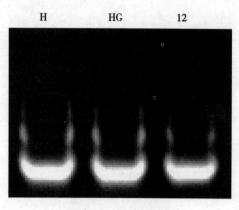

图 11　RNA 电泳图

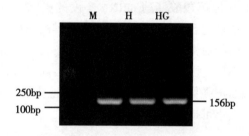

图 12　18S 内标基因 PCR 产物电泳

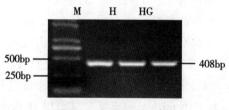

图 13　羧酸 PCR 电泳

草地螟幼虫对配方 HG 的消化能力大于对配方 12 的消化能力，即草地螟饲料配方 HG 优于饲料配方 12，饲料配方 HG 更接近于天然饲料（对照组 H）。

表7　人工饲料与对照组 CarE 基因 mRNA 的丰度

组别	CarE 基因 mRNA 丰度
对照 H	1.02±0.021a
饲料 HG	0.95±0.013a
饲料 12	0.85±0.013b

同时从正交试验的饲料配方中的筛选出选优配方，然后通过饲料效果评价方法得出最优配方（表8）。

表8　筛选出的草地螟饲养的半人工饲料配方

成分	用量	成分	用量
灰菜粉	10.0 g	山梨酸	0.15 g
酪蛋白	6.0 g	尼泊金	0.1 g
酵母粉	4.0 g	无机盐	3.75 g
麦麸	9.0 g	多种维生素	1.0 g
蔗糖	12.0 g	抗坏血酸	0.3 g
胆固醇	0.3 g	氯化胆碱	0.075 g
琼脂	4.5 g		

利用优选出的人工饲料配方制作人工饲料，并在室内连续饲养3代草地螟幼虫，结果见表9。

表9　人工饲料对草地螟连续3代饲养结果

世代数	幼虫历期 （d）	蛹期 （d）	蛹重 （g）	产卵量 （粒）	幼虫存活率 （%）	羽化率 （%）
1	19.31±0.27a	13.14±0.30a	0.044 1±0.001 1a	194.9±75.07a	71.25	97.30
2	19.74±0.64a	13.34±0.45a	0.036 5±0.002 2b	167.9±6.33a	74.07	93.75
3	19.71±0.26a	13.51±0.62a	0.041 3±0.001 1ab	170.97±10.64a	68.97	94.11

结果表明：利用人工饲料饲养草地螟幼虫，除了蛹重一项指标三代间有明显差异外（第二代蛹重为 0.036 5 g，第一代与第三代都在 0.04g 以上），其他生长指标三代之间均无显著差异。用人工饲料饲养的幼虫的产卵量也比较多，均在160 粒以上，成虫羽化率均在90%以上。说明用该饲料饲养草地螟幼虫三代没有

退化，此饲料可考虑作为室内繁殖的人工饲料。

草地螟人工饲料的研究与饲料效果评价一直以来都依靠传统的方法，但其饲养周期长，饲养过程受到许多因素的影响，试验偏差大，成本高。因此，探索快速有效评价饲料效果的新方法是研究的重点之一。现已明确，草地螟体内酯酶的活力大小可反映其消化食物能力的强弱，酯酶活力越大，消化食物能力越强，通过 RT-PCR 方法，比较饲料 HG、12 对草地螟羧酸酯酶基因的转录水平的高低，从而在分子水平快速评估出饲料 HG 优于饲料 12。草地螟人工饲料的筛选与配置，为大量繁殖标准一致的科研试验用虫和天敌昆虫的饲养繁殖提供了有力保障。并且从分子水平为快速评价昆虫人工饲料配方的好坏提供了一定的理论依据。

第四章　草地螟性诱剂的研究进展

利用传统化学农药进行防虫，虽然取得了很好的效果，但也产生了"3R"问题即：农药残留（residece）、害虫抗药性（resistant）、害虫再猖獗（resergence）的现象，使得环境污染严重，害虫天敌也受到大量摧残。在环保要求日趋严格和害物对广谱防治剂抗性渐增的情况下，种特异性药剂可能发展成为综合防治的一部分，有害生物防治剂将趋于选择种特异性药剂。基于此，国内外农药研究部门努力探索有害生物防治的新技术和新途径，昆虫性信息素就是其中的一种。

许多昆虫发育成熟以后能向体外释放具有特殊气味的微量化学物质，以引诱同种异性昆虫交配。这种在昆虫交配过程中起通信联络作用的化学物质是昆虫性信息素，或性外激素。利用昆虫性信息素防治害虫具有高效、无毒、不伤害益虫、不污染环境等优点，国内外对这一新技术的研究和应用都很重视。

用人工合成的性信息素或类似物防治害虫时，通常叫昆虫性引诱剂，简称性诱剂。性诱剂在害虫防治上的主要用途是监测虫情，作虫情测报。由于它具有灵敏度高、准确性好、使用简便、不受时间和昆虫昼夜节律的限制、费用低廉等优点，正在获得越来越广泛地应用。

利用性信息素防治草地螟具有不污染环境、不杀伤天敌、对害虫不产生抗性的特点。利用昆虫性信息素诱杀成虫或设法使雌雄成虫无法聚集交配和繁殖后代是一种比较理想而有效的方法。因此，昆虫性信息素的应用能够减少大量使用化学农药所造成的环境污染、害虫产生抗性以及杀伤天敌、次要害虫暴发和害虫再增猖獗等问题，从而维护了草地生态系统的平衡，保持了草地可的持续发展。

第一节　草地螟性信息素的提取及成分分析

一、昆虫性信息素的收集提取方法

昆虫性信息素的提取与分离方法从根本上讲可分为两种，即溶剂提取法和空气收集法。

1. 草地螟性信息素的溶剂提取法

溶剂提取法是采用较多的一种方法。草地螟雌蛾在求偶时产生较多量的性信息素，因此应摘取正在求偶的雌蛾的性信息素的腺体。作者通过提取羽化后不同时刻雌蛾腺体发现：羽化后不同时刻的雌蛾，其性信息素的含量差别很大，求偶时雌蛾性信息素的含量最高。

提取方法可以采用直接摘取性信息素腺体浸泡于溶剂中或采用滤纸碰擦雌蛾性信息素腺体，随后对滤纸进行提取。也可以从雌蛾的分泌物或排泄物中用溶剂提取。

（1）摘取雌蛾性信息素腺体的具体方法。用手指轻轻挤压雌蛾腹部末端，迫使产卵器外伸，此时可见位于第8和第9节间膜处外翻的性信息素腺体，用眼科剪将性信息素腺体摘除，然后浸泡于溶剂，即可得到昆虫性信息素的粗提物。

（2）采用滤纸碰擦昆虫性信息素腺体的具体办法。用小三角滤纸的尖端轻轻碰擦外翻的性信息素腺体，随后剪取滤纸尖端浸泡于溶剂中进行提取，这项技术不仅能获取雌蛾腺体表面释放的性信息素，还能保持被测雌蛾的成活。

（3）用溶剂从昆虫的分泌物或排泄物提取的方法。将未交尾的成虫装入放有滤纸条或沙网的瓶内，几天后用溶剂洗涤瓶壁、滤纸条或沙网，可以得到少量的粗提物。

（4）用溶剂提取值得注意的是：如果要想得到多元组分的精确比例，要尽量避免提取过程中的浓缩。确实需要浓缩，必须在浓缩前加入与粗提物中的组分具有相同挥发度的内标物。

采用溶剂提取法提取昆虫的性信息素，其优点是可以在短期内获得大量昆虫的性信息素，所需设备条件简单，方法容易掌握。但这样得到的粗提物杂质含量比较高。

2. 空气收集法

尽管空气收集法的装置各种各样，但基本原理是一致的，都是利用气流通过能够释放性信息素的昆虫个体，然后将它们释放出的挥发性的性信息素随同气流到冷凝器皿中，最后由冷凝器中得到性信息素的冷凝物。

空气收集法收集昆虫性信息素需要一定的设备条件，并且所收集到的昆虫性信息素的量也较少，但用空气收集法可收集到高纯度的昆虫性信息素。

总之，在选择昆虫性信息素的提取方法时，首先要注意到昆虫性信息素可积能是多元组分，因而需要提取完全，特别应注意微量组分的提取；同时也应注意在选择提取的溶剂时不仅要考虑到可提取到的性信息素量，而且要尽量避免杂质的混入，特别是一些昆虫性信息素的前体或类似物，因为它们有时对雄虫起抑制作用。

二、草地螟性信息素成分的提取及分析

1. 性信息素腺体成分的提取

处女雌蛾进入暗期 6~7h 后，选取正在求偶召唤的雌蛾，用镊子将其性信息素腺体取下。将去除了体液的腺体放入微型尖底玻璃管中，注入 10μL 重蒸正己烷进行浸提。为保证浸提液体积不减少，将微型尖底玻璃管放入带密封螺帽的样品瓶内，并在瓶内注入 50μL 重蒸正己烷。20~30min 后将全部浸提液用 10μL 注射器转移到干净的微型玻璃管中，用微弱的氮气流将其浓缩至 2μL，然后进行气相色谱、气相色谱 2 质谱分析或微量化学反应。

2. 溶剂浸泡法提取

选 200 头雌虫（处于交尾高峰期的雌蛾）放入小型高温烘干的尖底玻璃管中，分别加入 200μL 正己烷和二氯甲烷溶剂浸泡，然后把其放入 115mL 的小型离心管中密封。置于 25℃ 的条件下，浸泡时间为 2h 小时后，去除虫体，取上清液。将上清液冷藏密封备用。此方法收集的提取物分别为正己烷浸泡液和二氯甲烷浸泡液。

将刚羽化的雌蛾（未交尾）腹部剪下，去内脏，以 20 只一组放入玻璃容器中，加入二甲苯或二氯甲烷等有机溶剂（以浸没蛾腹为准，不要多加），浸泡 24h 后，用研磨机研磨过滤去渣，滤液即为性信息素粗提物，存入冰箱备用。

3. 草地螟性信息素的化学成分分析

对草地螟雌蛾性信息素的粗提物并通过 GC-MS 进行分析鉴定，发现草地螟雌蛾性信息素腺体中起主要作用的成分包括：E11-14：AC（反 11-十四碳烯醋酸酯），E11-14：AL（反 11-十四烯醛），E11-14：OH（反 11-十四烯醇），14：OH（正十四醇），14：AC（正十四醋酸酯），12：OH（正十二醇）。

第二节　草地螟性信息素粗提物及其活性测定

一、草地螟性信息素的粗提

1. 虫源

用室内饲养的草地螟成虫。即将刚刚羽化的雌蛾与雄蛾分离饲养，防止成虫交尾。

2. 试剂与仪器

试剂：重蒸正己烷，二氯甲烷，二甲苯或二氯甲烷，甲醇。

仪器：解剖仪器，玻璃瓶等。

3. 提取方法

可以采用直接摘取性信息素腺体浸泡于溶剂中浸提。

用重蒸正己烷和二氯甲烷做提取液，可以在室温（25℃）下在玻璃瓶中提取 0.5~2h，转移上清液于另一玻璃瓶中，−20℃下保存备用。

用二甲苯或二氯甲烷，浸泡 24h，去上清液于另一玻璃瓶中，−20℃下保存备用。

用甲醇在 4℃下浸提 20h，上清液于 4℃下封口保存。

也可以用整个虫体的腹部，去除内脏，浸泡后应该进行研磨，提取滤液，不过最好还是直接摘取性信息激素腺体为好减少杂质含量。

二、草地螟性信息素的活性测定

1. 室内风洞测定

（1）自制风洞。规格为（2m ×1m ×1m）为拱门式的透明有机玻璃箱，空气由风速约 0.15 m/s 的电扇吹入风洞内。风洞实验室温控制在（25 ±1）℃，相对湿度控制在 60%~70%。

（2）风洞测试用滤纸片气味源的配制。试验用性信息素化合物以及雌蛾性信息素腺体粗提物提取液的定向行为测定均采用滤纸片作为信息素载体。滤纸片呈底边 1cm、高 1.15cm 的三角形状。试验前先将配制成各种剂量或比例的正己烷溶液或雌蛾腺体提取液滴于滤纸片上，室温下放置 5min，待溶剂挥发后放入风洞内。待测滤纸片用昆虫针插在诱芯支架上，每个诱芯只使用 1 次。

雄蛾定向行为测试：用处于 1~2 日龄暗期的雄蛾。暗期开始前，先将待测雄蛾单头置于的玻璃试管内，塞上棉花备用。试验前将雄蛾移入风洞条件下适应 10~15min。进入暗期 5~6h 开始进行风洞定向行为测定。将被测滤纸片插上昆虫针上并置于封闭小瓶内，带入风洞上风端侧门处，随后取出被测滤纸片，置于诱芯支架上。引入单头雄蛾到释放架上，任其反应 2min。每头雄蛾只使用 1 次。本实验取雄蛾行为反应明确且易观察的环节作为雄蛾对诱芯产生行为反应的判定标准，即按起飞、定向飞行、飞行至风洞 1/2 距离以上（1/2UP）、接近诱芯（10cm 以内）及降落到气味源上等步骤记录。

（3）雌虫测试。取正在求偶的雌蛾，用细线将其腺体及产卵器扎紧（使其长时暴露在外），翅膀反折装入一圆筒纸管中，纸管内径与虫体腹部相当，然后将雌蛾置于风洞上风口，在风洞内上风口处固定一铁丝网罩（既可防止雄蛾爬出风洞，又可为其在诱芯附近降落提供场所），测试雄蛾则置于另一端下风口。当雄蛾被释放适应条件 10min 后，观察并记录下列行为的雄蛾数量：

①静伏不动（在下风口附近爬行片刻后静止不动）。

②定向飞行（沿气迹线逆风飞行，距离达到风洞长度的一半）。

③接近诱芯（雄虫飞至诱芯后，靠近诱芯外的铁丝网罩上下左右来回搜索或降落在铁丝网罩上）。

每测定 5 头雄蛾为一组，重复 10 组，共计 50 次。后将处女雌蛾换成诱芯按上述方法做相同试验。

2. 野外诱捕

将塑料盆用铁丝固定做成三角支架状，盆内加半盆洗衣粉水溶液，把装有滤纸的小笼悬挂盆中，离溶液面 2cm 为宜。制成自制的诱捕器。田间诱捕效果观察，2008—2012 年 5—6 月，在沙尔沁试验场对苜蓿地的草地螟进行了越冬代诱捕试验。共悬挂诱捕器 20 个，间距约 30m。

三、草地螟性信息素的活性测定

1. 雄蛾在风洞中对处女雌蛾及提取物的行为反应

将雄蛾放入风洞后，起初并无反应，约 10min 后，有 4 头开始慢慢向诱芯爬行，再过 5~6min 后随即有 2 头兴奋起来，剧烈振翅，同时急促爬向诱芯，表现出要交配的行为。然后将诱芯拿出约 30min 后，雄蛾兴奋度逐渐减弱，最后静止不动。取出诱芯再放入一只处女雌蛾，继续观察，结果发现 5 头雄蛾相继出现反应，微微振翅并向雌蛾附近爬行，最后其中一只直接爬向雌蛾翘起尾部立即交配，同时发现交尾后的雌虫不再召唤。重复上面的试验两次，结果为 4 头向诱芯爬行，2 头表现出要交配的行为和 5 头兴奋且一头进行交配。结合田间行为观察，雌蛾对雄蛾具有引诱力，这种引诱力仅出现在雌蛾产卵器伸出之后。我们在试验中将提取物与雄蛾之间的距离不断加大，发现随着距离的增加对雄蛾的引诱力减弱。可以推测雌蛾产卵器上分布有性信息素腺体，雄蛾的兴奋行为是受该腺体释放的性信息素的刺激而产生的。

雌蛾提取物引起雄蛾接近诱芯的活性百分率低于处女雌蛾，而无反应和定向飞行的行为却明显高于后者。分析其原因：可能是在浸提过程中有一些高分子杂质被提取出来，致使提取液与雌蛾释放的性信息素成分有所差异。另外也可能是雄蛾在此时需要更多的时间判断前方诱源的强弱和竞争力大小，然后据此做出竞争或借用的决定。

2. 风洞试验测试分析

利用风洞技术在实验室内模拟昆虫的行为反应进行研究和测定，虽然没有田间试验条件那样真实与客观，但比田间观察更为方便。其中最重要的一点是风洞装置是人为模拟田间环境，可以避开环境温度、风速、天气、季节及实验昆虫的发生期等因素的影响，更容易在风洞实验中观察昆虫性信息素的每个成分及其各种组合物对雄虫行为的影响，因此风洞技术已成为昆虫性信息素研究中不可缺少的实验手段。田间试验则对性信息素活性的评价起决定性作用，昆虫性信息素研究的最终目的是提供一种在田间防治害虫的手段。杜家纬（1988）研究发现虽然许多近缘昆虫远距离通信性信息素组分相同，但因为刺激近距离求偶行为性信息素的化合物不同，即使异种昆虫两性已经聚集在一起，也不会发生交尾，甚至有的近缘种雌蛾性信息素组成成分完全相同，只因为各成分间的配比不同，而阻碍了不同种间的交配，从而保证了近缘昆虫的种间生殖隔离。风洞实验结果表明，性信息素组分间的比例对黄斑卷蛾雄蛾的行为反应有明显的影响，以单腺体毛细管色谱分析测定的黄斑卷蛾性信息素三组分自然比例（6：4：1）制成的诱芯引起的雄蛾行为反应百分率最高，这与田间试验时所获得的 E11, 13-14：Ald、E11, 13-14：Ac 和 E11-14：Ac 按 6：4：1 的比例配制的诱芯诱蛾效果最好的结果一致。以此比例配制的诱芯可用于对黄斑卷蛾作虫情测报，并可进一步开展诱捕法、迷向法等应用试验，为用性信息素防治黄斑卷蛾创造了条件。

第三节　人工合成草地螟雌蛾性信息素的初步筛选

经研究鉴定，草地螟雌蛾的性信息素腺体中含有 E11-14：Ac（反 11-十四碳烯醋酸酯），E11-14：Ald（反 11-十四烯醛），E11-14：OH（反 11-十四烯醇）等化学成分。我们拟从人工合成性信息素的二元组分和三元组分的不同比例的组分观察雄虫行为反应中筛选出效果好的组分，为利用草地螟性信息素防治草地螟提供理论依据。

一、雄蛾对人工合成性信息素的行为反应

1. 雄蛾对合成性信息素单组分的行为反应

实验结果表明（表 1）合成性信息素的单一组分中，E11-14：AC 能引起雄蛾产生兴奋、起飞等行为反应，只有个别搜索或达到释放源，但没有雄蛾产生预交尾行为。雄蛾对其他组分不呈现任何行为反应。

表 1　雄蛾对合成性信息素单组分的行为反应　　　　　　　　（%）

组分	兴奋	起飞	搜索或达到释放源	预交
E11-14：AC（A）	80	50	20	0
E11-14：AL（B）	—	—	—	—
E11-14：OH（C）	—	—	—	—
14：OH（D）	—	—	—	—
14：AC（E）	—	—	—	—
12：OH（F）	—	—	—	—

各处理量均为 100μg，"—"表示无反应

2. 雄蛾对四种不同试剂提取的性信息素的行为反应

通过对四种不同药物提取的雌蛾的性腺体实验得出：重蒸正己烷提取性腺体诱蛾效果最佳，其他药物均有不同反应但均低于重蒸正己烷。结果见表 2。

表 2　雄蛾对四种不同药物及提取的性信息素的行为反应　　　　（%）

处理	兴奋	起飞	搜索或达到释放源	预交尾
无水乙醇（C_2H_5OH）	73.3a	20.0bc	13.3a	33.3ab

（续表）

处理	兴奋	起飞	搜索或达到释放源	预交尾
重蒸正己烷（C_6H_{14}）	86.6a	46.6a	13.3a	40.0a
二氯甲烷（CH_4Cl_2）	66.6a	26.6ab	6.6a	26.6ab
丙酮（CH_3COCH_3）	73.3a	20.0bc	0.0a	6.6ab
Ck（清水）	0.0b	0.0c	0.0a	0.0b

不同字母表示 Duncan 新复极差检验相互间差异显著（$P \leq 0.05$），各处理所用剂量均为100μg，下同。
数据处理有问题，是 0 的数据不应进行方差分析，违背方差齐性条件

3. 雄蛾对性信息素二元组分的不同比例组合物和性信息素粗提物的行为反应

性信息素粗提物（以下简称粗提物均采用重蒸正己烷提取）以及二元组分（A+B）、（A+C）、（A+E），不同比例混合物配制成诱芯进行实验（剂量为100μg/诱芯），雄蛾行为反应见表3。

表3　雄蛾对性信息素二元组分不同比例组合物及性信息素粗提物行为反应　　（%）

组分	兴奋	起飞	搜索或达到释放源	预交尾
A：C = 1：1	86.0ab	22.8a	0.4ab	52.1ab
A：C = 1：3	84.8ab	28.1a	0.9ab	54.8ab
A：C = 1：5	76.6ab	5.1b	0.4ab	38.0b
A：C = 1：7	71.8ab	18.4ab	0.0b	37.9b
A：C = 1：9	87.2a	36.6a	2.4a	63.5a
粗提物（20FE）	70.1b	5.7b	0.1ab	35.2b
A：B = 1：1	83.7a	30.4a	3.4a	60.0a
A：B = 1：9	80.3a	23.3a	5.2a	48.0ab
A：B = 1：3	72.5a	15.9a	0.0a	43.2ab
A：B = 1：7	72.5a	23.3a	0.0a	52.0ab
A：B = 1：5	60.4a	27.5a	0.8a	48.0ab
粗提物（20FE）	60.4a	5.2b	0.0a	30.7b
A：E = 1：1	60.0a	29.6a	19.2a	6.4a
A：E = 1：3	60.8a	17.6bc	9.6ab	0.8b
A：E = 1：5	56.8a	27.2ab	18.4a	0.8b

（续表）

组分	兴奋	起飞	搜索或达到释放源	预交尾
A：E＝1：7	45.6b	13.6c	5.6b	1.6b
A：E＝1：9	46.3b	14.2	6.1b	1.9b
粗提物（20FE）	45.8b	17.8bc	5.9b	0.5b

20FE 为 20 个雌蛾性信息素腺体提取物数据统计，每栏相同字母表示 $P<0.5$ 差异不显著还是粗提物以上一组之间各处理差异不显著，需要进行明确说明

由表 3 可以得出，供测试的粗提物及人工合成二元组分的 5 种比例均有不同的行为反应，从反应率来看，各比例百分率均有较高的行为反应，其中 A：C＝1：9、A：B＝1：1、A：E＝1：1 时引起的雄蛾行为反应的百分率最高。分别和各自相同组分不同比例之间均存在显著差异。

4. 雄蛾对性信息素三元组分的不同比例组合物和性信息素粗提物的行为反应

以性信息素粗提物以及三元组分（A+B+D）、（A+C+D）、（A+B+F）、（A+C+F），不同比例混合物配制成诱芯进行实验（剂量为 $100\mu g$/诱芯），雄蛾行为反应见表 4。

表 4　雄蛾对性信息素三组分不同比例组合物及性信息素粗提物的行为反应　（%）

组分	兴奋	起飞	搜索或达到释放源	预交尾
A：B：D＝5：3：12	84.6a	39.9a	37.6a	48.3a
A：B：D＝7：5：15	75.4abcd	25.9ab	24.0a	43.5ab
A：B：D＝1：1：1	75.6abcd	17.9b	8.8b	19.4cd
A：B：D＝1：4：5	69.1bcd	20.8b	8.4b	30.3abc
A：B：D＝3：1：9	62.4cd	19.3b	9.0b	26.9bc
A：B：D＝5：1：10	69.8bcd	19.4b	9.0b	30.6abc
A：B：D＝3：5：15	62.5cd	14.6b	7.9b	34.0abc
A：B：D＝5：3：9	80.6ab	14.0b	6.5b	47.8a
A：B：D＝3：5：9	80.4ab	22.5b	6.0b	30.0abc
A：B：D＝7：1：9	78.4abc	17.5b	4.1b	7.4d
A：B：D＝7：3：9	60.4d	16.0b	2.4b	7.7d
A：B：D＝5：3：15	76.0abcd	20.1b	3.6b	21.3c

（续表）

组分	兴奋	起飞	搜索或达到释放源	预交尾
粗提物（20FE）	65. 4bcd	12. 3b	1. 67b	17. 3cd
A：C：D＝1：1：1	64. 7d	12. 8bc	3. 9a	29. 1b
A：C：D＝1：4：5	72. 0bcd	11. 7bc	1. 5ab	52. 6a
A：C：D＝3：1：9	90. 9a	20. 6abc	1. 59ab	54. 9a
A：C：D＝3：5：9	90. 82a	19. 5abc	2. 4ab	53. 6a
A：C：D＝7：5：15	85. 9abc	25. 5abc	3. 3ab	38. 0ab
A：C：D＝7：3：9	90. 1ab	20. 5abc	0. 3ab	54. 9a
A：C：D＝7：1：9	87. 0abc	25. 9ab	0. 1ab	43. 8ab
A：C：D＝5：3：15	90. 1ab	7. 4c	0. 0b	39. 6ab
A：C：D＝5：3：12	85. 9abc	20. 7abc	1. 9ab	44. 6ab
A：C：D＝5：3：9	81. 9abcd	13. 9bc	2. 8ab	50. 7a
A：C：D＝3：5：15	90. 9a	30. 8ab	2. 4ab	52. 51a
A：C：D＝5：1：10	94. 1a	38. 9a	4. 5a	56. 3a
粗提物（20FE）	78. 5abcd	20. 5abc	0. 7ab	44. 3ab
A：B：F＝1：1：1	80. 4cd	16. 0ab	9. 0ab	49. 6bcd
A：B：F＝1：4：5	81. 5bcd	26. 9ab	6. 7ab	49. 1bcd
A：B：F＝3：1：9	82. 6bcd	9. 9b	9. 1ab	43. 7cd
A：B：F＝3：5：9	89. 9abcd	26. 0ab	6. 7ab	49. 5bcd
A：B：F＝3：5：15	88. 2abcd	24. 4ab	4. 6ab	54. 9abc
A：B：F＝5：1：10	92. 5abc	16. 2ab	4. 6ab	67. 3a
A：B：F＝5：3：9	85. 9bcd	14. 7b	5. 9ab	49. 2bcd
A：B：F＝5：3：12	85. 0bcd	11. b	5. 2ab	42. 3cd
A：B：F＝5：3：15	94. 8ab	11. 9b	7. 46ab	66. 1ab
A：B：F＝7：1：9	97. 2a	34. 9a	13. 1a	68. 8a
A：B：F＝7：5：15	74. 3d	9. 1b	1. 5b	54. 9abc
A：B：F＝7：3：9	84. 9bcd	12. 8b	6. 7ab	56. 2abc
粗提物（20FE）	77. 2d	13. 7b	11. 9a	36. 7d
A：C：F＝5：3：9	76. 9bcd	8. 1ab	0. 1ab	35. 2abc
A：C：F＝5：1：10	87. 2ab	1. 5b	0. 9ab	36. 5ab

（续表）

组分	兴奋	起飞	搜索或达到释放源	预交尾
A：C：F＝3：5：15	93.4a	18.2a	1.5a	47.9a
A：C：F＝3：5：9	71.7bcd	12.9ab	0.4ab	14.1d
A：C：F＝3：1：9	73.2bcd	7.4ab	0.0b	30.1bc
A：C：F＝1：4：5	70.3bcd	9.9ab	0.9ab	28.5bc
A：C：F＝1：1：1	79.1bcd	6.7ab	0.0b	27.5bc
A：C：F＝7：1：9	67.5cd	2.3b	0.0b	22.3cd
A：C：F＝7：5：15	76.8bcd	4.4ab	0.1ab	25.8bc
A：C：F＝5：3：15	60.4d	3.4b	0.1ab	29.9bc
A：C：F＝7：3：9	76.8bcd	4.5ab	0.0b	45.0a
A：C：F＝5：3：12	81.5abc	3.9ab	0.8ab	47.9a
粗提物（20FE）	63.1cd	10.2ab	0.0b	27.1bc

由表可以得出，供测试的粗提物及人工合成三元组分的 12 种比例均有不同的行为反应，从反应率来看各比例百分率不同，均有较高的行为反应，其中 A：B：D＝5：3：12、A：C：D＝5：1：10、A：B：F＝7：1：9、A：C：F＝3：5：15 时引起的雄蛾行为反应百分率都比较高，效果较好。分别和各自相同组分不同比例之间均存在显著差异。

5. 从上述二元和三元组分中筛选出的结果

从上述二元和三元组分中筛选出的较好比例组分进行进一步试验，进一步筛选出二元和三元组分中各自最佳的组分，见表 5 和表 6。

表 5　雄蛾对性信息素二元组分不同组合物及性信息素粗提物的行为反应　　（％）

处理	兴奋	起飞	搜索或达到释放源	预交尾
A：C＝1：9	73.7b	33.3a	7.0ab	56.7a
A：B＝1：1	80.9a	33.7a	7.3a	59.3a
A：E＝1：1	72.0b	31.7a	4.4ab	56.0a
粗提物（20FE）	61.7c	15.0b	1.7b	13.3b

表 6　雄蛾对性信息素三元组分不同组合物及性信息素粗提物的行为反应　　（%）

处理	兴奋	起飞	搜索或达到释放源	预交尾
A：B：D＝5：3：12	97.7a	66.7a	63.3a	91.6a
A：C：D＝5：1：10	87.0ab	46.7ab	53.3b	75.0ab
A：B：F＝7：1：9	85.0b	38.3b	41.6c	66.8b
A：C：F＝3：5：15	81.7b	36.6b	35.0c	65.3b
粗提物（20FE）	60.0c	15.0c	6.6d	40.0c

由表 5 和表 6 可以得出，A：B＝1：1、A：B：D＝5：3：12 这两个配比的四项指标都明显高于其他配比，它们之间存在显著性差异，因此得出这两种合成的性信息素比例效果最佳。

二、田间试验

利用筛选出的二元和三元组分进行田间试验，具体如下。

田间试验分两次进行：第一次在 6 月 4 日—6 月 14 日，第二次在 8 月 21 日—9 月 9 日。

用筛选出的最优的二元组分 E11-14：AC：14：AC ＝1：1 和最优的三元组分 E11-14：AC：E11-14：AL：14：OH ＝5：3：12，分别按照 100μL/个橡胶塞制成诱芯，进行诱蛾试验。以日平均诱蛾量为指标观察分析。

试验地点均选在沙尔沁试验场苜蓿试验田。结果见图 1 和图 2。

由图 1 和图 2 可以看出，6 月和 8—9 月各出现一次诱蛾高峰期，6 月出现在 6 月 10 日；8 月出现在 8 月 26 日，而这两次高峰的出现均处在草地螟越冬代和第二代成虫盛发期与之吻合。

无论是二元组分还是三元组分，诱蛾效果均很明显，但从图中数据分析和表现，三元组分总体高于二元组分。二元组分在 6 月和 8—9 月的两次诱蛾高峰日的日平均诱蛾量为 25 头，而三元组分在 6 月和 8—9 月的两次诱蛾高峰日的日均诱蛾量分别达到 30 头和 39 头。

因此，从两次田间诱蛾试验中可以得出三元组分的诱芯诱蛾效果优于二元组分，为最佳组分。

草地螟雌蛾分泌的性信息素的几种成分中，E11-14：AC 为"性信息素的主要活性成分"单独使用时能刺激雄蛾产生兴奋、起飞、定向飞行等行为反应。E11-14：AL、E11-14：OH、14：OH 等为"次要活性成分"，本身均不能刺激

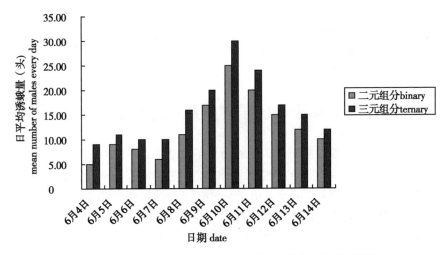

图1　6月份性信息素二元及三元组分组合物的田间诱蛾活性

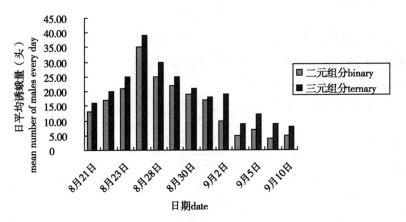

图2　8—9月性信息素二元及三元组分组合物的田间诱蛾活性

雄蛾产生行为反应。

（1）单组分中只有E11-14：AC对雄蛾有吸引性，其他单组分没有吸引性。

（2）二元和三元组分之间的比例对草地螟雄蛾的行为反应有明显的影响，诱导雄蛾产生到达释放源、搜索释放源、预交尾行为的百分率明显提高。

（3）二元组分中：E11-14：AC：E11-14：AL=1：1（A：B＝1：1）效果最佳，三元组分组分中：E11-14：AC：E11-14：AL：14：OH＝5：3：12（A：

B：D＝5：3：12）效果最佳。最后从田间诱蛾试验的筛选中我们得出三元组分的诱蛾效果优于二元组分。

研究草地螟性信息素为利用信息素防治草地螟以及虫情预报提供了依据，也为进一步开展诱捕、迷向等应用试验创造了条件。

第四节　草地螟雄蛾触角对雌蛾性信息素的 EAG 反应

昆虫利用性信息素寻找配偶，而触角是昆虫感受这些气味物质的主要嗅觉器官。在快速检测触角对气味的反应活性和敏感性方面已有学者进行研究。EAG 技术自 Schneider 于 1957 年问世，由于它具有很高的敏感性和选择性，被广泛地应用于昆虫嗅觉研究中，成为昆虫信息素及其他挥发性信息化合物生物测定非常得力的工具之一。我们应用 EAG 技术，测定了草地螟雄蛾对 6 种雌蛾性信息素组分及其混合物的触角电位反应。

一、方法

1. 试虫与饲养

供试虫源采自河北康保，草地螟虫茧在室内羽化后，喂以 10% 的葡萄糖，挑选 3 日龄雄蛾作为 EAG 生测用虫。

2. 气味化合物及诱芯制备

表7　标准化合物的来源

标识符	草地螟雌蛾 性信息素组分	纯度（%）	来源
A	反 11-十四碳烯醋酸酯 （E11-14：AC）	98	Sigma Resources and Technologies, Inc
B	反 11-十四烯醛 （E11-14：AL）	96	实验室合成
C	正十四醋酸酯 （14：AC）	98	Sigma Resources and Technologies, Inc
D	正十四醇 （14：OH）	98	Sigma Resources and Technologies, Inc
E	反 11-十四烯醇 （E11-14：OH）	96	实验室合成
F	正十二醇 （12：OH）	98	Sigma Resources and Technologies, Inc

配制溶液时，先以重蒸正己烷配成 1μg/μL 的母液，然后以同一溶剂稀释成 0.1μg/μL。性信息素腺体粗提物是取 1~2 日龄的处女雌蛾，用手术剪从腹部末端 8~9 节的节间膜处剪下，将提取物转移到装有二次重蒸正己烷冷冻管内（每管 20 头雌蛾腺体）浸泡 2h，然后保存在−20℃ 低温冰箱内备用。

诱芯载体为天然橡胶塞（15mm×10mm），经过脱硫清洗备用。

每次实验前将相应计量及比例的溶液滴加到橡胶塞载体上，干燥后密封于塑料袋内，低温保存备用。

EAG 生测中所用的性信息素含量均为 0.1μg/μL。

3. 触角电位试验

触角电位仪由荷兰 SYNTECH 公司生产，包括微动操作台（SYNTECHMP-15）、刺激控制器（SYNTECH CS-55）、数据采集系统（SYNTECH IDAC-232）。连续气体流量 200mL/min，刺激气体流量 100mL/min，刺激时间 0.3s，刺激间隔 45s。

试验前将雄蛾触角用眼科手术剪从根部剪下，用单面刀片剪去触角末端一小节，用玻璃电极吸取适量 Kaissling 溶液后蘸取触角一端，然后小心滑动使触角进入玻璃电极顶端，然后将玻璃电极插入电极固定器上，观察显示屏，直到基线平稳，表明触角反应良好，可以开始试验。将长条形滤纸（0.5 cm×2.5 cm）纵向对折，部分插入巴斯德管的宽口端，然后将待测化合物滴于滤纸上，挥发 30s 后将其完全推入，进行 EAG 反应。

以上各试验中，每个处理中滴入滤纸的信息素用量均为 30 μL，每个处理在同一根触角上重复测试 3 次，连续测试 6 根触角。

二、草地螟雄蛾对雌蛾性信息素的 EAG 反应

1. 各组分及其混合物的 EAG 反应

草地螟雄蛾对雌蛾性信息素各组分及其混合物的 EAG 反应生测结果见图 3。被测各单一组分及混合物的用量均为 0.3μg，混合物中各组分的重量比为 1∶1。

图 3 中结果所示：

单一组分中，A 组分的反应值最高，显著高于其他 3 个组分以及空气、正己烷的 EAG 值；其次是 B、D、E 组分，再次是 C、F 组分。

二元混合物中，AB 的反应值最高，其次是 AD 和 AE 混合物，显著高于其他 3 个二元混合物；其他 3 个二元混合物间没有显著的差异。

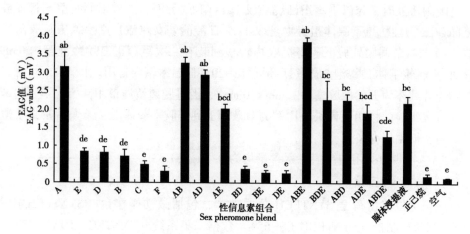

图3　草地螟雄蛾对雌蛾性信息素组分的 EAG 反应

三元混合 ABE 显著高于其他3个三元混合物，也明显高于四元混合物。

综合来看，所有测试性信息素组分及其混合物中，单一组分 A、二元组分 AB 和 AD，以及三元组分 ABE 均产生较大的 EAG 反应；二元组分 AE 和 3 个三元组分居中，都显著大于正己烷和空气对照，且与 10 头雌蛾腺体浸提液的 EAG 值没有显著差异；其他单一组分、二元组分及四元组分 EAG 值较低。

2. 混合物 ABE 不同比例的 EAG 反应

根据性信息素各单一组分及其混合物的 EAG 反应生测结果，选取三元混合物 ABE 进行不同比例的 EAG 反应生测。ABE 三元混合物的比例（A：B：E）设 1：1：1、1：4：5、3：1：9、3：5：9、3：5：15、5：1：10、5：3：9、5：3：12、5：3：15、7：1：9共10个处理。测试结果见图4。

图4结果所示：在 ABC 不同比例的三元混合物中，以 5：3：9 和 5：3：12 比例的混合物所产生的 EAG 反应最为强烈，其 EAG 值显著高于其他 8 种比例的三元混合物，除 5：3：9 和 5：3：12 以外的 8 种比例的混合物中，EAG 值没有显著差异。

3. ABE 最佳比例的剂量反应

选 5：3：12 比例的 ABE 三元混合物进行剂量反应实验，测定结果（图5）。

结果表明：当使用剂量在 $0.000\,1 \sim 0.01 \mu g/\mu L$ 时，其 EAG 值没有显著性差异，当使用剂量在 $0.01 \sim 0.1 \mu g/\mu L$ 时，EAG 值没有显著性差异，当剂量从 $0.1 \mu g/\mu L$ 增加到 $1 \mu g/\mu L$ 时，EAG 值随剂量的增加呈快速上升趋势，并达到显

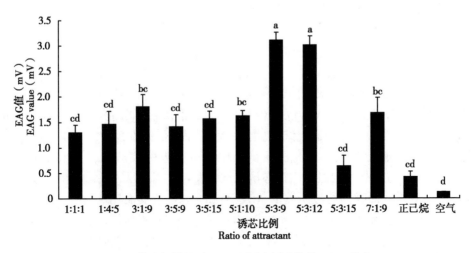

图 4　草地螟雄蛾对 ABE 不同比例诱芯的 EAG 反应

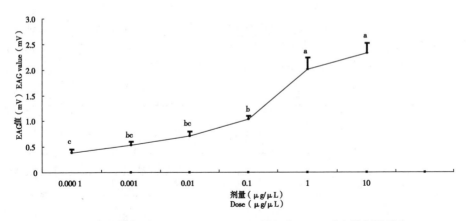

图 5　雄蛾触角对 ABE （5∶3∶12） 三元组分 EAG 反应的剂量反应

著水平，此后随剂量的增加 EAG 反应增加的程度缓慢，不再有显著的增加。

三、草地螟各性信息素组分的 EAG 反应

研究表明，草地螟雌蛾的 6 种性信息素组分 （A） E11-14∶AC、（B） E11-14∶AL、（C） 14∶AC 、（D） 14∶OH 、（E） E11-14∶OH、（F） 12∶OH 都可引起同种雄蛾的触角反应，单一组分 A、二元组分 AB 和 AD，以及三元组分 ABE 均产生较大的 EAG 反应，都显著高于正己烷和空气对照，且与 10 头雌蛾腺

体浸提液的 EAG 值没有显著差异。说明草地螟雄蛾触角上具有 A、B、D、E 四种化合物的感受细胞。

单一组分中 A 的 EAG 显著高于其他单一组分，而且与 20 头雌蛾腺体浸提液相比，前者约是后者的 1.5 倍。这与刘爱萍等的室内风洞试验结果吻合，他们发现只有单一组分 A 能引起雄蛾产生兴奋、起飞等行为反应，其他单一组分不呈现任何行为反应，说明 A 是草地螟雌蛾性信息素中主要功能组分，这与 Dean L. Struble 等（1977）人的研究结果完全一致，而且他们发现 E11-14：AC 对草地螟雄蛾不具有专一性，田间诱集试验中还可以吸引欧洲玉米螟和 *Platynota idaeusalis*。此外，他们通过室内诱芯诱集试验发现，当向 A 中添加 D、E 会增强 A 的吸引效果，而我们通过所测的 AD、AE 的 EAG 值反而比 A 小，只有 AB 的 EAG 值大于 A。原因可能是 Dean L. Struble 等（1977）人所用试验用虫属于北美种群，与我们使用的地里种群不同，另外，我们选择 D、E 添加到 A 中的比例与他们不同，当比例不合适时，即使微量也会起到抑制作用。

董双林和杜家伟（2001）在测定甜菜夜蛾雄蛾触角对雌蛾性信息素的 EAG 反应试验中发现，高引诱活性的混合物必然能产生较高 EAG 的反应 如 Z9，E12-14：Ac、Z9-14：OH 和 Z9，E12-14：Ac、Z9，E12-14：OH 具有较强的雄蛾引诱活性，同时引起的 EAG 值显著高于其他二元混合物，但能引起 EAG 反应的化合物或混合物并不一定就具有引诱活性，如含有 Z9-14Ac 组分的二元混合物并不具有雄蛾引诱活性。结合本实验，对于草地螟雌蛾性信息素单一组分来说，高引诱活性的化合物必然能产生较高 EAG 反应，而且能引起 EAG 反应的化合物也具有引诱活性。而对于多元组分 AB、AD、AE、ABE、BDE、ABD、ADE 能引起较高 EAG 值，且显著高于正己烷和空气对照，因此下一试验需要根据本实验多元组分的不同组合进行风洞行为生测和田间诱集试验，以确定是否具有高引诱活性的混合物是否产生高 EAG 值。但至少从理论上来讲，EAG 反应测定的是触角上许多气味受体细胞产生的电位总和，其数值大小只反映某一化合物所活化的感器受体数目的相对多少，而并不能以此断定该组分行为活性的大小（Howes 等，1998）。因此，对于草地螟性信息素的活性鉴定，EAG 技术可以作为简单有效的初选手段，我们将会结合风洞行为和田间试验，进一步获得活性化合物更全面的信息和确定性的结论。

四、ABE 最佳比例的剂量反应

当剂量 0.1μg/μL 增加到 1μg/μL 时，EAG 值随剂量的增加呈快速上升趋势，并达到显著水平，此后，随剂量的增加 EAG 反应增加的程度缓慢，不再有显著的增加。所以在测定草地螟性信息素三元组分 ABE 对雄蛾触角的 EAG 反应时，使用的剂量应在 $1\sim100\mu g/\mu L$，这样 EAG 波峰即明显易于观察，又不至于浪费过多的药品。鲁玉杰和张孝羲（2004）测定了棉铃虫雄蛾对雌蛾性信息素主要组分 Z11-16：Ald 及 Z9-16：Ald（质量比 97：3）混合物的触角电位反应，将 $40\mu g/\mu L$ 作为雄蛾触角电位反应的最佳剂量。董双林和杜家伟（2001）发现在 AB 混合物使用剂量在 $4\mu g/\mu L$ 时，EAG 值明显增大，之后随浓度增加，EAG 值没有显著差异。从中我们可以看出，一般测定蛾类触角电位反应时，混合物的浓度可以控制在 $10\mu g/\mu L$ 左右。因此，结合前人的田间诱集和风洞生测试验，测定具有高引诱活性的混合物的 EAG 值，同时根据本实验具有高 EAG 值的组分，进行室内风洞生测和田间诱集试验，进一步了解草地螟雌蛾性诱剂的作用规律，为田间大面积应用提供科学依据。

第五节　草地螟性信息素合成与利用

利用信息素防治害虫是近些年发展起来的一种治虫新技术。由于它具有高效、无毒、不伤害益虫、不污染环境等优点，国内外对这一新技术的研究和应用都很重视。用人工合成的性信息素或类似物防治害虫时，通常叫昆虫性引诱剂，简称性诱剂。

性诱剂在害虫防治上的主要用途是监测虫情，作虫情测报。由于它具有灵敏度高，准确性好，使用简便，费用低廉等优点正在获得越来越广泛地应用。

性诱剂可以准确的虫情测报有利于合理使用农药，降低生产成本，也有利于减少环境污染，保障人民健康。

性诱剂测报法以诱捕器作虫情监测工具。诱捕器由诱芯和捕虫器两部分组成。诱芯即性诱剂的载体。含有人工合成昆虫性诱剂的小橡胶塞、硅胶片或聚乙烯塑料管等诱芯的活性好，效力高、使用方便等特点，被广泛应用于害虫的测报和防治中。例如，一个含有 0.2mg 梨小食心虫性诱剂的小橡胶塞诱芯，一天可以诱杀几十头，甚至上百头雄蛾，可以连续使用三个月以上。本节重点探讨草地螟性诱剂的合成与应用。

一、草地螟性诱剂的合成

经过对草地螟性信息素粗提物的提取分析，草地螟性信息素的主要成分是：

E 11- 14：AC 反 11-十四碳烯醋酸酯、E11-14：OH 反 11-十四烯醛 、E11-14：AL 反 11-十四烯醇、14：OH 正十四醇、14：AC 正十四醋酸酯和 12：OH 正十二醇。

利用人工合成方法合成这些化合物，称之为性诱剂。刘爱萍等利用人工合成的性诱剂及草地螟性信息素粗提物对草地螟雄虫行为反应筛选出不同组分性诱剂的最佳配比。按照优选出性诱剂组分合成适合田间诱捕的性诱剂。

二、田间筛选与诱蛾活性试验

1. 田间筛选

选用人工合成的反 11-十四碳烯醋酸酯，反 11-14 烯醇、反 11-十四烯醛、正十四醋酸酯 、正十二醋酸酯、12 醇、14 醇等七种化合物配制了 117 种配方与比例，制作诱芯，进行田间测试，筛选结果如表 8 所示。

① 第一次田间放诱芯时间 6 月 23 日，12d 后统计结果如表 8 所示。

表 8 草地螟筛选较好的性诱组分

编号	性诱总量	最高量	最低量	平均量（日均）
A：E=1：1	37	9	0	3.0
A：B：D=5：3：12	28	11	0	2.3
A：C：D=5：3：12	27	12	0	2.3
A	24	7	0	2.0
A：B：D=1：1：1	16	4	0	1.3
A：E=9：1	13	2	0	1.0

②第二次田间放诱芯时间 7 月 15 日，15d 后统计结果如表 9 所示。

表 9 草地螟筛选较好的性诱组分

编号	性诱总量	最高量	最低量	平均量（日均）
A：B：D=5：3：12	35	19	0	2.3
A：E=1：1	32	18	0	2.1
A：C：D=5：3：12	19	13	0	1.2
A	12	10	0	0.8
A：B：E=1：1：1	9	7	0	0.6
A：E=9：1	7	5	0	0.4

③ 第三次田间生测放诱蕊时间 8 月 1—15 日，筛选较好的性诱组分如表 10 所示。

表 10　草地螟筛选较好的性诱组分

编号	性诱总量	最高量	最低量	平均量（日均）
A：B：D＝5：3：12	39	17	0	2.6
A：E＝1：1	28	18	0	1.9
A：C：D＝5：3：12	21	15	0	1.4
A	17	11	0	1.1
A：B：E＝1：1：1	11	9	0	0.7
A：E＝9：1	9	5	0	0.6

三次不同时间放诱芯田间测试结果表明：反-11-十四碳烯醋酸酯：反-11-十四烯醛：正十四醇 A：B：D ＝5：3：12 和反-11-十四碳烯醋酸酯：正十四醋酸酯 A：E＝ 1：1 的性诱总量和日平均诱蛾量最高。

筛选较好的性诱组分为：二元组分反 11-十四碳烯醋酸酯+正十四醋酸酯 A：E＝1：1 效果最好。三元组分反 11-十四碳烯醋酸酯+反 11-十四烯醛+正十四醇适宜范围是：A：B：D＝5：3：12 效果最好。

以上是筛选的最好效果二元组分和三元组分。

2. 三元组分的性诱剂与黑光灯比较

三元组分的性诱剂与黑光灯相比，草地螟用人工合成的性诱剂诱蛾在 5 下旬就可以诱到草地螟成虫 2 头，黑光灯诱只能在 6 月中旬诱到。性诱剂在 6 月中旬达到诱蛾高峰最多日诱蛾量达 37 头，而黑光灯诱蛾量也达高峰值最多诱蛾量达 7 头。8 月中旬性诱剂诱蛾量为 6 头，而黑光灯是 3 头，8 月下旬性诱剂诱蛾量每日最高诱蛾量 31 头，而黑光灯已诱不到蛾子。两者有相似的诱蛾峰期，但诱蛾早于黑光灯，且诱蛾量高出黑光灯 5.2 倍。见图 6。

通过对草地螟用人工合成的性诱剂诱蛾与黑光灯诱蛾比较，性诱剂能较准确反映草场上草地螟发生消长情况，在无电源牧区使用本办法则更显示出其优越性，在电源的人工草场使用，尚可节省电能与电线等设备条件。

利用草地螟性诱剂诱捕器对评价有害种群的活动和迁飞就尤为重要，既可降低劳动强度，提高草地螟数量统计的标准性，预测大发生，判定经济上有害的临界点，又能直接减少后代数量。所以，对测报和指导防治更有准确、方便、有效

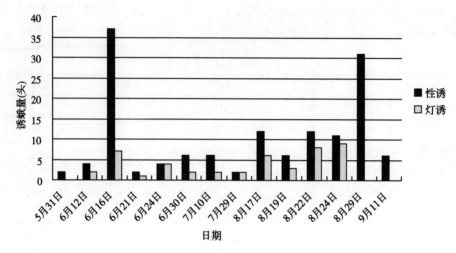

图6 三元组分与黑光灯对比实验

的经济意义与大的经济效益。

三、利用人工性信息素田间诱捕方法

在田间利用草地螟性诱剂诱捕草地螟雄虫，采用水盆法诱捕器，如图7。这种诱捕器制作简单，成本低廉，实用性强。

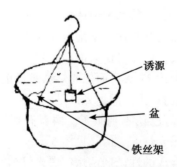

图7 自制水盆法诱捕器

水盆诱捕器的制作：选择直径 20~25cm、深度 10~15cm 塑料盆制作诱捕盆，在塑料盆的边上等距离钻三个小孔，用细铁丝相联于中点和诱芯罩顶端相接，固定在高度可调整的三脚架上。盆内盛 0.1%~0.3% 的洗衣粉溶液，诱芯高出水面

1~2cm。水盆放置在诱捕地的各种杂草中进行诱捕。

放置时，水盆略高于杂草，每个水盆诱捕器保持不小于30m的距离，保证诱捕的效果。诱芯用细铁丝横穿并与白塑料（喝水纸杯）做成的诱芯罩在中点用细铁丝相连复盖诱芯，防止日晒雨淋减低诱效。

支持水盆的三脚架要制成高度可调的活动三脚架，以便于调整水盆的高度，水盆的高度始终要高于杂草的高度。

诱芯在越冬代草地螟蛾始发期之前放出，直到末代蛾在田间绝迹为止，一只诱芯可使用草地螟的一个世代，不必每天放出与收回。但如果每月能更新一次诱芯，诱捕效果更好。

四、草地螟性诱剂的应用前景

（1）人工合成性诱剂的结构简单，合成方便，便于推广。

（2）使用剂量极微，可把害虫诱集在很小的范围内予以处理。

（3）制剂不一定接触土壤和作物，即使接触也很快被生物降解，不污染环境。

（4）作用具高度专属性，不误伤其他有益生物。

（5）不产生抗性，并在降低繁殖力的同时降低其种群数量，从而取得综合纺治效果。

（6）利用人工合成的性诱剂进行测报，在无电源牧区使用，具有安全、有效、简便的特点，在降低下代种群数量和为害方面亦取得明显的生防与生态效果，均不受时间和昼夜节律的天然雌蛾性激素释放期的限制，只要有草地螟雌蛾的性诱物存在，雄蛾就被激起飞向性诱源企图交尾，这些现象，常在每晨9：00—10：00观测记载时见到，因此，挂在田间捕捉雄蛾优于单独用黑光灯诱蛾效果好。

五、经济效益与生态效益

性诱剂的提取合成利用，揭示草地螟治理的基本理论，是提高生态、社会和经济效益的依据。

利用性诱剂从整体的生态效益和经济效益考虑，不是见虫就治，而是在准确的预测预报基础上设防，进行科学管理，使之控制在为害水平之下或经济阈值之下。防治以点片发生，抓点保面，防止蔓延，经济地控制在造成为害水平之前，获取最大的经济效益与生态效益。

目前，害虫的防治仍是首先考虑的是化学药剂。但如果能从根本上准确指导测报，采取安全、有效、简便、经济的综合防治技术，进行适时的治理，将害虫控制在经济阈值之下，必然会给农牧业生产带来巨大的经济和社会效益。

第五章　寄生性天敌的研究与应用

　　草地螟生物防治技术的关键是草地螟天敌昆虫的调查采集、优势天敌昆虫的筛选、室内外扩繁及田间释放、防治效果观察、天敌资源的保护与利用。本章将重点介绍主要草地螟寄生性天敌昆虫的相关内容。

　　20世纪初，在世界各地寄生蝇就用于生物防治来还控制各种害虫，寄生蝇是天敌昆虫中寄生能力最强，活动能力最大，寄主种类最繁杂，分布最广泛的类群，在很大情况下，抑制害虫的大量发生，使之不造成危害，但是我国对于寄生蝇的研究还比较薄弱。寄生蝇（Tachinid fly）属于双翅目（Diptera），寄蝇科（Exoristidae），目前全世界记载的寄生蝇约10 000种，而实际数量可能远远不只这些，截至2009年在中国大陆地区记录的寄生蝇就高达1 040种，这足以看出我国具有丰富的寄生蝇资源。寄生蝇对寄主的寄生情况与寄生蜂不同，寄生蜂具有原始的针刺，可以将已孵化的幼虫直接产于寄主体内，从起步就为后代的存活打下良好基础，寄生蝇没有针状的产卵器，无法将卵产在寄主体内，而是将卵产在寄主的表面或者是寄主周围，所以为了保证其种群的延续性，绝大多数的寄生蝇都具有广泛的寄主。现在已有研究表明，影响寄生蝇对寄主选择的因素主要有7种，主要包括寄主的运动情况、寄主的群集程度、寄主表皮的物理因素、寄主虫体大小及龄期、信息化合物及寄生蝇的学习能力和寄主植物环境因子等。

　　在寄生蝇庞大的种群中，因伞裙追寄蝇具有寄主种类多，寄生率高，分布广泛的特点，而被国内外昆虫学家广泛关注。研究人员通过野外寄生情况的调查以及结合室内试验的开展，对伞裙追寄蝇的研究进入一个新的阶段。

第一节　草地螟寄生性天敌的种类及寄生方式

　　草地螟的寄生性天敌主要有寄生蝇和寄生蜂两大类。寄生蝇对草地螟幼虫的寄生率要高于寄生蜂，对寄主种群起到主要控制作用，寄生蜂是草地螟又一大类天敌，对草地螟幼虫的寄生率也很高。

一、草地螟寄生蝇的种类及寄生方式

1. 草地螟寄生蝇的种类

草地螟的寄生蝇种类丰富，在草地螟主要发生和为害的地区都有分布，其寄生方式多样，寄主范围广，很多种类为多主寄生。根据文献记载，目前已报道的有 22 个种，加上课题组自 2008 年以来采集到的种类，经沈阳师范大学张春田教授鉴定，增加了 5 种草地螟寄蝇种类（其中一种未鉴定到种），目前总计有 27 种。具体的草地螟寄蝇种类、分布及其他寄主统计如下。

在已知的这 27 种草地螟寄蝇种类大部分都分布在我国的东北、华北地区，这与草地螟大发生的区域相吻合，但各个地方的优势种群都大不相同。在上述众多草地螟寄生蝇中，对草地螟种群起主要调控作用的寄蝇种类主要包括伞群追寄蝇（Exorista civilis）、双斑截尾寄蝇（Nemorilla maculosa）、黑袍卷须寄蝇（Clemelis pullata）和草地追寄蝇（E. pratensis）等。其中以伞群追寄蝇为优势种，占寄蝇的 62.46%，其群居、外寄生，广泛寄生鳞翅目害虫，包括螟蛾科的草地螟、玉米螟以及夜蛾科中的黏虫、地老虎、美国白蛾，毒蛾科中的舞毒蛾等。雌蝇将大型卵产在寄主体表，幼虫孵化后即进入寄主体腔内发育，最终杀死寄主。

2. 草地螟寄生蝇的寄生方式

寄生物和寄主幼虫的长期协同进化和相互适应形成了多种寄生方式，这确保了寄蝇对草地螟幼虫的高寄生率，从而对控制草地螟的种群数量起很大作用，同时也为草地螟寄蝇的人工繁殖释放奠定了科学基础。

草地螟寄生蝇按其幼虫侵入寄主幼虫体腔的特点形成 4 种寄生方式，既卵胎生型 Ovolarvipar，大卵生型 Macroovipar，微卵生型 Microovipar、蛆生型 Larvipar。

表 1 草地螟寄蝇的寄生方式及其特征

寄生方式	寄生特征	代表种类	主要参考文献
大卵生型 Macroovipar	胚胎尚未发育完全就被产于寄主体表，经胚胎发育幼虫孵化后，用口咽器凿开寄主表皮，钻入寄主体腔，此类寄生蝇卵很大，肉眼可见，卵期较长，适合寄生末龄初期的鳞翅目类幼虫。	伞裙追寄蝇 Exorista civilis Rond.，乡间追寄蝇 Exorista rustica Fall.，草地追寄蝇 Exorista pratensis R.-D.，双斑截尾寄蝇 Nemorilla maculosa Meig.，松毛虫小盾寄蝇 Nemosturmia amoena Meig.	Mikhal'tsov 等，1980；赵建铭 等，1980；刘银忠 等，1998；赵建铭，1964

（续表）

寄生方式	寄生特征	代表种类	主要参考文献
卵胎生型 Ovolarvipar	将胚胎已发育成熟的卵产于寄主体表，之后立即孵化进入体腔。卵大型，白色	松毛虫狭颊寄蝇 *Carcelia rasella* Baranoff，常怯寄蝇 *Phryxe vulgaris* Fallen	刘银忠等，1998；赵洪有等，1989；徐延熙等，2006
微卵生型 Microovipar	将已完成胚胎发育的卵产于寄主植物上，此类寄蝇卵小而坚硬，自然状态下不能孵化，必须在寄主取食的同时被吞食，借助胃液而孵化，孵化后的幼虫穿过消化道至寄主体腔	黑袍卷须寄蝇 *Clemelis pullata* Meig.，横带截尾寄蝇 *Nemorilla floralis* Fall.，蓝黑柠寄蝇 *Pales pavida* Meig.，黑条帕寄蝇 *Palesisa nudioculla* Vill.	Rodendorf，1935；赵建铭等，1980；刘银忠等，1998；Mikhal'tsov等，1980；Tilley，1998
蚴生型 （伪胎生型） Larvipar	此类寄蝇是将幼蛆产于寄主食物或其活动场所，当寄主与其接触时，幼蛆便附着在寄主体壁上，然后穿透表皮进入体腔	玉米螟厉寄蝇 *Lydella grisecens* R. – D.	刘银忠等，1998；赵建铭等，1980；刘自然，1990；郭金莲等，1993

二、草地螟寄生蜂的种类及寄生方式

在草地螟寄生性天敌中，寄生蜂种类最多，国内已报道的草地螟寄生蜂有20种，主要有姬蜂科和茧蜂科。内蒙古地区主要优势寄生蜂有草地螟阿格姬蜂、怒茧蜂亚科、弯尾姬蜂、绿眼赛茧蜂，其中草地螟阿格姬蜂优势度最高为0.25；从各龄期寄生率来看，3龄寄主寄生率最高可达90%；对部分草地螟寄生蜂生物学特性作了简单描述，如弯尾姬蜂 *Diadegma* sp 最适寄主龄期为2龄，寄生率最高可达32%；瘦怒茧蜂 *Orgilus ischnus* 寄生方式为单寄生，雌雄蜂羽化24h后开始交配，交配时间为1~2s，最适寄主幼虫龄期为1龄，田间寄生率最高可达17%；盘绒茧蜂 *Cotesia* sp. 寄生方式为多寄生，最适寄主幼虫龄期为2龄；绿眼赛茧蜂 *Zele chlorophthalmus* 最适寄主龄期为3龄，寄生率最高可达25%。

国外有关草地螟寄生蜂生物学特性的报道较多，如草地螟幼虫寄生蜂 *Cryptus inornatus* Pratt 种群数量在夏季最高，主要寄生二代草地螟幼虫，雄蜂比雌蜂羽化早约1d，卵多产在幼虫表皮，23℃下，1~2d孵化，蛹期5~6d（Ullyett等，1949）；田间应用生物防治草地螟技术较为成熟的是赤眼蜂 *Trichogramma*，赤眼蜂是草地螟卵寄生蜂，国外对其释放方法、防治效果做了较多研究。Banit（1980）等在前苏联西部地区甜菜地和牧场中释放暗黑赤眼蜂 *Trichogramma euproctidis* Gir，其寄生率达到72%。Shurovenkov（1981）研究发现，繁殖暗黑赤眼蜂，以麦蛾 Sitotroga cerealella 卵为替代寄主效果最佳，田间释放时直接喷洒被寄生的麦蛾卵即可。Poplavskii（1984）报道，当田间成虫开始产卵时释放赤眼蜂，能有效地控制 1 代、2 代草地螟幼虫的发生。Rubets 等（1989）在此基础上研究发现，当田间草地螟成虫密度达到 5 头/m² 时，释放赤眼蜂 200 000 头/hm²，防治效果最佳。

1. 草地螟寄生蜂的种类

草地螟寄生蜂是草地螟另一大寄生性天敌昆虫类群，其种类繁多。据国内外有关文献报道，草地螟寄生蜂共包括有 3 科 67 种，其中小蜂总科（Chalcidoidea）9 种、茧蜂科（Braconidae）24 种、姬蜂科（Ichneumonidae）34 种。在我国已有报道的草地螟寄生蜂有 20 种，主要分布在东北的黑龙江、辽宁，华北的山西、内蒙古、河北。草地螟寄生蜂的种类见表 2。

表 2　草地螟寄生蜂的种类

天敌昆虫种类		主要寄主种类	采集地
姬蜂科 Ichneumonidae	草地螟阿格姬蜂 Agrypon flexorius	螟蛾科：草地螟 Loxostege sticticalis	内蒙古、河北
	抱缘姬蜂 Temelucha sp.	螟蛾科：草地螟 Loxostege sticticalis、三化螟 Tryporyza incertulas、稻卷叶螟 Cnaphalocrocis medinalis 卷叶蛾科：柑橘卷叶蛾	内蒙古、河北
	菱室姬蜂 Mesochorus sp.	螟蛾科：草地螟 Loxostege sticticalis 夜蛾科：棉小造桥虫 Anomis flava	内蒙古、河北
	弯尾姬蜂 Diadegma sp.	螟蛾科：草地螟 Loxostege sticticalis 菜蛾科：小菜蛾 Plutella xylostella	内蒙古、河北
茧蜂科 Braconidae	分室茧蜂 Meteorus zemiotes	螟蛾科：草地螟 Loxostege sticticalis	内蒙古、河北
	绿眼赛茧蜂 Zele chlorophthalmus	螟蛾科：草地螟 Loxostege sticticalis 夜蛾科：剑纹夜蛾 Acronyctarumicis	内蒙古、河北
	盘绒茧蜂 Cotesia sp.	螟蛾科：草地螟 Loxostege sticticalis；二化螟 Chilo suppressalis 菜蛾科：小菜蛾 Plutella xylostella 粉蝶科：菜粉蝶 Pieris rapae	内蒙古、河北
	瘦怒茧蜂 Orgilus ischnus	螟蛾科：草地螟 Loxostege sticticalis	内蒙古、河北

（续表）

天敌昆虫种类		主要寄主种类	采集地
赤眼蜂科 Trichogrammatidae	赤眼蜂 Trichogramma sp.	螟蛾科：草地螟 Loxostege sticticalis；一点谷蛾 Aphomia gularis；夜蛾科：黄地老虎 Agrotis segetum 蜡螟科：米蛾 Corcyra cephalonica 枯叶蛾科：松毛虫 Dendrolimus sp. 大蚕蛾科：柞蚕 Antherea pernyi	内蒙古、河北

2. 草地螟寄生蜂的寄生方式

草地螟寄生蜂根据其寄生方式分为：卵寄生蜂、幼虫寄生蜂、蛹寄生蜂和重寄生蜂四种寄生方式。

Melanichneumon rubicundus Cress. 和 *Cryptus inornatus* 为草地螟蛹寄生蜂，小蜂总科 *Habrocytus crassinervis* Thorns，草地螟巨胸小蜂（*Perilampus nola*）和姬蜂科 *Mesochorus pallidus* Brischke，*Mesochorus tuberculiger* Thorns.，菱室姬蜂 *Mesochorus* sp. n. 为重寄生蜂；草地螟卵寄生蜂 1 种为赤眼蜂 *Trichogramma* sp；其余均为草地螟幼虫寄生蜂。

在 2011 年 4 月在河北康保地区采集的草地螟虫茧中羽化的寄生蜂，经过浙江大学农业与生物技术学院昆虫科学研究所的何俊华教授鉴定，在前人已报道的寄生蜂种类的基础上，增加了草地螟阿格姬蜂 *Agrypon flexorius* Thunberg，姬蜂科勇姬蜂属 *Itomoplex* sp.（未鉴定到种），确定一种茧蜂大眼小模茧蜂（*Microtypus algiricus* Szepligeti）。其中，草地螟阿格姬蜂在内蒙古、河北等地采集的寄生蜂中为优势种，可达到 70%。

第二节　草地螟寄生性天敌的生物学特性

草地螟寄生性天敌种类繁多，我们重点研究了对草地螟控制效果较好的优势寄生性天敌。

一、草地螟优势寄生蝇——伞裙追寄蝇

伞裙追寄蝇 *Exorista civilis* Rond. 是草地螟及大多鳞翅目类昆虫的重要寄生性天敌。但到目前为止，国内外对伞裙追寄蝇的研究报道极少，有报道的也只是集中在该寄生蝇的寄主种类和寄生率的调查，及其对草地螟寄生部位的研究，而对

伞裙追寄蝇在草地螟上的寄生行为、发育特征及其对其他寄主选择性的研究较少。在寄生行为方面，伞裙追寄蝇的寄生方式为大卵生型，主要选择寄生寄主的末龄幼虫，一个寄主幼虫体内平均能存活 2 头蝇蛆，最多 5 头，伞裙追寄蝇主要将卵产在草地螟幼虫头部和胸部，且 1 头草地螟寄主幼虫中仅能羽化出 1 头寄生蝇，并初步研究了人工饲养伞裙追寄蝇，利用大袋蛾幼虫体制作了其幼虫及成虫的人工饲养的饲料配方。

目前已报道的伞裙追寄蝇寄主种类包括 33 种，13 个科，在我国分布广泛，而且该寄蝇在森林、果园、观赏林木、农田、牧场等生境类型中都有出现。另外，根据项目组自 2011 年 5—8 月对河北康保地区、内蒙古呼和浩特市市郊、四子王旗等地的田间调查结果发现，1 代伞裙追寄蝇的羽化率为 9.5%，占寄蝇羽化率的 31.1%，2 代的羽化率为 8.8%，占寄蝇羽化率的 30.0%，对草地螟幼虫种群大发生时有较强的控制作用。因此，由于伞裙追寄蝇的寄主种类繁多，寄生率高，而且分布极为广泛，是一种可适性很强，对害虫的种群有一定调控作用，极具利用价值的寄生性天敌昆虫。为了更好地保护利用伞裙追寄蝇，我们在认真总结利用前人研究结果的基础上，对伞裙追寄蝇的生物学特性做了进一步的研究；同时利用"Y"形嗅觉仪，分别测定了伞裙追寄蝇对草地螟、玉米螟、黏虫、甜菜夜蛾、斜纹夜蛾、苜蓿夜蛾这几种常见害虫幼虫和其粪便的趋性，对比了伞裙追寄蝇对这几种寄主幼虫的寄生率和羽化率，从而为人工繁殖伞裙追寄蝇选取最优替代寄主以及利用其田间释放进行生物防治提供理论依据。

1. 伞裙追寄蝇的形态特征

成虫：体长 6~12mm。额相当于复眼宽度的 5/6，复眼裸，头部覆浓厚的灰白色粉被，有时在侧额部分的粉被黄灰色；颊及额前方被白毛，有时被黄揭或黄褐与黑色杂毛（♂）；触角黑色；第 3 节内侧基部橙黄，第 3 节较第 2 节长 1~1.5 倍；下颚须黄色，末端略加粗；单眼鬃固着的位置与前单眼大致处于同一水平。胸部黑色，复黄灰色粉被，背面具 4 条黑色纵条，毛的颜色雌雄个体之间变化很大；一般 ♂ 整个胸部被黑毛，而 ♀ 胸部侧板被黄白色毛；足黑色，中足胫节上半部具 2 根前背鬃。腹部黑色，第 3 背板两侧具不明显的黄褐色斑，第 3~5 背板基部 1/2~3/5 覆黄灰色粉被，后缘黑色光亮，第 3、第 4 两背板的粉被沿背中线向后突出，各形成一三角形尖齿；♂ 肛尾叶三角形，尖端略向腹面弯曲，阳茎特长，呈带状（图 1、图 2）。

卵：乳白色。椭圆形，长 0.4~0.5mm，宽约 0.2mm。前端稍尖，卵面隆起，贴于虫体的一面扁平（图 3）。

图 1 雄蝇

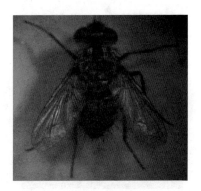

图 2 雌蝇

幼虫：老熟幼虫黄白色。蛆形，长 10~13mm，宽斗 4~5mm。头部有 1 对尖锐的黑色口钩。第 2 体节的后缘有黄褐色的前气门，由 4 个小气门组成。第 12 体节向内凹，有 1 对黑褐色的后气门，气门钮为棕褐色，气门裂 3 条淡棕色，呈弯曲状（图 4、图 5）。

蛹：赤黑色。长椭圆，前端稍细，背面稍隆起，长 5~7mm，宽 2~3mm（图 6）。

2. 伞裙追寄蝇的生活史

伞裙追寄蝇在内蒙古地区 1 年一般发生 2 代，其生活史见表 3。寄蝇幼虫随草地螟幼虫在土茧内越冬，但在有些环境条件不适宜的年份，其成虫因草地螟迁飞仅发生 1 代。越冬成虫翌年 6 月上旬气温适宜时开始羽化，一直持续到 6 月下旬，羽化高峰一般出现在 6 月 10 日前后，持续 3~5d。在 6 月下旬时出现第 1 代

图 3　幼虫体上的白色卵粒

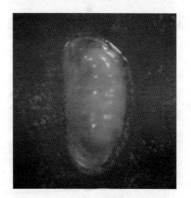

图 4　低龄幼虫

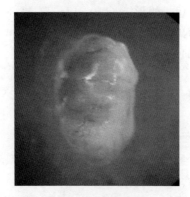

图 5　末龄幼虫

图6　羽化中的蛹

幼虫，7月中旬开始出现蝇蛹，直至8月上旬开始羽化，羽化可一直持续到8月下旬。2代幼虫在8月下旬开始出现，9月中旬幼虫开始化蛹，之后便不再发育开始越冬，越冬蛹期长达7~8个月。在试验室条件下完成1代需20~25d。

表3　伞裙追寄蝇年生活史

时间（月）	1—5			6			7			8			9			10—12		
虫态	上	中	下	上	中	下	上	中	下	上	中	下	上	中	下	上	中	下
越冬代	(0)	(0)	(0)	+	+	+												
1代							*	*-	-0	0	+	+	+					
2代										*	*-	—	(0)	(0)	(0)	(0)	(0)	

成虫+，卵 *，幼虫-，一代蛹0，二代（越冬）蛹（0）

3. 伞裙追寄蝇的生活习性

（1）羽化节律及性比。伞裙追寄蝇羽化时间通常滞后于草地螟成虫4~5d，初羽化的成虫体色较浅，随后体色加深，大约半个小时后翅完全展开，并开始活动。在1d中，伞裙追寄蝇雌雄虫羽化均出现两个高峰，分别为8：00—10：00，14：00—16：00（图7A）；羽化的雌雄虫性比平均为1.26：1，而性比的高峰出现在一天中的6：00—8：00，高达1.45：1（图7B）。该寄蝇种群数量随羽化时间而变化，一般在第5天达到高峰，其羽化量占总羽化量的26.76%（图7C）。通常雄蝇先羽化，前5天的雌雄性比均小于1，之后雌蝇羽化的数量增加，出现明显偏雌性。第7天羽化雌雄性比达到最高，为4.51：1（图7D）。

（2）交尾和产卵寄生行为。伞裙追寄蝇雄蝇一般羽化后就能交尾，而雌蝇

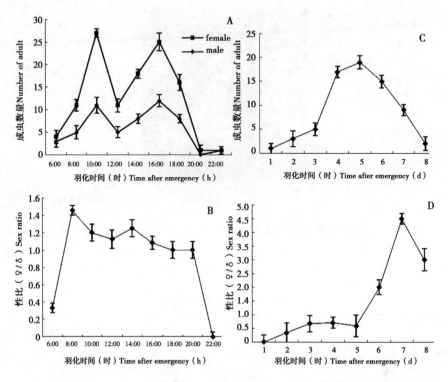

A. 羽化节律；B. 一天内不同时间羽化的成虫性比；C. 羽化格型；D. 不同羽化天数的性比

图7　伞裙追寄蝇成虫羽化动态和性比（♀/♂）变化

要在羽化后第2天才交尾，但雌雄个体均要先补充营养，之后才会有交尾。

交尾前，雄蝇主要靠视觉和嗅觉寻找雌蝇，找到雌蝇后在雌蝇周围活动，以引起雌蝇注意，不断地用后足摩擦翅和腹部摩擦器，伺机与雌蝇交尾；交尾时，雄蝇迅速从雌蝇前面或侧面爬上，用后足抵压雌蝇翅膀，中足抱握雌蝇腹部，前足抱握雌蝇中胸，尾部弯曲与雌蝇交尾；交尾中，雌雄蝇则均静止不动，雄蝇将其腹部弯曲连接雌蝇生殖器，之后用后足支撑身体，中足抵压雌蝇翅膀，前足抱握雌蝇中胸，完成交尾。

雌雄蝇交尾一般在晴天8：00—10：00时较多，时间一般持续在3~30min；若寄主幼虫存在时，一天中的任何时间都能交尾，且交尾时间相对较长，可长达1h，有的甚至在羽化后10d还能观察到交尾现象。

　　通过对伞裙追寄蝇雌雄（♀／♂）比例为 1∶1、1∶2、1∶3、1∶4、2∶1、3∶1、4∶1 交尾的观察，结果发现：雌蝇一生只交尾一次，而雄蝇一生可多次交尾，但一般两次交尾后就死亡。在♀／♂为 1∶1 时，交尾持续时间最长，可达 1h，而在♀／♂为 1∶2、1∶3、1∶4、2∶1、3∶1、4∶1 时，受到其他雌雄蝇的干扰，交尾持续时间都很短，有的甚至无交尾现象。

　　伞裙追寄蝇是一种大卵生型寄生蝇，卵主要产于寄主幼虫头部侧面。交尾后的雌蝇不会立即产卵，而是在寄主幼虫周围来回爬行，之后似蜻蜓点水般在寄主幼虫虫体上产卵，产卵之后立即离开寻找下一寄主再次产卵。在实验室内观察到伞裙追寄蝇雌性个体间的产卵量从 97~212 粒不等，平均产卵量为 159.8 粒，每天平均产卵 9.4 粒，产卵的平均历期为 16.7d。

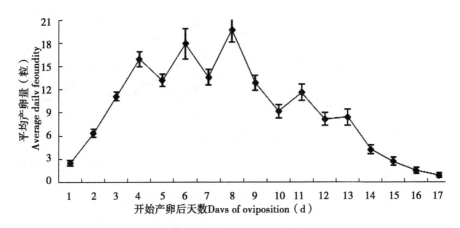

图 8　伞裙追寄蝇产卵曲线

　　从图 8 可以看出，在整个产卵历期中，伞裙追寄蝇的日产卵量出现四个产卵高峰，分别是第 4，6，8，11 天。其个体在产卵后的前 4d，日产卵量处于上升趋势，第 8 天出现产卵高峰，卵量约为 19.7 粒，从 12d 开始产卵量逐渐下降。伞裙追寄蝇产卵高峰主要集中在第 3~9 天，其产卵量占总产卵量的 65.33%，期间的日产卵量虽有上下波动，但均在 11 粒以上。

　　另外发现，在无寄主幼虫存在的条件下，伞裙追寄蝇会将卵产于养虫盒壁，纱网或其他蝇体上。

　　（3）补充营养对伞裙追寄蝇成虫寿命的影响。补充营养对可延长伞裙追寄蝇寿命，补充不同的营养对伞裙追寄蝇雌雄个体的寿命有不同的影响。

补充 20%蜂蜜水，10%葡萄糖，10%蔗糖，补充 5%奶粉+5%蔗糖+100mL 水混合液的存活曲线均接近 Deevey 提出的凸型，大多数的寄蝇都是在老年时生存率才急剧下降，在幼期及中期时死亡率较低；而 5%酵母粉+5%的蔗糖+100mL 水溶液，清水的存活率曲线接近 Deevey 提出的直线型，每单位时间内死亡的虫体数大致相等，死亡率随时间的增加急剧增加。

结果显示：补充含糖物质有利于伞裙追寄蝇其存活，延长其寿命。相对而言，补充 20%蜂蜜水的伞裙追寄蝇的存活时间最长，各个时间段的存活率都最高（图 9）。同时也说明，20%的蜂蜜水是延长伞裙追寄蝇寿命的最佳补充营养。

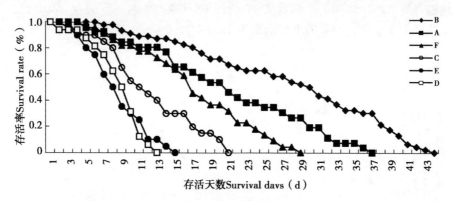

A . 10%葡萄糖，B. 20%蜂蜜水，C. 5%奶粉+5%蔗糖+100mL 水混合液，D. 5%酵母粉+5%的蔗糖+100mL 水溶液，E. 清水，F. 10%蔗糖

图 9　（23±1）℃下补充不同营养伞裙追寄蝇成虫的存活曲线

（4）温度条件对伞裙追寄蝇成虫寿命的影响。不同的温度条件对伞裙追寄蝇成虫寿命有一定影响，适宜的温度有利于延长伞裙追寄蝇成虫的寿命。

试验数据说明：在（23±1）℃时，伞裙追寄蝇成虫存活时间最长，可达 44d，平均寿命为 20.5d，与（18±1）℃的 17.5d 和（28±1）℃的 16.0d 的寿命间无显著差异；（23±1）℃，（18±1）℃，（28±1）℃与（33±1）℃的 7.4d 的寿命间存在极显著差异（$P<0.01$）。因此，伞裙追寄蝇适宜生存的温度条件为（18±1）～（28±1）℃，但最适宜的温度条件为（23±1）℃。

表 4　温度对伞裙追寄蝇成虫寿命的影响

温度（℃）	成虫寿命（d）	变幅
23±1	（20.534±1.903）Aa	3~44

（续表）

温度（℃）	成虫寿命（d）	变幅
18±1	（17.469±1.597）Aa	2~27
28±1	（16.023±2.009）Aa	1~27
33±1	（7.405±1.191）Bb	1~13

从伞裙追寄蝇成虫不同温度条件下的成活曲线（图10）看，温度条件为（23±1）℃，（18±1）℃，（28±1）℃时，伞裙追寄蝇的存活曲线均接近 Deevey 提出的凸型，成虫前期存活率高，个体死亡大都集中在老年个体，大多数寄蝇能完成平均寿命；温度条件为（33±1）℃时的存活曲线接近 Deevey 提出的凹型，在成虫前期死亡率高，存活率随时间的推移呈急剧下降趋势。因此，伞裙追寄蝇的适宜温度范围为（18±1）~（28±1）℃，最适宜的生存温度条件为（23±1）℃。

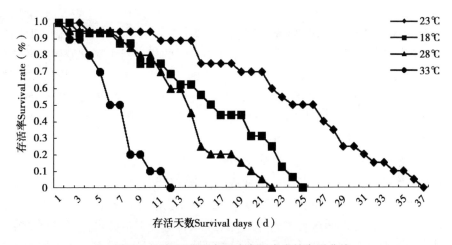

图10 不同温度下伞裙追寄蝇成虫的存活曲线

4. 伞裙追寄蝇的低温储藏技术

将田间采集到的草地螟越冬虫茧栽种在盒装灭菌土中，储存在4℃的保鲜冷藏箱内，定期喷水，防止因水分过低造成草地螟及寄生蝇的死亡。

表5 储存时间对伞裙追寄蝇羽化的影响

存储时间（d）	调查虫茧数（头）	伞裙追寄蝇出蝇数（头）	羽化率（%）	相对羽化率（%）
未低温储存	12 456	1 094	9.300±0.069Aa	100
20	2 660	223	8.605±0.067Bb	92.5
35	1 989	135	7.233±0.056Cc	77.8
48	2 105	106	5.379±0.056Dd	57.8
58	4 781	184	4.044±0.031Ee	43.5
70	4 532	109	2.408±0.016Ff	25.9
80	6 199	82	1.427±0.017Gg	15.3
100	5 717	59	1.121±0.012Hh	12.1
110	5 718	43	0.763±0.017Ii	8.2
150	5 957	40	0.725±0.011Ii	7.8

结果发现，储存时间越长可显著降低伞裙追寄蝇的羽化率（表5）。伞裙追寄蝇2010年越冬羽化率为9.30%，占寄蝇总羽化率的32.17%。随着储存时间的推移，伞裙追寄蝇的羽化率明显降低。伞裙追寄蝇的相对羽化率由最初未经储存的100%，降低到储存至20d的92.5%，35d的77.8%，48d的57.8%，58d的43.5%，70d的25.9%，80d的15.3%，100d的12.1%，110d的8.2%，150d的7.8%，相对羽化率随储存时间的延长而降低。因此，储存时间对伞裙追寄蝇蝇种的保存有一定的影响，长时间储存，其羽化率显著降低。

5. 伞裙追寄蝇的寄生行为能力

草地螟在2龄幼虫期即可被寄生蝇寄生，但在田间寄生蝇主要选择5龄幼虫寄生，且寄生率随着寄主幼虫龄期的增加而增加，对5龄寄主幼虫的寄生率最高，特别是像伞裙追寄蝇这类大卵生型寄生蝇大都选择末龄幼虫进行寄生。在草地螟幼虫5龄时被寄生，由于严重为害已经产生，在这种情况下，寄生蝇较高的寄生率对当代草地螟为害的调控作用非常有限，主要是对下代草地螟种群数量及发生为害起着重要的调控作用。

（1）草地螟幼虫密度对伞裙追寄蝇寄生的影响。寄主幼虫的密度是影响寄蝇寄生的一个重要因素，寄主幼虫的被寄生率随其密度的增加而降低（表6）。

综合寄生率和羽化率两个方面衡量，经48h的处理草地螟幼虫被寄生率随寄主幼虫密度的增加而降低，羽化率随寄主密度的增加而增大，但增加到1：15比例时羽化率达到最大值，随后开始降低。当益害比为 1：15 时，伞裙追寄蝇对草地螟有良好的控制作用。

表6 草地螟不同密度对寄蝇寄生的影响

处理	供试寄主数	寄生率±SE	处理	供试寄主数	羽化率±SE
1：5	5×10	（0.819±0.090）Aa	1：15	15×10	（0.619±0.093）Aa
1：10	10×10	（0.588±0.046）ABb	1：10	10×10	（0.459±0.029）AaB
1：15	15×10	（0.519±0.051）Bbc	1：25	25×10	（0.384±0.047）ABb
1：20	20×10	（0.484±0.117）Bbc	1：20	20×10	（0.329±0.065）ABb
1：25	25×10	（0.330±0.011）Bc	1：5	5×10	（0.284±0.047）Bb

（2）不同益害比处理对伞裙追寄蝇寄生的影响。不同数量的伞裙追寄蝇对寄主的寄生率间没有显著差异，羽化率间存在一定的差异性（表7）。从寄生率方面来看，寄生密度为 2：20，1：10，3：30，4：40 的寄生率间无显著差异，但在寄生密度为 2：20 时的寄生率最高，为 55.8%，4：40 的寄生率最低为 31.3%。从羽化率方面来看，寄生密度为 2：20 时的羽化率最高，为 51.6%，与寄生密度为 3：30，1：10 的羽化率 37.1%，36.1% 间无显著差异，但与 4：40 的羽化率 20.1% 间存在极显著差异。

表7 寄生比例相同而密度不同的寄生情况

处理	供试寄主数	寄生率±SE	处理	供试寄主数	羽化率±SE
2：20	20×10	（0.558±0.148）Aa	2：20	20×10	（0.516±0.081）Aa
1：10	10×10	（0.463±0.024）Aa	3：30	30×10	（0.371±0.028）AaBb
3：30	30×10	（0.333±0.020）Aa	1：10	10×10	（0.361±0.066）AaBb
4：40	40×10	（0.313±0.058）Aa	4：40	40×10	（0.201±0.084）Bb

6. 伞裙追寄蝇的寄主选择性和行为反应

（1）寄蝇对不同寄主的寄生选择。首先以寄生率为来衡量伞裙追寄蝇对不同寄主的选择性效果，以黏虫的寄生率最高，为 55.2%；其次为草地螟，为 51.1%。如果以羽化率来衡量伞裙追寄蝇对不同寄主的选择性效果，以黏虫的羽化率最高，为 70.2%，最后为甜菜夜蛾，为 51.7%、草地螟为 43.7%（表8）。

因此，综合这两种因素来看，伞裙追寄蝇对黏虫、草地螟的选择性较强，且二者间差异不显著。

表 8　伞裙追寄蝇在供试寄主上的寄生情况

供试寄主	供试寄主数	寄生率±标准误	供试寄主	羽化率
黏虫	30×3	（0.552±0.163）Aa	黏虫	（0.702±0.116）Aa
草地螟	30×3	（0.511±0.036）Aa	甜菜夜蛾	（0.517±0.133）AaBb
甜菜夜蛾	30×3	（0.354±0.059）AaBb	草地螟	（0.437±0.108）AaBbc
斜纹夜蛾	30×3	（0.242±0.146）AaBbc	玉米螟	（0.173±0.168）ABbcd
玉米螟	30×3	（0.168±0.037）aBbc	斜纹夜蛾	（0.139±0.1142）Bcd
苜蓿夜蛾	30×3	0	苜蓿夜蛾	0

（2）伞裙追寄蝇对不同寄主的行为反应。

①寄蝇对不同寄主幼虫的行为反应测试。在草地螟、玉米螟、甜菜夜蛾、斜纹夜蛾、黏虫、苜蓿夜蛾分别与空白的组合中，伞裙追寄蝇对这几种幼虫的选择率分别为 84.0%、69.2%、77.3%、87.5%、80.0%、40.91%，明显对苜蓿夜蛾趋性低，除苜蓿夜蛾与空白组合的选择率无显著差异外，其他幼虫与空白组合的选择率均有极显著差异（$P<0.01$）；在草地螟与玉米螟、甜菜夜蛾、斜纹夜蛾、黏虫、苜蓿夜蛾的组合中，明显趋向于草地螟，选择率均在 60.0% 以上，除草地螟与黏虫组合的选择率无显著差异外，草地螟与其他幼虫组合的选择率均有极显著差异（$P<0.01$）；在黏虫与玉米螟、甜菜夜蛾、斜纹夜蛾、苜蓿夜蛾的组合中，明显趋向于黏虫，选择率均在 56.5% 以上，黏虫与苜蓿夜蛾幼虫组合的选择率有极显著差异（$P<0.01$），与甜菜夜蛾组合的选择率有显著差异（$P<0.05$），与其他两种幼虫组合的选择率无差异；在玉米螟与甜菜夜蛾、苜蓿夜蛾的组合中，选择率均在 62.1% 以上，明显趋向于甜菜夜蛾，与苜蓿夜蛾组合的选择率存在极显著差异（$P<0.01$），与甜菜夜蛾组合的选择率无显著差异，而在与斜纹夜蛾的组合中，选择率低于 50%，趋向于斜纹夜蛾，但不存在显著差异；在甜菜夜蛾与斜纹夜蛾、苜蓿夜蛾的组合中，选择率均在 55.2% 以上，明显趋向于甜菜夜蛾，但与斜纹夜蛾组合的选择率无差异性，与苜蓿夜蛾组合的选择率存在极显著差异（$P<0.01$）。在斜纹夜蛾与苜蓿夜蛾的组合中，选择率为 77.8%，明显趋向于斜纹夜蛾，且该组合的选择率存在极显著差异（$P<0.01$）。

因此，伞裙追寄蝇对不同供试幼虫的趋性顺序依次为草地螟>黏虫>斜纹夜蛾>甜菜夜蛾>玉米螟>苜蓿夜蛾（图 11）。

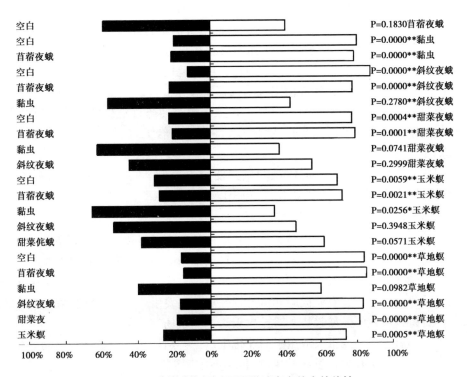

图11　伞裙追寄蝇对不同供试寄主幼虫的趋性

② 成蝇对不同寄主幼虫粪便的行为反应测试。在草地螟、玉米螟、甜菜夜蛾、斜纹夜蛾、黏虫、苜蓿夜蛾幼虫粪便分别与空白的组合中，伞裙追寄蝇的选择率分别为 86.7%、73.9%、73.9%、73.3%、83.3%、30.0%，明显对苜蓿夜蛾粪便选择率最低为 30%，除苜蓿夜蛾粪便与空白组合的选择率存在显著差异外（$P<0.05$），其他幼虫粪便与空白组合的选择率差异极显著（$P<0.01$）；在草地螟粪便与玉米螟、甜菜夜蛾、斜纹夜蛾、黏虫、苜蓿夜蛾粪便的组合中，明显趋向于草地螟粪便，选择率均在 53.6%以上，除草地螟粪便与斜纹夜蛾、黏虫粪便组合的选择率无显著差异外，草地螟粪便与玉米螟、甜菜夜蛾粪便组合的选择率均有显著差异（$P<0.05$），草地螟粪便与苜蓿夜蛾粪便组合的选择率均有极显著差异（$P<0.01$）；在黏虫粪便与玉米螟、甜菜夜蛾、斜纹夜蛾、苜蓿夜蛾粪便的组合中，明显趋向于黏虫粪便，选择率均在 70.4%以上，且黏虫粪便与各个幼虫粪便的选择率间均存在极显著差异（$P<0.01$）；在斜纹夜蛾粪便与玉米螟、甜菜

夜蛾、苜蓿夜蛾粪便的组合中，选择率均在65.5%以上，明显趋向于斜纹夜蛾粪便；斜纹夜蛾粪便与玉米螟、甜菜夜蛾粪便组合的选择率存在极显著差异（$P<0.01$），但与苜蓿夜蛾粪便组合的选择率仅存在显著差异（$P<0.05$）；在甜菜夜蛾粪便与玉米螟、苜蓿夜蛾粪便的组合中，明显趋向于甜菜夜蛾粪便，选择率均在60.0%以上，与苜蓿夜蛾粪便组合的选择率存在极显著差异（$P<0.01$），但与玉米螟粪便组合的选择率无显著差异；在玉米螟粪便与苜蓿夜蛾粪便的组合中，明显趋向于玉米螟粪便，选择率为84.0%，且该组合的选择率存在极显著差异（$P<0.01$）。

因此，伞裙追寄蝇对不同供试幼虫粪便的趋性顺序依次为草地螟>黏虫>斜纹夜蛾>甜菜夜蛾>玉米螟>苜蓿夜蛾（图12）。

7. 伞裙追寄蝇的扩繁及替代寄主选择

天敌昆虫的扩繁及其利用是害虫生物防治的重要手段之一。探究室内条件下大量扩繁天敌昆虫的方法和技术，一方面可增加田间初始天敌的种群数量；另一方面可替代或减少化学农药的使用次数与用量，这已成为减少污染、保证无公害食品、绿色食品生产、农业健康和可持续发展的主要手段之一。绿色农业、生态农业，可持续农业的发展趋势，对昆虫天敌产品市场有着强烈的市场需求，目前世界上大约有150种昆虫天敌用于商业化生产，特别是北美地区已经商品化生产的天敌昆虫到达130种，设涉的主要种类包括赤眼蜂、丽蚜小蜂、草蛉、瓢虫、中华螳螂、小花蝽、捕食螨等。我国科研工作者在天敌昆虫人工饲料和大规模饲养生产方面做了大量的研究工作。自20世纪80年代以来，我国科研工作者获得了"草蛉Chrysopa perla大量饲养繁殖技术研究""改进米蛾Corcyra cephalonica饲养技术研究"等多项科技成果，这为天敌昆虫商品化生产和应用新技术和新工艺的开发奠定了良好基础。90年代在我国赤眼蜂人工寄主卵技术，经过不断改进和探索，已建成了一套半机械化生产线，包括人工卵液配制、壳膜分割、卵壳成形、卵浆灌注、卵卡封合等多道工序。平均日生产人工卵卡6 400张，日繁松毛虫赤眼蜂3 000万头，螟黄赤眼蜂1 800万头。据统计，5年累计放蜂治虫面积达2万多亩，防治效果为70%~90%。

近年来，随着昆虫营养学研究的深入以及饲养技术的发展，天敌昆虫的扩繁朝着以下几个方面发展：首先是大规模饲养天敌的人工饲料配方的研究，根据昆虫生理生化特点以及趋性选择指导人工饲料的筛选，并且通过昆虫营养学来优化人工饲料，进而获得原料来源广泛、加工方便、成本低的饲料配方；其次是大规模饲养天敌昆虫的技术与设备的研究，在饲料配方研究的基础上结合便于机械化

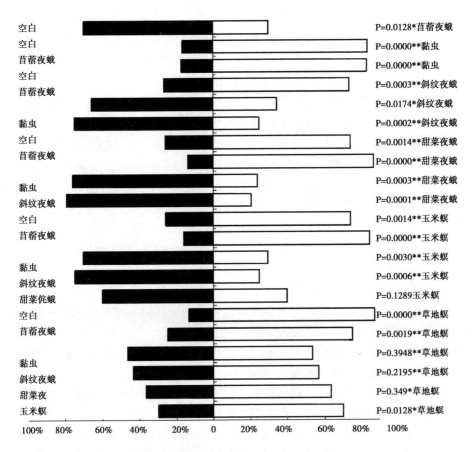

图 12 伞裙追寄蝇对不同供试寄主粪便的趋性

操作的技术与设备，大规模商品化饲养天敌昆虫；此外，天敌昆虫饲养质量控制的研究才刚刚起步，一些昆虫的饲养过程中发现，随着扩繁世代的增加，昆虫天敌的生活力、生殖力以及寄生率出现下降和退化。本实验饲养的伞裙追寄蝇就出现了世代的退化，实验室研究人员已经开始对伞裙追寄蝇复壮方面的研究。

周庆南初步探索了伞裙追寄蝇的人工饲养方法，幼虫的饲料主要采用自然寄主袋蛾幼虫碾碎，并且添加其他成分。相红艳等在伞裙追寄蝇生物学特性研究中发现，20%的蜂蜜水可以提高伞裙追寄蝇的产卵量和寿命，这一营养的筛选对于室内扩繁伞裙追寄蝇具有重要的意义。伞裙追寄蝇的自然天敌是草地螟，由于草地螟生活史的限制以及室内饲养条件的局限性，我们通过筛选利用黏虫作为替代寄主来扩繁伞裙追寄蝇。相红艳等在伞裙追寄蝇对不同寄主的选择性中提到，伞裙追寄蝇对 6 种鳞翅目幼虫和幼虫粪便的趋性顺序相同，依次为草地螟>黏虫>斜纹夜蛾>甜菜夜蛾>玉米螟>苜蓿夜蛾，并且黏虫的羽化率最高，为 70.2%。

8. 伞群追寄蝇的生物学特性及寄生功能反应

目前对于伞裙追寄蝇生物学方面的研究比较成熟，伞裙追寄蝇生活史的研究发现，伞裙追寄蝇以幼虫于 12 月上旬入土化蛹，2 月底 3 月初羽化，成虫羽化后，雄蝇第 1 天就可以交尾，雌蝇第 2 天可以交尾，第 3 天开始产卵，产卵历期为 16.7d，产卵高峰集中在 3~9d，幼虫从孵化到化蛹需 7~8d，蛹期 10~12d，有少数可长达 20d。在平均气温 23℃时，20~25d 完成一代，在内蒙古地区一年发生 2~3 代，在田间成蝇一般在 6 月上旬和 8 月上旬开始羽化。羽化的时间主要集中在一天的 8：00—10：00，14：00—16：00 两个时间段，羽化的♀/♂比为 1.26∶1；6：00—8：00 的雌雄性比为 1.45∶1，是一天中羽化性比的高峰。

寄生物和寄主幼虫的长期协同进化和相互适应形成了多种寄生方式，这确保了寄蝇对寄主的高寄生率，从而对控制寄主昆虫的种群数量起很大作用，同时也为寄生蝇的人工繁殖释放奠定了科学基础。寄生蝇按其幼虫侵入寄主幼虫体腔的特点形成 4 种寄生方式，主要包括卵胎生型 Ovolarvipar，大卵生型 Macroovipar，微卵生型 Microovipar、蚴生型 Larvipar。伞裙追寄蝇属大卵生型寄生蝇，即胚胎尚未发育完全就被产于寄主体表，经胚胎发育幼虫孵化后，用口器凿开寄主表皮，钻入寄主体腔，此类寄生蝇卵很大，肉眼可见，卵为白色，卵期较长，适合寄生末龄初期的鳞翅目类幼虫。在伞群寄生蝇对草地螟的寄生过程中，其幼虫随草地螟幼虫在土茧内越冬，并在草地螟羽化前后开始羽化，这种生活史的同步性，也保证了伞裙追寄蝇对草地螟的持续控制作用。但是伞裙追寄蝇寄生草地螟 5 龄期幼虫，在这种情况下寄生蝇对减轻当代草地螟的危害作用较小，较高的寄生率只是对下一代的草地螟的发生程度有影响。相红艳等在伞群生物学特性的研究中发现，伞裙追寄蝇和草地螟幼虫密度之间的相互影响，伞裙追寄蝇的寄生率随着寄主幼虫密度的增加而降低，而羽化率随寄主幼虫密度的增加而增大，但到寄生比例为 1∶15 时羽化率达到最大值，随后降低，因此该寄生比例生效最好，为最佳益害比。当寄蝇与寄主的益害比为 1∶10，在改变寄蝇与寄主幼虫密度时益害比不变，寄生比例 1∶10，2∶20，3∶30，4∶40 的寄生率间没有显著差异，但各比例的羽化率间均有差异，其中，2∶20 的寄生率和羽化率均是最高，分别为 55.8% 和 51.6%。李红等在研究伞裙追寄蝇和双斑截尾寄蝇对草地螟的寄生特性中，发现河北康保地区的伞裙追寄蝇存活于着卵部位与着卵量呈相关关系，在着卵量为 1 粒的寄主幼虫中，寄生蝇的存活率仅为 66.7%，在着卵量为两粒及以上的寄主幼虫中，单头幼虫羽化出寄蝇的比例为 100%，并且伞裙追寄蝇选择接近胸部的头侧和胸部进行寄生。杨海霞等在研究寄生取食 Cry1Ab 杀虫蛋白的黏虫幼虫对伞裙追寄蝇寄生率及生长发的影响中提出，取食不同浓度的 Cry1Ab 蛋白对伞裙追寄蝇的寄生率、产卵量、发育历期、羽化量及性比没有显著差异，但是对蝇蛆的存活率和蛹重影响显著，这一结论为科学评价田间转 Bt 作物对寄蝇的影响的作用提供了科学的依据。

寄生功能反应是捕食者（或寄生者）在一定时间内的捕食量（或寄生量）随猎物（或寄主）密度变化而变化的反应，所得出的模型通常能够较为准确地反映天敌昆虫的搜寻能力，所以可以作为一种重要依据来评价天敌对害虫的控制作用。它既是生态学研究的基本内容，也是生物防治研究的重要的基础工作之一。王建梅等在伞裙追寄蝇对黏虫的寄生功能反应的研究中发现，在 15~35℃ 的条件下寄蝇的反应功能曲线为 Holling II 型，随着寄主黏虫数量的增加，伞裙追寄蝇寄生量呈上升趋势，当寄主数量增加到一定数量时，其寄生量趋于稳定，并且伞裙追寄蝇的发现域与其自身密度呈反比增加，寄生蝇相互之间的干扰效应降低了寄生效能。

目前我国在天敌昆虫的利用方面取得了一定的成果，如利用松毛虫赤眼蜂防治松毛虫、玉米螟等，利用管氏肿腿蜂防治双条杉天牛和青杨天牛，利用瓢虫防治松干蚧，利用周氏啮小蜂防治美国白蛾等。国内外昆虫学家通过野外调查了解了伞裙追寄蝇的地理分布和寄主种类，生活史以及野外寄生情况，结合室内试验的研究对伞裙追寄蝇的扩繁方法和技术、替代寄主的筛选，以及生物学特性和寄生功能反应有了全面的了解和认识。但是在室内扩繁的过程中发现伞群追寄蝇随着世代的扩繁出现退化现象，关于退化规律研究以及退化机理的研究将是下一步需要开展的工作。由于伞裙追寄蝇具有广泛的地理分布，不同地域之间的伞裙追寄蝇的亲缘关系值得进一步探讨。

二、草地螟优势寄生蜂——草地螟阿格姬蜂

草地螟阿格姬蜂 *Agrypon flexorius* Thunberg（膜翅目：姬蜂科）是草地螟高龄幼虫内寄生蜂。调查发现草地螟阿格姬蜂主要选择 3~5 龄幼虫寄生，田间最高寄生率可达 92%，室内平均寄生率达 60%，其种群数量和优势度指数均较高，种群变动趋势跟草地螟的种群变动趋势也相似，具有明显的跟随现象，该蜂是当地寄生草地螟的优势种群，对草地螟的发生起着有效的抑制作用，因此草地螟阿格

姬蜂是防治草地螟幼虫有效的自然资源。

国内外对草地螟阿格姬蜂的研究报道较少，只是对该蜂生物学特性做了粗略描述，并未对其发育特征、寄生行为、寄主选择性行为以及滞育诱导等做详细的研究与报道。为了更好地保护利用草地螟阿格姬蜂，完成室内繁殖饲养的目的，正确评价其对草地螟的控制能力，从而找到控制草地螟的有效方法，为大量扩繁、释放寄生蜂控制草地螟为害提供理论依据。本研究结合前人的观察与研究结果进一步丰富草地螟阿格姬蜂的生物学特性；为了探究天敌对害虫的控制作用，通过天敌功能反应对其评价，而功能反应作为研究天敌对其寄主作用能力的经典方法，能较为准确地得出天敌昆虫的搜索能力，以草地螟阿格姬蜂防治草地螟幼虫为研究对象，研究寄主密度和蜂密度对寄生率的影响，以及个体间的相互干扰作用，试验结果对该蜂田间释放量的确定可起到指导性作用；为了便于大量繁殖草地螟阿格姬蜂，挑选与草地螟处在相似生境下并在室内容易大量繁殖的多种幼虫作为寄主，观察草地螟阿格姬蜂是否对其有选择行为和产卵行为，进而挑选出适合室内繁殖的替代寄主，为草地螟阿格姬蜂室内继代饲养提供更容易繁殖的替代寄主；为了开发利用这一宝贵的天敌资源，必须采用人工繁殖释放的途径，但采用传统连代繁殖的方法，蜂源容易退化，而且不易长期保存，给田间释放带来了很大的困难，通过改进繁殖技术，人为诱导该蜂进入滞育状态，可使保存期大大延长以及设置不同光照与温度的刺激，诱导草地螟阿格姬蜂进入滞育，测定其室内的存储时间、产卵量等，为室内蜂种保存、寄生蜂抗逆能力的增强提供了依据。

1. 草地螟阿格姬蜂的形态特征

成虫：雌蜂体长 10.80～14.20mm，触角褐色、线形，几与身体等长；脸、唇基、上颚均为黄色；胸部黑色；三对足除后足转节有深褐色斑块外，其余均为浅褐色，腹部除第 6 节背板带有黑褐色外均为黄色或黄褐色；翅透明，翅痣、翅脉褐色。并胸腹节末端延长，未抵达后足基节的端部，脸、胸部具粗糙的刻点，被白色细密的软毛，或仅在并胸腹节末端带有黄褐色；腹部第 1 节、2 节明显长于第 3~6 节，产卵管鞘长约为腹部第 2 节长的 0.5 倍（图 13A）。

雄蜂形态与雌蜂相似，但体长略小于雌蜂，10.60～11.10mm（图 13B）。

卵：圆形，表面略带丝纹，淡黄色，半透明，（图 13D）。

幼虫：1 龄幼虫体细长，体长 0.85～1.07mm、体宽 0.3～0.54mm，头部圆钝，末端十分尖细，体节不明显，体表皮薄而透明，淡黄色（图 13E）；

2 龄幼虫体长 1.13~1.54mm、体宽 0.34~0.40mm，虫体蛴螬状，末端弯曲，体节凸显，体色渐深，身体明显变长，体内有类似乳白色的内含物，头部的褐色口器伸出（图13F、13G）；

3龄幼虫体长3.02～4.31mm、体宽1.64～1.96mm，长宽比逐渐变小，体内内含物颜色加深呈乳黄色或黄色（图13H）；

4龄幼虫体长5.68～7.99mm、体宽2.33～3.20mm，蛆状，体呈纺锤体、无足，体节上气门不明显，呈深黄色（图13I）。

蛹：在寄主体内化蛹，离蛹。蛹长5.22～6.02mm，蛹宽1.12～1.66mm，触角牙、翅牙、足牙等翻出，初期体色为深黄色，后期蛹头、胸部及腹部末端变为深褐色（图13J）。

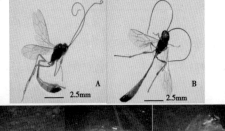

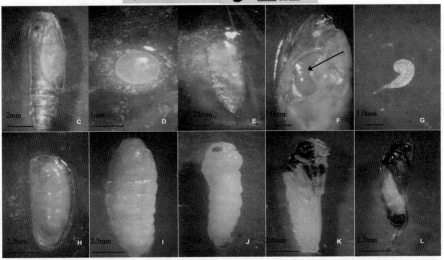

A. 雌蜂；B. 雄蜂；C. 被寄生的草地螟蛹；D. 卵；E. 1龄幼虫；F、G. 2龄幼虫；H. 3龄幼虫；I. 4龄幼虫；J. 蛹；K. 羽化中的蛹；L. 刚羽化出的成虫

图13　草地螟阿格姬蜂不同发育阶段的形态

表9　草地螟阿格姬蜂各发育阶段形态测量结果

发育阶段	体长（mm）		体宽（mm）		样本数 n
	均值	变幅	均值	变幅	
1 龄幼虫	0.98±0.54	0.85~1.07	0.35±0.22	0.30~0.54	20
2 龄幼虫	1.31±0.66	1.13~1.54	0.38±0.38	0.34~0.40	22
3 龄幼虫	3.65±0.19	3.02~4.31	1.82±0.17	1.64~1.96	23
4 龄幼虫	7.41±0.27	5.68~7.99	2.91±0.25	2.33~3.20	24
蛹	5.84±0.21	5.22~6.02	1.42±0.24	1.12~1.66	25
雄蜂	10.87±0.29	10.67~11.01	—	—	26
雌蜂	12.57±0.97	10.81~14.22	—	—	28

2. 草地螟阿格姬蜂生活史及发生规律

（1）草地螟阿格姬蜂的生活史。草地螟阿格姬蜂经卵、幼虫、蛹发育到成虫。在23℃平均温度，未滞育的情况下，一个世代历期为30~37d。

根据田间调查和室内饲养观察，草地螟阿格姬蜂在呼和浩特地区一年发生2代，以蛹在草地螟越冬土茧内越冬，越冬蛹翌年6月上旬气温适宜时开始羽化，羽化高峰出现在6月18日前后，直到7月上旬仍有少数羽化。成虫羽化后在草地螟寄主植物附近寻找蜜源补充营养，1d后即可交尾、产卵，6月中下旬到7月上旬为产卵期。解剖发现1代草地螟阿格姬蜂幼虫于6月下旬出现，8月初开始羽化，一直持续到9月上旬。8月中旬2代草地螟阿格姬蜂幼虫开始出现，9月中旬幼虫开始化蛹，之后不再发育，准备越冬，越冬蛹期为7~8个月。室内条件下（23+1）℃、L∶D＝16∶8h、RH 60%~70%时，完成一代需25~30d。

表10　草地螟阿格姬蜂年生活史

虫态	1—5			6月			7月			8月			9月			10月		
	上	中	下	上	中	下	上	中	下	上	中	下	上	中	下	上	中	下
越冬代	（○）	（○）	（○）	＋	＋	＋	＋											
1代					＊	＊◇	＊◇	◇○	○	＋	＋	＋	＋					
2代									＊	＊◇	◇		◇	（○）	（○）	（○）		

成虫＋；卵＊；幼虫◇；一代蛹○；2代（越冬）蛹（○）

（2）草地螟阿格姬蜂自然性比。在呼和浩特市近郊采集到草地螟阿格姬蜂，自然性比平均为 3.97∶1。越冬蛹翌年 6 月上旬开始羽化，初期多为雄蜂，随着羽化天数的增加雌蜂的羽化量增加，并超过雄蜂，6 月份雌雄蜂的自然性比为 1.5∶1。羽化后的成虫 1d 后交尾产卵，产卵后的雌蜂寿命降低，但仍高于雄蜂，因此，7 月田间蜂总量低于 6 月，但雌蜂偏多，雌雄性比为 5∶1。8 月 2 代蜂开始羽化，初期多为雄蜂，后期雌蜂明显增多，雌雄性比 1.36∶1，趋于稳定。9 月田间存活的雌蜂数量较多，雌雄性比明显加大，为 8∶1（表 11）。

表 11　草地螟阿格姬蜂田间自然性比调查

月份	6 月	7 月	8 月	9 月
羽化蜂数（头）	90	30	114	45
♀∶♂	1.5∶1	5∶1	1.36∶1	8∶1

（3）草地螟阿格姬蜂田间寄生率。越冬代草地螟从 5 月下旬开始羽化，草地螟阿格姬蜂羽化略滞后于草地螟，羽化数量随草地螟成虫数量的增加而增加，有明显的跟随现象，但此时的寄生率较低。到 8 月中旬，2 代草地螟幼虫发生量较大时，阿格姬蜂的寄生率明显增大，在 2 代草地螟上的寄生率明显高于在 1 代草地螟上的寄生率。2011 年 4 月在河北康保采集的越冬虫茧，寄生率只有 0.05%，2011 年 9 月在呼市伊利第 7 牧场采集的幼虫，寄生率则高达 3.04%。

（4）草地螟阿格姬蜂的羽化情况。室内观察，草地螟阿格姬蜂在草地螟羽化 2 周后开始羽化，当草地螟阿格姬蜂达到羽化高峰时，寄主幼虫已经发育 4 龄。野外条件下，草地螟阿格姬蜂的羽化与室内情况相似，羽化高峰时，寄主幼虫已发育到 3~4 龄。

草地螟阿格姬蜂开始羽化后，羽化量不断增加，第 5 天达到羽化高峰，占总羽化量的 16.05%，之后显著下降，持续 5d 左右（图 14）。

观察发现：草地螟阿格姬蜂羽化前 3d 雄蜂居多，雌雄性比小于 1。随着羽化天数的增加，雌雄比增大，第 3 天到第 8 天的羽化性比大于等于 1，呈现明显的偏雌性（图 15）。

3. 草地螟阿格姬蜂的生物学特性

（1）交尾、产卵和生殖行为。室内草地螟阿格姬蜂雄蜂比雌蜂羽化早 3~4d，雌雄蜂羽化后 24h 才开始交尾，在雌雄比例为 1∶1 时，交尾时间最长，时间约 10min，最短 2min，最长达 30min，受到其他干扰，交尾时间较短，甚至无交尾现象。在室内观察发现雌雄蜂一生均可多次交尾。

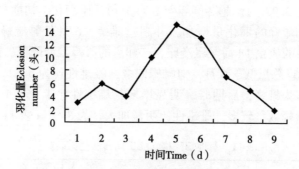

图 14　草地螟阿格姬蜂羽化

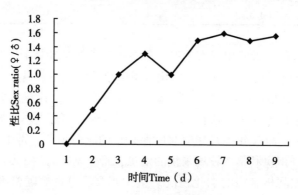

图 15　不同羽化天数性比

　　草地螟阿格姬蜂交尾后 1d 开始产卵，产卵时间较短，一般为 1~2min，卵多产在草地螟头、胸部两侧内部，实际解剖发现幼虫多在腹部摄取营养。

　　草地螟阿格姬蜂大多进行两性生殖，少数雌蜂也进行孤雌生殖，孤雌生殖子代蜂均为雄蜂。孤雌生殖的寄生成功率仅为 12.10%，低于正常两性生殖下的寄生率，说明孤雌生殖可能是草地螟阿格姬蜂在没有雄峰条件下的一种被迫繁殖行为。

表 12　交配过的雌蜂与未交配雌蜂生殖力比较

处理	接蜂数 （头）	寄生数 （头）	寄生成功率 （%）	出蜂数 （头/盒）	雌蜂比例 （%）
未交配	10	1.21±0.25Bb	12.11±2.53Bb	4.204±0.41 Bb	0 Bb
交配	10	10.00±0.00Aa	100.00±0.00 Aa	11.70±0.26Aa	32.00±4.43Aa

（2）营养及环境条件对草地螟阿格姬蜂寿命的影响。

① 不同营养、温度条件对阿格姬蜂成虫寿命的影响。温度和不同营养对草地螟阿格姬蜂成蜂寿命有显著影响。

在 16~33℃，以 20%蜂蜜水、10%蔗糖溶液、清水、不喂食作为营养源时，草地螟阿格姬蜂成蜂的寿命随温度的升高而逐渐缩短。补充各种营养的阿格姬蜂均比不补充营养的寿命长，且均在 17℃时最长。

在相同温度条件下补充蔗糖时阿格姬蜂的寿命最长，不补充营养寿命最短，22℃下，补充蔗糖，成蜂寿命平均为 17.11d，不补充营养，成蜂寿命仅为 4.21d（表13）。

表13　补充营养及温度对草地螟阿格姬蜂寿命（未产卵）的影响

温度（℃）	草地螟阿格姬蜂寿命（d）			
	不补充营养	清水	蔗糖	蜂蜜水（20%）
17±1	7.56±0.19Aa	21.00±0.76Aa	32.66±0.031Aa	29.68±0.89Aa
22±1	4.22±0.40Bb	12.78±1.59Bb	17.11±0.79Bb	15.00±0.94Bb
27±1	3.33±0.29Bbc	8.31±1.28BbC	14.44±0.93Bb	12.11±1.64BCc
32±1	1.90±0.26Bc	1.20±0.72Dd	1.56±0.24Dd	2.00±0.37Dd

由 22℃下草地螟阿格姬蜂成虫存活曲线（图16）看出，喂食 20%蜂蜜水、10%蔗糖水后寄生蜂的存活曲线近似抛物线型，说明寄生蜂成虫饲喂初期死亡率较低，随着存活时间的延长，寄生蜂死亡率的增长速度逐渐升高，成虫末期死亡率最高。饲喂清水与不喂食情况下寄生蜂的存活曲线类似直线，即寄生蜂死亡率大致保持不变，但喂食清水的寄生蜂寿命明显比不喂食的寄生蜂寿命长。不喂食（对照）的成虫寿命最短，存活率随时间呈直线下降趋势。显然，在 22℃温度条件下，补充蜂蜜水、蔗糖水、清水可显著延长成虫的寿命、增加成虫的存活率，但不能延缓后期的死亡率。

② 营养条件对阿格姬蜂繁殖力的影响。营养条件对草地螟阿格姬蜂的繁殖有显著影响。喂食 20%蜂蜜水时其繁殖力最高，首先各指标分别为：雌蜂寿命 4.27d，雄蜂寿命 2.67d，产卵期为 4.42d，羽化子蜂总数为 10.00头；其次为 10%蔗糖溶液，补充清水时只可延长草地螟阿格姬蜂寿命而不能提高其繁殖力。在提供寄主条件下，20%蜂蜜水最适合繁殖，寿命长，羽化率高，羽化子蜂数为 10头，与其他营养条件比差异显著；最后为蔗糖，羽化子蜂数为 6.86头；最少

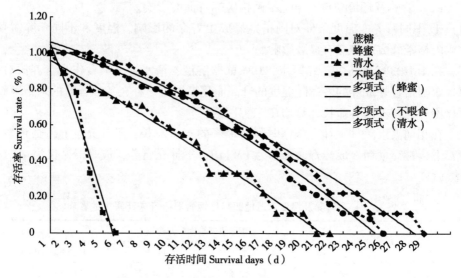

图16 22℃下草地螟阿格姬蜂成虫存活曲线

的是清水和不喂食，且二者羽化子蜂数差异不显著。

表14 营养条件对阿格姬蜂寿命和羽化率（产卵后）的影响

营养	寿命		产卵期（d）	羽化子蜂数（头）
	♀	♂		
蜂蜜（20%）	4.28±0.31Aa	2.67±0.34BbCc	4.42±0.72A	10.00±1.00Aa
蔗糖（10%）	2.74±0.49Bb	2.98±0.20BbCc	3.22±0.52AaB	6.86±0.85Bb
清水	2.17±0.15Bbc	1.81±0.20BCcde	1.96±0.21BbC	3.71±0.60Cc
不喂食	1.63±0.071BCde	1.23±0.061Ce	1.18±0.12bC	1.50±0.31Cc

③阿格姬蜂对不同龄期寄主的选择性。首先草地螟阿格姬蜂在4龄草地螟幼虫的寄生率最高，平均40.23%，选择系数为0.47；其次为5龄和3龄，寄生率分别为23.71%和20.02%，选择系数分别为0.29和0.25。

表15 阿格姬蜂对不同龄期寄主的选择性

寄主龄期	寄生数（头）	平均寄生率（%）	选择系数
3	5.99±0.19Cc	20.02±0.003Cc	0.25±0.005Cc

（续表）

寄主龄期	寄生数（头）	平均寄生率（%）	选择系数
4	11.87±0.11Aa	40.23±0.005Bb	0.47±0.004Aa
5	7.20±0.13Bb	23.71±0.006Aa	0.29±0.28Bb

④草地螟阿格姬蜂的趋性。草地螟阿格姬蜂成虫具强趋光性。在指形管中培养出的成蜂放在室内时，只要把管的一端朝向窗口，则所有的个体很快向管内朝向窗口的一端集中，在室外强光下或热光源影响下，表现得非常活跃。

草地螟阿格姬蜂成虫同时具较强的向上性，指形管中的成虫会沿管壁向上爬动，如果再将管倒置，成虫又会沿管壁向上爬动。

4. 草地螟阿格姬蜂的寄生功能反应

（1）草地螟阿格姬蜂对寄主幼虫密度功能反应。在23℃下研究了草地螟阿格姬蜂的寄生功能反应，结果表明其功能反应类型符合 Holling Ⅱ模型，且寄生蜂的功能反应与寄主密度和寄生蜂密度有关。在同一龄期寄主条件下，草地螟阿格姬蜂的寄生数量随寄主密度的增大而增加，当数量增加到30头时，寄生量趋向稳定，其曲线符合 Holling 功能反应Ⅱ型，即草地螟阿格姬蜂寄生量和草地螟幼虫数量呈负加速曲线型（图17），所以可用 Holling Ⅱ型圆盘方程模型拟合为：

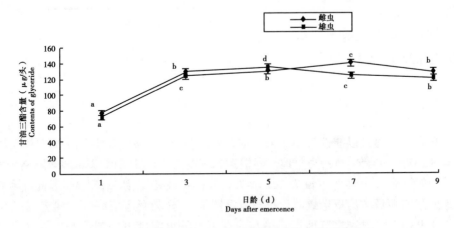

图 17　草地螟阿格姬蜂寄生量与草地螟幼虫密度的关系

（r=0.9307＊＊） $N_a = a\,T\,N_o\,/\,(1 + a\,T_h\,N_o)$

式中，N_o 为草地螟幼虫密度；N_a 为被寄生的幼虫数量，T 为搜寻总时间（本实验为 1d，因此取 $T=1$），a 为攻击系数，T_h 为处理 1 头寄主幼虫所用的时间。将其线性化为直线方程，然后用线性最小二乘法估算出参数 a 和 T_h 的值。从而得出草地螟阿格姬蜂功能反应数学模型为：$N_a = 0.7575 N_o / (1 + 0.7575 \times 0.0694 N_o)$；当 $N_o \to \infty$，$N_a = 1/T_h = 14.41$，这是寄生蜂在 24h 内最多可以寄生的幼虫头数；寄生蜂寄生 1 头幼虫所需时间为 0.0694h；瞬时攻击率 0.7575。由此模型可以求出草地螟阿格姬蜂对不同密度下的理论寄生数（表 16 中理论寄生数 I），与实际寄生数进行 χ^2 检验，$\chi^2 = 0.3637 < \chi^2 (0.05, 5) = 11.1$，$P = 0.9963$，差异不显著，表明经过实测值估算出的理论模型能很好地反应草地螟阿格姬蜂在不同幼虫密度下的寄生变化规律。

表 16 不同幼虫密度下草地螟阿格姬蜂的寄生量

草地螟幼虫 密度 P（头/盒）	实际草地螟 被寄生的数量 N_o（头）	理论草地螟 被寄生的数量 I（头）	理论草地螟 被寄生的数量 II（头）
10	5.20	4.96	4.81
15	5.80	6.35	6.52
20	7.00	7.39	7.60
25	8.20	8.18	8.32
30	10.40	8.82	8.85
35	9.00	9.34	9.24

（2）生物防治指标的研究。汪世泽等（1988）认为只有在寄主密度最合适时天敌才能保持搜索攻击行为的积极性，由此推导出 Holling III 型功能反应的新模式：

$$N_a = a \, e^{-b/N_o};$$

式中，N_0 为寄主幼虫密度，N_a 为被寄生的幼虫密度，a 为寄生蜂最大寄生量，b 为寄生蜂密度（$P=1$）时的最佳寻找密度。要估计 a 和 b 参数，首先将其线性化直线方程，以线性最小二乘法估算得出参数 a 和 b。由此得出数学模型为：$N_a = 12.0035 e^{-9.1513/N_o}$；当草地螟阿格姬蜂密度为 $P=1$ 时，1 头草地螟阿格姬蜂对草地螟幼虫最大日寄生量为 12.00 头，最佳寻找密度为 9.1513。因此在利用草地螟阿格姬蜂防治草地螟时，可将益害比 1:9 作为参考值。

由此模型可以求出草地螟阿格姬蜂在不同幼虫密度下的理论寄生数（表 17 理论寄生数 II），与实际寄生数进行 χ^2 检验，$\chi^2 = 0.4352 < \chi^2 (0.05, 5) = 11.1$，$P = 0.9943$，差异不显著，说明经过实测值估算出的理论模型能很好地反应草地螟阿格姬蜂在不同幼虫密度下的寄生变化规律。

（3）草地螟阿格姬蜂对草地螟的寻找效应。

①寄主幼虫密度对草地螟阿格姬蜂寻找效应的影响

寻找效应是寄生蜂在搜寻、选择、寄生过程中对寄主攻击的一种行为效应。Holling（1959）认为寄生物的寄生量并非无限制增长，其寻找效应与寄主密度有极大关系，随着寄主密度的升高，寄生物搜寻所需时间减少，寄生率相应升高，由此提出了寻找效应与寄主密度的模型：

$$E = a \,/\, (1 + a\,T_h N_o)$$

上式中得各参数均为功能反应参数，由此得出草地螟阿格姬蜂的寻找效应的数学模型为：

$$E = 0.757\,5 \,/\, (1 + 0.757\,5 \times 0.069\,4\,N_o),$$

由表18可知，草地螟阿格姬蜂的寻找效应随着草地螟密度的增加而降低。

表17　草地螟幼虫密度与草地螟阿格姬蜂寻找效应的关系

草地螟幼虫密度 N_o（头）	寻找效应 E
10	0.496 5
15	0.423 5
20	0.369 3
25	0.327 3
30	0.293 9
35	0.266 7

②草地螟阿格姬蜂自身密度对其寻找效应的影响

寻找效应与寄主密度、寄生物密度的关系为：$E = N_a \,/\, (NP)$。

式中，N_a 为被攻击的寄主数量；N 为寄主密度；P 为寄生蜂密度。根据上式计算出不同密度草地螟阿格姬蜂对草地螟幼虫的寻找效应（表18）。

表18　草地螟阿格姬蜂自身密度干扰下对草地螟幼虫的寻找效应

蜂密度 P（头/盒）	实际草地螟被寄生的数量 N_a（头）	寻找效应观察值（E）	Hassell 模型-寻找效应值	Beddington 模型-寻找效应值
1	11	0.366 7	0.410 5	0.423 1
2	8	0.133 3	0.118 4	0.107 1
3	6	0.066 7	0.057 2	0.047 52
4	4	0.033 3	0.034 1	0.030 54
5	3	0.020 0	0.022 9	0.022 5

（4）正在寻找的寄生蜂种群个体间加入相互干扰的影响，采用 Hassell 提出的寻找效应（E）与寄生物密度（P）的关系数学模型：$E = QP^{-m}$；式中：Q 为寻找参数；m 为相互干扰参数。将上模型转化为直线式，拟合计算 Q、m 的值，得到 Hassell 寻找效应与寄生物密度的数学模型：

$$E = 0.410\ 5\ P^{-1.793\ 7}$$

（5）同样，利用表 12 的数值，采用 Beddington 提出的寻找效应（E）与寄生物密度（P）的关系数学模型：

$$E = aT / (1 + bt_w R),\ R = P - 1$$

式中，a 为寄生物的攻击率；T 为寻找消耗时间与其他寄生物相遇消耗的时间的总和（实验时间）；b 为寄生物之间的相遇率；t_w 为每个寄生物一次相遇消耗的时间；P 为寄生物的密度。将上模型转化为直线式，计算 a、bt_w 的值，进而得出方程式：

$$E = -0.423\ 1 / (1 - 4.952\ 0R),\ R = P - 1$$

将以上 2 个数学模型（Ⅰ 和 Ⅱ）中的寻找效应（E）与寄生物密度（P）的观察值和理论值绘制成图 18。

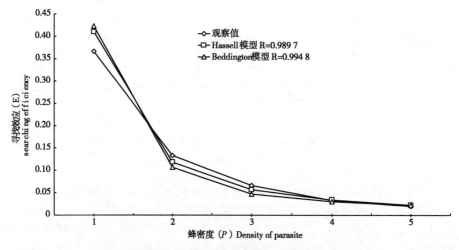

图 18　草地螟阿格姬蜂自身密度 P 与寻找效应 E 的关系

从图 18 可以看出，两模型都很接近观察值说明这两个模型能很好地预测草地螟阿格姬蜂对草地螟幼虫的寻找效应。草地螟阿格姬蜂的寻找效应随自身密度的增加而降低，说明在草地螟阿格姬蜂的寄生过程中群内不同个体之间存在相互干扰现象。

（6）相互干扰对草地螟阿格姬蜂寄生寄主幼虫的影响。

表19　不同密度寄生蜂寄生不同密度寄主的寻找效应

蜂密度 P（头）	草地螟幼虫密度 N_o（头/盒）	实际草地螟被寄生的数量 N_a（头）	寻找效应（E）	Hassell 模型–寻找效应值 I	Beddington 模型–寻找效应值 II
1	15	3. 0	0. 200 0	0. 249 2	0. 369 9
2	30	13. 5	0. 225 0	0. 157 0	0. 216 9
3	45	16. 8	0. 124 4	0. 120 0	0. 153 4
4	60	24. 2	0. 100 8	0. 098 84	0. 118 7
5	75	26. 2	0. 069 9	0. 085 18	0. 096 79

（7）正在寻找的寄生蜂种群个体间加入相互干扰的影响，采用 Hassell 提出的寻找效应（E）与寄生物密度（P）的关系数学模型：

$$E = QP^{-m}$$

式中，Q 为寻找参数；m 为相互干扰参数。拟合得到 Hassell 寻找效应与寄生物密度的数学模型：

$$E = 0.249\ 2\ P^{-0.667\ 0}$$

因此，可以求出此模型下的寻找效应值（表19 Hassell 模型–寻找效应值 I），与观察值（表19 寻找效应值 E）进行 χ^2 检验，$\chi^2 = 0.041\ 4 < \chi^2\ (0.05, 5) = 11.1$，$P = 0.999\ 8$，差异不显著，表明经过实测值估算出的理论模型能反应草地螟阿格姬蜂在不同幼虫密度、蜂密度下的寄生变化规律。

（8）Beddington（1975）提出寻找效应 E 与寄主密度 N，寄生物密度 P 关系的数学模型为 $E = a'\ T / (1 + a'\ T_h N + b t_w R)$，$R = P - 1$。首先用 Holling Ⅱ型圆盘方程计算出 $a = 0.534\ 0$ 和 $T_h = 0.013\ 21$，同样，利用表19 的数值，采用 Beddington 提出的寻找效应（E）与寄生物密度（P）的关系数学模型而得出方程式：$E = 0.283\ 9 / (1 + 0.684\ 2R)$，$R = P - 1$。Holling 圆盘方程的 a 和 Beddington 自身密度功能反应的 a 加权平均求得合并的攻击率 $a' = 0.409\ 0$；又圆盘方程求得 $aT_h = 0.007\ 054$；由自身密度的功能反应求得 $bt_w = 0.674\ 2$。将上述参数代入 Beddington 的寻找效应模型得到寻找效应与寄主密度、自身密度间的三维关系式为：

$$E = 0.409\ 0 / (1 + 0.007\ 054N + 0.674\ 2R)，\quad R = P - 1$$

由此模型可以求出寻找效应在不同寄主密度、不同蜂密度下的理论值（表19 理论寻找效应值 II），与 $E = N_a / (NP)$ 计算出的寻找效应值进行 χ^2 检验，$\chi^2 = 0.047\ 7 < \chi^2\ (0.05,\ 5) = 11.1$，$P = 0.999\ 7$，差异不显著，表明估算出的理论模型较好的反应草地螟阿格姬蜂在不同幼虫密度，蜂密度下的寻找效应。

5. 草地螟阿格姬蜂成虫对不同寄主的趋性行为

（1）阿格姬蜂雌蜂对不同幼虫气味的趋性行为测定。能引诱寄生蜂产生行为反应的挥发性气味包括寄主昆虫和寄主虫粪挥发的气味，这两种挥发性气味物质结合起来可对寄生蜂达到一定的引诱效果，因此针对草地螟幼虫体表和虫粪挥发的气味对草地螟阿格姬蜂的趋性行为进行了研究。结果见图 19。

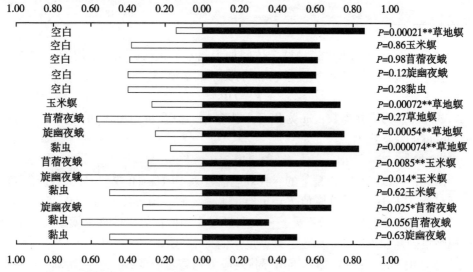

图中每个处理组合观察的阿格姬蜂均为 30 头，条形图内数据表示每一组合的两处理差异显著性的 P 值：* 表示 $P<0.05$，** 表示 $P<0.01$。下同

图 19　草地螟阿格姬蜂对不同幼虫的嗅觉反应

从图 19 中看出，在草地螟、玉米螟、苜蓿夜蛾、旋幽夜蛾、黏虫与空白对照之间，草地螟阿格姬蜂对几种幼虫的选择率分别为 86.0%、62.0%、61.0%、60.5%、60.5%，除对草地螟有极显著性选择（$P<0.01$）外，对其他幼虫均无显著性选择；在草地螟与玉米螟、苜蓿夜蛾、旋幽夜蛾、黏虫之间，除草地螟与苜蓿夜蛾组合外，雌蜂在草地螟与其他幼虫组合中均明显趋向于草地螟且差异极显著（$P<0.01$）；在玉米螟与苜蓿夜蛾、旋幽夜蛾、黏虫之间，除玉米螟与旋幽夜

蛾组合外，其他组合中雌蜂均明显趋向于玉米螟，对玉米螟与苜蓿夜蛾的选择差异极显著（$P<0.01$），对玉米螟与旋幽夜蛾的选择差异显著（$P<0.05$）；在苜蓿夜蛾与旋幽夜蛾、黏虫之间，苜蓿夜蛾与旋幽夜蛾组合，雌蜂对苜蓿夜蛾显著性选择（$P<0.05$），而与黏虫组合，雌蜂趋向于黏虫；在旋幽夜蛾与黏虫之间，对二者选择率均为 50%，无显著性差异。

以上看出，草地螟阿格姬蜂对不同寄主幼虫的趋性大小依次为草地螟>玉米螟>苜蓿夜蛾>旋幽夜蛾=黏虫。

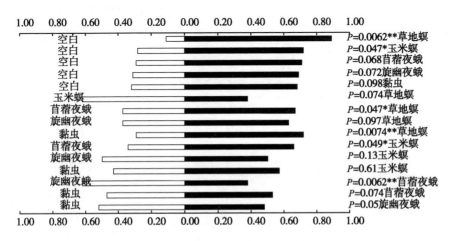

图 20　草地螟阿格姬蜂对不同寄主虫粪的嗅觉反应

（2）草地螟阿格姬蜂雌蜂对不同供试寄主幼虫虫粪的趋性。从图 20 看出，在草地螟、玉米螟、苜蓿夜蛾、旋幽夜蛾、黏虫与空白对照之间，草地螟阿格姬蜂对几种幼虫虫粪的选择率分别为 89.0%、72.0%、71.0%、69.0%、68.0%，除对草地螟极显著选择（$P<0.01$）、对玉米螟显著选择（$P<0.05$），草地螟阿格姬蜂对其他虫粪无显著性选择。在草地螟与玉米螟、苜蓿夜蛾、旋幽夜蛾、黏虫之间，雌蜂除在草地螟与玉米螟组合中偏向于玉米螟外，在草地螟与其他幼虫虫粪组合中均趋向于草地螟虫粪，草地螟与黏虫虫粪组合差异极显著（$P<0.01$），草地螟与苜蓿夜蛾虫粪组合差异显著，与旋幽夜蛾组合无显著性差异；在玉米螟与苜蓿夜蛾、旋幽夜蛾、黏虫之间，雌蜂在玉米螟与旋幽夜蛾组合明显偏向玉米螟，在草地螟与其他组合中均无显著性差异；在苜蓿夜蛾与旋幽夜蛾、黏虫之间，雌蜂不都偏向于苜蓿夜蛾，前者偏向于旋幽夜蛾，且差异极显著（$P<0.01$）；在旋幽夜蛾与黏虫组合中，略偏向于黏虫虫粪，且差异不显著。

以上看出，草地螟阿格姬蜂对不同幼虫虫粪的趋性大小依次为玉米螟>草地螟>苜蓿夜蛾>黏虫＝旋幽夜蛾。

（3）草地螟阿格姬蜂对不同供试寄主寄生情况测定。试验结果表明，草地螟阿格姬蜂寄主专一性强，在提供多种幼虫条件下，草地螟阿格姬蜂不能在玉米螟、黏虫、苜蓿夜蛾、旋幽夜蛾、上产卵寄生，多集中在养虫盒顶部活动，通过"Y"形嗅觉仪试验，草地螟阿格姬蜂对其他幼虫和虫粪有一定的趋性，说明对不同幼虫有搜寻行为，但在提供不同幼虫条件下，并未作出寄生行为，只有提供草地螟幼虫时才能被草地螟阿格姬蜂雌蜂寄生。总之，草地螟阿格姬蜂的寄生专一性表现在对草地螟具有搜寻、寄生行为，对其他幼虫只具有搜寻行为，不作寄生。

表20　草地螟阿格姬蜂对不同寄主的选择性

组别	寄主类型		寄生率（%）
a	草地螟		39.78
b	黏虫		0
c	玉米螟		0
d	苜蓿夜蛾		0
e	旋幽夜蛾		0
f	草地螟和黏虫	草地螟	41.41
		黏虫	0
g	草地螟和玉米螟	草地螟	40.24
		玉米螟	0
h	草地螟和苜蓿夜蛾	草地螟	37.88
		苜蓿夜蛾	0
i	草地螟和旋幽夜蛾	草地螟	36.85
		旋幽夜蛾	0
j	草地螟和棉铃虫	草地螟	41.00
		棉铃虫	0

第三节 草地螟寄生性天敌的扩繁技术

利用天敌昆虫控制草地螟的发生与为害，其关键技术是天敌昆虫能够在草地螟大发生时能够大量扩繁。因此，研究草地螟天敌的扩繁技术具有很重要科研价值和实用价值。

草地螟伞群追寄蝇的扩繁技术如下。

伞裙追寄蝇，是我国草地螟幼虫上的重要优势寄生性天敌之一。应用这种寄生蝇控制草地螟等害虫具有很多优点，概括起来主要有以下有点。

①它可寄生多种害虫（草地螟、黏虫、斜纹夜蛾、甜菜夜蛾等）。

②它的发育速率较快，种群可以快速的增长，饲养方便。

③它控制效果好，能快速、有效地的阻止害虫幼虫为害。

④它不仅能在一定程度上控制害虫的种群数量，而且能控制害虫的当代危害。

⑤克服了传统人工继代繁育的弊端，使伞群追寄蝇能进行周年性累积繁育。

我们利用草地螟伞裙追寄蝇的替代寄主进行伞裙追寄蝇的扩繁取得了良好的效果。

1. 种苗的培育

（1）种苗品种选择。种苗选择小麦，选择颜色正，颗粒大、饱满、形状规则、质地均匀的种子。

（2）种苗的快繁。

① 快繁培育条件：种苗种植生长的最佳环境条件：温度（23±1）℃、相对湿度70%~80%、光周期 L：D＝14h：10h。

② 播种：在搪瓷托盘（白底蓝边，38~50cm）铺约1cm厚的培养基质（蛭石、草炭等），将小麦种子播种于培养基质上，密度为一粒挨着一粒，再盖约1cm厚的培养基质，将培养基质浇透。将种子播种日记作第1天。

③ 发芽：将播种好的托盘置于培养箱内，进行发芽。发芽生长到苗高大约为2cm时，从培养箱中取出，在室内进行生长。在苗高大约为10cm时即可用于饲养黏虫。

从种子到所需要的苗共培育9d，苗高大约为10cm，即可用于饲喂寄主幼虫。

2. 寄主（黏虫）的扩繁

（1）黏虫的获取方式。8月在中国农业科学院草原研究所沙尔沁试验基地采集黏虫 Mythimna separata（Walker）的 4~5 龄幼虫，移至实验室内进行人工扩繁。

（2）黏虫幼虫的饲养方法。

① 将黏虫的卵置于放有滤纸的培养皿中，滤纸保持湿润，用保鲜膜将口封住，置于室内［温度（23±1）℃，空气相对湿度 60%~70%］或培养箱内（温度 23℃，空气相对湿度 60%，光周期 L：D=14：10）进行孵化。

② 刚孵化的幼虫用培育 9d 的小麦幼苗进行饲养，在培养皿中每天放 2~3 棵小麦幼苗。

③ 1~2 龄幼虫在培养皿内饲养，空气相对湿度控制在 60%~70%，每天添加新鲜的小麦幼苗。

④ 3~4 龄幼虫需每天进行小麦幼苗和滤纸的更换，用孔径 2mm 的标准筛进行筛换。

⑤ 5 龄幼虫移入养虫盒（长×宽×高，29cm×14.5cm×14.5cm）内进行饲养，20~30 头/盒，盒底放入折好的带有褶皱的纸片供其化蛹，用纱布封口，每天添加新鲜的小麦幼苗，并做好消毒灭菌工作。

⑥ 将即将化蛹的老熟幼虫移入有土的养虫盒（直径为 10cm）内，保持土的湿度，待其羽化后，将成虫搜集，进行饲养。

（3）黏虫成虫的饲养方法。将羽化后的成虫雌雄配对后置于自制的成虫饲养及产卵容器，补充质量分数为 15% 的蜂蜜水，以维持成虫的生命力和生殖力。该饲养器具以细铁丝弯制成圆柱形，外套一次性塑料袋，袋用解剖针刺孔，保持通透性，在铁丝上缠绕聚丙烯捆扎带供黏虫产卵，每天更换聚丙烯捆扎带。

（4）黏虫卵的保存方法。收集有卵的捆扎带在 4~10℃ 冰箱保藏 30d 仍可保证 80%~85% 的孵化率。该器具制作简易，收卵方便。

（5）黏虫成虫对产卵底物的选择。在细铁丝弯制成圆柱形饲养器具，外套一次性塑料袋，袋用解剖针刺孔，保持通透性，在铁丝上捆扎红色、绿色聚丙烯带和报纸条，放入 10 对黏虫成虫（1 雌 1 雄为 1 对），统计在不同底物的产卵量。实验重复 3 次，结果取平均值。结果如表 21 所示。

表 21 可知，黏虫成虫喜欢在红色聚丙烯绳上产卵，产卵量显著高于绿色聚丙烯绳和报纸条，所以在黏虫卵的搜集过程，选用红色聚丙烯绳，便于搜集而且

操作简单。

表21　黏虫在不同产卵底物的产卵量

产卵底物	重复			平均产卵量（粒）	差异显著性分析
	1	2	3		
红色聚丙烯绳	2 318	2 416	2 382	2 372	Aa
绿色聚丙烯绳	1 596	1 636	1 683	1 638.3	Bb
报纸条	593	603	622	606	Cc

大小写字母分别表示1%和5%差异显著水平，同一列不同字母为Duncan氏多重比较差异显著

3. 接种（接寄主）

（1）寄主遴选。选择黏虫优势寄生的寄主——伞群追寄蝇，以其幼虫作为繁蝇寄主。

（2）保种种群的建立与维持。建立伞群追寄蝇的保种种群，保种环境条件为：温度（23±1）℃，空气相对湿度60%~70%，光周期L∶D=14h∶10h。定期从野外采集伞群追寄蝇成虫种群进行复壮。

（3）接种。

① 接种幼虫龄期的选择。分别将3龄、4龄、5龄的50头黏虫幼虫放于3个养虫盒（长×宽×高，29cm×14.5cm×14.5cm）内，每个养虫盒各接入1头已完成交配、健壮且待产卵的伞群追寄蝇雌蝇，用小麦幼苗作为寄主植物，将养虫盒置于培养箱内（温度23℃，空气相对湿度60%，光周期L∶D=14∶10）。

伞群追寄蝇将卵产于寄主（黏虫）幼虫体表，将带有卵的黏虫幼虫在人工气候箱（温度23℃，空气相对湿度60%，光周期L∶D=14∶10）内继续培养，观察并统计寄生数（所述寄生数是指体表有伞群追寄蝇卵粒的黏虫数量）；黏虫幼虫即将化蛹时（即将化蛹的黏虫身体缩短且体色变为黄褐色，取食量减少），将带有伞群追寄蝇卵粒的黏虫幼虫放入有土的小盒内，保证待羽化的黏虫幼虫入土化蛹，此过程仍在培养箱内（温度23℃，空气相对湿度60%，光周期L∶D=14∶10）进行，直至伞群追寄蝇出蝇，观察并统计出蝇数。从接种待产卵的伞群追寄蝇雌蝇到收获成蝇，整个繁蝇周期为32~35d。

实验重复5次，结果取平均值，结果如表22所示。

表22　伞群追寄蝇对不同龄期黏虫的选择性

龄期	寄生数	出蝇数
5龄	(45.6±1.40) Aa	(43.2±1.19) Aa
4龄	(45.2±1.50) Aa	0Bb
3龄	(46.4±1.41) Aa	0Bb

大小写字母分别表示1%和5%差异显著水平，同一列不同字母为Duncan氏多重比较差异显著

表22结果表明，伞群追寄蝇对不同龄期的黏虫幼虫都产卵，且产卵量数量无差异，但所出成虫有明显的差异性。其中，5龄的黏虫幼虫所出的伞群追寄蝇最多，3龄、4龄幼虫所出的伞群追寄蝇为0头。因此，在扩繁伞群追寄蝇时应选择5龄的黏虫幼虫进行接种，出蝇效果最好。

②接种寄主（黏虫）量的选择以及接蝇比的确定。在5个养虫盒（长×宽×高，29cm×14.5cm×14.55cm）分别放入10头、20头、40头、50头、60头5龄的黏虫幼虫，每个养虫盒各接入1头已完成交配、健壮且待产卵的伞群追寄蝇雌蝇，用小麦幼苗为寄主植物饲养黏虫幼虫，将养虫盒置于培养箱内（温度23℃，空气相对湿度60%，光周期L:D=14:10）。

伞群追寄蝇将卵产于寄主（黏虫）幼虫体表，将带有卵的黏虫幼虫在人工气候箱（温度23℃，空气相对湿度60%，光周期L:D=14:10）内继续培养，观察并统计寄生数（所述寄生数是指体表有伞群追寄蝇卵粒的黏虫数量）；黏虫幼虫即将化蛹时（即将化蛹的黏虫身体缩短且体色变为黄褐色，取食量减少），将带有伞群追寄蝇卵粒的黏虫幼虫放入有土的小盒内，使幼虫黏虫入土化蛹，此过程仍在培养箱内（温度23℃，空气相对湿度60%，光周期L:D=14:10）进行，直至伞群追寄蝇出蝇数，观察并统计出蝇数以及后代雌性比率。从接种待产卵的伞群追寄蝇雌蝇到收获成蝇，整个繁蝇周期为32~35d。

实验重复5次，结果取平均值，结果如表23。

表23　不同黏虫幼虫密度对伞群追寄蝇的寄生作用

接蝇比	平均产卵量	寄生数量	出蝇数	后代雌雄比率
1:50	(29.904±6.1959) Aa	(24.15±3.4575) Aa	(26.3014±5.9202) Aa	(1:1) Aa
1:60	(24.9317±2.8574) Aa	(14.85±0.4854) Bb	(12.5087±1.5008) Bb	(1:1) Aa
1:40	(25.6785±3.5331) Aa	(14.96±1.7021) Bb	(9.405±0.5116) Bb	(1:1) Aa
1:20	(36.7143±3.092) Aa	(9.095±1.7304) Bbc	(7.22±0.7867) Bb	(1:1) Aa

（续表）

接蝇比	平均产卵量	寄生数量	出蝇数	后代雌雄比率
1：10	（25.225±4.958 7）Aa	（8.577 5±1.104 5）Bc	（4.124 7±0.975 3）Bb	（1：1）Aa

大小写字母分别表示1%和5%差异显著水平，同一列不同字母为Duncan氏多重比较差异显著

表23结果所示，不同接种寄主（黏虫）数量对伞群追寄蝇后代的出蝇情况有显著影响，出蝇数随着接种黏虫幼虫数量的增加而增加，但增加到一定数量后，随接种寄主数量的增加而减少。可能是在寄主少时，由于每头黏虫平均被寄生的卵量太大，导致出蝇较少。由此可见，每个养虫盒（长×宽×高，29cm×14.5cm×14.5cm）1头雌蝇接种50头黏虫幼虫是最佳接种量。若用"养虫盒"（扩繁室）室内底面积衡量接种寄主虫数，则理论上的较为适宜的接种寄主幼虫数为：50×1÷（0.29×0.145）= 1 189头/m²，所以扩繁天敌—伞裙追寄蝇时，应根据扩繁室的底面积确定接种寄主的数量。

另外，在接蝇比为1：10、1：20、1：40、1：50、1：60时，伞群追寄蝇的后代雌性和雄性比率均为1：1，不同接种寄主数量对伞群追寄蝇的后代雌性比率无显著性差异。可见，接蝇比以1：50较为适宜，节省成本，提高空间利用效率。因此，按1：50（伞群追寄蝇：黏虫幼虫）的比例接入蝇虫。

从上述试验结果可以看出，扩繁伞群追寄蝇的最佳技术方案如下。

生长期为9d的小麦幼苗+1 189头/m²扩繁室有效底面积的接种密度的5龄黏虫幼虫+接蝇比为1：50的伞群追寄蝇雌蝇。

该方案可以大大节约繁蝇成本，能促进伞群追寄蝇的大规模繁殖乃至商品化生产。

在室内繁殖伞群追寄蝇时，从种植寄主食物小麦、接种寄主（黏虫）幼虫、接种伞群追寄蝇到成蝇羽化，共需要46d左右时间（具体见表24）。从接种伞群追寄蝇到收获成蝇，整个繁蝇周期为32～35d。在一定温度范围内，伞群追寄蝇随着温度的升高发育周期缩短，因此，繁育周期也会相应地缩短。

表24　伞群追寄蝇的生产周期

生产流程	时间（d）
培育小麦苗	1～9
接种5龄黏虫幼虫	10
接种伞群追寄蝇	11～14

（续表）

生产流程	时间（d）
伞群追寄蝇的发育	15~45
收集伞群追寄蝇成蝇	46

4. 伞群追寄蝇的保存方法——低温贮存

将化蛹的黏虫（寄生有伞群追寄蝇）放置于盛有潮湿细沙的塑料容器中，然后将其放入冰箱（4±2）℃中保存，每天喷水保湿。研究不同保存期冷藏保存对黏虫蛹及其寄蝇羽化率的影响。实验重复5次，结果取平均值。结果如表25。

从表25结果看出，储存时间越长可显著降低伞裙追寄蝇的羽化率。未经储存的伞裙追寄蝇越冬羽化率为9.30%。随着储存时间的推移，伞裙追寄蝇的羽化率明显降低，且在"0~100d"的不同储存时间的羽化率间存在极显著差异（$P<0.01$），但储存至110d与储存至150d的羽化率间无显著性差异。因此，长时间储存，伞裙追寄蝇的羽化率显著降低。

从相对羽化数据看，储存20d的相对羽化率为92.5%，储存35d的相对羽化率为77.8%，储存48d的相对羽化率为57.8%，储存58d的相对羽化率只有为43.5%，表明对寄蝇越冬蛹可做短时期储存（20~35d）较为适宜，最长储存时间不能超过50d。

表25　储存时间对伞裙追寄蝇羽化的影响

存储时间（d）	调查虫茧数	伞裙追寄蝇出蝇数	羽化率（%）	相对羽化率（%）
未低温储存	12 456	1094	（9.300±0.069）Aa	100%
20	2 660	223	（8.605±0.067）Bb	92.5%
35	1 989	135	（7.233±0.056）Cc	77.8%
48	2 105	106	（5.379±0.056）Dd	57.8%
58	4 781	184	（4.044±0.031）Ee	43.5%
70	4 532	109	（2.408±0.016）Ff	25.9%
80	6 199	82	（1.427±0.017）Gg	15.3%
100	5 717	59	（1.121±0.012）Hh	12.1%
110	5 718	43	（0.763±0.017）Ii	8.2%
150	5 957	40	（0.725±0.011）Ii	7.8%

第六章　天敌昆虫的滞育诱导和低温储存

第一节　天敌昆虫的滞育诱导研究概况

昆虫个体发育的阶段可以在隆冬季节亦可在酷暑季节，出现一段或长或短的生长发育暂时停止现象，即通常所谓的"越冬"或"越夏"。经查阅文献得知昆虫的滞育特点是具有遗传性的，目的是为了更好地适应外界恶劣的环境，从而使他们的生活周期与季节变化保持一致。

昆虫滞育是周期性出现的，其原因是外界的不良环境条件引起，通常在这种条件还未出现时，昆虫即已进入滞育。

不同的昆虫种群的滞育现象也表现出不同的差异性，所以直到目前为止也很难给滞育下一个准确的定义，Duclaux 首次观察到了家蚕胚胎滞育现象。1893 年 Wheeler 等人在研究一种草螽（*Xiphidium ensiferum*）卵的胚胎发育时，最早运用"滞育"这个术语描述此现象。Henneguy 于 1904 年对滞育做出了一个全新的解释，他认为幼虫生长、发育或生殖停止或被抑制。此后，滞育一词用于描述昆虫的生长发育停顿的现象，被大家认可和沿用。在 1929 年 Shelford 提出，滞育现象应该是昆虫自身"自发地"的停止发育活动，与外界的恶劣的环境条件是没有直接的联系的，由此，Shelford 也提出了与滞育概念相近的休眠"Dormancy"，而且他还提出昆虫出现休眠是由于恶劣的环境条件抑制的结论，以此推出恶劣的环境条件直接引起昆虫生长中断，这就是滞育的现代概念，而且被大家一直沿用至今，这个结论与 Dickson 在 1949 提出的新概念相似，它的具体内容是指昆虫不发育的生理状态而且它能使有机体在不利的环境中生存，当有机体进入滞育时，无论外界条件如何改变，也不能马上解除滞育，必须经历一定的时间和特定的条件方可解除否则它会一直保持滞育状态。Lavenseau 在 1986 年从遗传水平的层面对滞育状态的定义做了补充使其更加完善。

随着人们对昆虫滞育现象的不断研究，目前滞育的定义已逐渐明确，但是也有学者认为滞育是昆虫预先感受到恶劣环境即将到来的某种信号（例如光周期），他们通过体内一系列的生理生化变化及编码的过程，之后诱导机体进入滞育，所以说滞育现象是昆虫为适应环境长期进化过程中所形成的一种特殊功能，是昆虫生活史中出现的周期性的一个生理现象，而且是由遗传基因决定的一种发育减缓的生长状态，不因为逆境而终止结束却，随着众多学者的不断深入研究，昆虫滞育的概念会更加丰富和完善。

一、滞育与环境因素的关系

昆虫能够感受到光照周期、温度、食料等因子的变化，从而通过改变生活史以适应季节等条件的变化，我们所说的迁飞是昆虫在空间上应对不利环境的一种现象，而现在我们所说的滞育是昆虫在时间上逃避不利的环境的一种现象，昆虫的这些特性都是为避免在不利的环境条件下导致其种群遭受毁灭的有效手段。众所周知研究昆虫的滞育现象不仅可以保护益虫而且对害虫的防治也有重要意义，而昆虫滞育的诱导因素是防治害虫的重要突破口，因此研究滞育的诱导因素是非常有意义的。昆虫生活的外界环境中，影响昆虫滞育有很多因素，不同的地理种群对相同的诱导因素所产生的滞育效果不同，因此在自然界中，影响滞育的条件并不单一而是多个因子相互作用的结果。

1. 光周期

光周期是指一天的光照时数与黑暗时数交替变化的节律，光周期的变化是有规律的而且可以准确的预测季节的变化，因此光周期成为影响昆虫滞育的主要环境因素之一，所以昆虫在感受光照得时间低于或者高于临界光照周期时，就会进入滞育状态。

2. 温度

温度是影响昆虫滞育的另一个重要因素，在自然条件下，昆虫是以24h为周期的季节性温度变化的条件中生活，高温通常出现在白天（通常称为光期），而低温出现在夜间（称为暗期），温度的变化同光周期一样也是有据可寻的，同样也可预测季节的变化而且也影响昆虫的滞育。对于大多数昆虫而言，温度对滞育诱导影响的研究工作主要是在实验室的恒温条件下进行的，如红足侧沟茧蜂 Microplitis croceipes、大草蛉 Chrysopa pallens 等。

3. 食料因子

有的昆虫随着食料的改变而进入滞育，但大多数昆虫的滞育是因为温度和光周期的改变而影响食料的变化。食料因子不但直接影响而且还间接的影响部分昆虫滞育的维持以及解除，从而导致滞育后发育。Tauber 提出食物的质量对滞育也能产生间接的影响，比如昆虫食取不适宜的食物或者食物不足时，昆虫都能接收到信号从而进入滞育。

4. 密度

通常昆虫种群的数量过多会导致食物量以及食物质量和数量的减少，所以此二者对滞育的影响很难划分出来一个明显的界限，但是对于一些群居类昆虫来说，例如贮粮类害虫，拥挤的环境对其滞育也有明显的作用。

5. 湿度

虽然湿度也影响滞育，但它主要是通过改变光照周期和温度而间接的影响滞育的诱导，但湿度并不是影响滞育的主要因素。

二、滞育昆虫的生理生化特点

随着昆虫进入滞育阶段以后，他们的体内会发生一系列生理及生化的变化，目的是为了适应特殊的环境，这些变化会导致昆虫的各级调控机制参与调控滞育的出现，不同的昆虫其调控机制也各不相同。

1. 昆虫体内代谢物质的积累

大多数昆虫在发生滞育过程的前期都会经历一个迅速取食的阶段，目的是为其滞育过程中的发育生长提供能量或者是为滞育后期储存能量作准备，从而满足其在发育过程中的需求。例如中华通草蛉的成虫在滞育前期，它的卵黄的形成以及卵巢发育都会停止工作，而昆虫的机体却开始为滞育后期积累储存蛋白质、糖类等生命活动所必须物质。

2. 昆虫体内能量代谢的降低

昆虫进入滞育后其代谢活动也逐渐变慢，大部分昆虫的耗氧量呈 U 形曲线式的变化，如中华通草蛉、侧沟茧蜂等均符合这一规律，但是也有特例，比如鞭角华扁叶蜂（*Chinolyda flagellicornis*）滞育期间其代谢速率不属于此种变化类型，其滞育的代谢速率几乎不受外界条件的影响。

3. 滞育期间生理生化物质变化

在滞育期间的昆虫主要涉及蛋白质、糖类以及脂肪在有机体中含量变化，比如碳水化合物含量的多少对以胚胎滞育以后的生长发育起着非常重要的作用。与滞育相关的滞育关联蛋白在滞育过程中随着滞育的结束含量也逐渐降低；此种蛋白存在于多种昆虫体内，如马铃薯甲虫 *Leptinotarsa decemlineata*、酸模叶甲 *Gastro-*

physa atrocyanea 等滞育机体内，脂肪酸的组成以及其含量的多少对滞育与非滞育的昆虫也有明显的影响，有些科研人员认为滞育期间保护酶活性的变化也是极为重要的。

三、天敌昆虫滞育的研究进展

天敌昆虫在抑制害虫种群数量起着重要的作用，利用天敌昆虫防治农业害虫不仅是控制害虫的有效方法，也是今后害虫管理的方向。

在生物防治领域，滞育现象在多种天敌昆虫中存在，通过对天敌昆虫的调控滞育，可实现昆虫种的长期储存，延长天敌昆虫产品的货架期、提高产品抗逆性、延长防控作用时间、提高天敌昆虫的抗逆性和繁殖力的目标。对于植物保护这一学科而言，天敌昆虫的滞育研究，可以使人类更好地利用天敌昆虫，在需要天敌昆虫时，可以立即投入使用，这样可以真正的实现无公害防治。

1. 捕食性天敌昆虫

利用滞育的特性，对捕食性天敌昆虫滞育的研究和调控成功的主要集中在草蛉、瓢虫等。

周伟儒的研究结果表明，草蛉是以成虫进行兼性滞育越冬的昆虫，郅伦山对草蛉的研究滞育集中于成虫的越冬能力，许永玉明确了引起草蛉的滞育的主要环境因子，同时也确认了敏感虫态，郭海波对草蛉的滞育生理生化机制进行了深入研究。

瓢虫的取食复杂，所占的较大比例为捕食性瓢虫。对蚜虫、白粉虱等害虫有良好的控制效果，是最重要的天敌昆虫类群之一。王伟等初步明确了瓢虫的滞育诱导因子和其敏感虫态，目前仅有少数种草蛉、瓢虫的滞育调控因子已经初步确定，研究内容也局限于环境因子的研究。大部分的滞育机制都未研究清楚。

2. 寄生性天敌昆虫

寄生性天昆虫滞育研究主要集中于膜翅目小蜂总科（*Chalcidoidea*）、茧蜂科（*Braconidae*）、姬蜂科（*Ichneumonidae*）和双翅目的寄蝇科（*Tachinidae*）。前人对寄生性天敌昆虫的滞育研究主要集中在滞育的调控因子和滞育的敏感虫态，浑之英的研究结果表明，调控中红侧沟茧蜂 *Microplitis mediator*（Haliday）的滞育因子为光周期；而有关赤眼蜂的滞育报道主要集中在前苏联学者，国内学者陈红印和李丽英也做过深入的研究，明确了滞育诱导的条件和解除因子。徐忠宝对草地螟阿格姬蜂进行了滞育的初步研究，明确了其滞育诱导因子和其敏感虫态，而对寄生性天敌滞育机理还尚不清楚。有关寄生蝇的报道大多集中在生物学特性的观察，滞育的相关报道和研究较少。

第二节　伞裙追寄蝇滞育特性及低温冷藏技术

利用伞裙追寄蝇防治草地螟既保护了生态环境，又维护了生态平衡，还丰富了物种多样性。为了保护利用伞裙追寄蝇，充分发挥其天敌作用，指导草地螟的生物防治。虽然伞群追寄蝇能进行周年性累积繁育，克服传统人工继代繁育的弊端。但是在室内的多代繁殖，会造成蝇种的生殖力等生物学特性下降，造成防治效果明显降低。利用滞育的伞裙追寄蝇，可以延长贮藏时间，在防治害虫是可以及时供给，这对于周年扩繁天敌昆虫意义极其重要。到目前为止，国内外对伞裙追寄蝇的报道局限于其的生物学特性、寄主选择性，并未对其滞育诱导的特性、滞育后的生理生化机制做详细的研究。为了更好地保护利用伞裙追寄蝇，本项研究采用室内实验，研究了伞裙追寄蝇滞育形成的条件和储存方法，以及滞育后生理生化机制的研究，对伞群追寄蝇的利用提供更可靠的理论依据。通过把握各世代的繁育进程以及准确地预测目标害虫的发生时间和发生数量，在害虫发生时，能及时地释放天敌昆虫，从而达到害虫防治的效果。

一、伞裙追寄蝇的滞育特性

伞裙追寄蝇在室内能进行周年性累积繁育，但采用传统连代繁殖的方法，蝇源容易退化，且不易长期保存，给田间释放带来很大的困难。通过改进繁殖技术，人为诱导寄蝇进入滞育状态，可延长保存期。因此利用低温储藏滞育虫茧技术，控制天敌发育时间，对于周年扩繁天敌昆虫极其重要。通过把握各世代的繁育进程以及准确预测目标害虫的发生时间和发生数量，在害虫发生时及时的释放天敌昆虫，从而达到最佳的害虫防治效果。

1. 温度和光周期对伞裙滞育诱导的影响

光周期和温度是伞裙追寄蝇滞育诱导的主要影响因子。无论是温度还是光周期对伞裙追寄蝇滞育率都有显著的影响。温度降低，伞裙追寄蝇幼虫滞育期延长；温度升高，滞育率下降。在17℃时滞育率最高，低于17℃时，随着温度降低，幼虫活动迟缓、僵硬，死亡数增加，即17℃为最佳滞育温度。在21℃时，随着光照时间的增加，滞育率逐渐下降；在25℃时，短光照不能诱导滞育。低温度、短光照是诱导伞裙追寄蝇滞育的主要因素，温度起主导作用，光周期在一

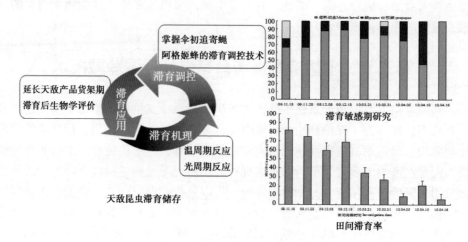

图1 天敌昆虫滞育调控研究

定的温度范围内亦起作用。

表1 在室内条件下温度和光周期对伞裙追寄蝇滞育的影响

光周期 （L：D）	17℃		21℃		25℃		29℃	
	蛹数	滞育率 （%）	蛹数	滞育率 （%）	蛹数	滞育率 （%）	蛹数	滞育率 （%）
8：16	50	100Aa	43	90.2±1.8Aa	47	20.3±0.7Aa	50	0Aa
10：14	49	100Aa	49	82.0±1.3Bb	49	15.7±1.0Bb	43	0Aa
12：12	45	100Aa	50	61.8±1.1Cc	46	6.4±0.6Cc	46	0Aa
14：10	49	52.3±1.6Bb	42	33.9±1.8Dd	45	0Dd	45	0Aa
16：8	48	22.5±1.3Cc	46	12.4±1.2Ee	43	0Dd	43	0Aa

表中数据（平均值±标准误）经 Duncan 氏新复极差检验，每行数据后不同大写字母表示差异极显著（$P<0.01$）；不同小写字母表示差异显著（$P<0.05$）；下表同

结果表明，影响伞裙追寄蝇滞育的环境因素比较多，但是最主要的影响因素有两个：一是温度；二是光周期。

光周期在 L：D=8：16 与 L：D=16：8 的范围内，当温度逐渐下降时，伞裙追寄蝇的滞育时期逐渐增加，反之，当温度升高时，伞裙追寄蝇的滞育率逐渐降低；当温度为17℃，光照为短光照时，伞裙追寄蝇全部进入滞育状态。

各个处理结果得知，滞育率相互存在极显著差异。综合分析实验结果，当温度为 17℃时，伞裙追寄蝇进入滞育的个体数达到最多，所以伞裙追寄蝇的最佳滞育温度是 17℃。当温度过低（<17℃）时，不利于昆虫的生命活动，死亡率因此而增高。在 21℃的条件下，在光照时间增加的过程中，滞育率最高的 90.2% 下降到最低值 12.4%；而当温度为 25℃时，长日照条件不能诱导伞裙追寄蝇进入滞育状态，而短光照逐渐增加的处理中，滞育率分别为 20.3%、15.7% 和 6.4%，呈下降趋势。当温度在 29℃时，任何光照均不滞育。由此可以知道，能诱导伞裙追寄蝇进入滞育状态的条件是低温和短光照，二者相互作用，对滞育的效果更佳明显。

2. 伞裙追寄蝇敏感虫期的确定

伞裙追寄蝇的幼虫期是其滞育的关键敏感虫期，对光周期刺激反应的敏感虫态为幼虫期，低龄或高龄幼虫均能感受短光照对滞育的诱导作用。卵期和成虫期对短光照的滞育诱导作用不敏感。只有处在短光照条件下幼虫才能进入滞育；幼虫期连续接受短光照处理后，其滞育率明显增加，表明光周期刺激有积累作用。卵期的短光照经历对幼虫的滞育发生亦有一定的促进作用。

表2　伞裙追寄蝇不同发育阶段感受滞育信号的敏感虫态

处理	卵期	1~3龄幼虫	4~5龄幼虫	初孵成虫	观察虫数（头）	滞育虫数（头）	滞育率（%）
1	S	L	L	L	47	3	6.4
2	L	S	L	L	53	30	56.6
3	L	L	S	L	49	25	51.0
4	L	L	L	S	46	2	4.3
5	L	L	L	L	55	4	7.3
6	S	S	L	L	51	25	49.0
7	S	S	S	L	41	31	75.6
8	S	S	S	S	53	50	94.3
9	L	S	S	S	51	47	92.2
10	L	L	S	S	49	29	59.2
11	L	S	S	L	48	41	85.4

S：短光照处理；L：长光照处理

结果所示，伞裙追寄蝇的幼虫期是其滞育的关键敏感虫期，伞裙追寄蝇的幼虫对光周期的刺激反应比较强烈，1~3 龄幼虫和 4~5 龄幼虫均对滞育的诱导条件表现出较高的滞育率。而卵期和成虫期对滞育诱导的条件反应比较迟钝。幼虫经过短光照处理后，伞裙追寄蝇才能进入滞育状态，而其他虫态的处理，滞育效果较差。但是卵期经过短光照条件的处理，会对伞裙追寄蝇的滞育起促进作用。幼虫期连续接受短光照处理后，其滞育率明显增加，表明光周期刺激对伞裙追寄蝇的幼虫有积累作用。

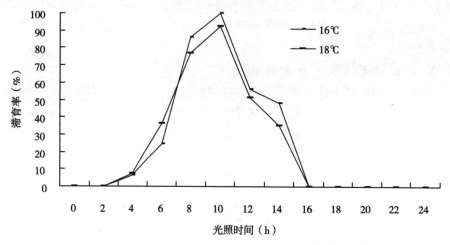

图2　16℃和18℃时伞裙追寄蝇的滞育诱导的临界光周期

3. 伞裙追寄蝇临界光周期的确定

结果如图2所示，可以看出，光照时间大于16h（L>16h）时，100%的伞裙追寄蝇个体均可发育，未出现滞育情况。在光照时间为8~12h，伞裙追寄蝇的滞育率有较高的值；在低于8h的光照时间中，伞裙追寄蝇的滞育率值也下降明显，而在2h的光照时间中，伞裙追寄蝇几乎全部个体进入滞育状态。从图中可见临界日长在16℃时为12.53h，在18℃时为11.12h。根据以上的结果综合得知，伞裙追寄蝇是典型的短日照滞育。

4. 伞裙追寄蝇滞育期间主要物质含量变化

将野外采集的草地螟虫茧，在实验室内进行多代人工扩繁，以此作为试验的虫源。本实验的饲养方法是，将长为35cm、宽为25cm、高为8cm的纸盒内部铺一层报纸，再铺洒上（3~4）cm厚黏土混合物，人工将虫茧栽入到土中并适当的喷水保持湿度，每盒虫茧的数量控制在800头左右，放入与室内条件相仿的光照培养箱中进行羽化。相对湿度控制在60%~80%。待越冬成虫羽化后，用15%

的蜂蜜水饲养在 240mL 的一次性透明水杯中，杯口用纱网覆盖，纱网上缝有脱脂棉球。寄主幼虫黏虫根据龄期的不同分别饲养与不同的工具中，低龄幼虫所用用具为直径为 15cm 的玻璃培养皿，而较高龄期的幼虫则用直径 11cm 的塑料盒饲养。此外为了减少幼虫的死亡率，每天要更换一次小麦，更换叶片时应尽量减少对幼虫损伤。而且不同阶段供试虫的饲养方法也有区别，例如，幼虫饲喂小麦，而成虫以 15%的蜂蜜水补充营养。

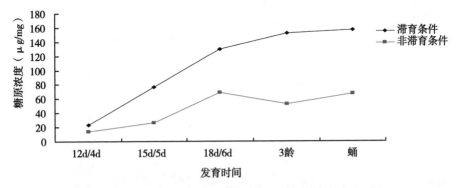

图3 滞育与非滞育条件伞裙追寄蝇不同发育时间糖原含量比较

（1）糖类。从图 3 可以看出：在滞育条件下，伞裙追寄蝇的糖原含量随着时间的增加而增加，在蛹期达到最大浓度，浓度为 156.73μg/mg。在非滞育条件下，伞裙追寄蝇糖原浓度最大值出现在发育的第 6 天中，最高浓度为 68.32μg/mg，而在 3 龄幼虫时，其含量略微降低；在蛹期时又逐渐回升。

两种条件的各发育时期的糖原浓度均存在显著差异（$P<0.05$），滞育条件的伞裙追寄蝇糖原含量明显高于非滞育条件的含量。

从图 4 可以得知，在两种条件下，伞裙追寄蝇的海藻糖含量变化趋势相似，随着发育时间的增加，海藻糖含量也逐渐增加，并且在蛹期时，含量值达到最大，滞育与非滞育条件的含量分别为 72.2μg/mg 和 26.79μg/mg。两种条件下伞裙追寄蝇海藻糖含量浓度差异均显著（$P<0.05$）。

糖类即碳水化合物，不仅存在于昆虫细胞中，也存在于血淋巴和结缔组织中，是昆虫新陈代谢过程中重要的能源物质。在双翅目的丽蝇科（*Calliphoridae*）、果蝇科（*Drosophilidae*）和蝇科（*Muscidae*）昆虫中还有较低浓度的海藻糖，这与本研究得出伞裙追寄蝇含有较低浓度的海藻糖符合。

（2）蛋白质。伞裙追寄蝇在滞育和非滞育两种条件下测定不同的发育阶段

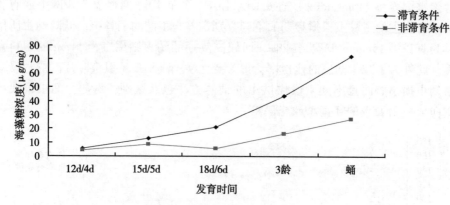

图 4　滞育与非滞育条件伞裙追寄蝇不同发育时间海藻糖含量比较

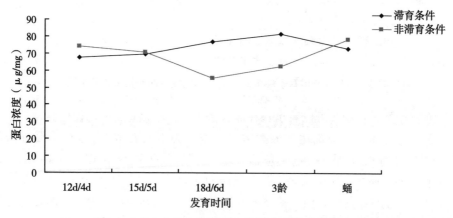

图 5　滞育与非滞育条件伞裙追寄蝇不同发育时间蛋白质含量比较

蛋白含量，其结果如下：伞裙追寄蝇体内蛋白的含量在两种条件下的变化的趋势是相反的，在滞育条件下，发育前期增高后期下降，而非滞育条件下蛋白质含量前期是逐渐降低后期增加，但总体蛋白质含量变化不大。这说明蛋白质不仅是储藏物质，而且也是构成昆虫生命活动所必需的大分子物质，其含量比较稳定。

　　在伞裙追寄蝇进入滞育之前，非滞育条件下蛋白质的含量较高，在蛹期达到最大值为 78.34μg/mg；而滞育条件下其含量为 72.95μg/mg，二者存在差异显著。非滞育虫体内蛋白质的含量与伞裙追寄蝇的发育时间有关，从幼虫到成虫期，含量是逐渐增加的，而滞育虫体内，在这个发育过程中，蛋白含量趋于平稳。非滞育虫体内蛋白质的含量随着虫体的发育而增加，说明蛋白质在伞裙追寄蝇的生殖发育过程中起着关键作用。

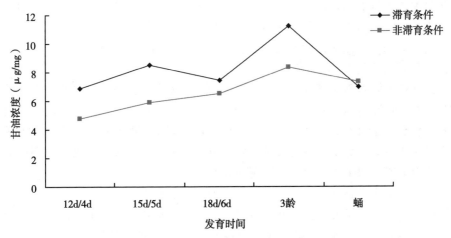

图6　滞育与非滞育条件伞裙追寄蝇不同发育时间甘油含量比较

（3）甘油。伞裙追寄蝇的甘油含量在整个发育过程中，滞育状态的一直高于非滞育状态的，且二者的含量在整个发育阶段都差异显著。由此可推断甘油与伞裙追寄蝇的生殖和抗寒性有关。因此，滞育的虫体内甘油含量一直处于较高的水平。

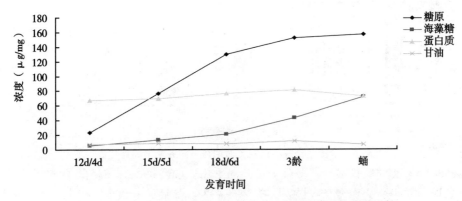

图7　滞育条件伞裙追寄蝇不同发育时间各主要物质含量的比较

（4）滞育条件下各物质的含量比较。根据测得伞裙追寄蝇滞育虫体中的几种主要物质的含量可知，糖原的含量是最高的，明显高于其他几种物质的含量，由此可以推测出，糖原在伞裙追寄蝇的越冬及抗寒过程中起着重要作用。高浓度的糖原可以使伞裙追寄蝇抵抗低温的侵袭。甘油和蛋白质的曲线走势基本一致，二者的含量在伞裙追寄蝇的滞育过程中变化比较平稳，但是蛋白质的含量明显高于甘油的含量，说明蛋白质作为构成其自身的生命大分子，变化不明显。

二、伞裙追寄蝇低温贮藏技术

将野外采集的草地螟虫茧，在实验室内进行多代人工扩繁，以此作为试验的虫源。本实验的饲养方法是，将长为 35 cm、宽为 25 cm、高为 8 cm 的纸盒内部铺一层报纸，再铺洒上（3~4）cm 厚黏土混合物，人工将茧栽入到土中并适当的喷水保持湿度，每盒虫茧的数量控制在 800 头左右，放入与室内条件相仿的光照培养箱中进行羽化。相对湿度控制在 60%~80%。待越冬成虫羽化后，用 15% 的蜂蜜水在 240mL 的一次性透明水杯中饲养，杯口用纱网覆盖，纱网上缝有脱脂棉球。寄主幼虫黏虫根据龄期的不同分别饲养与不同的工具中，低龄幼虫所用用具为直径为 15cm 的玻璃培养皿，而较高龄期的幼虫则用直径 11cm 的塑料盒饲养。此外为了减少幼虫的死亡率，每天要更换一次小麦，更换叶片时应尽量减少对幼虫损伤。而且不同阶段供试虫的饲养方法也有区别，例如，幼虫饲喂小麦，而成虫以 15%的蜂蜜水补充营养。

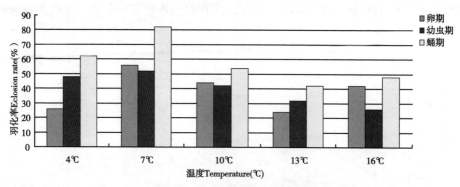

图8　伞裙追寄蝇不同发育时期在不同温度下的羽化率

1. 伞裙追寄蝇贮藏的适宜虫期及温度

（1）短期冷藏对伞裙追寄蝇出蝇量的影响。结果表明，伞裙追寄蝇的卵期和幼虫期对低温表现出了极强的敏感度，低温冷藏效果不好，而预蛹期的冷藏效果较好。在五种不同的贮存条件中，其中以 7℃ 的冷藏效果最佳，（4±1）℃ 和

（10±1）℃次之，（13±1）℃和（16±1）℃较差。这表明伞裙追寄蝇冷藏需要一个适宜的温度，温度过高或者过低，冷藏效果都不好。

（2）冷藏对伞裙追寄蝇性比影响。结果表明，低温冷藏对伞裙追寄蝇羽化出的雌雄性比影响不明显。所有处理组合中羽化出蝇都以雌蝇居多，性比均在1.38~1.63，与对照组出蝇性比（1.53±0.01 Aa）无明显差异（表3）。

表3 冷藏对伞裙追寄蝇雌雄性比的影响

储藏温度 Storage temperature（℃）	羽化雌雄性比（The sexual ratio）		
	卵期 egg	幼虫期 larvae	蛹期 pupa
4	1.38±0.17Aa	1.42±0.16Aa	1.41±0.18Aa
7	1.57±0.04Aa	1.59±0.06Aa	1.61±1.02Aa
10	1.53±0.06Aa	1.56±0.03Aa	1.57±0.12Aa
13	1.51±0.03Aa	1.59±0.18Aa	1.63±0.09Aa
16	1.54±0.01Aa	1.62±0.24Aa	1.49±0.19Aa
25	1.53±0.01Aa	1.52±0.14Aa	1.55±0.15Aa

此试验以草地螟为繁殖寄主，结合低温冷藏后的羽化出蝇量和雌雄性比，来研究低温冷藏伞裙追寄蝇的冷藏虫期及冷藏温度，结果表明，低温冷藏对伞裙追寄蝇羽化出蝇的雌雄性比影响不明显。以羽化出蝇数为主要判别指标，在不同温度下最佳冷藏虫期都为蛹期，因为昆虫蛹期的新陈代谢速率较其他虫态更为缓慢，故蛹期在低温下更容易存活，且死亡率较低。而卵期和幼虫适应低温的能力低，死亡率高，导致伞裙追寄蝇的羽化率相对较低。因此，蛹期可作为伞裙追寄蝇的最佳储存虫态，且最佳冷藏温度为7℃。首先在冷藏过程中应避免湿度过高造成蛹发霉，其次在从低温环境中向高位环境中应逐渐过渡。

（3）冷藏保存对伞裙追寄蝇羽化及成虫寿命的影响。此数据为实验室三年储存累积所得数据。试验结果表明，随着越冬虫茧贮藏时间的增加，伞裙追寄蝇的羽化率下降明显，越冬羽化率为11.53%，而伞裙追寄蝇成虫的寿命下降不明显（90~110d），在贮藏130d后，伞裙追寄蝇的羽化率及雌虫、雄虫的寿命下降明显。对照组 CK 的羽化率与贮藏不同天数的虫茧存在极显著差异，成虫的寿命差异不显著，贮藏170d 和190d 的虫茧羽化率及成虫寿命均无显著差异。贮藏110d 的相对羽化率为56.79%，贮藏130d 相对羽化率为27.91%，相对羽化率显著下降，说明贮藏 110d 可以保证伞裙追寄蝇的羽化率。随着贮藏时间的增加，羽化率由未贮藏的 11.53% 降低到 2.39%；相对羽化率由最初的 100% 降低至 20.32%。贮藏 110d 后，由表 4 可知，各项指标都与其他贮藏时间有显著差异，且相对羽化率下降至 56.79%，说明贮藏时间会对伞裙追寄蝇的羽化有影响，长时间贮藏会影响伞裙追寄蝇的羽化及保存。贮藏时间过长，会对伞裙追寄蝇的羽化率及寿命有影响，从而影响伞裙追寄蝇的室内扩繁及试验。

表 4　越冬虫茧贮藏时间对伞裙追寄蝇羽化的影响

贮藏时间 (d)	调查茧数	伞裙追寄蝇羽化	羽化率（%）	寿命 Adult life span（d）		相对羽化率（%）
				♀	♂	
CK	3 850	401	11.53±0.49Aa	46±0.95Aa	40.6±0.92Aa	100.00
30	3 493	359	10.26±0.25Bb	43.8±1.1ABab	40.4±1.02Aa	91.64
50	3 895	376	9.64±0.16Bc	41.2±1.11BCbc	34.8±1.35Bb	84.74
70	5 260	427	8.11±0.09Cd	39.8±1.07BCcd	33.8±1.39Bb	72.42
90	3 485	255	7.32±0.05Ce	37.4±1.75CDd	32.2±1.15Bb	65.36
110	4 760	303	6.36±0.07Df	40.2±0.86BCcd	31.8±1.15Bb	56.79
130	2 894	154	5.33±0.10Eg	33.4±0.93DEe	24.6±1.02Cc	27.91
150	4 993	156	3.13±0.07Fh	30.8±1.59Ee	19.8±0.86Dd	21.95
170	3 580	88	2.46±0.09Fi	24±0.71Ff	16.8±0.86DEde	21.36
190	3 950	52	2.39±0.01Gj	21.4±0.93Ff	15.2±0.96Ee	20.32

2. 伞裙追寄蝇耐寒性测定

（1）伞裙追寄蝇各虫态的冷却点和体液结冰点。试验表明，伞裙追寄蝇各虫态过冷却点和结冰点均不同，耐寒性表现的结果也不同，见表 5。

表 5　伞裙追寄蝇各虫态过冷却点和体液结冰点

不同虫态	过冷却点（℃）			结冰点（℃）		
	平均值	最大值	最小值	平均值	最大值	最小值
老熟幼虫	−5.93±0.66a	−4.8	−7.1	−6.35±1.43ab	−3.2	−10.2
1 日龄蛹	−10.58±0.58cde	−9.6	−11.6	−9.45±0.86e	−7.4	−11.6
3 日龄蛹	−10.82±0.87de	−9.3	−12.4	−9.74±0.85f	−7.6	−11.8
5 日龄蛹	−11.31±1.04de	−9.5	−13.1	−10.13±1.18g	−7.3	−13.1

（续表）

不同虫态	过冷却点（℃）			结冰点（℃）		
	平均值	最大值	最小值	平均值	最大值	最小值
7 日龄蛹	−12.38±0.69e	−11.2	−13.6	−11.42±1.02h	−8.8	−13.8
10 日龄蛹	−12.63±0.75e	−11.3	−13.9	−11.56±1.06h	−8.9	−14.1
15 日龄蛹	−11.23±0.66de	−10.1	−12.4	−10.02±1.43fg	−6.6	−13.6
1 日龄雌虫	−6.68±0.41a	−5.9	−7.3	−6.54±0.89b	−4.2	−8.6
1 日龄雄虫	−6.47±0.45a	−5.6	−7.1	−6.15±0.78a	−4.3	−8.1
3 日龄雌虫	−7.57±1.27abc	−5.4	−9.8	−6.57±0.69b	−4.8	−8.2
3 日龄雄虫	−7.56±1.09ab	−5.6	−9.4	−6.31±0.61ab	−4.9	−7.9
5 日龄雌虫	−8.73±1.08abcd	−6.8	−10.6	−7.73±0.61c	−6.2	−9.2
5 日龄雄虫	−8.73±0.95abcd	−7.1	−10.4	−7.51±0.61c	−6.1	−9.1
7 日龄雌虫	−10.10±1.44bcde	−7.6	−12.6	−9.43±1.25e	−6.2	−12.3
7 日龄雄虫	−9.80±0.64bcde	−8.7	−10.9	−8.83±0.66d	−7.1	−10.3
10 日龄雌虫	−8.61±0.87abcd	−7.1	−10.2	−7.44±0.94c	−5.2	−9.8
10 日龄雄虫	−8.53±0.75abcd	−7.2	−9.8	−7.45±0.69c	−5.7	−9.1
20 日龄雌虫	−7.41±1.27ab	−5.2	−9.7	−6.34±0.89ab	−4.1	−8.5
20 日龄雄虫	−7.19±1.08ab	−5.3	−9.3	−6.26±0.90ab	−3.9	−8.3

表6　伞裙追寄蝇成虫过冷却点和体液结冰点

虫态	过冷却点（℃）			结冰点（℃）		
	平均值	最大值	最小值	平均值	最大值	最小值
雌成虫	−8.32±0.47Aa	−5.4	−12.6	−7.33±0.32Aa	−6.3	−9.6
雄成虫	−8.21±0.37Aa	−5.6	−10.9	−7.08±0.29Aa	−6.1	−8.9

　　同一发育时期，伞裙追寄蝇雌、雄成虫的过冷却点差异不显著，但雌虫略低于雄虫。所测得的结果中，蛹期的过冷却点最低，其范围为−11.23～−10.58℃，说明蛹期的耐寒能力最强；蛹期的过冷却点随着日龄的增加而降低，7 日龄和 10 日龄的过冷却点与其他日龄的蛹差异显著，分别为−12.38℃和−12.63℃；老熟幼虫的过冷却点为−5.93℃；成虫期的过冷却点随着日龄的增加先降低后升高，7 日龄的雌虫达到最低，为−10.1℃，其变化范围为−10.1～−6.47℃。各虫态的过

冷却点差异显著。

（2）伞裙追寄蝇各虫态的结冰点。由表6可知，伞裙追寄蝇的结冰点走势与过冷却点基本一致，但结冰点的值略高于过冷却点。幼虫、蛹与成虫各虫态之间的结冰点存在显著差异，不同日龄的蛹间差异也较大。蛹期的结冰点较老熟幼虫和成虫最低，其中10日龄蛹的结冰点达到最低，为−11.56℃，与其他发育时期的结冰点差异显著。

伞裙追寄蝇雌雄成虫之间结冰点差异不显著（表6），分别为−7.33℃和−7.08℃。

三、伞裙追寄蝇的滞育调控方法

伞裙追寄蝇室内饲养繁殖，虽然已经克服了传统人工继代繁育的弊端，可以使伞群追寄蝇能进行周年性累积繁育。但是采用传统连代繁殖的方法，蝇源容易退化，而且不易长期保存，给田间释放带来了很大的困难。通过改进繁殖技术，人为诱导该蝇进入滞育状态，可使保存期大大延长，因此利用低温储藏滞育虫茧技术，控制天敌发育时间，这对于周年扩繁天敌昆虫意义极其重要。

1. 滞育虫茧低温储存时间的确定

将野外采回的草地螟越冬虫茧模拟室外作茧形式，将虫茧置于湿润灭菌的土壤中，然后将其放入（4±2）℃的冰箱中冷藏储存。每天喷水保湿。待放置不同天数后，取出置于（23±1）℃、L∶D＝16∶8的光照培养箱中至其羽化，每天喷水保持适宜的湿度。记录伞裙追寄蝇的羽化数量。每次试验重复3次。结果见表7。

此数据为实验室三年储存累积所得数据。试验结果表明，随着越冬虫茧贮藏时间的增加，伞裙追寄蝇的羽化率下降明显。越冬羽化率为11.53%。对照组CK（未经贮藏）的羽化率与贮藏不同天数的虫茧存在极显著差异（$P<0.01$），贮藏170d和190d的虫茧无显著差异。随着贮藏时间的增加，羽化率由未贮藏的11.53%降低到2.39%；相对羽化率由最初的100%降低到21.36%。说明贮藏时间会对伞裙追寄蝇的羽化有影响，长时间贮藏会影响伞裙追寄蝇的羽化及保存。

表7 越冬虫茧贮藏时间对伞裙追寄蝇羽化的影响

贮藏时间（d）	调查茧数	伞裙追寄蝇羽化数	羽化率（%）	相对羽化率（%）
CK	3 850	401	11.53±0.49Aa	91.64

（续表）

贮藏时间 （d）	调查茧数	伞裙追寄蝇 羽化数	羽化率 （%）	相对羽化率 （%）
30	3 493	359	10.26±0.25Bb	84.74
50	3 895	376	9.64±0.16Bb	72.42
70	5 260	427	8.11±0.09Bc	65.36
90	3 485	255	7.32±0.05Ce	56.79
110	4 760	303	6.36±0.07Df	47.56
130	2 894	154	5.33±0.10Eg	27.91
150	4 993	156	3.13±0.07Fh	21.95
170	3 580	88	2.46±0.09Fi	21.95
190	3 950	52	2.39±0.01Fi	21.36

2. 滞育产品的贮存技术

将上述得到的滞育态的伞裙追寄蝇（此时外观为虫茧）收集到湿润松软的土壤中，分装到塑料盒中（直径10cm，高8cm），塑料盒用可透气纱网覆盖，保存于全黑暗、4℃下的冷藏箱内，维持湿度60%~70%，贮存期可达60d，定期喷水并检查。

3. 滞育产品的解除调控的手段及参数

对滞育态的伞裙追寄蝇，可通过温度和光周期刺激，解除滞育状态，进入正常发育过程，具体措施如下。

将滞育态的伞裙追寄蝇置于23℃、光周期10L∶14D、光强度5 000lx的环境中，每天喷一次水，保持一定湿度，20d后即可解除滞育状态，滞育茧很快全部羽化为成蝇。

伞裙追寄蝇是草地螟的重要寄生性天敌，在害虫生物防治中有广阔的应用前景，在草地螟大规模暴发时，需大规模释放伞裙追寄蝇。由于伞裙追寄蝇的生产和其应用不同步，并且受实验条件和实际生产能力的在25℃不同光周期的条件下，无论是长光照L16∶D8还是短光照L8∶D16，伞裙追寄蝇均不进入滞育状态；在20℃不同光周期条件下，伞裙追寄蝇均可出现滞育。在同一光周期不同温度下，随着温度的降低伞裙追寄蝇滞育率提高。当温度下降到17℃时，伞裙追寄蝇滞育率达到100%。但随着温度继续下降，幼虫活动迟缓，虫体僵硬，死亡率增加。由此推测，17℃是伞裙追寄蝇滞育的最适温度。伞裙追寄蝇的卵期至幼虫期对低温敏感，低温冷藏效果不好，进入预蛹期后冷藏效果较好。伞裙追寄蝇的低温冷藏虫态为蛹期，冷藏温度在7℃左右为适宜。

光周期在昆虫的生活史中发挥着极其重要的作用，如昆虫的发育和繁殖或进入滞育的选择与光周期有直接关系。本研究通过室内实验发现，伞裙追寄蝇的临界日长在16℃时为12.53h，在18℃时为11.12h。尽管光周期对伞裙追寄蝇滞育诱导有重要作用，但并不是所有生长发育阶段都对光周期敏感。

伞裙追寄蝇幼虫滞育的敏感时期，可知伞裙追寄蝇的幼虫期是其滞育的关键敏感虫期，对光周期刺激反应的敏感虫态为幼虫期，低龄幼虫（1~3龄幼虫）或高龄幼虫（4~5龄幼虫）均能感受短光照对滞育的诱导作用。卵期和成虫期对短光照的滞育诱导作用不敏感。被寄生的草地螟虫茧在4℃低温条件下贮藏，越冬虫茧经低温储存90~110d后，羽化率明显下降。因此，90~110d可作为最适宜贮藏时间。经过滞育处理后的伞裙追寄蝇的抗逆性有所增强，其存活时间延长，对于蝇种的保护和利用有所帮助。

第三节　草地螟阿格姬蜂滞育诱导和滞育茧的冷藏

草地螟以老熟幼虫滞育越冬，是一种典型的长日照发育型种类（田孝义，1986）。光周期、温度及其交互作用均对草地螟滞育诱导具有重要影响，其中光周期起主导作用，温度伴随着光周期起作用。对幼虫滞育诱导最有效的光周期是L12：D12；随着温度的升高，临界光周期呈缩短趋势，在21℃时草地螟对光照调查发现草地螟阿格姬蜂主要选择3~5龄幼虫寄生，田间最高寄生率可达92%，室内平均寄生率达60%，其种群数量和优势度指数都比较高，种群变动趋势跟草地螟的种群变动趋势也相似，具有明显的跟随现象，该蜂是当地寄生草地螟的优势种群，对草地螟的发生起着有效的抑制作用，因此草地螟阿格姬蜂可以作为防治草地螟幼虫有效的自然资源而加以繁殖与应用。为了开发利用这一宝贵的天敌资源，必须采用人工繁殖释放的途径。但采用传统连代繁殖的方法，蜂源容易退化，而且不易长期保存，给田间释放带来了很大的困难；通过改进繁殖技术，人为诱导该蜂进入滞育状态，可使保存期大大延长。本项研究采用室内模拟实验，研究了草地螟阿格姬蜂滞育形成的条件和滞育茧的冷藏方法。

一、滞育状态下草地螟阿格姬蜂幼虫发育时间确定

在 24℃ 未滞育情况下，阿格姬蜂由卵发育至预蛹经历 13d，1 龄、2 龄、3 龄、4 龄幼虫的发育时间分别为 2d、2d、3d、2d；滞育情况下，由卵发育至预蛹经历 18d，1 龄、2 龄、3 龄、4 龄幼虫的发育时间分别为 3d、3d、3d、4d。

二、温度和光周期对草地螟阿格姬蜂滞育的影响

采用二因子正交试验法，设置 5 个不同光周期（L8：D16、L10：D14、L12：D12、L14：D10、L16：D8）和 4 个不同温度（17℃、20℃、23℃、26℃），共 20 个处理，每个处理 30 头草地螟幼虫（寄主），重复 3 次，将交尾 1d 后的草地螟阿格姬蜂雌蜂寄生于草地螟幼虫，然后转入装有沙土的养虫盒中，放入不同光周期和温度处理的人工气候箱中（其中，光照时的光照强度为 4 000~5 000lx、空气相对湿度为 70%~80%），对草地螟阿格姬蜂进行滞育诱导（滞育诱导视为自"卵"这一虫态开始），诱导时间为 2d，诱导后转移至草地螟阿格姬蜂的正常饲养条件，即人工气候箱（23℃，RH60%，L16：8D，光强 8 800lx）。实验中，每天为草地螟幼虫提供新鲜的豌豆苗。观察记录草地螟幼虫（寄主）的生长和草地螟阿格姬蜂雌蜂（寄生蜂）发育情况，统计寄生蜂滞育虫态的形成与温度及光周期之间的关系。结果见表 8。

表 8　温度和光周期对草地螟阿格姬蜂滞育的影响

光周期（L：D）	17℃		20℃		23℃		26℃	
	虫数（头）	滞育率（%）	虫数（头）	滞育率（%）	虫数（头）	滞育率（%）	虫数（头）	滞育率（%）
8：16	70	100Aa	125	90.5±0.8Aa	102	13.6±0.3Aa	74	0Aa
10：14	65	100Aa	108	70.3±0.9Bb	63	10.5±0.7Ab	101	0Aa
12：12	81	100Aa	128	61.6±1.4Cc	73	0.7±0.5Bc	95	0Aa
14：10	90	52.6±1.1Bb	132	8.6±0.4Dd	81	0Bd	112	0Aa
16：8	62	20.8±0.5Cc	96	2.8±0.9Ee	93	0Bd	98	0Aa

试验结果表明：在室内条件下低温和短光照可以诱导阿格姬蜂进入滞育。在温度为 17~26℃，光周期为 L：D=8：16 与 L：D=16：8 范围内，当温度逐渐降低，日照时间逐渐减少情况下，滞育率明显升高，显然温度、光周期对阿格姬蜂滞育诱导都起作用。从表中可以看出，26℃ 条件下，光周期范围在 L：D=8：16

与 L：D＝16：8 之间，滞育率均为 0；23℃条件下，光周期范围在 L：D＝12：12 与 L：D＝8：16 之间，部分个体滞育，滞育率仅为 0.7%～13.6%；当温度降至 20℃时，滞育率显著升高，光照时间 16h 滞育率达 2.8%，光照时间 8h 的滞育率为 90.5%；当平均温度为 17℃，光照时间低于 12h，滞育率达 100%，光照时间高于 12h，部分个体发生滞育。

由以上可以发现诱导草地螟阿格姬蜂滞育的主要环境因子是低温与短光照，而且低温起主导作用，光周期只在适当低温范围内起作用；在 26℃时，任何光照长度均不能诱导草地螟阿格姬蜂进入滞育。

三、草地螟阿格姬蜂感受滞育信号的敏感虫态

根据上述的光温滞育诱导结果，在温度 17℃、光周期 L8：D16（短光照）的滞育环境，以及温度 23℃、光周期 L16：D8（长光照）非滞育环境，光照强度均为 4 000～5 000lx，空气相对湿度均为 70%～80%的条件下，进行如下试验：

（1）将同一天被草地螟阿格姬蜂寄生的草地螟幼虫（寄主）放入上述非滞育环境中，处理 0d、2d、4d、6d、9d、13d 后，转移到上述滞育环境中 2d。每个处理设 40 头寄主幼虫，重复 3 次，记录非滞育茧和滞育茧的数量。

（2）将同一天被草地螟阿格姬蜂寄生的草地螟幼虫（寄主）在上述滞育环境中的分别处理 3d、6d、9d、12d、16d、18d 后，转移到上述非滞育环境中。每个处理 40 头寄主幼虫，重复 3 次，记录非滞育茧和滞育茧的数量。

结果如表 2 所示，如果被寄生的寄主幼虫首先在非滞育环境中发育 2d，然后转移到滞育环境中，茧的滞育率为 100%，此时草地螟阿格姬蜂为 1 龄幼虫；发育 6d 转移到滞育环境中，茧的滞育率下降到 4.5%，发育 9d 以上再移到滞育环境中，没有滞育发生。如果将被寄生的寄主幼虫首先在滞育环境中发育 6d，转移到非滞育环境中，茧的滞育率为 0%；发育 9d 再转移到非滞育条件下，滞育率为 5.9%，此时草地螟为 3 龄幼虫；发育 12d 以上再转移到非滞育条件下，滞育率 100%。由此，草地螟阿格姬蜂感受滞育信号的敏感虫期为卵和 1 龄幼虫，卵和 1 龄幼虫感受滞育信号以后，需要在滞育条件下发育到老熟幼虫才能全部进入滞育。

表9 草地螟阿格姬蜂感受滞育信号的敏感虫态

转移前发育时间（d）	发育期	结茧数（头）	滞育率（%）
实验1 Test1：26℃，L16：D8→17℃，L8：D16			
0	卵 Egg	36	100Aa
2	1龄幼虫 1 instars	51	100Aa
4	2龄幼虫 2 instars	48	18.7±0.3Bb
6	3龄幼虫 3 instars	39	4.5±0.1 Cc
9	4龄幼虫 4 instars	46	0 Dd
13	预蛹（茧）Pre-pupa（cocoon）	50	0 Dd
实验2 Test2：17℃，L8：D16→26℃，L16：D8			
3	1龄幼虫 1 nstars	52	0Aa
6	2龄幼虫 2 instars	60	0Aa
9	3龄幼虫 3 instars	63	5.9±0.8Bb
12	4龄幼虫 4 instars	60	30.1±0.4Cc
16	预蛹（茧）Pre-pupa（cocoon）	49	100Dd

表9中，在高温度、长光照条件下将卵或生长至1龄的寄生蜂幼虫，转移到低温度、短光照环境中继续培养，全部个体进入滞育，滞育率为100%；将高温度、长光照条件下生长至2龄或3龄的幼虫，转移到低温度、短光照环境中，部分个体进入滞育，2龄期幼虫接受滞育条件后的滞育率为18.7%，3龄期幼虫接受滞育条件的滞育率为4.5%；将高温度、长光照条件下生长至4龄的幼虫或预蛹，转移到低温度、短光照环境中，没有个体进入滞育。

在低温度、短光照条件下将生长至1龄或2龄的寄生蜂幼虫，转移到高温度、长光照环境中继续培养，没有个体进入滞育；将低温度、短光照条件下生长至3龄或4龄的幼虫，转移到高温度、长光照环境中，部分个体进入滞育，前者滞育率为5.9%，后者的滞育率为30.1%；将低温度、短光照件下生长至4龄的幼虫或预蛹，转移到高温度、长光照条环境中，全部个体进入滞育，滞育率均为0%。

从寄主3龄幼虫开始解剖，每隔2d解剖5头幼虫，待幼虫入土继续解剖，观察寄主体内寄生蜂的虫态，在体视显微镜下观察寄生蜂幼虫各个龄期发育状态并确定发育时间，结果如下：在23℃未滞育情况下，阿格姬蜂由卵发育至预蛹经历 13d 左右，1 龄、2 龄、3 龄、4 龄、5 龄幼虫的发育时间分别为 2d、2d、3d、2d、2d；在 17℃滞育情况下，由卵发育至预蛹经历 18d 左右，1 龄、2 龄、3 龄、4 龄、5 龄幼虫的发育时间分别为 3d、3d、3d、4d、2d。综合结果，可见对于草地螟阿格姬蜂卵或 1 龄幼虫，施以温度 17℃、光周期 L8：D16 至 L12：D12 的环境因子刺激 2d，即可诱导 100%个体进入滞育状态。

因此，草地螟阿格姬蜂感受滞育信号的敏感虫期为卵和 1 龄幼虫，在滞育条件下卵和 1 龄幼虫，继续发育至 4 龄幼虫或预蛹全部进入滞育。

四、低温贮藏对草地螟阿格姬蜂羽化的影响

表 10　冷藏对草地螟阿格姬蜂羽化的影响

贮藏时间（d）	羽化率（%）	寿命（d）		产卵期（d）	寄生率（%）
		♀	♂		
40	82.3±0.6Aa	15.5±0.5Aa	13.6±0.4Aa	4.6±0.8Aa	30.6±1.1Aa
80	80.5±0.4Aa	14.2±0.4Aa	13.2±0.8Aa	4.4±0.6Aa	30.8±0.2Aa
120	71.7±1.2Bb	10.4±0.3Bb	10.8±0.6Bb	2.6±0.8Bb	20.4±0.5Bb
160	64.8±0.9Cc	9.5±0.3Bb	8.2±0.5Cc	2.1±0.4Cc	20.0±0.8Bb
200	59.6±0.8Dd	6.8±0.5Cc	4.6±0.6Dd	1.1±0.7Dd	10.9±0.7Cc
240	48.9±0.9Dd	6.4±0.7Cc	4.2±0.7Dd	1.2±1.0Dd	10.5±1.2Cc
280	45.2±1.1De	5.3±0.6Dd	3.8±0.9Ee	0.9±0.8Dd	9.8±0.9Cc
300	20.3±0.5Ff	3.1±0.1Ee	2.6±0.4Ef	1.1±0.3Dd	6.2±0.1Dd
非滞育茧（CK）	79.9±0.3Aa	14.6±0.3Aa	13.1±0.8Aa	5.1±0.4Aa	30.4±0.8Aa

从表 10 中可以看出，被寄生草地螟幼虫入土作茧后，在 4℃冰箱中贮藏 40d、80d 后转移到 23℃、L：D = 16：8 光照培养箱中，羽化率分别为 82.3% 和 80.5%，二者没有显著性差异，与对照组非滞育茧的羽化率相比没有显著性差异，雌、雄蜂寿命、产卵持续时间、寄生率与对照组均无显著性差异，说明草地螟阿格姬蜂滞育虫茧低温贮藏 40d、80d 对其羽化率、寿命、产卵、寄生率没有较大影响，因此时间 40d 或 80d 可以作为适宜的贮藏时间。当滞育茧低温贮藏 120d 时，羽化率为 71.7%，与对照组差异显著（$P<0.01$），与贮藏 80d 的羽化率差异显著（$P<0.01$），雌雄蜂寿命为 10.4d、10.8d，产卵期为 2.6d，寄生率下降到 20.4%，从各项指标来看，贮藏 120d 滞育虫茧各项指标与对照组相比都发

生了明显变化，在大量贮存或繁殖过程中，仍可以被实际操作者接受，所以时间120d 仍可以作为比较适宜的贮藏时间。但当贮藏时间到达 200d 或者超过 200d 后，各项指标与对照组都有显著性差异（$P<0.01$），贮藏 200d 后其羽化率大于50%，产卵期只有 1d，寄生率约为 1/10，这些指标相对较低，对于室内繁蜂和试验工作带来了不便，因此被草地螟阿格姬蜂寄生的草地螟虫茧在低温 4℃时最适宜贮藏时间为 80d，最长贮藏时间不宜超过 120d。

五、草地螟阿格姬蜂的滞育维持

本实施例通过测定草地螟阿格姬蜂滞育茧的羽化率，以及羽化后的成蜂的寿命、产卵期以及寄生率，确定低温储存草地螟阿格姬蜂滞育茧的时间。具体如下。

1. 草地螟阿格姬蜂滞育茧的羽化率

将采用实施例1的方法得到的滞育态的草地螟阿格姬蜂（此时外观为虫茧）收集到湿润松软的土壤中，分装到塑料碗中（直径 10cm，高 8cm），塑料碗用可透气纱网覆盖，保存于全黑暗、4℃下的冷藏箱内，每 3d 喷一次水，维持空气相对湿度 60%~70%。定期将滞育茧从冰箱中取出放入温度 23℃、光周期 L14：D10 培养箱中进行催化，观察并统计冷藏不同时间后寄生蜂滞育茧的羽化率。实验共设 8 个处理（8 个冷藏时间，见表 11），每个处理 40~60 个滞育茧，重复3 次。

2. 羽化后的草地螟阿格姬蜂成蜂的寿命、产卵期以及寄生率

将步骤 1 得到的滞育茧羽化后的成蜂放入养虫盒中，每盒引入一对草地螟阿格姬蜂（1 雌蜂 + 1 雄蜂），以质量分数 10% 的蜂蜜水作为补充营养，在温度23℃、光周期 L14：D10 的条件下交配 24h，然后进行接种，即将交尾 1d 后的草地螟阿格姬蜂雌蜂寄生于草地螟幼虫。每个处理接种 4~5 对寄生蜂，重复 3 次。每对蜂接种 50 头 4 龄草地螟幼虫供雌蜂寄生，24h 后取出雌雄蜂继续接种，直到雌雄蜂死亡为止。以未冷藏处理的非滞育茧为对照（CK）。统计羽化后的成蜂的寿命、产卵期以及寄生率。其中，产卵期是观察到第一次产卵与最后一次产卵之间的时间间隔，实际操作中通常按天计算。寄生率为被寄生的草地螟数除以总草地螟数。

结果如表 11 所示，将采用实施例 1 的方法得到的草地螟阿格姬蜂滞育茧在4℃左右冷藏 80d 后转移到 23℃催化，其羽化率为 80.5%，雄蜂寿命约 13d，雌

蜂寿命约 14d，产卵持续时间 4.4d，寄生率达 30.8%，与对照组差异不显著。滞育茧冷藏 120d，虽然雌雄蜂寿命、产卵期等指标明显低于对照组，但仍然有 71.7% 的滞育茧能正常羽化，产卵期约 3d，寄生率为 20.4%。

表 11　冷藏对滞育茧的影响

冷藏时间 （d）	羽化率 （%）	成蜂寿命（d）		产卵期 （d）	寄生率 （%）
		♀	♂		
40	82.3±0.6Aa	15.5±0.5Aa	13.6±0.4Aa	4.6±0.8Aa	30.6±1.1Aa
80	80.5±0.4Aa	14.2±0.4Aa	13.2±0.8Aa	4.4±0.6Aa	30.8±0.2Aa
120	71.7±1.2Bb	10.4±0.3Bb	10.8±0.6Bb	2.6±0.8Bb	20.4±0.5Bb
160	64.8±0.9Cc	9.5±0.3Bb	8.2±0.5Cc	2.1±0.4Cc	20.0±0.8Bb
200	59.6±0.8Dd	6.8±0.5Cc	4.6±0.6Dd	1.1±0.7Dd	10.9±0.7Cc
240	48.9±0.9Dd	6.4±0.7Cc	4.2±0.7Dd	1.2±1.0Dd	10.5±1.2Cc
280	45.2±1.1De	5.3±0.6Dd	3.8±0.9Ee	0.9±0.8Dd	9.8±0.9Cc
300	20.3±0.5Ff	3.1±0.1Ee	2.6±0.4Ef	1.1±0.3Dd	6.2±0.1Dd
非滞育茧（CK）	79.9±0.3Aa	14.6±0.3Aa	13.1±0.8Aa	5.1±0.4Aa	30.4±0.8Aa

表中数据是平均值±标准误，数据后不同小写字母表示差异显著（$P<0.05$），不同大写字母表示差异极显著（$P<0.01$）（Duncan's 新复极差法）

综合本实施例的结果，可见对于进入滞育态的草地螟阿格姬蜂（滞育茧），保存于全黑暗、4℃条件下，贮存期可达 120d。

六、草地螟阿格姬蜂的滞育与解除方法

1. 草地螟阿格姬蜂滞育诱导及储存的方法，包括如下步骤

（1）将待进行滞育诱导的草地螟阿格姬蜂置于温度（17±1）℃、光周期 L8：D16 至 L12：D12 的条件下进行诱导，使所述草地螟阿格姬蜂进入滞育状态。

（2）将得到的进入滞育态的所述草地螟阿格姬蜂转入温度 4℃、黑暗的条件下贮存备用。

滞育诱导的草地螟阿格姬蜂为草地螟阿格姬蜂的卵或 1 龄幼虫，诱导的时间为 2d，贮存的时间在 120d 以内。贮存的时间在 80d 以内，其恢复发育的时间为 20d。

2. 草地螟阿格姬蜂滞育的解除方法，包括如下步骤

对滞育的草地螟阿格姬蜂可通过温度、光照刺激，解除滞育状态，进入正常

发育过程，具体措施如下。

将草地螟阿格姬蜂滞育茧置于温度 23℃、光周期 L14：D10 至 L16：D8、光强度 4 000~5 000lx 的环境中，每 3d 喷一次水，保持一定湿度（RH 为 70%~80%），20d 后即可解除滞育状态，滞育茧很快全部羽化为成蜂。

解除滞育的时间为 20d 是按照如下方法确定的。

在草地螟阿格姬蜂滞育茧转入温度 23℃、光周期 L14：D10 的培养箱（RH 为 70%~80%）中进行滞育解除过程中，统计寄生蜂滞育茧的羽化时间，采用 60 个滞育茧进行实验，共设 3 次重复实验。结果显示，自将滞育茧转入 23℃条件下开始进行滞育解除时起，约 20d 后滞育茧很快全部羽化为成蜂，解除滞育状态。三次重复实验结果无差异。

总而言之，草地螟阿格姬蜂属于长日照型寄生蜂，其滞育的主要环境因子是低温，光周期对草地螟阿格姬蜂的滞育影响在恒定低温的条件下起作用。在低于 26℃时，温度与光周期对草地螟阿格姬蜂的滞育共同起作用，即在相同温度时，草地螟阿格姬蜂的滞育率随光照长度的减少而增加，在高温条件下，光周期对草地螟阿格姬蜂的滞育诱导不起作用，滞育率为零。这一结果与寄生蜂白蛾周氏齿小蜂 Chouioia cunea Yang 的研究结果（孙守慧，2009）是一致的。

有关寄生蜂滞育储存研究如较多，研究发现中红侧沟茧蜂滞育期可达 120d。红足侧沟茧蜂滞育状态能维持 240d（Brown 等，1990）。赤眼蜂（*Trichogramma maidis*）在 3℃下滞育储存可达 12 个月（Voegele 等，1986）。显然寄生蜂滞育时间决定了蜂种保存的时间。此外，滞育后再次生长发育的寄生蜂，其寿命、生活力、繁殖力均有所增强。如滞育后的中红侧沟茧蜂抗逆性增强，羽化整齐，繁殖力高，田间寄生率和防治效果显著提高。

第七章　天敌昆虫飞行能力的研究

多年来，人们还利用在田间进行调查的方法、标记昆虫并对其进行回收等方法，对一些昆虫飞行方面进行了研究，并取得了进展。由于具有飞行行为的天敌和害虫的飞行能力尚不明确，所以许多研究者就利用飞行磨对昆虫的飞行能力做了相关的研究，国内外的许多昆虫专家应用昆虫雷达技术和 3S 技术对农业昆虫飞行能力进行深入研究，如翟保平等利用雷达监测对昆虫的飞行行为做了相关研究，并取得了进展。现阶段，由于对其飞行能力越来越深入的探究，科研人员们开始对影响昆虫飞行能力的因素以及飞行过程中体内能源物质的动用进行研究。

从以上看出，国内外在对昆虫飞行行为方面进行了大量研究，并且在此方面取得了较多的理论成果。通过研究昆虫的飞行能力对人类有效利用天敌昆虫控制害虫起到了很大的促进作用。

国内外对草地螟寄生蝇——伞裙追寄蝇和寄生蜂——草地螟阿格姬蜂的飞行能力及其不同地理种群的遗传多样性等研究甚少，在许多基础科学问题方面还不明确，亟待开展相关研究工作。我们系统研究了这两种天敌的飞行能力，如飞行能力与成虫虫龄的关系、温湿度与成虫飞行能力之间的关系、成虫飞行时对其体内能源物质利用的影响、飞行能源物质与温湿度的关系等进行了系统研究，具体内容介绍如下。

第一节　伞裙追寄蝇的飞行能力研究

伞裙追寄蝇是多寄主寄生性昆虫，同时也是草地螟的优势寄生天敌，对田间防控草地螟种群密度具有重要作用。在河北康保地区的调查研究发现，伞裙追寄蝇对草地螟的寄生率可达到 67.8%，羽化率占寄蝇羽化率的 31.04%。目前学者在伞裙追寄蝇的生物学特性、寄生方式、寄生率和替代寄主等方面已经进行了大量的研究，且已取得一定研究成果，研究理论比较成熟，但是对于伞群追寄蝇飞行能力的研究在国内外期刊中未见其报道。

伞裙追寄蝇的寄生方式属于大卵生型，伞裙追寄蝇在一头寄主上能产卵 1~8

粒不等，而以产1粒卵的最多（45.3%），2粒次之（33.6%），之后随产卵量的增加而下降。伞裙追寄蝇对6种鳞翅目幼虫和幼虫粪便的趋性顺序相同，依次为草地螟>黏虫>斜纹夜蛾>甜菜夜蛾>玉米螟>苜蓿夜蛾。

昆虫的飞行能力直接决定了其种群的扩散范围以及能否成功定殖，也是明确其迁入分布和虫源区的关键因子。此外，昆虫的飞行能力与性别、日龄等因素密切相关。丁吉同等通过室内测定枣实蝇成虫飞行能力发现雄蝇的最远飞行距离达到3.085km，雌性的最远飞行距离达到3.192km，并且枣实蝇飞行能力随着日龄的增加呈现先增强后减弱的趋势。魏书军等对不同日龄及交配前后小菜蛾飞行能力的研究发现，不同日龄的小菜蛾雌虫飞行能力有差异，雄虫飞行能力差异不明显。高书晶等对亚洲小车蝗飞行能力研究结果发现，亚洲小车蝗高密度种群的飞行能力较强，最远的累计飞行距离可达15km，低密度种群成虫不具备远距离飞行的能力。

关于伞裙追寄蝇扩散行为和飞行能力方面的研究国内外均未见报道。掌握伞裙追寄蝇的飞行规律，对草地螟种群的防控具有重要意义。

本实验对伞裙追寄蝇飞行能力与日龄、性别和世代的关系进行研究，并明确转主寄主后飞行能力的变化，旨在了解伞裙追寄蝇的飞行规律，为明确迁移扩散及寄主搜寻的能力提供依据。飞行能力的测试是在室内静风无补充营养的条件下测定伞群追寄蝇飞行参数，在一定程度上反映了伞群追寄蝇的飞行能力，通过对转主寄主后飞行能力的研究，发现转主寄主后其飞行能力的变化规律，明确伞裙追寄蝇随着世代的增加其飞行能力的变化规律，为今后伞裙追寄蝇的复壮提供参考，通过实验对天敌昆虫释放方案的制定提供一定的理论依据。

一、伞裙追寄蝇的飞行能力测定

飞行磨：采用中国农业科学院植物保护研究所研制的测定小型昆虫飞行能力的飞行磨。该系统有计算机控制，每次测定10头试虫，自行记录飞行过程中飞行的时间、飞行的距离、平均飞行速度、最大飞行速度。

虫源：越冬茧采来自河北康保地区（114.63°E，41.87°N），寄蝇为草地螟越冬虫茧在温度为（23±1）℃、16h光照，8h黑暗、相对湿度（relative humidity，RH）60%~70%的光照培养箱中羽化所得。

飞行能力的测定如下。

数据统计与分析：所得数据用DPS软件用Duncans氏多重比较方法进行方差的显著差异性比较。

二、伞裙追寄蝇的飞行能力与虫龄的关系

伞裙追寄蝇雌蝇的飞行能力与虫龄的关系测定结果表明，不同日龄的伞裙追寄蝇雌蝇的飞行能力存在显著性差异（$P<0.05$）。伞裙追寄蝇雌蝇在 8 个小时的吊飞测试中显示（表 1），1 日龄雌蝇具有了一定的飞行能力，累计最大飞行时间可达 0.16h，累计最大飞行距离为 0.03km，平均飞行速度 0.66m/s，飞行能力较低；3 日龄成虫的飞行能力开始增强，累计最大飞行时间可达 0.57h，累计最大飞行距离为 0.48km，平均飞行速度 0.82m/s；5 日龄达到最高峰，累计最大飞行时间可达 1.32h，累计最大飞行距离近 1.47km 并且与其他处理组存在显著性差异（F=18.868；$df=4$，20；$P<0.05$），平均飞行速度达到 1.83m/s 并且与其他处理组存在显著差异（F=5.633；$df=4$，20；$P<0.05$）；7 日龄开始下降，但是可以看出 7 日龄的飞行能力高于 3 日龄的飞行能力，到达 9 日龄时飞行能力下降较为严重，这时累计最大飞行时间仅有 0.05h，累计最大飞行距离近为 0.05km，平均飞行速度为 0.81m/s。从结果可以看出，雌蝇的最大飞行速度也随着日龄增长而逐渐增大，到达 5 日龄后开始降低，1 日龄、3 日龄、7 日龄和 9 日龄与 5 日龄存在显著差异（F=5.527；$df=4$，20；$P<0.05$），1 日龄、3 日龄、7 日龄和 9 日龄最大飞行速度差异不显著（$P>0.05$）。

表 1 伞裙追寄蝇雌虫飞行能力与虫龄的关系

日龄	累计最大飞行距离	累计最大飞行时间	平均飞行速度	最大飞行速度
1	0.03±0.009 4c	0.16±0.007 1c	0.66±0.188 3b	1.39±0.308b
3	0.48±0.181 2b	0.57±0.192 5bc	0.82±0.096 2b	1.53±0.054 6b
5	1.47±0.1.773a	1.32±0.268 5a	1.83±0.214 9a	2.85±0.214 9a
7	0.52±0.162b	1.01±0.211ab	0.97±0.276 1b	1.56±0.493 4b
9	0.05±0.039c	0.05±0.0158c	0.81±0.162 5b	1.24±0.239 7b

所列数据为平均数±标准误；同列不同小字母表示差异显著（$P<0.05$）。下同

伞裙追寄蝇雄蝇的飞行能力与虫龄的关系测定结果表明，不同日龄的伞裙追寄蝇雄蝇的飞行能力存在显著性差异（$P<0.05$）。伞裙追寄蝇雄蝇在 8 个小时的吊飞测试中显示（表 2），1 日龄雄蝇飞行能力较低，累计最大飞行时间可达 0.02h，累计最大飞行距离为 0.01km，平均飞行速度 0.73m/s。3 日龄成虫的飞行能力开始增强，累计最大飞行时间可达 0.05h，累计最大飞行距离为 0.09km，平均飞行速度 0.90m/s；5 日龄达到最高峰，累计最大飞行时间可达 0.27h，累

计最大飞行距离近 0.55km 并且与其他处理组存在显著性差异（F = 10.027；*df* = 4，20；*P*<0.05），平均飞行速度达到 1.52m/s；7 日龄开始下降，但是可以看出 7 日龄的飞行能力高于 3 日龄的飞行能力，到达 9 日龄时飞行能力下降较为严重，9 日龄的飞行能力高于 1 日龄。从结果可以看出，雄蝇的最大飞行速度也随着日龄增长而逐渐增大，到达 5 日龄后开始降低，在累计最大飞行时间方面 1 日龄、3 日龄、7 日龄和 9 日龄不存在显著差异。在平均飞行速度方面 5 日龄与 1 日龄、3 日龄和 9 日龄存在显著差异（F = 7.275；*df* = 4，20；*P*<0.05），但是与 7 日龄不存在显著差异。

表 2　伞裙追寄蝇雄虫飞行能力与虫龄的关系

日龄	累计最大飞行距离	累计最大飞行时间	平均飞行速度	最大飞行速度
1	0.01±0.007c	0.02±0.004 7b	0.73±0.806b	1.39±0.362 8b
3	0.09±0.071c	0.05±0.014 6b	0.90±0.144 4b	1.49±0.239 7ab
5	0.55±0.127 9a	0.27±0.098 5a	1.52±0.205 5a	2.59±0.214 4a
7	0.33±0.985b	0.14±0.021 2ab	1.52±0.004 74a	2.06±0.582 6ab
9	0.05±0.007 1c	0.03±0.003 5b	0.80±0.186bb	1.44±0.166 6b

伞裙追寄蝇雌蝇与雄蝇飞行能力关系测定结果表明（表 3），雌蝇与雄蝇飞行能力不存在显著差异（*P*>0.05）。雌性个体累计最大飞行时间可达 0.662h，累计最大飞行距离为 0.510km，平均飞行速度 1.022m/s，雄性个体累计最大飞行时间可达 0.102h，累计最大飞行距离为 0.206km，平均飞行速度 1.094m/s。

表 3　伞裙追寄蝇雌虫与雄虫飞行能力关系

性别	累计最大飞行距离	平均飞行速度	累计最大飞行时间
雌	0.510±0.261 2a	1.022±0.207 2a	0.622±0.243a
雄	0.206±0.102 4a	1.094±0.176a	0.102±0.471a

三、不同世代伞裙追寄蝇飞行能力的比较

伞裙追寄蝇不同世代的飞行能力如图 1 所示，随着世代的增加伞裙追寄蝇的飞行能力呈现下降的趋势，第 1 代到第 2 代伞裙追寄蝇的累计最大飞行时间下降幅度最大，降低了 0.63h，之后下降比较平稳，从第 6 代到第 9 代飞行时间保持

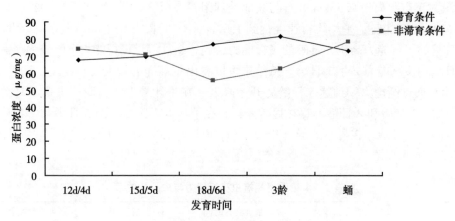

图1　不同世代伞裙追寄蝇飞行能力的比较

在0.7h左右，这时与第1代伞裙追寄蝇的累计最大飞行时间相差较大。伞裙追寄蝇的平均飞行速度从第1代至代3代下降比较严重，从第4代到第9代变化比较平稳，到达第9代时伞裙追寄蝇的平均飞行速度达到0.43m/s，与第1代伞裙追寄蝇相比下降了1/2左右。累计最大飞行距离第1代至第3代下降幅度较大，从1.64km至0.53km，但是从第4代到第9代伞裙追寄蝇的变化不大，到达第9代时飞行距离下降至0.3km，与第1代相比较下降比较严重。

四、转主寄主寄生后伞裙追寄蝇飞行能力的变化

转主寄主寄生后伞裙追寄蝇飞行能力的比较表明（表4、表5）雌蝇在黏虫上孵化的伞裙追寄蝇的飞行能力与草地螟上孵化的伞裙追寄蝇不存在显著性差异（$P>0.05$）。在体重测量中发现，黏虫上孵化的伞裙追寄蝇体重在0.03~0.04g，在草地螟上孵化的伞裙追寄蝇的体重在0.015~0.025g。这表明伞裙追寄蝇的飞行能力并没有因为体重的增加而有所加强。通过表中可以看出，雌蝇和雄蝇的累计飞行时间，累计飞行距离受日龄的影响表现出相同的趋势。

表4　转主寄主寄生后伞裙追寄蝇雌蝇飞行能力的比较

寄主	累计最大飞行距离	累计最大飞行时	平均飞行速度	最大飞行速度
草地螟	1.47±0.1.773a	1.32±0.268 5a	1.83±0.214 9a	2.85±0.214 9a
黏虫	1.51±072a	1.44±0.123 2a	1.86±0.613a	2.58±0.143a

表5 转主寄主寄生后伞裙追寄蝇雄蝇飞行能力的关系

寄主	累计最大飞行距离	累计最大飞行时	平均飞行速度	最大飞行速度
草地螟	0.55±0.127 9a	0.27±0.098 5a	1.52±0.205 5a	2.59±0.214 4a
黏虫	0.58±0.037 7a	0.30±0.028 5a	1.68±0.601a	1.98±0.225 5a

应用吊飞装置来研究昆虫的迁飞行为或特性虽不能完全模拟或表达昆虫的自然状况，但迄今为止在昆虫生理生态研究中仍被普遍认可和实用的一种实验工具。昆虫的迁飞行为一直是国内外昆虫研究领域中的热点。国内外很多学者采用飞行磨测定昆虫的飞行能力。黄露等利用飞行磨研究斑痣悬茧蜂的飞行能力和野外扩散行为；罗礼智等利用飞行磨对草地螟不同蛾龄成虫飞行能力和行为进行研究；高书晶等利用飞行磨对亚洲小车蝗飞行能力及其与种群密度的关系进行研究。但是目前对草地螟的优势性天敌——伞裙追寄蝇的飞行能力的研究还处于空白状态。许多基础理论的研究还不明确，对其飞行能力的规律还不了解。

本研究表明，伞群追寄蝇的飞行能力受日龄影响，在实验中发现个体的飞行能力随着日龄的增长表现为由弱到强，再有强到弱的过程。第一代伞群追寄蝇不同龄期测定过程中发现5日龄的飞行能力达到最好。在整个种群中个体间存在一定的差异，最大累计飞行时间达到2.24h，最大累计飞行距离达到3.62m/s，最大飞行速度达到9.34m/s。伞裙追寄蝇孵化初期由于飞行肌的发育不够成熟，各项飞行参数比较低。当达到一定的发育阶段，昆虫的卵巢开始逐渐发育并且导致飞行机的降解，飞行能力的下降，虫体的发育方向从飞行转向生殖。相红艳等在草地螟优势性寄生性天敌——伞裙追寄蝇生物学特性研究中提到，伞裙追寄蝇孵化3d后可以交尾，交尾2d后可以产卵。这一点也正好伞裙追寄蝇飞行规律相一致。转主寄主后伞群追寄蝇的体重差异性显著，由于转主寄主后黏虫的个体比较大，为伞群追寄蝇的个体发育提供更多的能源物质。但是转主寄主后伞群追寄蝇的飞行能力差异性不显著，伞群追寄蝇的个飞行能力并没有因为体重的增加而有所提升。

该实验是在室内静飞和无补充营养的条件下进行的，在野外的条件下由于要借助风力，还可以在野外取食花蜜。其测量结果飞行距离要远远地超过室内的测量结果，其飞行速度也有所差异。下一步还需要结合田间野外释放工作，更大程度的还原野外飞行状态。通过室内和室外技术的结合，更加明确全面了解伞群追寄蝇的飞行原理。这对于天敌昆虫的释放方案的制定具有深远的意义。此外飞行肌是如何影响和控制伞裙追寄蝇飞行能力的还需要进一步的研究探索。

五、温湿度对伞裙追寄蝇飞行能力的影响

研究不同温度和湿度对伞裙追寄蝇飞行能力的影响，探索其飞行规律，为利用天敌昆虫伞裙追寄蝇，防控害虫草地螟的扩散提供依据。昆虫的飞行活动受温度和湿度的影响较大，是其迁飞和扩散的诱发因子。昆虫迁飞或迁移通常会在适宜的温湿度条件下大规模起飞，为探究温湿度对伞裙追寄蝇飞行的影响，本研究采用吊飞技术，利用昆虫飞行磨信息采集系统测定了不同温度、湿度下伞裙追寄蝇的飞行潜能，期望了解最适合伞裙追寄蝇成虫飞行的环境条件。

1. 温度对伞裙追寄蝇飞行能力的影响

不同温度对伞裙追寄蝇飞行能力有显著影响。在一定温度范围内，飞行各项指标都有随温度升高而升高的趋势，但超过最适飞行温度范围后又表现出下降趋势。不同温度下伞裙追寄蝇性别间的飞行能力差异不大。具体见表6。

表6 不同温度对伞裙追寄蝇飞行能力的影响（雌蝇）

温度（℃）	飞行距离（km）	飞行时间（h）	平均飞行速度（km/h）	最大飞行速度（km/h）
18	0.362 1±0.090 7bB	0.222 0±0.034 8bB	1.230 3±0.226 9bAB	3.013 8±0.291 6aA
21	5.454 3±0.929 1aA	2.739 2±0.609 0aA	1.940 0±0.175 9aA	3.038 3±0.646 8aA
24	0.749 6±0.081 6bB	0.602 0±0.121 9bB	1.181 9±0.119 4bAB	2.202 5±0.427 4aA
27	0.183 8±0.053 4bB	0.076 1±0.008 6bB	0.945 2±0.183 5bB	3.095 6±1.039 7aA
30	0.077 7±0.032 7bB	0.023 3±0.010 4bB	1.250 0±0.207 9bAB	1.464 3±0.804 6aA

表6的结果表明：不同温度梯度下，5日龄雌蝇在21℃的飞行能力较好，且除最大飞行速度外，飞行距离、飞行时间、平均飞行速度都与其他温度梯度存在差异。21℃下的飞行能力最强，飞行距离、飞行时间、平均飞行速度分别为：5.454 3km、2.739 2h、1.940 0km/h。30℃下的飞行能力较差，飞行距离、飞行时间、平均飞行速度分别为：0.077 7km、0.023 3h、1.250 0km/h。27℃下伞裙追寄蝇的平均飞行速度最小，为0.945 2km/h，与21℃相比差异显著，其余温度梯度差异均不显著。

表7的结果表明：不同温度梯度下，5日龄雄蝇在21℃条件下的飞行能力最好，飞行距离、飞行时间、平均飞行速度、最大飞行速度分别为：5.030 3km、2.409 4h、2.246 9km/h、5.640 3km/h。30℃下的飞行能力最差，飞行距离、飞

行时间分别为：0.073 4km、0.035 2h。且在18℃、27℃、30℃时的飞行距离、飞行时间均差异不大但与21℃和24℃下相比显著降低并达到差异极显著。18℃下其平均飞行速度最低，为0.988 6km/h，与30℃时相比差异不显著，但同21℃有显著差异。说明温度超过一定范围，过高或过低都会导致伞裙追寄蝇飞行能力的下降。

表7　不同温度对伞裙追寄蝇飞行能力的影响（雄蝇）

温度（℃）	飞行距离（km）	飞行时间（h）	平均飞行速度（km/h）	最大飞行速度（km/h）
18	0.745 4±0.064 2cC	0.380 4±0.032 1cC	0.988 6±0.092 6bB	3.487 8±0.445 9bcAB
21	5.030 3±0.681 3aA	2.409 4±0.306 7aA	2.246 9±0.357 0aA	5.640 3±1.012 8aA
24	2.715 6±0.336 8bB	1.596 9±0.278 9bB	1.371 5±0.154 0bAB	2.293 3±0.117 5cB
27	0.078 9±0.027 0cC	0.041 1±0.015 4cC	1.585 1±0.340 7abAB	1.983 2±0.451 1cB
30	0.073 4±0.035 8cC	0.035 2±0.017 1cC	1.135 8±0.183 8bB	4.439 1±0.595 4abAB

由表8可知在不同温度条件下，不同性别伞群追寄蝇的飞行能力差异不大。雌蝇平均飞行距离为1.365 5km，飞行时间达到0.732 5h，平均飞行速度为1.309 5km/h，最大飞行速度达到2.562 9km/h；雄蝇的平均飞行距离、飞行时间、平均飞行速度和最大飞行速度分别为1.728 7km、0.892 6h、1.465 6km/h、3.568 7km/h，其飞行各项参数均未达到显著差异，即不同温度条件下，伞群追寄蝇性别间飞行参数大体相同，变化趋势基本一致，故飞行能力差异不大。

表8　不同温度下伞裙追寄蝇雌蝇与雄蝇飞行能力关系

性别	飞行距离（km）	飞行时间（h）	平均飞行速度（km/h）	最大飞行速度（km/h）
雌♀	1.365 5±0.500 6aA	0.732 5±0.259 5aA	1.309 5±0.106 5aA	2.562 9±0.312 8aA
雄♂	1.728 7±0.459 5aA	0.892 6±0.230 3aA	1.465 6±0.141 4aA	3.568 7±0.391 8aA

综上所述，不同温度对伞裙追寄蝇飞行能力的影响试验表明，雌雄蝇均在21℃时飞行能力较好，且不同性别伞群追寄蝇的飞行能力差异不显著。

2. 湿度对伞裙追寄蝇飞行能力的影响

由于 21℃ 时伞裙追寄蝇的飞行能力最好，故在湿度对伞裙追寄蝇飞行能力的影响时选择温度为 21℃。

不同湿度对伞裙追寄蝇飞行能力有显著影响，伞裙追寄蝇飞行能力与相对湿度之间的关系见表 9。

表 9 的结果表明：不同湿度条件下，雌蝇飞行距离随湿度升高而下降，且在 40% RH 时飞行距离最大，达到了 5.704 3 km，80% RH 时飞行距离最小为 0.003 7 km。在 1% 的检验水平上，40% RH 与 60% 和 80% RH 下的飞行距离达到差异极显著（$P < 0.01$）。

表 9　不同湿度对伞裙追寄蝇飞行能力的影响（雌蝇）

相对湿度（%）	飞行距离（km）	飞行时间（h）	平均飞行速度（km/h）	最大飞行速度（km/h）
40	5.704 3±0.176 5aA	2.489 2±0.048 7aA	1.256 1±0.146 5ab	3.288 3±0.184 1aA
60	0.073 1±0.031 8bB	0.034 0±0.012 7bB	1.328 4±0.095 9a	1.979 1±0.295 1bB
80	0.003 7±0.000 6bB	0.001 8±0.000 3bB	0.919 7±0.076 7b	1.162 1±0.191 2cB

不同湿度对雌蝇飞行时间的影响与飞行距离的影响变化趋势相似。在 40% 相对湿度下飞行时间达到最大，为 2.489 2 h。80% RH 下飞行时间最小，为 0.001 8 h。

不同湿度对雌蝇平均飞行速度的影响表现为 60% 相对湿度下平均飞行速度最大，为 1.328 4 km/h，与 40% 相对湿度比较差异不显著（$P > 0.05$）但与 80% 相对湿度比较差异显著，且 80% 相对湿度下，平均飞行速度最小，为 0.919 7 km/h。

伞裙追寄蝇雌蝇的最大飞行速度随相对湿度的不同发生着变化。40% RH 下最大飞行速度最大，为 3.288 3 km/h。80% RH 下最大飞行速度最小，为 1.162 1 km/h。

表 10 的结果表明：不同湿度条件下，雄蝇飞行距离也随湿度升高而下降，且在 40% RH 时飞行距离最大，达到了 5.530 3 km，80% RH 时飞行距离最小为 0.010 4 km。40% RH 与 80% RH 下的飞行距离达到差异极显著，但与 60% RH 下的飞行距离差异不显著。

表 10　不同湿度对伞裙追寄蝇飞行能力的影响（雄蝇）

相对湿度（%）	飞行距离（km）	飞行时间（h）	平均飞行速度（km/h）	最大飞行速度（km/h）
40	5. 530 3±0. 200 0aA	2. 659 4±0. 078 7aA	1. 832 7±0. 089 7aA	3. 487 6±0. 400 6aA
60	0. 043 7±0. 010 8abB	0. 021 7±0. 005 4bB	1. 308 3±0. 191 1bAB	2. 408 8±0. 167 5bAB
80	0. 010 4±0. 000 7bB	0. 006 7±0. 000 4bB	1. 108 8±0. 142 2bB	1. 750 8±0. 332 3bB

不同湿度对雄蝇飞行时间的影响随湿度的增大而缩短。40%、80%和60%相对湿度下飞行时间差异极显著。40% RH 下飞行时间达到了最大，为 2. 659 4h。80% RH 下飞行时间最短，为 0. 006 7h。

不同湿度对雄蝇的平均飞行速度有一定的影响，40%与80%相对湿度下平均飞行速度差异显著，但与60%相对湿度下的平均飞行速度差异不显著。40% RH 下平均飞行速度最大，为 1. 832 7km/h，80% RH 下平均飞行速度最小，为 1. 108 8km/h。

伞裙追寄蝇雄蝇的最大飞行速度随相对湿度的变化趋势与平均飞行速度相似。40% RH 下最大飞行速度最大，为 3. 487 6km/h。80% RH 下最大飞行速度最小，为 1. 750 8km/h。

由表 11 可知不同湿度条件下，伞群追寄蝇性别间飞行能力差异不大。雌蝇的平均飞行距离、飞行时间、平均飞行速度以及最大飞行速度分别为 1. 927 0 km、0. 694 8h、1. 168 1km/h、2. 143 2km/h；雄蝇以上各飞行参数分别为 1. 861 5 km、0. 895 9h、1. 416 6km/h、2. 549 1km/h，经数据处理发现两者飞行参数大致相同，未达到显著水平，即不同湿度对雌雄伞裙追寄蝇飞行能力的影响大致相同。

表 11　不同湿度下伞裙追寄蝇雌蝇与雄蝇飞行能力关系

性别	飞行距离（km）	飞行时间（h）	平均飞行速度（km/h）	最大飞行速度（km/h）
雌 ♀	1. 927 0±0. 807 2aA	0. 694 8±0. 349 9aA	1. 168 1±0. 078 8aA	2. 143 2±0. 289 9aA
雄 ♂	1. 861 5±0. 784 5aA	0. 895 9±0. 376 7aA	1. 416 6±0. 119 9aA	2. 549 1±0. 271 6aA

伞裙追寄蝇在不同温度、湿度条件下的飞行距离、飞行时间、平均飞行速度和最大飞行速度四个飞行能力指标可得知，在温度为 21℃时伞裙追寄蝇的飞行能力达到最大，随后其飞行能力随温度的升高而下降，温度低于 21℃或高于

24℃时伞裙追寄蝇的飞行能力显著下降。在湿度为40%时最适宜伞裙追寄蝇飞行，湿度高于60%伞裙追寄蝇的飞行能力显著下降。故适于伞裙追寄蝇飞行的温度范围为21~24℃，湿度范围为40%~60%，但不同温湿度下，雌雄寄蝇的4个飞行特征值并没有显著的差异，即伞裙追寄蝇不同性别间飞行能力相差不大。

综合以上可知，不同湿度对伞裙追寄蝇飞行能力的影响较大，40% RH时适宜其飞行，随着相对湿度的提高飞行能力逐渐下降，但不同性别伞裙追寄蝇的飞行参数相近，变化趋势基本一致，即不同湿度下伞裙追寄蝇性别间的飞行能力差异不大。

3. 温湿度交互作用对伞裙追寄蝇飞行能力的影响

昆虫的迁飞行为不仅与本身生理因素有关而且也受外界环境的影响，尤其是温度、湿度和气压是其大规模起飞的重要因素。通过昆虫飞行磨系统测定了温湿度交互作用下伞裙追寄蝇的飞行能力。

（1）供试寄主来源及方法。伞裙追寄蝇由采自河北康保县邓油坊地区的草地螟越冬虫茧中羽化得到，两种昆虫在实验室已人工繁殖多代。伞裙追寄蝇成虫饲喂20%的蜂蜜水，草地螟用灰菜和苜蓿喂养，实验所用的伞裙追寄蝇为室内人工繁育的20代寄蝇。研究不同温湿度对伞裙追寄蝇飞行能力的影响时，选择飞行能力较好的5日龄雌雄寄蝇进行飞行测试。实验选择成虫体型相当、体重相近的个体作为试虫。吊飞测试过程中一直保持稳定的全光照条件。

伞裙追寄蝇在温度18~30℃，相对湿度40%~80%的温湿度交互作用下的各项飞行能力指标分析结果见表12。

表12 不同温湿度组合条件下伞裙追寄蝇的飞行距离、时间及飞行速度

温度（℃） Temperature	相对湿度（%） RH	飞行距离（km） Flight distance	飞行时间（h） Flight time	飞行速度（km/h） Flight speed
18	40	0.553 8±0.088 8aA	0.301 2±0.037 1aA	1.109 4±0.122 3aA
	60	0.181 8±0.104 1aA	0.104 8±0.067 2aA	1.218 2±0.171 7aA
	80	1.148 9±0.592 1aA	0.767 2±0.398 0aA	1.067 4±0.110 6aA
21	40	5.242 3±0.539 3aA	2.574 3±0.321 8aA	2.093 5±0.193 2aA
	60	0.769 8±0.633 2bB	0.365 8±0.301 2 bB	1.129 5±0.230 8bA
	80	0.348 1±0.330 7bB	0.189 4±0.181 2 bB	1.257 9±0.166 5bA

温度（℃） Temperature	相对湿度（%） RH	飞行距离（km） Flight distance	飞行时间（h） Flight time	飞行速度（km/h） Flight speed
	40	1. 732 6±0. 404 7aA	1. 099 5±0. 234 9aA	1. 276 7±0. 097 1aA
24	60	0. 291 5±0. 123 8aA	0. 194 3±0. 094 3aA	1. 103 4±0. 171 5aA
	80	2. 204 5±1. 991 3aA	0. 763 2±0. 654 3aA	1. 380 8±0. 280 7aA
	40	0. 131 3±0. 034 1aA	0. 058 6±0. 010 5aA	1. 265 1±0. 216 1aA
27	60	0. 121 0±0. 052 8aA	0. 081 0±0. 029 5aA	0. 986 1±0. 234 0aA
	80	2. 302 8±1. 865 4aA	0. 846 4±0. 578 7aA	1. 497 9±0. 340 8aA
	40	0. 075 5±0. 022 4aA	0. 029 3±0. 009 5 aA	1. 192 9±0. 130 3aA
30	60	0. 485 4±0. 272 0abA	0. 269 4±0. 165 9abA	1. 075 1±0. 145 8aA
	80	0. 759 3±0. 257 3bA	0. 627 1±0. 235 6bA	1. 046 9±0. 207 5aA

表中数据为平均值±标准误，后同

方差分析表明，温度18℃、24℃、27℃分别在相对湿度为40%、60%、80%的温湿度组合条件下，伞裙追寄蝇的飞行距离、飞行时间、飞行速度差异均不显著。在21℃，相对湿度为40%的条件下，伞裙追寄蝇的飞行各项指标与相对湿度60%和80%相比存在显著差异，伞裙追寄蝇在21℃，相对湿度为40%的温湿度组合条件下的飞行能力较其他组合高，飞行距离、飞行时间、飞行速度分别为5. 242 3km、2. 574 3h、2. 093 5km/h。30℃时，飞行速度与其他不同相对湿度组合相比差异不显著；40%相对湿度下的飞行距离、飞行时间与80%时存在显著差异，30℃，相对湿度为80%的温湿度组合条件下的飞行能力较40%相对湿度时高，飞行距离、飞行时间分别为0. 759 3km、0. 627 1h。

（2）不同温湿度与伞裙追寄蝇飞行距离的关系。不同温湿度与伞裙追寄蝇飞行距离的关系见图2。图2结果表明，在设置的温度范围18~30℃、湿度范围40%~80%的组合中随着温湿度的变换，伞裙追寄蝇的飞行距离呈现一定的变化规律。温度范围19~24℃，湿度范围在70%~80%伞裙追寄蝇的飞行距离较远，随着温湿度不在此范围内变化飞行能力下降；温度18℃，湿度40%时伞裙追寄蝇的飞行距离最短，平均飞行距离为0. 092 2km。

（3）不同温湿度与伞裙追寄蝇飞行时间的关系。不同温湿度与伞裙追寄蝇飞行时间的关系见图3。图中结果表明，温度20~24℃，相对湿度在70%~80%伞裙追寄蝇的飞行时间最长。随着不同温湿度组合的变化，温度18℃，湿度

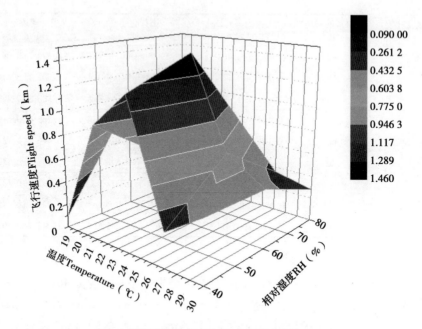

图 2 温湿度与伞裙追寄蝇飞行距离的关系

40%以及温度 30℃，湿度 80%时伞裙追寄蝇的飞行时间相对较短，分别为 0.056 0h、0.167 9h。

（4）不同温湿度与伞裙追寄蝇飞行速度的关系。不同温湿度与伞裙追寄蝇飞行速度的关系见图 4。图中结果表明，温度 30℃，湿度 80%时，伞裙追寄蝇的飞行速度最大，达到 1.393 5km/h。温度 18℃，湿度 40%时飞行速度最小，为 0.831 3km/h。其他温湿度组合范围中伞裙追寄蝇飞行速度总体波动不大。

综合评价：伞裙追寄蝇在不同温湿度交互下的飞行距离、飞行时间、飞行速度三个判断飞行能力的指标可得知，适于室内扩繁 2 代伞裙追寄蝇飞行的温度范围为 19~24℃，湿度范围在 70%~80%。

高温高湿组合下伞裙追寄蝇飞行距离、飞行时间均较差，但在一定的温度范围内随着湿度的升高反而利于伞裙追寄蝇的飞行。这说明在一定温度范围内，伞裙追寄蝇的飞行能力随着湿度的升高而升高，高湿有利于伞裙追寄蝇的飞行。飞行速度与温湿度组合之间的关系表现为：

温度 30℃，湿度 80%时，伞裙追寄蝇的飞行速度最大。

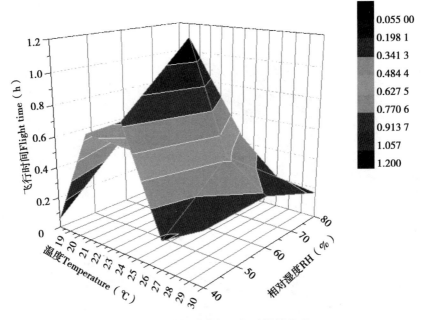

图3　温湿度与伞裙追寄蝇飞行时间的关系

　　温度18℃，湿度40%时飞行速度最小，其他温湿度组合范围伞裙追寄蝇的飞行速度总体趋势平稳。这是因为伞裙追寄蝇的飞行速度受温湿度的影响较小，但在极端温湿度组合下由于外界刺激强烈而导致飞行速度过大或过小。

4. 伞裙追寄蝇能源物质积累及其飞行动态能耗

　　为深入了解天敌昆虫伞裙追寄蝇的飞行规律，我们采用吊飞试验及相关生理生化方法，研究了不同日龄伞裙追寄蝇体内甘油酯、糖原的动态积累及5日龄不同吊飞时间其体内能源物质含量的变化情况。昆虫飞行的能量来自于不同种类的能源物质，当能源物质被氧化时，即可为飞行肌做功提供能量，进而完成飞行。目前关于飞行过程中能源物质消耗的研究大多是农业害虫并且在多数飞行能量利用文献中是以飞行时间为单位的能量消耗数据，却少有不同日龄能源物质积累的数据，且对天敌昆虫飞行过程中能源物质的研究报道更少。中国农业科学院植物保护研究所研制的微小昆虫飞行磨为本研究提供了便利的条件。利用微小昆虫飞行磨和生化方法，测定出伞裙追寄蝇不同日龄能源物质的积累状况及飞行不同时间体内甘油酯、糖原含量的变化，为揭示伞裙追寄蝇能源物质的积累及其飞行动

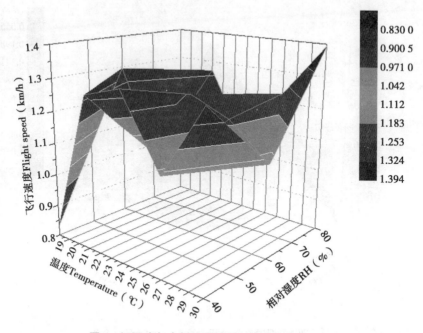

图4　温湿度与伞裙追寄蝇飞行速度的关系

态能耗提供科学依据。

（1）不同日龄伞裙追寄蝇体内甘油酯积累动态。甘油酯是昆虫体内脂肪储存的主要形式，也是多数昆虫远距离飞行的能量保证。图5对不同日龄伞裙追寄蝇体内甘油酯的变化情况做了分析。

如图5可知，给予正常营养补充的不同日龄伞裙追寄蝇雌雄成虫，随着日龄的增加，其体内甘油酯的含量逐渐升高。5日龄雌蝇体内甘油酯含量达到最高，为0.753 7mmol/L，与7日龄体内甘油酯含量相比差异不显著（$P>0.05$），7日龄雌蝇体内甘油酯含量为0.695 3 mmol/L，之后保持稳定，1日龄最低，为0.507 3mmol/L，与其他日龄相比差异显著（$P<0.05$）；雄蝇甘油酯积累动态与雌蝇基本相似，1日龄雄蝇体内甘油酯含量最低，为0.469 6mmol/L，7日龄含量达到0.721 4mmol/L，与其他日龄相比差异显著且最大。

（2）不同日龄伞裙追寄蝇体内糖原积累动态。由图6可以看出：羽化后给予正常营养补充的1日龄、3日龄、5日龄、7日龄、9日龄伞裙追寄蝇雌雄成虫体内糖原的含量变化基本一致，都表现为随着日龄的增加糖原的含量逐渐升高。雌

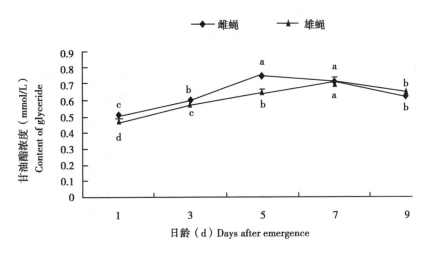

图5 不同日龄伞裙追寄蝇甘油酯含量的变化

蝇体内糖原的含量5日龄积累到高峰，达114.351 7mmol/L，且与其他日龄相比差异显著；雄蝇7日龄糖原的含量最高，为111.668mmol/L，与5日龄、9日龄相比差异不显著。雌雄寄蝇体内糖原的含量积累达高峰后随日龄的增加平稳降低，但幅度不大，1日龄雌雄寄蝇体内糖原的含量最低，分别为75.693 3mmol/L、64.482mmol/L。

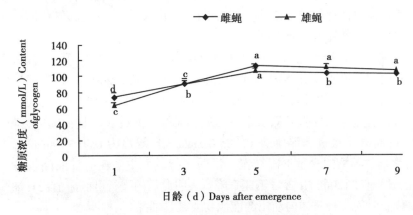

图6 不同日龄伞裙追寄蝇糖原含量的变化

不同日龄伞裙追寄蝇飞行能力的变化结果一致，5日龄飞行能力最强，其体内甘油酯、糖原的含量也到达最高，为其飞行提供的能源物质较为充沛。

（3）伞裙追寄蝇飞行时间与其体重消耗的相互关系。根据吊飞前后体重的测定结果显示，伞裙追寄蝇在飞行过程中首先有虫体体重减少的现象，飞行时间不同，成虫体重降低不同（图7）。成虫体重消耗百分率随飞行时间的延长而增加，两者呈对数关系，即 $Y = 5.4672\ln(X) + 16.82$（$R^2 = 0.9869$）

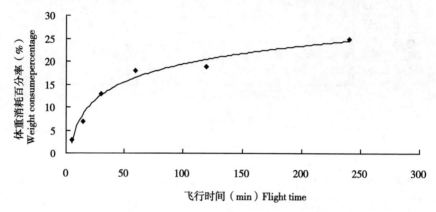

图 7　伞裙追寄蝇不同飞行时间与其体重消耗关系

飞行初始体重下降较快，为其飞行提供能量的能源物质消耗迅速，随着飞行时间的延长，体重下降变缓，说明此时为短期飞行提供能量的物质消耗较多，此后飞行可能需要消耗能够支持其远距离飞行的更加高效、复杂的氧化磷酸化反应的能源物质，故而体重下降变缓。

（4）伞裙追寄蝇不同吊飞时间甘油酯的消耗动态。如图8可知，随着伞裙追寄蝇飞行时间的增加，其体内甘油酯的含量缓慢下降，240min后降到最低，雌雄寄蝇分别为 0.2893mmol/L、0.2952mmol/L，与同性别其他飞行时间段甘油酯的含量有显著差异，且明显低于未飞对照。飞行时间越长，甘油酯的含量越低，飞行5min时含量最高，雌蝇为 0.7250mmol/L，雄蝇为 0.7132mmol/L。飞行120min之前甘油酯的含量下降缓慢，说明飞行过程中消耗的甘油酯较少，甚至不消耗，但超过120min，含量迅速下降，表明此后的飞行可能需消耗甘油酯。伞裙追寄蝇长时间飞行时体内动用的能源物质是甘油酯。

（5）伞裙追寄蝇不同吊飞时间糖原的消耗动态。由图9知，伞裙追寄蝇体内的糖原含量随着飞行时间的增加而下降，且速度较快，飞行5min后糖原的含量较其他飞行时间有显著差异，其含量最高，雌蝇为 73.6833mmol/L，雄蝇达到

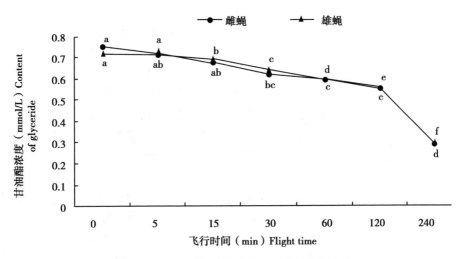

图8　不同飞行时间伞裙追寄蝇甘油酯含量变化

79.12mmol/L，与不飞行的对照组相比差异显著。飞行60min后体内糖原的含量迅速下降，240min后含量最低，雌蝇为0.24mmol/L，雄蝇降至0.34mmol/L，与对照相比达到差异极显著。这说明伞裙追寄蝇在飞行过程中消耗较多的糖原，飞行时间越长，糖原消耗越多，是其飞行过程中消耗的主要能源物质。

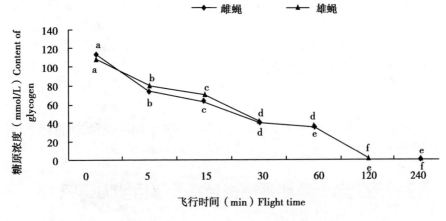

图9　不同飞行时间伞裙追寄蝇糖原含量变化

本试验测定结果表明：5日龄伞裙追寄蝇体内能源物质的积累达到高峰，这与之前所做不同日龄伞裙追寄蝇飞行能力的变化结果一致，5 日龄飞行能力最强，其体内甘油酯、糖原的含量也到达最高，为其飞行提供的能源物质较为充沛，这与棉铃虫糖原积累状况一致。且不同日龄寄蝇糖原的积累量与甘油酯的积累量相比，前者较后者多 3 个数量级，为主要储能物质。1 日龄、3 日龄雌雄成虫虽具有了一定的飞行能力，但由于刚羽化飞行肌发育不完全，为其飞行提供的能源物质积累缓慢，故而飞行能力较弱；5 日龄寄蝇体内甘油酯、糖原的积累达到高峰，此时飞行肌也发育良好，达到了其飞行的必要条件；而 7 日龄、9 日龄寄蝇体内各种能源物质虽下降幅度不大，但飞行能力稍差，或许是为其他生理活动提供能量，如生殖等。

从伞裙追寄蝇飞行时间与其体重消耗的相互关系中可以看出，随着飞行时间的增加，体重消耗百分率增大，两者呈对数关系，这与车锡冰等人对油松毛虫飞翔与其体重消耗的相互关系不同，这可能是由于两者测试时间相差过大或不同虫体对能源物质的利用有所不同而有差别。

伞裙追寄蝇不同飞行时间能源物质的消耗过程中，糖原的含量随飞行时间的增加而降低，4h 后含量最低，此时甘油酯也有明显降低的趋势，且糖原的消耗量比甘油酯的消耗量多 2 个数量级，由此推测，糖原可能是伞裙追寄蝇飞行所消耗的主要能源物质之一，且随飞行时间的增加，糖原的含量下降较快。飞行 1h 后体内糖原的含量显著下降，说明伞裙追寄蝇体内糖原含量能维持 1h 左右的飞行，2~4h 后糖原含量变化很小，且达到最低，此时甘油酯的含量也有明显降低的趋势，说明 2h 后糖原迅速耗尽，此后飞行所需的能量可能由甘油酯提供一部分，这与 Rankin 等人得出糖类为成虫羽化及短时间的飞行提供能源，而脂类则在远距离飞行中起主要作用的结论一致。

通过对伞裙追寄蝇体内主要的储能物质是糖类，而且明确了其飞行过程中动用的主要能源物质。飞行初始阶段糖类为其飞行提供较多能量，且消耗量比甘油酯大，长时间飞行时动用部分酯类。这为阐明伞裙追寄蝇飞行的能量利用与代谢提供了科学依据。

第二节 草地螟阿格姬蜂的飞行能力研究

草地螟阿格姬蜂是一种分布在山西、河北、内蒙古等地区的膜翅目、姬蜂科、肿跗姬蜂亚科、阿格姬蜂属的寄生性天敌，最早记录在辽宁石城，它是草地螟的优势寄生蜂，在田间的寄生率较高，应用天敌昆虫草地螟阿格姬蜂防治草地螟的发生与危害具有研究意义。

国内外对其在飞行相关方面的研究还尚不明确，本研究应用飞行磨模拟系统对草地螟阿格姬蜂的飞行能力以及影响草地螟阿格姬蜂飞行能力的相关因素进行了研究分析。为在田间利用草地螟阿格姬蜂对草地螟进行大面积的综合防治提供理论依据。

一、草地螟阿格姬蜂飞行能力与虫龄的关系

1. 越冬代草地螟阿格姬蜂飞行能力与虫龄的关系

草地螟阿格姬蜂的飞行能力由于其日龄的不同而不同，不同日龄的成蜂的飞行能力有着显著的差异。由于 1 日龄成虫才刚刚羽化，其飞行肌发育的还尚不完全，虽然已经有了一定的飞行能力，但其的飞行能力较弱；在 3 日龄时，草地螟阿格姬蜂的飞行能力呈上升的趋势；在 5 日龄时，其飞行能力上升到最大；在 7 日龄时，其飞行能力开始下降。结果显示，草地螟阿格姬蜂的平均飞行速度与日龄的关系与飞行时间和距离相似，5 日龄成虫的飞行能力显著高于其余日龄飞行能力。

5 日龄草地螟阿格姬蜂在飞行能力测试试验中所得到数据，即其的飞行参数（平均飞行距离、时间以及速度）明显高于其余日龄草地螟阿格姬蜂，并且在这些日龄之间其飞行参数的差异是显著的（$P<0.05$）；经差异显著性分析表明，5 日龄的飞行能力最好。

草地螟阿格姬蜂成虫不同性别比较结果表明，不同日龄雌雄虫飞行能力的变化趋势相似，即不同性别间的飞行能力差异不大（图10、图11和图12）。

2. 2 代草地螟阿格姬蜂飞行能力与虫龄的关系

2 代草地螟阿格姬蜂的飞行能力随着其日龄的不同而不同，有显著差异。在飞行能力实验中，由于 1 日龄成虫才刚刚羽化，其飞行肌发育的还尚不完全，虽然已经有了一定的飞行能力，但其的飞行能力较弱；头平均累计飞行时间可达0.020h 和 0.009h，平均累计飞行距离 0.012km 和 0.048km 左右；在 3 日龄时，草地螟阿格姬蜂的飞行能力呈上升的趋势；在 5 日龄时，其飞行能力上升到最大，雌、雄平均累计飞行时间分别可达 1.719h 和 1.310h，累计飞行距离近1.632km 和 1.906km；在 7 日龄时，其飞行能力开始下降。结果显示，草地螟阿格姬蜂的平均飞行速度与日龄的关系与飞行时间和距离相似，5 日龄成虫的飞行能力显著高于其余日龄飞行能力。

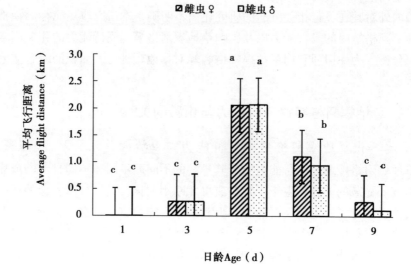

图 10　不同日龄草地螟阿格姬蜂的平均飞行距离

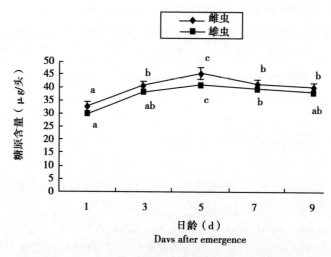

图 11　不同日龄草地螟阿格姬蜂的平均飞行时间

2 代草地螟阿格姬蜂 5 日龄成虫的飞行参数显著高于其余日龄的成虫的飞行
参数（$P < 0.05$）；其他日龄之间的飞行参数比较发现 5 日龄成虫的飞行能力

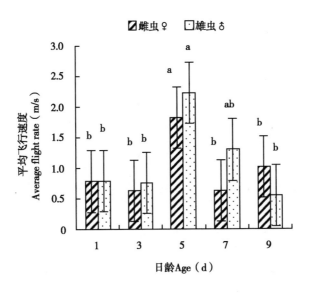

图 12　不同日龄草地螟阿格姬蜂的平均飞行速度

最好。

　　雌、雄虫飞行能力之间比较结果表明，雌、雄虫的飞行能力随日龄的变化基本一致。雌雄虫之间的飞行参数均相近，即性别间的飞行能力差异不大（图 13、图 14 和图 15）。

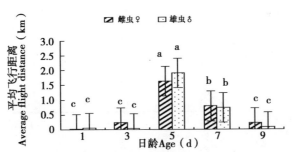

图 13　不同日龄草地螟阿格姬蜂的平均飞行距离

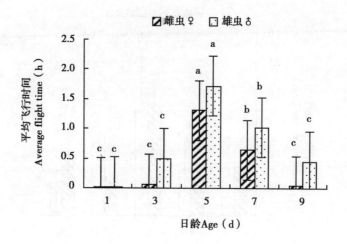

图14　不同日龄草地螟阿格姬蜂的平均飞行时间

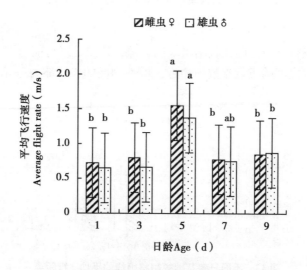

图15　不同日龄草地螟阿格姬蜂的平均飞行速度

3. 草地螟阿格姬蜂1代与2代飞行能力的关系

对1代与2代草地螟阿格姬蜂飞行能力的相关参数进行测试，结果表明：草地螟阿格姬蜂第 1 代与第 2 代成虫的飞行参数均差异不显著（$P>0.05$）。

表 13　草地螟阿格姬蜂第一代、第二代飞行能力关系

	平均飞行距离 Averageflight distance（km）	平均飞行时间 Averageflight duration（h）	平均飞行速度 Average flight rate（m/s）
第 1 代	0.745±0.378Aa	0.671±0.345Aa	0.978±0.223Aa
第 2 代	0.559±0.362Aa	0.413±0.253Aa	0.940±0.153Aa

二、温度和湿度对草地螟阿格姬蜂飞行能力的影响

草地螟阿格姬蜂随着日龄的不同其飞行能力不同，经过数据统计与分析，发现 5 日龄草地螟阿格姬蜂的飞行能力最强，所以选择 5 日龄成虫作为研究温度、湿度对其飞行能力的影响的试虫。

1. 草地螟阿格姬蜂飞行能力与温度的关系

温度与草地螟阿格姬蜂的飞行参数（同上）之间的关系见表 14、表 15 所示。

表 14　不同温度条件下草地螟阿格姬蜂 5 日龄雌虫的飞行距离、飞行时间和飞行速度

温度 Temperature（℃）	平均飞行距离 Average flight distance（km）	平均飞行时间 Average flight duration（h）	平均飞行速度 Average flight rate（m/s）
20	0.990±0.095 a	1.123±0.410 a	0.849±0.073 a
24	0.596±0.324 ab	0.316±0.104 ab	0.765±0.050 ab
28	0.163±0.087 b	0.213±0.086 b	0.700±0.03 ab
32	0.137±0.018 b	0.157±0.089 b	0.634±0.051 b

表 15　不同温度条件下草地螟阿格姬蜂 5 日龄雄虫的飞行距离、飞行时间和飞行速度

温度 Temperature（℃）	平均飞行距离 Average flight distance（km）	平均飞行时间 Average flight duration（h）	平均飞行速度 Average flight rate（m/s）
20	0.929±0.356a	1.250±0.489a	0.838±0.111a
24	0.316±0.119b	0.434±0.181b	0.733±0.057ab
28	0.185±0.091b	0.252±0.045b	0.715±0.047ab
32	0.219±0.082b	0.187±0.058b	0.550±0.053b

所列数据为平均数±标准误；同列不同小写字母表示差异显著（$P<0.05$）。下同

观察结果（表14）表明：草地螟阿格姬蜂雌虫的平均飞行距离随温度的升高呈下降的趋势，在20℃时，其飞行能力是最强的，在20℃时的平均飞行距离与其他温度（除24℃）的平均飞行距离达到差异显著（$P<0.05$）。平均飞行速度随温度变化与平均飞行时间随温度的变化是大体一致的。

雌、雄虫之间的飞行参数相似，雄虫的平均飞行距离也随温度的升高呈下降的趋势，在20℃时，其飞行能力是最强的，在20℃时的平均飞行距离与其他温度相比达到显著差异（$P<0.05$）。平均飞行时间随温度的变化趋势与平均飞行距离随温度的变化相似，随温度的升高而减小（表15）。

2. 草地螟阿格姬蜂飞行能力与相对湿度的关系

草地螟阿格姬蜂的飞行参数（同上）与相对湿度之间的关系见表16、表17所示。

观察结果（表16）表明，草地螟阿格姬蜂雌虫的平均飞行距离随相对湿度的升高而发生着变化，在60% RH下的平均飞行距离最高为0.818km，40% RH下的平均飞行距离有所下降但是幅度不大，80% RH下的平均飞行距离最低为0.155km。差异显著性分析结果表明，草地螟阿格姬蜂在60%RH下的平均飞行距离与80%间存在显著差异（$P<0.05$）。平均飞行时间与平均飞行距离变化趋势相似，随相对湿度的提高而发生变化，在60% RH下的平均飞行时间最长为0.828h，40% RH下和60% RH下平均飞行时间差异不显著（$P\geq0.05$）为0.354h，80% RH下的平均飞行时间有所缩短但幅度不大。在40% RH下的平均飞行时间与60%和80%间无显著差异（$P\geq0.05$）。平均飞行速度在60% RH时最高为0.827m/s，在40% RH时相对较低为0.638m/s，40%和80% RH下平均飞行速度差异不显著（$P\geq0.05$），而与60%RH下的平均飞行速度存在显著差异（$P<0.05$）（表17）。

草地螟阿格姬蜂雄虫的飞行参数与雌虫相似，雄虫的平均飞行距离随相对湿度的提高而发生着变化，在60% RH下的平均飞行距离最高为1.118km，40% RH的平均飞行距离有所下降但是幅度不大，80% RH下的平均飞行距离最低为0.271km。差异显著性分析结果表明，草地螟阿格姬蜂在60%相对湿度下的平均飞行距离与80%间存在显著差异（$P<0.05$）。平均飞行时间与平均飞行距离变化趋势相似，随相对湿度的提高而发生变化，在60% RH下的平均飞行时间最长为1.071h，与40% RH（0.428h）下平均飞行时间差异不显著（$P\geq0.05$），80% RH下的平均飞行时间有所缩短但是幅度不大。在40%相对湿度下的平均飞行时间与60%和80%间无显著差异（$P\geq0.05$）。在60% RH下时，草地螟阿格姬蜂

平均飞行速度最高为 0.936m/s，在 40%相对湿度时相对较低为 0.669m/s，40%和 80%相对湿度下平均飞行速度差异不显著（$P \geqslant 0.05$），而与 60%相对湿度下的平均飞行速度存在显著差异（$P<0.05$）（表 16）。

表 16 不同湿度条件下草地螟阿格姬蜂 5 日龄雌虫的飞行距离、飞行时间和飞行速度

相对湿度 RH（%）	平均飞行距离 Average flight distance（km）	平均飞行时间 Average flight duration（h）	平均飞行速度 Average flight rate（m/s）
40	0.331±0.018 ab	0.354±0.125 ab	0.638±0.057 b
60	0.818±0.389 a	0.828±0.390 a	0.827±0.092 a
80	0.155±0.042 b	0.176±0.090 a	0.600±0.047 b

表 17 不同湿度条件下草地螟阿格姬蜂 5 日龄雄虫的飞行距离、飞行时间和飞行速度

相对湿度 RH（%）	平均飞行距离 Average flight distance（km）	平均飞行时间 Average flight duration（h）	平均飞行速度 Average flight rate（m/s）
40	0.433±0.156 b	0.428±0.151 ab	0.669±0.031 b
60	1.118±0.071 a	1.071±0.119 a	0.936±0.210 a
80	0.271±0.123 b	0.313±0.137 b	0.648±0.004 b

总而言之，1、2 代草地螟阿格姬蜂的飞行能力进行测定，不同日龄其飞行能力是有差异的，从而选择飞行能力最好的日龄期草地螟阿格姬蜂试虫进行下一步研究；实验表明，其成虫的飞行能力随着发育时间而发生着变化，1 日龄和 3 日龄的草地螟阿格姬蜂飞行能力较其余日龄飞行能力是相对比较弱的，并且很少起飞，导致这样的结果可能是由于刚羽化的草地螟阿格姬蜂几丁质还没有硬化，飞行肌肉还未成熟更或者是能源物质储存的不够，当草地螟阿格姬蜂羽化 5d 后，对其进行飞行能力测试，发现其飞行能力较高，当羽化 7d 后，其飞行参数又将有所下降，这种试验结果可能是在 7 日龄草地螟阿格姬蜂消耗了较多的能源物质，不足以供飞行所消耗。2 代草地螟阿格姬蜂不同日龄飞行能力与越冬代草地螟阿格姬蜂相似。

不同昆虫之间其飞行能力是不同的，这种不同主要是由于外界环境对其产生了很大的影响，当然除了外部环境的影响之外也有内部因素的影响，因为不同昆虫体内的神经系统以及激素的调控作用是不同的。温度、湿度是影响飞行行为发生的其中的一个因子，昆虫通常会在其最适的温湿度条件下发生飞行行为。

从试验看出，草地螟阿格姬蜂具有一定的飞行能力，并且温湿度对其飞行能

力有着一定的影响，其飞行适宜的温度、湿度分别是 20~24℃ 和 60%RH，在这个温湿度条件下，其飞行能力是最好的，并且经过实验发现，温度对草地螟阿格姬蜂的飞行能力的影响是最为直接的，在温度到达 28℃ 以下时其飞行能力相对较弱。在 60%RH 条件下，草地螟阿格姬蜂的飞行能力是最强，当相对湿度在 80%条件下，其飞行能力受到抑制，湿度的大小影响着草地螟阿格姬蜂体内的水分、能源物质代谢的快慢以及草地螟阿格姬蜂存活时间的长短，从而湿度间接的影响着其飞行能力。在湿度较低的时候，草地螟阿格姬蜂飞行时体内水分损耗的多，使其体内新陈代谢减弱，影响能量的代谢与转化，导致飞行能力的下降。湿度过于高时，也不利于草地螟阿格姬蜂的飞行。

从本研究的温度影响来看，20℃ 条件下的飞行能力最强，明显强于其他高温处理，可见 20℃ 以下的温度有可能也是草地螟阿格姬蜂的适宜温度。因此，有待进一步开展适宜温度范围的相应研究。

温度、湿度对草地螟阿格姬蜂飞行能力的影响是显著的，温度和湿度对草地螟阿格姬蜂飞行能力的影响是相互影响的。温度保持不变，草地螟阿格姬蜂飞行能力由相对湿度所决定，同样，湿度保持不变，草地螟阿格姬蜂飞行能力由相对温度所决定，实验利用飞行磨对草地螟阿格姬蜂的飞行能力与其温度、湿度的关系进行测试，不同温度、湿度对其飞行能力的影响，这只能说明其恒定的温度、湿度条件下飞行的能力状况。而不能代表自然条件下的飞行能力。因为在自然条件下，温湿度并非是恒定不变的，所以其飞行能力可能有较大差异，故温湿度对草地螟阿格姬蜂能源物质的影响也有较大的差异。该试验结果可以为进一步开展草地螟阿格姬蜂飞行机理和寄主搜寻能力的研究提供理论依据。

三、草地螟阿格姬蜂能源物质积累及其飞行能耗与动态

在飞行的过程中，由于昆虫种类不同，所以所消耗的能源物质就不同，有的昆虫在飞行过程中主要消耗糖原，有的昆虫在飞行过程中主要消耗脂类，还有的昆虫在飞行过程中既消耗糖类又消耗脂类。一些双翅目、膜翅目以及一些鳞翅目在内的昆虫主要利用碳水化合物为短距离飞行的能源物质，如红头丽蝇在其飞行的过程中，主要消耗的是糖类。而也有少数昆虫在其飞行的过程中，主要消耗脯氨酸。目前对草地螟阿格姬蜂在其飞行时，其体内能源物质的变化还没有相关的研究，为进一步揭示昆虫在飞行时，其体内的能源物质对草地螟阿格姬蜂飞行能力的影响作用，故本研究对初步研究了草地螟阿格姬蜂在飞行时，其体内糖原和甘油三酯的变化。

1. 虫体干重与虫龄的关系

草地螟阿格姬蜂的干重随着日龄的不同而存在着差异，在雌虫中5日龄草地螟阿格姬蜂的干重与其余日龄的干重差异显著（$P<0.05$），1日龄、7日龄草地螟阿格姬蜂的干重之间差异显著（$P<0.05$），而草地螟阿格姬蜂的干重在1日龄、3日龄之间，7日龄、9日龄之间差异不显著（$P>0.05$）。雄虫干重和雌虫类似，5日龄草地螟阿格姬蜂的干重显著高于其余日龄草地螟阿格姬蜂的干重（$P<0.05$），但1日龄、3日龄、7和9日龄的草地螟阿格姬蜂雄虫差异却不显著（$P>0.05$）。在草地螟阿格姬蜂飞行能力的研究中已证实，草地螟阿格姬蜂的飞行能力从1日龄到5日龄是处于上升的趋势，7日龄后的草地螟阿格姬蜂飞行能力呈下降的趋势（表18）。

表18　草地螟阿格姬蜂虫体干重与虫龄的关系

成虫性别 Sex of adult	日龄 Days after emergence（d）				
	1	3	5	7	9
雌 Female	0.002 6±0.001c	0.003 2±0.001bc	0.005 4±0.001a	0.003 9±0.006b	0.002 8±0.006bc
雄 Male	0.002 5±0.001c	0.003 0±0.005bc	0.005 1±0.001a	0.003 4±0.006bc	0.002 7±0.003bc

2. 不同虫龄虫体甘油醋含量的动态

甘油酯是草地螟阿格姬蜂的主要贮备能源物质之一，给试虫正常补充营养，测试结果表明，随着日龄的增加甘油酯的含量有上升的趋势，1日龄雌虫甘油酯的含量较低，之后随着营养物质的积累，甘油酯含量开始增加，7日龄雌虫甘油酯的含量显著高于1日龄、3日龄、5日龄、9日龄（$P<0.05$），3日龄、5日龄、9日龄雌虫甘油酯含量差异不显著（$P>0.05$）（图16）。雄虫不同日龄甘油酯的含量与雌虫基本相似，1日龄雄虫甘油酯含量最低，3日龄甘油酯含量开始上升，5日龄雄虫甘油酯含量达到最大值，7日龄开始有所下降。

3. 不同虫龄虫体糖原含量

测试结果表明，草地螟阿格姬蜂不同日龄体内糖原含量存在着一定的差异（图17），5日龄草地螟阿格姬蜂雌虫糖原含量显著高于其余日龄的草地螟阿格姬蜂糖原的含量（$P<0.05$），而3日龄、7日龄和9日龄草地螟阿格姬蜂雌虫糖原含量的差异是不显著的（$P>0.05$）。雄虫糖原的含量与雌虫基本相似，1日龄糖原含量最低，3日龄开始上升，到5日龄达到最大值，7日龄有所下降。

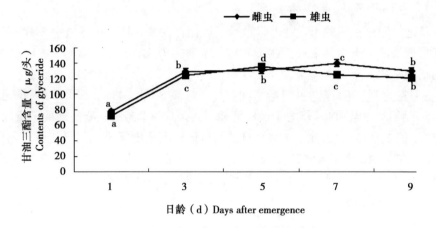

图16　不同日龄草地螟阿格姬蜂甘油酯含量的变化

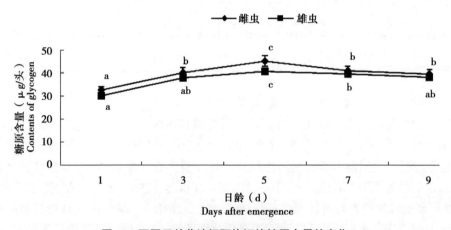

图17　不同日龄草地螟阿格姬蜂糖原含量的变化

4. 飞行过程对不同能源物质的消耗动态

草地螟阿格姬蜂的雌、雄虫在飞行时，都将会伴随着有能源物质的消耗（图18），在飞行的初始阶段要消耗大量的糖原，草地螟阿格姬蜂在飞行了 5~10min 以内，消耗了成虫体内糖原的 50%，但当飞行 1h 后，成虫体内糖原的消耗较少。草地螟阿格姬蜂雄虫在飞行不同时间内消耗的糖原含量变化与雌虫变化趋势基本一致，在飞行初始阶段消耗大量糖原，在飞行 30min 以后糖原含量变化不大。

飞行不同时间的草地螟阿格姬蜂甘油酯的消耗情况见图 19，飞行不同时间

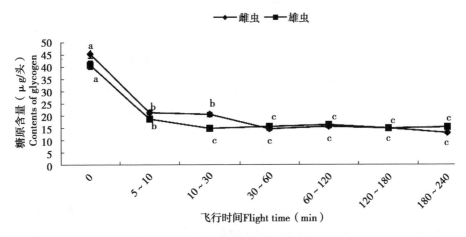

图18　飞行不同时间5日龄草地螟阿格姬蜂糖原含量的变化

甘油酯的消耗一直处于下降的趋势，在刚开始飞行时到1h之间甘油三酯含量变化最大，呈直线下降趋势，1h以后，甘油酯的含量变化幅度虽然不大，但还是在被消耗的状态，飞行1h后甘油酯的含量差异不显著（$P<0.05$）草地螟阿格姬蜂雌虫甘油酯的消耗略大于雌虫。

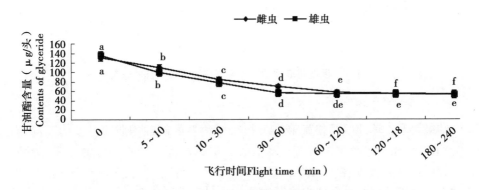

图19　飞行不同时间5日龄草地螟阿格姬蜂甘油三酯含量的变化

四、温度、湿度对草地螟阿格姬蜂飞行能源物质利用的影响

研究表明：温度、湿度对昆虫迁飞能力有一定的影响，如美洲斑潜蝇、麦长

管蚜和黏虫等都有最适于其飞行时的温湿度。研究结果显示，草地螟阿格姬蜂飞行时也有其最适宜的温度、湿度。为了进一步从生理方面验证温湿度对草地螟阿格姬蜂飞行能力的影响，从而研究了温湿度对其飞行能源物质利用的影响。

1. 温度、湿度对成虫飞行能源物质消耗及利用的影响

结果表明，经飞行测定后成虫体内甘油三酯的含量差异显著（$P<0.05$）。16℃时，成虫飞行后体内甘油三酯的含量较低，平均为 70.152μg/头，20℃时，甘油三酯的含量开始升高，平均为 78.017μg/头，24℃时达到最高值，28℃时有所下降，到32℃时达到最低值。这表明高温对甘油三酯的消耗有促进作用。温度对成虫体内糖原含量的影响也很明显（$P<0.05$）。16℃时，草地螟阿格姬蜂体内糖原含量较低，20℃含量达到最高值，此后随温度升高而逐渐降低，到32℃时为最低值。结果表明，在 20~24℃时甘油三酯和糖原的含量最高，温度高于或低于这个温度范围时，糖原和甘油三酯含量都开始减少（图20）。

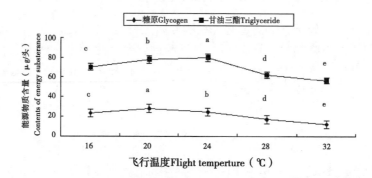

图20　温度对草地螟阿格姬蜂飞行能源消耗的影响

2. 湿度对成虫飞行能源物质消耗及利用的影响

结果表明，草地螟阿格姬蜂在飞行时所消耗的能源物质随湿度的不同而已（$P<0.05$）。相对湿度在 35%时，草地螟阿格姬蜂能源物质（甘油三酯和糖原）含量较低，相对湿度在 55%时，其含量均达到峰值，当相对湿度达到 95%时，草地螟阿格姬蜂飞行后，体内能源物质的含量又开始下降。这一实验结果表明，在较适宜的湿度条件下（RH 55%），草地螟阿格姬蜂飞行所消耗的甘油三酯和糖原较少，而草地螟阿格姬蜂那个在低湿或高湿条件下飞行时，其所消耗的能源物质较多（图21）。

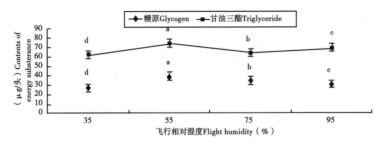

图21 湿度对草地螟阿格姬蜂飞行能源消耗的影响

3. 温度、湿度对草地螟阿格姬蜂甘油三酯利用效率的影响

实验结果表明，草地螟阿格姬蜂在适宜的温度、湿度条件下，其甘油三酯的消耗量是比较少的（图20、图21），飞行单位距离，草地螟阿格姬蜂甘油三酯的消耗量也是较少的（$P<0.05$，表19、表20），结果显示，草地螟阿格姬蜂在适合飞行的温度、湿度条件下其能源利用效率比较高。

表19 飞行温度对草地螟阿格姬蜂甘油三酯利用效率的影响

温度（℃） Temperature	湿度（%） Humidity	测试虫数 Number of adults tested	甘油三酯利用效率 ［mg/（km·头）］ Triglyceride utilization efficiency
16		10	0.289±0.031 b
20		10	0.081±0.025 c
24	55~65	10	0.139±0.05 c
28		10	0.317±0.005 b
32		10	0.429±0.013 a

表20 飞行湿度对草地螟阿格姬蜂甘油三酯利用效率的影响

湿度（%） Humidity	温度（℃） Temperature	测试虫数 Number of adults tested	甘油三酯利用效率 ［mg/（km·头）］ Triglyceride utilization efficiency
35		10	0.684±0.005 a
55		10	0.189±0.008 c
75	20	10	0.154±0.007 c
95		10	0.417±0.009 b

4. 温度、湿度对雌、雄虫甘油三酯的影响

（1）温度对雌、雄虫甘油三酯的影响。雌、雄草地螟阿格姬蜂随着温度的不同，对甘油三酯的消耗也有所不同（图 22），在温度为 16~24℃ 的条件下，雌、雄虫之间差异显著，雄虫飞行所消耗的甘油三酯含量比雌虫所消耗的要多，28℃ 条件下，雌、雄虫之间的差异不显著，雌、雄虫所消耗的甘油三酯基本相似，但当飞行温度上升到 32℃ 时，雌、雄虫之间差异显著，雌虫所消耗的甘油三酯则明显多于雄虫（$P<0.05$）。

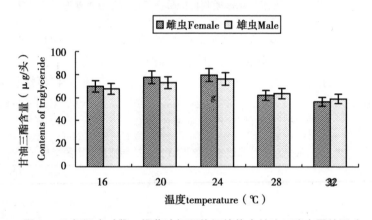

图 22　飞行温度对雌、雄草地螟阿格姬蜂体内甘油三酯含量的影响

（2）湿度对雌、雄虫甘油三酯的影响。草地螟阿格姬蜂成虫在飞行中对甘油三酯消耗较少，且雄虫在适宜的湿度条件下所消耗的甘油三酯小于雌虫所消耗的。在 RH 60% 条件下，雌、雄虫之间的差异不显著，雌、雄虫消耗甘油三酯基本相似，当湿度降低到 RH 40% 或升高到 RH 80% 时，雌、雄虫之间差异显著，雌虫飞行所消耗的甘油三酯比雄虫的要多（$P<0.05$）。

五、草地螟阿格姬蜂飞行能力与环境、能源物质的关系

综合分析实验结果，草地螟阿格姬蜂的飞行能力受环境条件的影响，并与其能源物质消耗有很大的关系。

（1）不同日龄草地螟阿格姬蜂其成虫干重有一定程度的差异，5 日龄成虫的干重最高，飞行能力最强。

（2）草地螟阿格姬蜂的能源物质糖原和甘油酯的含量随着日龄的不同而发

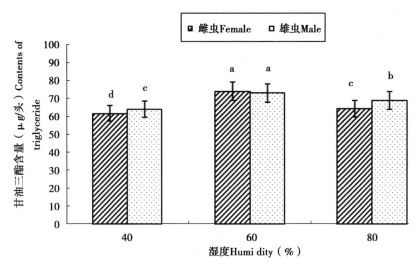

图 23　飞行湿度对雌、雄草地螟阿格姬蜂体内甘油三酯含量的影响

生着变化，有着一定的差异，1 日龄和 3 日龄草地螟阿格姬蜂能源物质的含量是比较低的，5 日龄草地螟阿格姬蜂能源物质达到最大值，5 日龄的之后其能源物质有所下降。说明阿格姬蜂的飞行能力与体内能源物质含量有关。

（3）草地螟阿格姬蜂飞行不同时间对体内能源物质含量的消耗动态存在较大的差异。在开始飞行时，糖原的含量急剧下降，在开始飞行 5～10min 以内，消耗糖原近 50%，但当飞行 1h 后，成虫体内糖原的消耗较少。飞行不同时间甘油酯的消耗一直处于下降的趋势，在刚开始飞行时到 1h 之间甘油三酯含量变化最大，呈直线下降趋势，1h 以后，甘油酯的含量变化幅度虽然不大，但还是在被消耗的状态，说明草地螟阿格姬蜂远距离迁飞主要动用的能源物质是甘油酯。

（4）草地螟阿格姬蜂飞行时，不仅动用脂类，也在动用糖类作为其飞行时的能源物质，甘油酯是草地螟阿格姬蜂贮备和飞行的主要能源物质。

（5）温度、湿度对草地螟阿格姬蜂飞行能力有显著的影响。不同温度、湿度条件下能源物质消耗有所不同，从而从能源物质方面有一次证实了温湿度对其飞行能力有着一定的影响。

（6）草地螟阿格姬蜂在其飞行的过程中，其所消耗的能源物质在不同的温度、湿度条件下发生着变化，草地螟阿格姬蜂在其适宜的温湿度条件下飞行时，其体内的甘油三酯及其体内糖原的利用率是比较高的。在不适宜的温度、湿条件下，其体内的甘油三酯及其体内的糖原利用率是比较低的。这表明不仅草地螟阿格姬蜂的飞行能力受温度、湿度的影响，而且温度、湿度也影响着其在飞行时所消耗能源物质的多少。这一结果对草地螟的田间监测及害虫暴发预测预报具有指导意义。

（7）不同性别其飞行时所消耗的甘油三酯和糖原随温度、湿度的不同而不同。草地螟阿格姬蜂在高温条件下飞行以后，雄虫甘油三酯和糖原的含量比雌虫的多，这一结论与草地螟阿格姬蜂在高温条件下飞行时，雄虫高于雌虫的结果是一致的。在高湿或低湿条件下，其飞行能力与能源物质消耗情况也是一致的。

第八章 天敌昆虫复壮方法研究

第一节 伞裙追寄蝇的发生规律及复壮方法研究

伞裙追寄蝇是一种重要的草地螟生物防治资源。由于寄主草地螟生活史的限制，在 10 月以后室内扩繁草地螟比较困难，我们选取黏虫作为替代寄主扩繁伞裙追寄蝇，一年之中在室内条件下，可以扩繁 20 代。但是用黏虫在室内持续扩繁伞群追寄蝇，由于其营养来源单一，随着世代的增加整个种群的生命力都会下降。这就导致了伞裙追寄蝇对草地螟、黏虫的防治效果降低，防治成本增加。对伞群追寄蝇复壮技术的研究，提高伞裙追寄蝇的防治效果就成为了急需解决的重要问题。目前国内外在伞群追寄蝇寄生方式、滞育储存方面，已经进行了大量的研究，研究理论比较成熟，但是对于伞群追寄蝇复壮技术的研究在国内外期刊中未见其报道。通过世代交配筛选复壮、运动距离筛选复壮、不同寄主筛选复壮和补充营养筛选复壮，观察和统计伞群追寄蝇的寿命、羽化量、产卵量、雌雄比以及伞裙追寄蝇的发育历期。测定筛选前后母本和子代内源物质，从而明确母本和子代内源物质之间的差异性。通过本项研究提高室内条件下扩繁伞群追寄蝇的生活力，为天敌释放方案的制定提供了依据。

一、伞裙追寄蝇的复壮方法研究现状

由于伞裙追寄蝇复壮技术的研究在国内外期刊中未见其报道。伞裙追寄蝇对控制草地螟种群密度具有重要作用。河北康保地区的调查研究发现，其羽化率占寄蝇羽化率的 31.04%。目前学者在伞裙追寄蝇的生物学特性寄生方式、替代寄主及寄主功能反应方面进行了大量的研究，且已取得一定研究成果。伞裙追寄蝇的寄生率随着寄主（草地螟）密度的增加而降低，当伞裙追寄蝇与草地螟的比例达到 2∶20 时，寄生率和羽化率达到最高。伞裙追寄蝇的寄生方式属于大卵生型，伞裙追寄蝇在一头寄主上能产卵 1~8 粒不等，而以产 1 粒卵的最多（45.3%），2 粒次之（33.6%），之后随产卵量的增加而下降。伞裙追寄蝇对 6

种鳞翅目幼虫和幼虫粪便的趋性顺序相同，依次为草地螟>黏虫>斜纹夜蛾>甜菜夜蛾>玉米螟>苜蓿夜蛾。伞裙追寄蝇对黏虫幼虫的功能反应曲线在15~35℃内为Holling Ⅱ型，伞裙追寄蝇的自身密度对寄生密度成反比增加，寄生蝇相互间的干扰效应降低了寄生效能。

当前复壮技术大部分应用在微生物和林木方面，吴春玲等在香菇菌种性能衰退的原因及复壮技术一文中提到，从遗传变异和环境因子两个角度提出引起香菇菌种性能衰退的原因，针对退化的原因文中提出几点复壮的措施，例如启用原始保存菌株，更换培养基营养成分，改善保存方法，选择优良种姑等等。杜双奎等在研究啤酒酵母菌的复壮技术指出通过本复壮后菌株的发酵能力和生长速度均高于原始的退化菌株。德国的Ewald将欧洲落叶松芽顶端分生组织嫁接到3个月生的籽苗上，反复进行，获得了与幼态实生苗长势、生根率相近的复壮植株，并证明对兴安落叶松、苏哈乔夫落叶松同样适用。Brand等人通过对桦木复壮的研究表明，利用重复继代方法复壮效果好于微嫁接复壮，重复继代复壮获得的幼态特征维持时间长。

近年来昆虫复壮研究成为了昆虫学家非常关心的问题。杨继芬等采用循环杂交，自交等育种方法进行异地复壮研究，结果表明循环杂交的异地复壮法对家蚕起到较好的系统复壮效果。孙光芝等利用不同繁殖寄主提升赤眼蜂寄生潜能，结果表明，以柞蚕卵为中间繁殖寄主的赤眼蜂对靶标寄主的寄生潜能明显高于以米蛾卵为中间繁殖寄主的赤眼蜂。但是目前伞裙追寄蝇的复壮的研究还处于空白状态，许多基础理论的研究还不明确。

目前复壮技术也逐渐应用到昆虫领域，主要集中在资源昆虫蜜蜂上。对于蜜蜂的饲养很多农民盲目的引种，或者长途转地饲养而造成生态条件的失衡，以及病虫害等因素造成种群的退化，多数文献上都主张双群同箱，或者强弱蜂群优化组合复壮，优化饲养环境促进复壮，品种内杂交提纯复壮等方法复壮。王秀琴等对果蝇进行复壮研究主要采用从0代中选取复壮亲本和单对接种培养。李会等在白蛾周氏啮小蜂复壮技术研究中发现利用自然寄主回接的方式，可以提高白蛾周氏啮小蜂的生活力，回接1代，其子代蜂种的寄生率提高27.33%~35%，雌雄比提高了32.38%~73.23%。代平礼等在人工扩繁管氏肿腿蜂的蜂种复壮的研究中指出通过用自然寄主回接、杂交和控制交尾方式对管氏肿腿蜂进行复壮，结果表明，子代蜂的生活力提高，寄生成功率也提高，以及发育历期缩短，从而起到促进蜂种复壮。

室内条件下大规模扩繁伞裙追寄蝇虽然能够解决规模化生产的问题，但是防治效果会随着世代的增加而降低，防治成本会随着世代的增加而升高。代平礼等在长期利用黄粉甲扩繁管氏肿腿蜂发现，寄生率大幅度降低，能够寄生的管氏肿腿蜂也表现出雌蜂产卵量低、幼虫死亡率高、发育历期变长，结果每头雌蜂育出的子代蜂数量不断减少，且生活力下降。胡霞等长期利用黄粉虫扩繁川硬皮肿腿蜂发现，搜索寄生能力存在明显的退化现象，黄粉虫繁殖的川蜂平均搜索率为30%，寄生率为24.4%，然而野外收集的川硬皮肿腿蜂对双条杉天牛的平均搜索率为39.33%，寄生率为37.33%。目前，对昆虫退化后的复壮技术研究较少，主要集中在对资源昆虫蜜蜂的研究上，果蝇的复壮也有少量报道。

关于伞裙追寄蝇退化规律及复壮技术的研究在国内外均未见报道。了解伞裙追寄蝇的退化规律，探究高效、经济的复壮技术，对于提高伞裙追寄蝇的防治效果和降低防治成本具有重要的意义。

二、伞裙追寄蝇的复壮方法

（1）虫源伞裙追寄蝇。草地螟越冬茧采来自河北康保地区（E：114.63°，N：41.87°），伞裙追寄蝇为越冬茧在温度为（23±1）℃、光周期为 L16：D8、RH 为 60%~70% 的光照培养箱中羽化所得，孵化的伞裙追寄蝇饲喂 20% 的蜂蜜水，3 日龄以后寄生 6 龄（末龄）黏虫。

（2）寄主幼虫。供试黏虫采自中国农业科学院草原研究所沙尔沁试验基地，低龄黏虫放置在半径为 8cm 的培养皿中饲养，3 龄以后放置在养虫盒（5cm×10cm）中饲养一直到 6 龄。

（3）试验材料。蔗糖（分析纯）；葡萄糖（分析纯）；蜂蜜（市售产品）；直径 2.5cm 的 UPVC 管；黑色透气纱布；铁架台（150cm×40cm×40cm）；SPX-300I-G 型光照培养箱。

三、伞裙追寄蝇的发生规律测定

1.1~9 代伞裙追寄蝇生殖力和生活力指标测定

越冬虫茧孵化的伞裙追寄蝇 3 日龄后寄生 6 龄黏虫，孵化的伞群追寄蝇设定为室内扩繁的第 1 代，用替代寄主（黏虫）扩繁至第 9 代，扩繁过程中记录每一代的产卵量、羽化量、发育历期等指标，每组供试虫数 12 头，测试过程中非正常死亡的个体再重新补加试虫测试，共测试 121 头，其中雌虫 61 头，雄虫60 头。

2. 不同营养条件下对伞裙追寄蝇的复壮效果

第9代伞裙追寄蝇饲喂不同的营养液（20%蔗糖水、20%葡萄糖水、20%蜂蜜水），以清水为对照，3日龄后寄生6龄黏虫，每天对寄生的伞裙追寄蝇补充营养液，直至其产卵，统计其产卵量、发育历期、羽化量、雌雄比和寄生成功率，每组供试虫数12头，测试过程中非正常死亡的个体再重新补加试虫测试，共测试51头，其中雌虫26头，雄虫25头。

3. 运动距离筛选对伞裙追寄蝇的复壮效果

伞裙追寄蝇具有趋光性，利用对光源的控制，通过运动距离筛选强壮的伞裙追寄蝇。生活力不同的伞裙追寄蝇会从不同的筛选高度飞出。这对于提高伞裙追寄蝇的生活力以及室内大规模扩繁过程中保证伞裙追寄蝇的质量具有重要的意义。

（1）水平距离筛选，根据伞裙追寄蝇的趋光性，选取长度150cm，直径为2cm的UPVC塑料管，将管水平放置，在50cm、100cm、150cm处各设置一个光源处理，放蝇口用黑布包裹起来，使其不透光，每个处理供试虫数60头，设置3个重复，共测试180头，雌虫90头，雄虫90头。将依次筛选出爬行能力为50cm、100cm、150cm的伞裙追寄蝇寄生6龄黏虫，观察和统计子代寄蝇产卵量、发育历期、羽化量、雌雄比以及伞裙追寄蝇的寄生成功率。每个筛选距离测试虫数12头，测试过程中非正常死亡的个体再重新补加试虫测试，共测试50头，其中雌虫26头，雄虫24头。

（2）垂直距离筛选，选取适当的铁架台（150cm×40cm×40cm）并且用黑色透气纱布包裹，在距离箱底50cm、100cm、150cm处各设一个处理，将伞裙追寄蝇放置在装置底部，在每个处理设置光源，距离越远光源越强，每个处理供试虫数60头，设置3个重复，共测试180头，雌虫90头，雄虫90头。将依次筛选出飞行能力为50cm、100cm、150cm的伞裙追寄蝇寄生6龄黏虫，观察和统计子代寄蝇产卵量、发育历期、羽化量、雌雄比以及伞裙追寄蝇的寄生成功率。每个筛选距离测试虫数12头，测试过程中非正常死亡的个体再重新补加试虫测试，共测试48头，其中雌虫24头，雄虫24头。

4. 世代交配筛选复壮

（1）同一世代的伞群追寄蝇雌雄交配扩繁，会导致不良隐性基因越来越多的纯合，遗传异质性会不断降低，在后代发育过程中表现出不良的性状。如子代寄蝇的寿命缩短，发育历期变长，羽化量降低、产卵量减少，寄生率及寄生效果减弱。

（2）收集从草地螟越冬虫茧中孵化出的第 1 代伞裙追寄蝇以及在野外采集伞裙追寄蝇成虫，饲喂 20%的蜂蜜水补充营养，雌雄分开饲养。

（3）将一代伞裙追寄蝇以及在野外采集伞裙追寄蝇的雄蝇（雌蝇）与第 1 代、3 代、6 代、9 代、12 代、15 代雌蝇（雄蝇）交配，然后寄生 5 龄黏虫。观察和统计子代寄蝇寿命、寄生率、产卵量、羽化量、雌雄比以及伞裙追寄蝇的发育历期。

第二节　伞裙追寄蝇繁殖生活力的研究

一、繁殖对寄蝇生活力和繁殖力的影响

1. 多代繁殖对寄蝇生活力和繁殖力的影响

研究发现随着扩繁世代数（以黏虫为寄主）的增加，伞裙追寄蝇寿命缩短，生殖力下降，且世代间差异极显著。1 代雌蝇的平均寿命为（46.7±1.31）d，雄蝇为（42.2±0.94）d，第 1，2 世代的雌蝇存活天数无显著性差异，二者与第 3 世代在 $P<0.05$ 和 $P<0.01$ 均存在显著性差异；第 1 世代雄蝇与第 2~9 代雄蝇在 $P<0.05$ 和 $P<0.01$ 均存在显著性差异。第 3~9 世代间存在显著差异．第 10 世代的寿命明显增加，主要是因为在第 9 世代对伞裙追寄蝇进行了复壮，其寿命有明显提高。

寄蝇产卵量的峰值在第 1 世代出现，其平均产卵量为（267.1±8.15）粒/头；而从第 3 世代开始之后的各代寄蝇产卵量明显减少，其第 9 代仅为（150.5±2.71）粒/头，第 10 代经复壮后的产卵量增加到（249.3±1.63）粒/头，之后仍呈递减趋势。

2. 不同世代寄蝇间飞行能力的差异

利用昆虫飞行磨测定伞裙追寄蝇（黏虫为寄主）不同世代的飞行能力参数，为其下一步田间释放应用提供理论依据。随着扩繁世代数的增加，飞行能力下降。不同世代间的平均飞行距离、平均飞行时间存在显著差异，呈下降趋势，在复壮的第 10 代升高后下降；平均飞行速度世代间变化不明显。表明随着世代的增加，伞群追寄蝇的飞翔能力存在退化现象，种群的复壮可以寄蝇提高其飞行力。

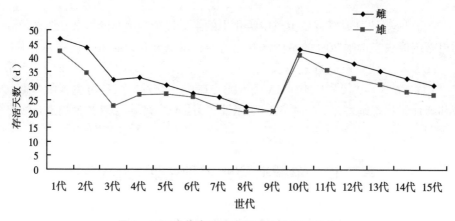

图1　不同世代伞群追寄蝇成虫的存活曲线

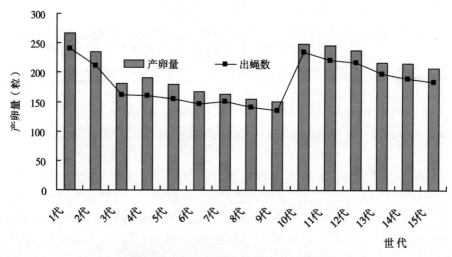

图2　不同世代伞群追寄蝇成虫的平均产卵量与出蝇数

二、1~9 代伞裙追寄蝇生殖力和生活力指标测定

1. 1~9 代伞裙追寄蝇产卵量的变化趋势

在室内条件下利用寄主（黏虫）累代扩繁伞裙追寄蝇导致其种群退化，主要表现在产卵量下降，扩繁至第9代时产卵量下降严重（图4）。第1代伞裙追寄蝇的产卵量最高，均值可以达到399，但是测定的个体之间存在一定的差异，

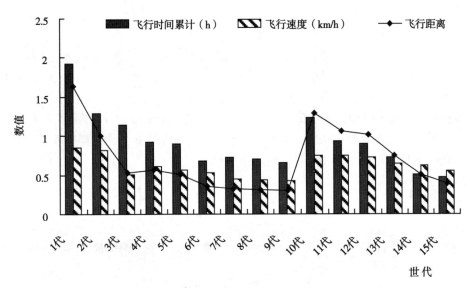

图3 不同世代伞群追寄蝇飞行能力

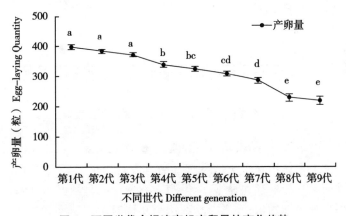

图4 不同世代伞裙追寄蝇产卵量的变化趋势

最大值为424，最小值为373，第1代与第2、3代并无显著差异；扩繁至第4代时伞裙追寄蝇的产卵量存在显著差异（F = 45.241；$df = 8$，45；$P < 0.05$），均值达到364，其中最大值为374，最小值为315，个体之间表现出较大的差异；第4代至第8代退化较为严重，第4代时产卵量均值为364，到达第8代降至229，第8代与第9代不存在显著差异，第9代时产卵量均值达到220，与第1代相比降

低了44.9%。

2.1~9代伞裙追寄蝇羽化量的变化趋势

在室内条件下累代扩繁伞裙追寄蝇导致其羽化量下降严重（图5），并且1~9代伞裙追寄蝇的羽化量存在显著差异（F=82.171；*df*=8，45；*P*<0.05）。第1代伞裙追寄蝇的羽化量最高，均值达到135.5，但是在测定的个体之间存在一定差异，最大值达到140，最小值达到131；2~3代下降平缓，并且不存在显著差异，均值由125.5降至119.2；第5代至第9代时下降严重，并且存在显著差异，第5代时羽化量均值达到101.8，到达第9代时均值下降至60.5，与第1代相比下降了55.35%。

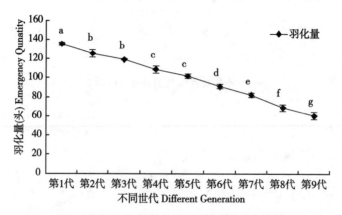

图5 不同世代伞裙追寄蝇羽化量的变化趋势

3.1~9代伞裙追寄蝇发育历期的变化趋势

在室内条件下累代扩繁伞裙追寄蝇导致其发育历期延长（图6），并且1~9代伞裙追寄蝇的发育历期存在显著差异（F=48.828；*df*=8，45；*P*<0.05）。第1代伞裙追寄蝇发育历期均值为16.9，到达第9代时发育历期均值为24.7，延长了7.8d，并且在测定的所有样本中发育历期幅度为15~26d，表现出发育整齐度严重下降。

4.1~9代伞裙追寄蝇寄生成功率的变化趋势

在室内条件下累代扩繁伞裙追寄蝇导致其寄生成功率下降（图7），第1代至第5代寄生成功率均值由0.34下降至0.28，到达第6代时出现显著差异（F=82.171；*df*=8，45；*P*<0.05），第6代至第9不存在显著差异。

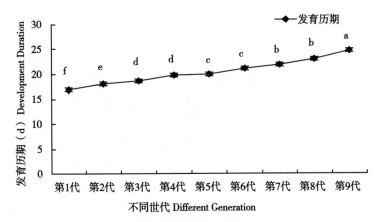

图6　不同世代伞裙追寄蝇发育历期的变化趋势

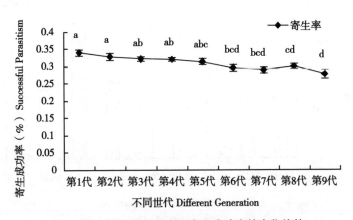

图7　不同世代伞裙追寄蝇寄生成功率的变化趋势

5.1~9代伞裙追寄蝇雌雄比的变化趋势（寄主黏虫）

不同世代伞裙追寄蝇雌雄比不存在显著差异（图8），雌雄比在1.22~1.26，第1代至第3代略有提高，第3代至第5代又逐步下降。

6.1~9代伞裙追寄蝇雌雄比的变化趋势（寄主草地螟）

伞裙追寄蝇不同世代雌雄比不存在显著差异（图9），雌雄比在1.462~1.703，第4代雌雄比最低，第7代雌雄比达到最高。

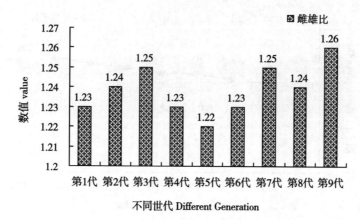

图 8　不同世代伞裙追寄蝇雌雄比的变化趋势

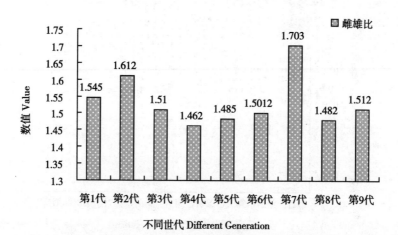

图 9　不同世代伞裙追寄蝇雌雄比的变化趋势

　　不同寄主扩繁的伞裙追寄蝇雌雄比在不同世代上存在显著差异（图10），利用草地螟扩繁出的伞裙追寄蝇雌雄比高于利用黏虫扩繁出的伞裙追寄蝇，黏虫扩繁的伞裙追寄蝇雌雄比最高达到1.26，利用草地螟扩繁的伞裙追寄蝇雌雄比最高达到1.703。

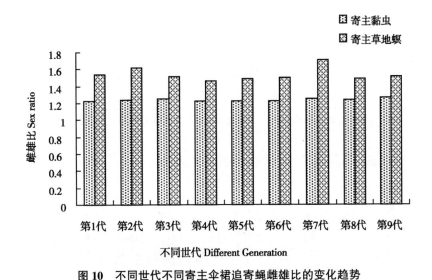

图10　不同世代不同寄主伞裙追寄蝇雌雄比的变化趋势

第三节　伞裙追寄蝇的复壮效果

一、不同营养条件下对伞裙追寄蝇的复壮效果

不同营养条件下对伞裙追寄蝇的复壮说明，不同营养条件下伞裙追寄蝇的发育历期不存在显著的差异，但是个体之间发育历期存在一定的差异在测试的所有个样本中发育历期幅度为 21~26d；在不同营养条件下伞裙追寄蝇的产卵量存在显著差异（$F=79.99$；$df=3$，20；$P<0.05$），饲喂清水时伞裙追寄蝇产卵量较低，均值为12，并且这12粒卵不能正常孵化，蔗糖处理组产卵量最高，均值为 285.67，葡萄糖处理条件下产卵量最低，均值为 131.17。在不同营养条件下伞裙追寄蝇的羽化量存在显著差异（$F=51.686$；$df=3$，20；$P<0.05$），蔗糖处理条件下羽化量达到最高，均值为 80.17。伞裙追寄蝇的雌雄比、寄生成功率不存在显著差异。

表1　不同营养筛选对伞裙追寄蝇的复壮效果

营养处理	发育历期（d）	产卵量（粒）	羽化量（头）	雌雄比（100%）	寄生成功（100%）
清水（W）	—	12±5.45c	—	—	—

（续表）

营养处理	发育历期（d）	产卵量（粒）	羽化量（头）	雌雄比（100%）	寄生成功（100%）
20%蜂蜜（H）	23.2±0.51a	250±5.78a	66.83±2.95a	1.26±0.019a	0.27±0.01a
20%蔗糖（G）	22.20±0.45a	285.67±23.75a	80.17±9.04a	1.27±0.01a	0.28±0.01a
20%葡萄糖（S）	24.20±0.51a	131.17±11.99b	19.33±3.59b	1.27±0.01a	0.27±0.01a

所列数据为平均数±标准误；同列不同小字母表示差异显著（$P<0.05$）

二、运动距离筛选对伞裙追寄蝇的复壮效果

1. 水平距离筛选

伞裙追寄蝇成虫水平距离筛选发现（图11、图12），设置150cm的水平筛选距离可以将爬行能力不同的伞裙追寄蝇筛选出来。在30min内伞裙追寄蝇雌性能够自由爬行至50cm、100cm和150cm的比例分别为32.00%、31.70%和18.30%；雄性自由爬行至50cm、100cm和150cm的比例分别为35.00%、26.70%和6.70%。

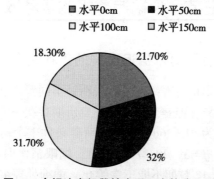

图11　伞裙追寄蝇雌性水平距离筛选比例

从水平距离筛选对伞裙追寄蝇复壮效果发现，伞裙追寄蝇发育历期没有显著差异，发育历期在23d左右。在不同处理组产卵量存在显著差异（F = 11.732；df = 3，20；$P<0.05$），水平距离100cm产卵量最高，显著高于空白对照，均值为290.17，水平距离50cm产卵量最低，均值为140.67，并且与水平距离150cm处理组以及空白对照组不存在差异。羽化量在各个处理组存显著差异（F = 10.28；df = 3，20；$P<0.05$）。伞裙追寄蝇的雌雄比、寄生成功率存在差异，但不存在显著差异。

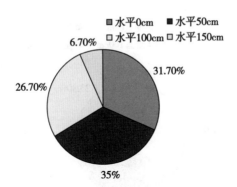

图12　伞裙追寄蝇雄性水平距离筛选比例

表2　水平距离筛选对伞裙追寄蝇的复壮

水平处理	发育历期（d）	产卵量（粒）	羽化量（头）	雌雄比（100%）	寄生成功率（100%）
50cm	23.9±0.46a	140.67±13.11b	38±3.63b	1.24±0.01a	0.27±0.01a
100cm	23.3±0.47a	290.17±25.29a	79±7.20a	1.24±0.01a	0.27±0.01b
150cm	22.4±0.54a	172.67±14.51b	47.83±4.71b	1.26±0.01a	0.28±0.01b
CK	23.9±0.53a	186.5±20.11b	52±5.69b	1.26±0.01a	0.28±0.01b

2. 垂直距离筛选

伞裙追寄蝇成虫水平距离筛选发现（图13、图14），设置150cm的垂直筛选

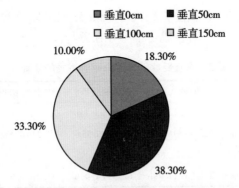

图13　伞裙追寄蝇雌性垂直距离筛选比例

距离可以将飞行能力不同的伞裙追寄蝇筛选出来。在30min内伞裙追寄蝇雌性能

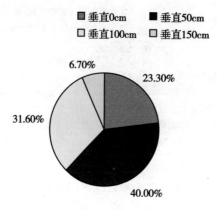

图 14　伞裙追寄蝇雄性垂直距离筛选比例

够 自 由 爬 行 至 **50**cm、100cm 和 150cm 的 比 例 分 别 为 38.30%、33.30% 和 10.0%；
雄 性 自 由 爬 行 至 50cm、100cm 和 150cm 的 比 例 分 别 为 40.0%、31.60%
和 6.70%。

　　从垂直距离筛选对伞裙追寄蝇复壮效果发现，伞裙追寄蝇发育历期没有显著
差异，发育历期在 23d 左右。不同处理组产卵量存在差异（F = 12.041；df = 3，
20；P<0.05），垂直距离 100cm 产卵量最高，均值为 323.17，垂直 150cm 产卵量
最低，均值为 180.5，相同处理组伞裙追寄蝇的产卵量也具有较大差异，在垂直
100cm 最大产卵量可以达到 403 粒。在各个处理组羽化量存在显著差异（F =
9.753；df = 3，20；P<0.05），垂直距离 100cm 羽化量明显高于其他处理组，均
值为 88.5，垂直距离 50cm 和垂直距离 100cm 处理组以及对照组羽化量没有差
异。伞裙追寄蝇的雌雄比、寄生成功率不存在差异。

表 3　垂直距离筛选对伞裙追寄蝇的复壮

垂直处理	发育历期（d）	产卵量（粒）	羽化量（头）	雌雄比（100%）	寄生成功率（100%）
50cm	23.6±0.50a	192.57±13.63b	52.17±3.44b	1.23±0.072a	0.27±0.01a
100cm	23.3±0.47a	323.17±18.50a	88.5±6.55a	1.23±0.13a	0.27±0.01a
150cm	22.8±0.61a	180.5±23.68b	49.83±7.00b	1.26±0.13a	0.28±0.01a
CK	23.6±0.60a	222.33±17.48b	62.33±4.99b	1.27±0.01a	0.28±0.01a

三、伞群追寄蝇对不同寄主的寄生效能

（1）伞裙追寄蝇对不同寄主的功能反应也不同，伞裙追寄蝇对黏虫的最大寄生数量达到 28.1，对草地螟的最大寄生量为 11.52；其功能反应参数：寄生 1 头黏虫幼虫所需时间为 0.803 3h，寄生 1 头草地螟幼虫所需时间为 0.044h；瞬时攻击率分别为 0.015 4、0.721 7；由此也可说明，伞裙追寄蝇对黏虫的控制效果也好于草地螟。

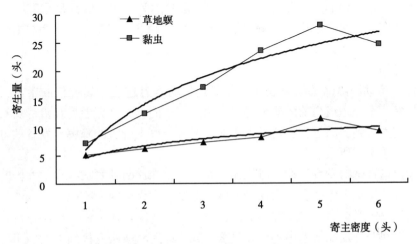

图 15　寄主幼虫密度与寄蝇寄生量的关系

（2）本项研究通过测定 1~9 代伞裙追寄蝇生活力和生殖力指标，明确累代扩繁伞群追寄蝇的退化规律，结果表明，从第 1 代至第 9 代伞群追寄蝇的产卵量降低了 44.9%，羽化量均值从 135.5 下降至 60.5，发育历期延长了 7.8d。该实验进一步证明了累代扩繁伞裙追寄蝇的确存在严重的退化现象，寻求高效的复壮技术将成为天敌资源扩繁过程中亟须解决的问题。

（3）研究发现随着扩繁世代数（以黏虫为寄主）的增加，伞裙追寄蝇寿命缩短，生殖力下降，且世代间差异极显著。第 3~9 世代间存在显著差异。第 10 世代的寿命明显增加，主要是因为在第 9 世代对伞裙追寄蝇进行了复壮，其寿命有明显提高。

不同日龄雌雄成虫飞行能力的变化趋势基本一致。雌雄之间的飞行参数均相近，即性别间的飞行能力差异不大。雄虫 1 日龄飞行能力最弱，5 日龄飞行能力达到最大。第 3~9 世代间飞行能力存在显著差异．第 10 世代的飞行能力明显增

加，主要是因为在第 9 世代对伞裙追寄蝇进行了复壮。第 10 世代的飞行能力明显增加。

（4）复壮技术从营养动力学的角度展开，在营养复壮中发现伞裙追寄蝇孵化后只有补充营养卵巢才能发育完全，所产的卵才能正常的孵化，这与野外环境中观察伞裙追寄蝇经常出现在蜜源充足的地区的结果相一致。不同营养对伞裙追寄蝇的复壮效果是不同的，20%蔗糖的溶液对其复壮效果最好，从产卵量、羽化量方面都优与其他处理组，但是数日后蔗糖会在棉球结晶析出需要更换棉球，这就增加饲养过程中的工作量，由于 20%蔗糖的溶液与 20%蜂蜜水不存在显著差异，故在实际操作中选用 20%蜂蜜水。运动距离筛选可以看出水平距离 100cm 和垂直距离 100cm 处理组优与其他处理组，特别是垂直距离 100cm 筛选效果最好，其产卵量均值为 323.17。

（5）运动距离筛选结果表明，并不是运动能力越强，其子代的生活力和生殖力越好。本课题组之前的研究得出伞裙追寄蝇的飞行能力随着日龄的增长表现出由弱到强再到弱的过程，这是由于卵巢发育导致飞行肌的降解，发育的方向由飞行转向了生殖所致。

伞裙追寄蝇的发育历期、雌雄比以及寄生率在这两种复壮技术中并没有显著差异，可能昆虫个体的发育历期受温度、湿度、光周期的影响，与营养状况和运动能力没有关系，伞裙追寄蝇的雌雄比较为稳定，在累代扩繁过程中也没出现差异，所以在两种复壮技术中不存在显著差异。通过本项研究得到大量用于室内大规模扩繁的种蝇，为野外天敌的释放提供大量虫源。

（6）本实验采用的是扩繁至第 9 代的伞裙追寄蝇，不同营养对伞裙追寄蝇的产卵量、羽化量具有较大差异，不同营养是如何影响其卵巢发育，成熟的卵和未成熟的卵是如何鉴定还需要进一步的研究探索。随着世代的增加发育历期延长，并且发育整齐度下降，发育历期受哪些因素调控目前尚不明确。本实验采取两种复壮技术，是否还有其他复壮措施例如循环杂交、自然寄主回接的方式，以及复壮技术叠加运用是否效果更好还需要进一步研究。

第四节　不同世代伞裙追寄蝇成虫生化物质测定

一、不同世代伞裙追寄蝇成虫含水量测定

不同世代伞裙追寄蝇成虫含水量测定结果如图 16、图 17 和表 4 所示，不同

世代之间含水量不存在显著差异，雌性第 1 代含水量最高，为 69.214%，随着世代的增加而降低，到达第 9 代时降低至 64.734%；雄性第 3 代含水量达到最高值，为 70.63%，随着世代的增加没有明显的变化趋势，同世代雌蝇的含水量比雄性的含水量低。

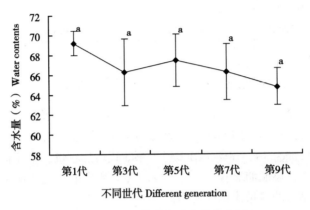

图16 不同世代雌蝇成虫的含水量

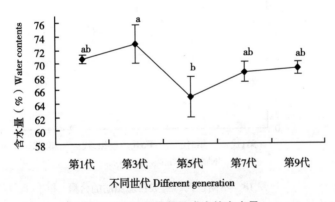

图17 不同世代雌蝇成虫的含水量

表4 伞裙追寄蝇不同世代的水分和脂肪含量

不同世代	雌性		雄性	
	含水量（%）	总脂肪含量（%）	含水量（%）	总脂肪含量（%）
第1代	69.214±1.213 2a	9.298±0.566 2	70.63±0.614 3ab	8.713 4±0.86
第3代	66.284±3.356 1a	11.89±2.732	72.916±2.862 2a	8.1±0.904 9

（续表）

不同世代	雌性		雄性	
	含水量（%）	总脂肪含量（%）	含水量（%）	总脂肪含量（%）
第5代	67.438±2.625 5a	13.21±2.809 3	64.962±3.006 6b	10.06±1.285 5
第7代	66.308±2.811a	13.466±2.164 6	68.654±1.483 4ab	11.004±1.657 9
第9代	64.734±1.859 7a	14.518±2.284 2	69.216±0.925 5ab	11.182±1.336

二、不同世代伞裙追寄蝇成虫总脂肪含量测定

从图18、图19中可以看出伞裙追寄蝇总脂肪的含量随着世代的增加逐渐上升，雌蝇与雄蝇表现出相同的趋势。雌性第1代总脂肪的含量最低，为9.298%，到达第9代时增加至14.518%，第1代至第5代增加较快，第5代至第9代增加缓慢；雄蝇第3代总脂肪含量最低，为8.1%，到达第9代增加至11.182%，相同世代雌性总脂肪的含量比雄性的高。

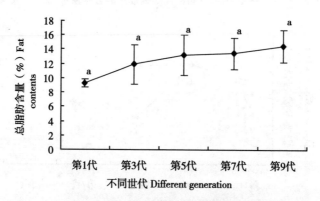

图18　不同世代雌蝇成虫总脂肪的含量

三、不同世代伞裙追寄蝇成虫甘油含量测定

标准曲线的绘制：分别取甘油标准液 0mL、0.1mL、0.2mL、0.3mL、0.4mL、0.5mL、0.6mL、0.7mL、0.8mL、0.9mL 加入试管中，不足 1mL 的用去离子水补足至 1mL。依次加入氧化剂 2mL 混合均匀，再加入显色剂 2mL 充分混匀后，置于60℃水浴中加热显色15min，取出后用流水冲冷。在 UV-1901 紫外

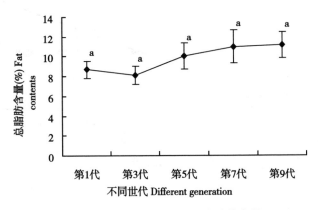

图 19　不同世代雄蝇成虫总脂肪的含量

分光光度计上，用 420nm 波长进行比色分析，记录吸光值，重复 3 次。求回归方程、制作标准曲线。

表 5　甘油标准曲线的测定

试剂	试管编号										
	0	1	2	3	4	5	6	7	8	9	10
甘油标准溶液（mL）	0	0.1	0.2	0.3	0.4	0.5	0.6	0.7	0.8	0.9	1.0
去离子水	1.0	0.9	0.8	0.7	0.6	0.5	0.4	0.3	0.2	0.1	0
甘油含量（μg）	0	3	2.6	8.9	5.2	1.5	7.8	4.1	0.4	56.7	63

　　不同世代伞裙追寄蝇成虫甘油测定结果如图 20 所示，不同世代之间雌性甘油的含量不存在显著差异，雌性第 1 代甘油的含量最低，为 11.951 9μg/mg，随着世代的增加而升高，第 1 代至第 3 代增速较快，第 3 代第 9 代增速缓慢，到达第 9 代时甘油的含量为 17.614 9μg/mg，并且相同世代个体之间存在很大的差异；雄性第 1 代甘油的含量最低，为 9.532 6μg/mg，随着世代的增加有缓慢的提高，第 1 代至第 3 代增加较快，第 3 代至第 9 代增加缓慢，到达第 7 代时甘油的含量为 19.710 8μg/mg，并且与第 1 代存在显著差异，第 9 代略有降低，并且与其他世代不存在显著差异吧，相同世代之间雌雄个体之间不存在显著差异。

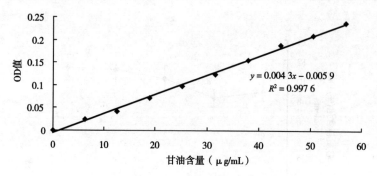

$$y = 0.004\,3x - 0.005\,9$$
$$R^2 = 0.997\,6$$

图 20　甘油标准曲线

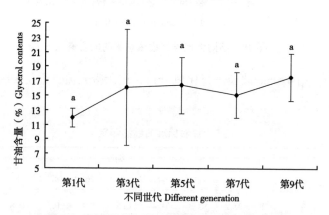

图 21　不同世代伞裙追寄蝇成虫雌性甘油含量

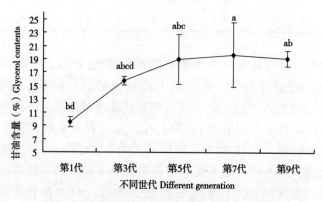

图 22　不同世代伞裙追寄蝇成虫雄性甘油含量

四、不同世代伞裙追寄蝇成虫总糖的含量测定

标准曲线的绘制：分别取甘油标准液 0mL、0.1mL、0.2mL、0.3mL、0.4mL、0.5mL、0.6mL、0.7mL、0.8mL、0.9mL 加入试管中，不足 1mL 的用去离子水补足至 1mL。依次加入氧化剂 2mL 混合均匀，再加入显色剂 2mL 充分混匀后，置于 60℃水浴中加热显色 15min，取出后用流水冲冷。在 UV-1901 紫外分光光度计上，用 420nm 波长进行比色分析，记录吸光值，重复 3 次。求回归方程、制作标准曲线。

表 6　总糖标准曲线的测定

试剂 Reagents	试管编号										
	0	1	2	3	4	5	6	7	8	9	10
葡萄糖标准溶液（mL）	0	0.1	0.2	0.3	0.4	0.5	0.6	0.7	0.8	0.9	1.0
10%三氯乙酸	1.0	0.9	0.8	0.7	0.6	0.5	0.4	0.3	0.2	0.1	0
葡萄糖含量（μg）	0	10	20	30	40	50	60	70	80	90	100

不同世代伞裙追寄蝇成虫总糖的含量测定结果如图 23 所示，不同世代之间

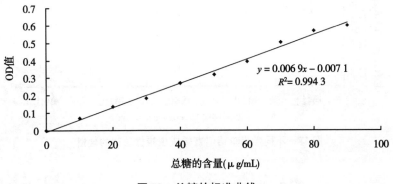

图中：$y = 0.006\,9x - 0.007\,1$　$R^2 = 0.994\,3$

图 23　总糖的标准曲线

总糖的含量不存在显著差异，雌性第 1 代总糖的含量最高，为 16.831 5μg/mg，随着世代的增加缓慢降低，第 5 代时总糖的含量最低，为 15.986 7μg/mg，并且相同世代个体之间存在很大的差异；雄性第 5 代总糖的含量最低，为 15.256 3 μg/mg，不同世代之间没有明显的变化规律，并且不存在显著差异，第 9 代总糖

的含量最高，为 16. 707μg/mg，相同世代之间雌雄个体之间不存在显著差异。

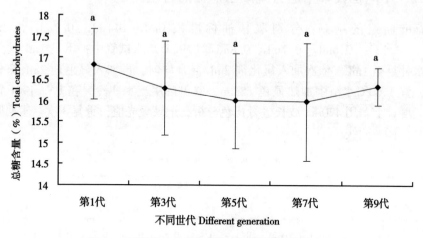

图 24　不同世代伞裙追寄蝇成虫雌性总糖的含量

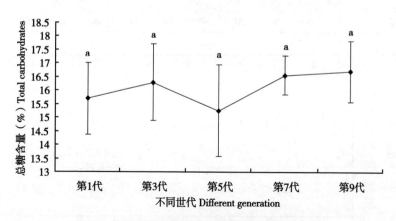

图 25　不同世代伞裙追寄蝇成虫雄性总糖的含量

第九章　天敌昆虫不同地理种群遗传多样性

第一节　不同地理种群遗传多样性意义及重要性

构成生物多样性的基因多样性、物种多样性和生态系统多样性奠定了物种进化的基础。昆虫种群遗传多样性的形成原因主要有内在和外在两个方面：内在原因是指昆虫自身的遗传突变以及自身因素所形成的适应能力，能够让它们在自然界中引起物种分化的条件下具有灵敏的应对反应，如地域特征、寄主和物候的变化等；外在原因是昆虫种群生存环境变化引起昆虫适应性的改变所产生的。物种的形成原因主要有异域物种分化（allopathic speciation），例如在不同地理条件下生存的同种昆虫，因为地理隔离及长期对各自特异的生存环境的适应，导致了不同地理种群间的差异。同一个物种的不同地理种群，其基因会产生随机漂移，而且由于生存环境的地理条件和生态条件不相同，昆虫对环境的适应性存在差异，导致其种群中所累积的遗传变异程度不一致，引起生殖隔离而最终形成不同的物种。以及同域物种分化（sympatric speciation），例如在同一地理条件下的种群因为取食不同植物而引起物种的分化，两种方式。

基于遗传多样性表现为分子、细胞和个体3个水平，所以，遗传多样性的检测也分为3个层次——DNA多态性、染色体多态性和蛋白质多态性。对遗传多样性的检测，不管在什么层次和方法上，目的都是为了揭示遗传信息的变化。每一种检测方法都可以从各自的角度为遗传多样性的研究提供有价值的信息，都可以使我们认识到遗传多样性及其生物学意义，但是每一种检测方法又都存在各自的局限性，不能完整的表达遗传信息的内容，目前为止还未提出可以完全取代其他方法的研究技术。此外，应用数量遗传学的方法对种群的遗传多样性进行研究也较为常见，这种方法是依据物种的表型性状进行统计分析，结论虽然没有分子生物学的研究方法精确，但是也能够很好地反映种群遗传变异的程度，且具有较大的实践意义，能够更为直观的理解物种的适应机制。

应用 ISSR 分子标记技术，探讨草地螟寄生性天敌不同地理种群的遗传结构和遗传多样性，明确草地螟寄生性天敌在基因水平上的变异本质，同时比较其飞行能力与其遗传多样性之间的相关性，了解草地螟寄生性天敌不同地理种群的内在分子变异提供依据，为草地螟寄生性天敌的生物多样性的评价积累宝贵的基础数据，为室内繁殖饲养和田间有效利用奠定重要的理论基础。

一、草地螟寄生性天敌遗传多样性的重要性

遗传多样性是生物体内的遗传因子及其组合的多样性，这个遗传因子是决定生物性状的因子。随着物种的不同，不但其遗传基因信息不同，并且其遗传组织也不同。因此，物种多样性是由基因多样性所决定的。生物种群的遗传变异表现在三个方面，分别为细胞水平上的遗传变异、分子水平上的遗传变异以及个体水平上的遗传变异。遗传多样性在实际研究中就是基因多样性。研究生物多样性的其中一个前提条件就是对遗传多样性进行研究，每一个个体的遗传背景都是不同的。同时，遗传多样性是物种适应生存的前提，是长期发展进化的产物，其遗传变异的程度越大，就越能更好地适应其周围的环境。因此为了对有害生物能得到更好地防治，明确物种的遗传分化的方向是有必要的。

二、遗传多样性的研究方法

在分子生物学的研究中，DNA 分子标记技术伴随着分子生物学技术得到了发展，并涉及其多种研究技术。其中，ISSR、RFLP、SSR、RAPD、DNA、SNPS和 AFLP 等通常作为 DNA 分析的主要方法。

RFLP（限制性片段长度多态性标记方法）与其他标记方法相比其优点是，呈共显性遗传且有极其丰富的结果多态信息量，其实验结果是可靠的，不受环境等条件的影响。

AFLP 是在 RFLP 分子标记基础上创立的，这种方法也有其优缺点，其主要优点是可以产生更加多的可重复性高的试验数据，同时含有 RFLP 的优点。而其缺点主要表现在试验成本高且其繁杂的技术，同时还无法区别纯合子与杂合子。Kativar、Clark、马向超等均采用了 AFLP 标记技术分别对亚洲稻瘿蚊、草地夜蛾、桑天牛等种群进行了相关的研究并得出结论。

RAPD 分子标记方法可以通过分析引物扩增出的条带从而能够得到物种的遗传多样性以及遗传分化。其主要优点是：应用广泛，即使是从未进行过分子遗传学研究的生物也可以采用此方法进行相关研究，可无限合成引物，操作简单，方便易行，成本较低。但其分析结果可重复性仍然存疑。张爱兵等、杨效文等通过

RAPD 技术对不同寄主植物上烟蚜和中国松毛虫进行了相关的研究和分析。

ISSR（inter-simple sequence repeat，简单重复序列间区）分子标记方法是基于 SSR 分子标记方法开发出的，由 Zietkiewicz 在 1994 年提出。ISSR 分子标记技术由于其具有丰富的多态性、可重复性，且成本低廉、操作简单等优点已被广泛地应用在系统发育、亲缘关系、种质资源以及遗传多样性的分子研究中，Zietkiewicz 等在 1994 年提出此技术，早期主要应用在植物方面的研究中，现在伴随着分子标记技术的大力发展，它的应用也渐渐在昆虫和动物及其相关领域中得到关注。国内戴凌燕、翁宏飚、关桦楠、朱勋等专家学者们利用 ISSR 技术分别对中国棉铃虫 Helicoverpa armigera、马尾松毛虫 Dendrolimuspunctatus、异色瓢虫 Harmonia axyridis、小菜蛾等进行了遗传多样性的研究。国外同样也有利用 ISSR 对家蚕以及三化螟 Scirpophaga incertulas 进行了研究报道。

我们利用 ISSR（简单重复序列间区）分子标记方法，对草地螟寄生性天敌——伞裙追寄蝇和草地螟阿格姬蜂的遗传多样性进行研究。

第二节　伞裙追寄蝇不同地理种群的遗传多样性

我们采用 ISSR 分子标记技术第一次对 8 个不同地点草地螟伞裙追寄蝇的遗传多样性以及种群间的分化进行研究，从而得出我国不同地域的草地螟伞裙追寄蝇种群间的遗传分化以及基因交流的程度，探索草地螟伞裙追寄蝇种群间的内在联系，为我国草地螟的有效防治策略提供部分分子生物学的基础资料。

一、伞裙追寄蝇种群来源

表 1　供试伞裙追寄蝇采集信息

种群代码	采集地点	地理坐标	海拔（m）
TQ	太仆寺旗	41°52′37.92″N, 115°16′58.97″E	1 451
XJ	新疆哈巴河县	48°03′39.13″N, 86°25′07.02″E	536

（续表）

种群代码	采集地点	地理坐标	海拔（m）
KB	河北康保县	41°34′36.82″N, 114°24′35.77″E	1 331
DS	代钦塔拉苏木	45°13′07.04″N, 121°31′23.65″E	289
YS	义和道卜苏木	44°51′19.35″N, 121°56′09.37″E	275
HH	呼和浩特伊利第七牧场	40°33′36.78″N, 111°44′28.42″E	1 065
SQ	四子王旗	41°14′31.09″N, 111°38′45.92″E	1 669
TZ	土默特左旗	40°34′00.04″N, 111°13′04.32″E	997

二、基因组 DNA 的提取与检测

伞裙追寄蝇虫体用无菌双蒸水冲洗 2~3 次，晾干。单头伞裙追寄蝇，去头、足、翅于 1.5mL 离心管中，加液氮研磨成粉（每个个体单独研磨，不要混用研磨棒）。使用天根 dp304 动物基因组 DNA 提取试剂盒对样本进行 DNA 提取。提取出的基因组 DNA 用 1% 的琼脂糖凝胶电泳进行检测，然后置于 -20℃ 冰箱中保存备用。每个种群选取 10 个 DNA 样品进行 ISSR 遗传多样性分析。

三、ISSR 引物的合成与筛选

从加拿大哥伦比亚大学设计并公布的 100 条通用引物中筛选出扩增条带明亮、清晰、重复性好的引物，用于伞裙追寄蝇遗传多样性的 ISSR-PCR 扩增反应，引物由上海生物工程技术服务有限公司进行合成。

四、PCR 扩增反应体系

1. 选用 L16 (45) 正交设计得到最适合的反应体系如下 (20μL)

表 2　反应体系

DNA 模板	1.0μL
10×PCR Buffer (Mg²⁺ Free, 100mM Tris-HCL (pH=8.3), 500mM KCL)	2.0μL
MgCl$_2$ (25mmol/L)	1.8μL
dNTPs Mixture (各 2.5mmol/L)	1.8μL
引物 (10μmol/L)	1μL
TaKaRa Taq 聚合酶 (5U/μL)	0.4μL
ddH$_2$O	12μL

2. PCR 扩增反应条件

最佳反应程序 (BIO-RAD PCR 仪) 如下:

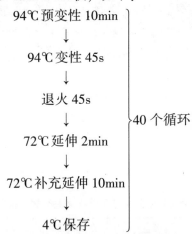

94℃预变性 10min
↓
94℃变性 45s
↓
退火 45s
↓　　　40 个循环
72℃延伸 2min
↓
72℃补充延伸 10min
↓
4℃保存

扩增出的 ISSR-PCR 产物用 1.5%的琼脂糖凝胶在 100 V 恒压条件下电泳 1h，对扩增产物进行检测。电泳完成后，在紫外凝胶成像仪上对结果进行检测并拍照保存。

五、8 个地区伞裙追寄蝇的 ISSR-PCR 扩增结果

8 个地区自然种群伞裙追寄蝇的 ISSR-PCR 产物部分电泳结果如图 1。

11 条 ISSR 引物共扩增出 166 个色彩明亮、清晰可辨的条带，11 条引物扩增出的条带数在 11~18 条，平均为 15.090 9，其中引物 841 和 809 扩增出的条带数

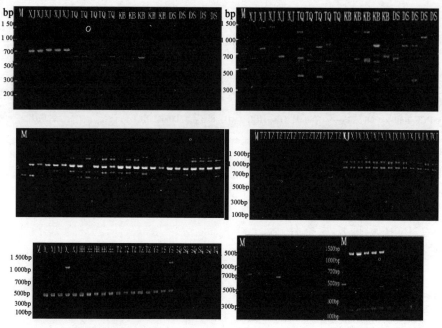

M 为 DNA 分子量标准物 DNA

图 1　不同引物对伞裙追寄蝇部分个体的 ISSR 扩增结果

最多为 18 条，848 扩增出的条带数最少为 11 条。本实验中 11 条引物扩增出的 166 个条带均为多态性条带，平均多态信息含量（*PIC*）为 0.859 1，大于 0.5，均呈现高度多态性（表3）。

表 3　11 条 ISSR 引物对 8 个伞裙追寄蝇种群扩增信息

引物	扩增条带数	多态性（%）	多态信息含量 *PIC*	基因分化系数 *Gst*	基因流 *Nm*
808	16	100	0.862 1	0.170 9	2.425 8
809	18	100	0.863 6	0.129 1	3.374 3
810	16	100	0.862 6	0.189 6	2.136 7
823	15	100	0.858 1	0.309 7	1.114 3
827	14	100	0.860 3	0.595 5	0.339 6
835	17	100	0.864 9	0.316 1	1.081 5
836	15	100	0.859 5	0.346 6	0.942 4

（续表）

引物	扩增条带数	多态性（%）	多态信息含量 PIC	基因分化系数 Gst	基因流 Nm
841	18	100	0.865 3	0.175 7	2.345 1
847	12	100	0.852 9	0.352 0	0.920 6
848	11	100	0.844 1	0.349 7	0.929 9
881	14	100	0.857 2	0.231 3	1.661 5
Mean	15.090 9	100	0.859 1	0.287 8	1.570 2

六、伞裙追寄蝇种群的遗传多样性分析

由表 4 可知，伞裙追寄蝇 8 个不同地理种群扩增出的条带范围为 75~127 条，其中土默特左旗种群最多，新疆种群最少，均值为 107.125。8 个地区伞裙追寄蝇种群扩增条带的多态比例（P）平均为 79.85%，其中新疆种群最低为 49.33%，多态性条带有 37 条，锡林郭勒盟太仆寺旗种群最高为 88.39%，多态性条带有 99 条。8 个地区伞裙追寄蝇的香农信息指数（I）为 0.124 0~0.345 5，平均值 0.273 6。新疆种群最低，土默特左旗种群最高。Nei's 遗传多样性指数（H）在 0.084 1~0.228 5，平均值为 0.181 4。新疆种群最低，土默特左旗种群最高。以上结果表明：锡林郭勒盟太仆寺旗和土默特左旗种群的遗传多样性程度最丰富，而新疆种群的遗传多样性较差。

表 4　伞裙追寄蝇 8 个种群的种群内遗传变异统计

种群	总条带数 N	多态条带 Q	多态比例 P	遗传多样性 H±SD	香农信息指数 I±SD
TQ	112	99	88.39	0.211 8±0.200 4	0.317 0±0.284 9
XJ	75	37	49.33	0.084 1±0.168 3	0.124 0±0.242 1
KB	107	86	80.37	0.186 7±0.198 8	0.279 3±0.286 6
DS	105	88	83.81	0.187 6±0.200 3	0.280 9±0.286 4
YS	119	104	87.39	0.210 3±0.189 7	0.319 5±0.271 9
HH	123	105	85.37	0.200 6±0.184 8	0.308 4±0.264 2
SQ	89	69	77.53	0.141 8±0.187 1	0.214 4±0.271 6
TZ	127	110	86.61	0.228 5±0.188 7	0.345 5±0.270 2

（续表）

种群	总条带数 N	多态条带 Q	多态比例 P	遗传多样性 H±SD	香农信息指数 I±SD
Mean	107. 125	87. 25	79. 85	0. 181 4±0. 189 8	0. 273 6±0. 272 2

N 为扩增总条带数；Q 为多态性条带数；P 为多态比例；H 为 Nei's 遗传多样性；I 为香农信息指数；SD 为标准差。种群代码同上

七、伞裙追寄蝇种群间的遗传分化分析

11 条 ISSR 引物对 8 个地区伞裙追寄蝇自然种群的扩增中（表5），基因分化系数（Gst）在 0. 129 1~0. 595 5，均值为 0. 287 8，其中引物 827 最大，809 最小。基因流（Nm）平均值为 1. 570 2，引物 809 最大，为 3. 374 3，引物 827 最小，为 0. 339 6。对于整个群体而言，平均遗传分化率为 28.78%，说明有71. 22% 的变异来源于个体之间，群体内的变异远高于群体间的变异；根据基因流的大小，种群间基因交流较大（$Nm<1$）的位点有 827、836、847、848，种群间基因交流较小（$Nm>4$）的位点没有，其余位点在各种群间存在中等程度的分化。

表5　伞裙追寄蝇 8 个地理种群间的遗传距离和遗传相似度系数

	DS	YS	XJ	TQ	KB	HH	TZ	SQ
DS	—	0. 920 0	0. 819 4	0. 848 3	0. 738 8	0. 796 6	0. 811 4	0. 780 0
YS	0. 083 4	—	0. 837 5	0. 861 3	0. 785 0	0. 824 9	0. 806 0	0. 802 2
XJ	0. 199 2	0. 177 3	—	0. 735 9	0. 712 4	0. 719 6	0. 721 4	0. 700 8
TQ	0. 164 5	0. 149 4	0. 306 7	—	0. 839 5	0. 804 0	0. 860 4	0. 815 1
KB	0. 302 7	0. 242 0	0. 339 1	0. 175 0	—	0. 815 8	0. 816 7	0. 779 8
HH	0. 227 4	0. 192 5	0. 329 0	0. 218 1	0. 203 6	—	0. 887 7	0. 885 2
TZ	0. 208 9	0. 215 7	0. 326 6	0. 150 4	0. 202 5	0. 119 1	—	0. 929 2
SQ	0. 248 5	0. 220 4	0. 355 6	0. 204 5	0. 248 7	0. 121 9	0. 073 4	—

对角线上方为遗传相似度系数，对角线下方为遗传距离。种群代码同上

根据 11 条对引物扩增片段大小的统计分析，计算出伞裙追寄蝇 8 个种群间遗传距离（D）和 Nei's 遗传相似度（S），进一步分析了种群间的遗传分化程度（表5）。四子王旗种群与土默特左旗种群之间的遗传距离最小，为 0. 073 4，新疆种群与四子王旗种群之间的遗传距离最大，为 0. 355 6；Nei's 遗传相似度的范

围为 0.700 8~0.929 2, 其中新疆种群与四子王旗种群之间最小, 四子王旗种群与土默特左旗种群之间最大。

八、伞裙追寄蝇种群间的聚类分析

采用 UPGMA 方法聚类, 对供试的 8 个不同地理种群伞裙追寄蝇进行聚类分析, 得到聚类图 (图 2)。11 条引物对 8 个地区伞裙追寄蝇种群的聚类分析结果显示, 地理距离较近的种群聚为同一组或相邻组。兴安盟的代钦塔拉苏木种群、义和道卜苏木种群以及锡林郭勒盟太仆寺旗种群聚为第 1 支; 呼和浩特第七牧场种群、四子王旗种群、土默特左旗种群聚为第 2 支; 河北康保县种群单独聚为第 3 支; 新疆哈巴河县种群单独聚为第 4 支。伞裙追寄蝇 8 个种群的聚类结果与其自然地理分布呈现出一定的规律性。

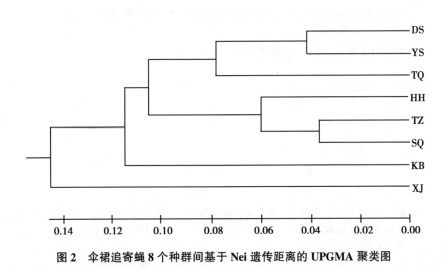

图 2　伞裙追寄蝇 8 个种群间基于 Nei 遗传距离的 UPGMA 聚类图

九、遗传距离与地理距离的相关性分析

利用 TFPGA 软件对伞裙追寄蝇 8 个种群间的遗传距离与相应的地理距离进行 mantel 测定 (图 3), 回归方程为 $y = 7\,410.8x - 625.60$, 相关系数 $r = 0.629\,2$ ($P = 0.013\,0$)。由此可见, 伞裙追寄蝇种群间的遗传距离与其地理距离呈显著正相关关系。

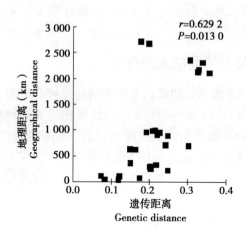

图3 伞裙追寄蝇8个种群的遗传距离与地理距离间的回归分析

十、伞裙追寄蝇遗传多样性的结果分析

ISSR 分子标记技术在遗传学研究领域发挥着重要作用，在昆虫上的应用多数以农业、蔬菜、瓜果类害虫为主，但应用 ISSR 分子标记技术对天敌昆虫类遗传多样性的研究却少有报道。本研究首次选用 ISSR 标记的方法对伞裙追寄蝇种群的遗传多样性进行研究，从分子水平上探讨了不同地理区域自然种群伞裙追寄蝇的内在联系，为进一步研究天敌昆虫伞裙追寄蝇提供了理论依据。

（1）多态信息含量（PIC）是衡量遗传多样性较好的指标，其值大小反映基因丰富程度。Botstein 等提出，当 PIC>0.5 时，该基因位点为高度多态性位点。本研究检测到 11 对 ISSR 引物的 PIC 值均大于 0.5，均呈现高度多态性，能为本研究的遗传多样性分析提供充足信息。其中引物 841 的多态信息含量最高，为 0.865 3，引物 848 的多态信息含量最低，为 0.844 1。说明不同引物对伞裙追寄蝇种群的多态性表现不同，故对不同种群的伞裙追寄蝇群体，选择合适的引物十分重要。

多态位点比例（P）、香农信息指数（I）和 Nei's 遗传相似度（H）是衡量种群多样性最常用的指标。综合以上 3 个反映群体遗传多样性的重要参数指标表明，锡林郭勒盟太仆寺旗和土默特左旗种群的遗传多样性程度最丰富，而新疆种群的遗传多样性较差。这可能是由于太仆寺旗、土默特左旗两地地势平坦，也无高山河流的阻隔，自然种群基因交流频繁，从而导致遗传多样性比较丰富，而新疆哈巴河县的伞裙追寄蝇自然种群由于与其他采集地区相隔较远，基因交流受阻，其遗传多样性较差。

（2）基因分化系数（Gst）是反映群体间遗传分化的重要指标。根据 Wright 等提出的标准，本研究中 Gst 平均值为 0.287 8（$Gst>0.15$），说明伞裙追寄蝇 8 个种群的遗传分化较大，群体中有 28.78% 的变异来自种群间，71.22% 的变异来源于群体内，即群体间的变异远低于群体内的变异。基因流的基本作用是削弱种群间的遗传差异，故其存在是影响种群间遗传分化的重要因素。本研究中，11 个 ISSR 引物检测到基因流的均值为 1.570 2（$1<Nm<4$），说明不同种群间基因交流处于中等水平。

（3）群体间的遗传距离揭示了群体遗传分化的程度。本研究中 8 个种群伞裙追寄蝇的 UPGMA 聚类分析结果表明，8 个地理种群共聚为 4 支。兴安盟的代钦塔拉苏木种群、义和道卜苏木种群以及锡林郭勒盟太仆寺旗种群聚为第 1 支；呼和浩特第七牧场种群、四子王旗种群、土默特左旗种群聚为第 2 支；河北康保县种群、新疆哈巴河县种群分别单独聚为第 3 支和第 4 支。其中兴安盟的代钦塔拉苏木与义和道卜苏木相邻，为伞裙追寄蝇种群之间的交流提供了便利条件，且相似的生活习惯也使得基因交流变得容易。锡林郭勒盟太仆寺旗种群与以上两地区种群共同聚为一支，可能是由于草籽与饲料等运输过程的携带，造成锡林郭勒盟太仆寺旗与兴安盟两地伞裙追寄蝇种群的交流；呼和浩特境内主要分为山地和平原地形，地势由北东向南西逐渐倾斜，四子王旗地势东南高西北低，从南至北由阴山山脉北缘、乌兰察布丘陵和蒙古高原三部分组成，土默特左旗地貌基本可分为山地和平原两部分。呼和浩特第七牧场、四子王旗、土默特左旗三地地理距离较近，且地形差异不大，故三地伞裙追寄蝇种群在基因交流上受到的阻碍较小，基因交流频繁；而新疆地区种群单独聚为一支可能是因为地理距离较远，与其他种群形成较大的地理隔离造成的，并且新疆哈巴河县种群样本采集于贺兰山以西。贺兰山，是中国一条重要的自然地理分界线，东西两侧在自然景观、农业生产、气候、水文资源以及生物资源方面有很大的差异。新疆哈巴河县属大陆性北温带寒冷气候，春旱多风，夏短炎热；且温差较大，采集于此的伞裙追寄蝇种群，由于其独特的地理气候与其他采集地的伞裙追寄蝇样本有很大的差异，并且由于贺兰山的阻隔，在某种程度上起着天然屏障的作用，地理隔离较大，在生物资源方面有一定的差异，总体与其他种群差距较大，故而新疆哈巴河县种群单独聚为一支；河北康保县种群单独聚为一支可能是由于康保县多为丘陵区和波状平原区，地势平坦，起伏很小，与其他地区的地理隔离较小，基因交流频繁，遗传分化很低。地形的差异可能是伞裙追寄蝇种群遗传变异的重要因素。mantel 检测结果发现，种群间遗传分化与地理距离呈正相关。地理距离和地形差异是限制其种群间基因交流，导致遗传分化较高的主要原因。说明伞裙追寄蝇不同群体间的地理距离通过影响基因流而形成了现有的遗传结构。综上所述，伞裙追寄蝇 8 个种群的遗传分化较大，不同种群间基因交流处于中等水平。

由于 ISSR 分子标记技术本身的缺点，为伞裙追寄蝇种群遗传结构分析所提供的信息量比较有限，加之本研究所涉及伞裙追寄蝇的种群和个体数量还不足以覆盖全国，故本研究虽为伞裙追寄蝇不同地理种群的遗传多样性提供了有价值的分子生物学依据，但由于技术和采集数量的局限，很难全面反映全国各地伞裙追寄蝇的整体情况，尚需进一步研究。

第三节　草地螟阿格姬蜂不同地理种群的遗传多样性

采用 ISSR 分子标记技术第一次对 7 个不同地点草地螟阿格姬蜂的遗传多样性以及种群间的分化进行研究，从而得出我国不同地域的草地螟阿格姬蜂种群间的遗传分化以及基因交流的程度，探索草地螟阿格姬蜂种群间的内在联系，为我国草地螟的有效防治策略提供部分分子生物学的基础资料。

一、种群来源及测试方法

1. 草地螟阿格姬蜂的种群来源

采集到的草地螟阿格姬蜂 7 个不同地理种群（表 6），采集虫态均为草地螟阿格姬蜂的越冬虫茧和草地螟阿格姬蜂成虫，供试个体置于零下 80℃下冰冻保存备用。

表 6　草地螟阿格姬蜂采集信息

种群代码	采集地点	地理坐标	采集日期
YL	伊利第七牧场	111°44′54.024″E 40°33′16.5024″N	2014 年 6 月 28 日
TQ	土左旗	111°8′24″E 40°42′53.6976″N	2014 年 7 月 13 日
HB	河北康保县	114°37′48″E 41°52′12″N	2013 年 4 月 13 日

（续表）

种群代码	采集地点	地理坐标	采集日期
XA	兴安盟	121°31′18.05124″E 45°13′15.9492″N	2011 年 8 月 17 日
XJ	新疆哈巴何县	86°25′31.13652″E 48°39′30.348″N	2011 年 8 月 4 日
SQ	四子王旗	41°46′41.04″N, 111°49′38.4″E	2010 年 8 月 10 日
DQ	达拉特旗	109°57′34.56″E 40°28′27.2964″N	2014 年 8 月 10 日

2. 配置溶液

表 7　溶液配制表

序号	试剂	配制
1	10×TBE	Tris 108 g+硼酸 55 g+Na$_2$EDTA−2H$_2$O$_7$ 44 g，溶于 1L 超纯水，调节 pH 值至 8.0
2	变性剂	49mL 甲酰胺 + 1mL 0.5 M EDTA + 0.125 g 溴酚蓝+ 0.125 g 二甲苯腈
3	0.5 M EDTA	称取 EDTA 186.1 g，dd H$_2$O 定溶至 1 L（室温保存）NaOH（10mol/L）调节 pH 值到 8.0
4	1%琼脂糖凝胶	0.4 g 琼脂糖+40mL 1×TBE

二、ISSR 引物的筛选

在使用 ISSR 分子标记技术时，引物的筛选是前提条件。因为并非每个引物都适用于所有物种，从而筛选出最佳的反应条件是必不可少的。依据相关研究文献，从通用的 100 条 ISSR 引物（由加拿大哥伦比亚大学公布的）中选出 13 条引物，选择的依据是，引物扩增出的条带要清晰并且明亮，可重复性好。这 13 条引物都是合成的。

表 8　13 条 ISSR 引物对 7 个草地螟阿格姬蜂种群扩增信息

位点	引物序列	退火温度（℃）	扩增条带数	多态性（%）	多态信息含量	基因分化系数	基因流
810	gagagagagagagat	48~55	14	71.43	0.845 3	0.151 9	1.396 3
811	gagagagagagagac	50~53.5	12	83.33	0.838 2	0.268 9	0.679 9

（续表）

位点	引物序列	退火温度（℃）	扩增条带数	多态性（%）	多态信息含量	基因分化系数	基因流
815	ctctctctctctctctg	50~53.6	14	71.43	0.841 9	0.145 7	1.465 9
818	cacacacacacacacag	50~53.7	12	83.33	0.841 4	0.136 7	1.582 9
819	gtgtgtgtgtgtgtgta	48~55.0	9	88.89	0.810 0	0.207 8	0.952 9
834	agagagagagagagagyt	48~55.0	8	87.50	0.816 7	0.858	2.664 0
836	agagagagagagagagya	50~53.7	11	81.82	0.830 4	0.111 0	2.002 2
841	gagagagagagagagayc	50~53.7	14	92.86	0.844 7	0.161 5	1.297 8
843	ctctctctctctctctra	50~52.0	7	71.43	0.805 1	0.353 2	0.457 7
844	ctctctctctctctctrc	50~52.8	6	100.00	0.802 2	0.324 0	0.521 5
845	ctctctctctctctctrg	50~52.5	7	100.00	0.809 2	0.173 6	1.189 8
846	cacacacacacacacart	50~52.7	14	100.00	0.860 8	0.112 5	1.971 8
849	gtgtgtgtgtgtgtyа	55~54.5	11	81.82	0.826 4	0.072 0	3.223 8
mean			10	85.68	0.828 6	0.117 3	1.492 8

三、PCR 扩增反应体系

1. 选用 L_{16} (4^5) 正交设计得到最适合的反应体系见下表（20μL）

表 9　PCR 扩增反应体系

体系成分	含量
DNA 模板	1.0μL
10×PCR Buffer（Mg^{2+} Free，100mM Tris-HCl（pH=8.3），500mM KCl）	2.0μL
$MgCl_2$（25mmol/L）	2μL
dNTPs Mixture（各2.5mmol/L）	2μL
引物（10μmol/L）	1μL
TaKaRa Taq 聚合酶（5 U/μL）	0.4μL
ddH_2O	补足至20μL

2. PCR 扩增反应条件

反应程序（BIO-RAD PCR 仪）如下：

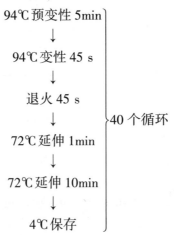

94℃预变性 5min

↓

94℃变性 45 s

↓

退火 45 s

↓　　40 个循环

72℃延伸 1min

↓

72℃延伸 10min

↓

4℃保存

3. PCR 产物电泳检测

将扩增出的 PCR 产物进行检测，检测时在 100V 的电压下电泳 1h，电泳所用的凝胶是 1.5%的琼脂糖。结束电泳后，用紫外凝胶成像仪拍照保存结果。

4. 数据分析

对于扩增出的条带有同源性，就能够认为这是同一位点的扩增产物，扩增出的条带如果比较模糊，则这样的条带是无效的。对扩增出的条带进行数据统计，如果在同一个地方，条带清晰可辨，就计做"1"，反之计做"0"，最后对 0/1 矩数进行数据分析。

Nei's 遗传多样性（H）、遗传距离（D）、基因流（Nm）、多态比例（P）、基因分化系数（Gst）、香农信息指数（I）、多态信息含量（PIC）以及 Nei's 遗传相似度（S）都是应用群体遗传学分析软件 Popgene32（Version 1.31）和 Excel 软件进行计算的。

聚类图是采用 MEGA 4.0 软件，通过 UPGMA 聚类法获得的。

遗传距离以及地理聚类进行 mantel 测定是应用 TFPGA 软件得到的，并且采用 Distance 3.2 软件得出地理距离。

四、7 个地区草地螟阿格姬蜂 PCR 扩增结果

研究中的 139 个条带是由 13 条 ISSR 引物扩增出来的（图 4），实验表明，每

条引物能够扩增出 6~14 个条带，平均为 10.692 3，扩增出的条带数最多引物是810、815、841、846，扩增出为 14 条，引物 844 扩增出的条带数最少，为 6 条。所扩增出的条带，其均为多态性条带（多态性平均为 85.68%）。13 条 ISSR 引物的平均多态信息含量（*PIC*）为 0.828 6，均大于 0.5。

表 10　草地螟阿格姬蜂 7 个种群的种群内遗传变异统计

种群 populations	条带数 N	多态比例 P	Nei's 遗传多样性 H±SD	香农信息指数 I±SD
YL	124	0.459 7	0.141 7±0.186 4	0.214 1±0.271 9
TZ	113	0.548 7	0.172 0±0.206 8	0.253 0±0.296 0
HB	114	0.517 5	0.175 1±0.213 9	0.254 0±0.305 1
XA	104	0.528 8	0.134 4±0.187 3	0.202 9±0.270 2
XJ	109	0.412 8	0.122 8±0.191 9	0.180 9±0.274 9
SQ	112	0.410 7	0.119 1±0.183 6	0.178 0±0.266 3
DQ	112	0.482 1	0.146 3±0.198 8	0.216 3±0.285 5
mean	112.6	0.480 1	0.144 5±0.195 5	0.214 2±0.281 4

N 为扩增条带数；*P* 为多态比例；*H* 为 Nei's 遗传多样性；*I* 为香农信息指数；SD 为标准差

五、草地螟阿格姬蜂种群内遗传多样性

由表 10 可知，7 个草地螟阿格姬蜂种群扩增条带的多态比例（*P*）为41.07%~4.87%，平均为 48.01%，其中四子王旗种群最低，土左旗种群最高。Nei's 遗传多样性指数（*H*）为 0.119 1~0.175 1，平均值为 0.144 5±0.195 5，四子王旗种群最低，河北康保县种群最高。香农信息指数（*I*）为 0.178 0~0.254 0，平均值为 0.214 2±0.281 4，四子王旗种群最低，河北康保县种群最高。这与 Nei's 基因多样性估计的遗传多样性结果一致，表明河北康保县种群的遗传多样性程度最丰富，而四子王旗种群的遗传多样性较差。

六、草地螟阿格姬蜂种群间遗传分化

ISSR 引物对 7 个草地螟阿格姬蜂种群的扩增中，基因分化系数（*Gst*）为0.072 0~0.353 2，均值为 0.177 3，其中引物 843 最大，849 最小。基因流（*Nm*）为引物 849 最大，值为 3.223 8，引物 843 最小为 0.457 7，平均值为 1.492 8。

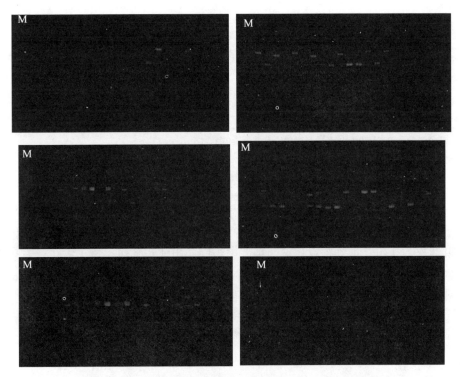

图 4 不同引物对草地螟阿格姬蜂部分个体 DNA 扩增结果

在 7 个草地螟阿格姬蜂遗传距离（D）和 Nei's 遗传相似度（S）的研究中（表 11），呼和浩特伊利第七牧场种群与河北康保县种群之间的遗传距离最小为 0.098 7，呼和浩特伊利第七牧场种群与达拉特旗种群之间的遗传距离最大为 0.264 6；Nei's 遗传相似度的范围为 0.767 5~0.926 3，其中呼和浩特伊利第七牧场种群与达拉特旗种群之间最小，土左旗种群与河北康保县种群之间最大。

表 11 草地螟阿格姬蜂 7 个地理种群间的遗传距离和遗传相似度系数

	YL	TQ	HB	XA	XJ	SQ	DQ
YL	—	0.901 8	0.906 0	0.838 3	0.834 6	0.778 4	0.767 5
TQ	0.103 4	—	0.926 3	0.849 9	0.829 4	0.798 2	0.772 2
HB	0.098 7	0.076 6	—	0.853 2	0.857 0	0.798 2	0.781 0

（续表）

	YL	TQ	HB	XA	XJ	SQ	DQ
XA	0.176 4	0.162 6	0.158 8	—	0.801 7	0.789 4	0.796 9
XJ	0.180 8	0.187 0	0.154 4	0.221 0	—	0.893 0	0.822 3
SQ	0.250 5	0.225 4	0.225 4	0.236 5	0.113 1	—	0.885 9
DQ	0.264 6	0.258 6	0.247 1	0.227 0	0.195 6	0.121 2	—

对角线上方为遗传相似度系数，对角线下方为遗传距离

七、草地螟阿格姬蜂种群间的聚类分析

通过遗传距离，采用 UPGMA 方法对草地螟阿格姬蜂 7 个不同地理种群进行聚类分析，得到聚类图（图 5）。结果显示，基于遗传聚类 7 个草地螟阿格姬蜂种群共聚为 4 组，地理距离较近的种群聚为同一组或相邻组，第 1 支包含有伊利牧场、土左旗和河北康保县种群；第 2 支只有兴安盟种群；第 3 支只有达拉特旗地理种群；第 4 支由新疆和四子王旗种群组成。7 个草地螟阿格姬蜂种群可分为两个大的分支，其中位于呼和浩特和呼和浩特东部的 4 个种群聚为一支；新疆、四子王旗和达拉特旗 3 个种群聚为一支。

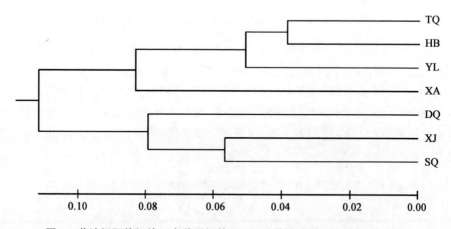

图 5 草地螟阿格姬蜂 7 个种群间基于 Nei 遗传距离的 UPGMA 聚类图

八、遗传距离与地理距离的相关性分析

对草地螟阿格姬蜂 7 个种群的遗传距离以及对其地理距离进行 mantel 测定（图 6），其回归方程为 $y = -1\,128.9x + 1\,162.9$，相关系数 $r = -0.072\,1$（$P = 0.572\,0 > 0.05$）。由此可见群间的遗传，草地螟阿格姬蜂种群遗传距离与其地理距离没有显著相关关系，种群间的基因交流没有受到地理距离的限制。

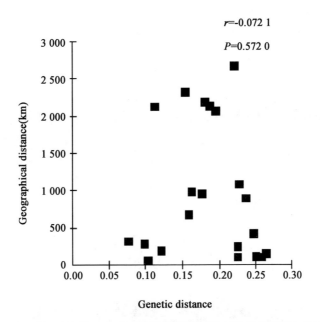

图 6　草地螟阿格姬蜂 7 个种群的遗传距离与地理距离间的回归分析

1. 草地螟阿格姬蜂种群内遗传多样性

13 条 ISSR 引物共扩增出 139 个明亮并且清晰的条带，引物 810、815、841、846 扩增出的条带数最多，为 14 条，844 扩增出的条带数最少，为 6 条。13 条引物平均扩增条带数为 10.692 3。本研究扩增出的条带都是多态性条带。基因丰富程度随多态信息含量（PIC）值增大而升高。Botstein 等指出，基因位点随 PIC 的值不同而不同，当 PIC 的值大于 0.5 时，将其叫做高度多态性位点；当 PIC 的值大于 0.25 小于 0.5 时，命名为中度多态性位点；当 PIC 的值小于 0.25 时，称作低度多态性位点。我们选用的 13 个 ISSR 引物的 PIC 值均大于 0.5。故这 13 个位点全部是高度多态性位点，都能充分为本研究提供信息。

7个地理种群扩增出的条带数范围为104~124条，其中呼和浩特伊利第七牧场种群最多，兴安盟种群最少，均值为112.6。多态比例为41.07%~54.87%，平均为48.01%，其中四子王旗种群最低，土左旗种群最高。香农信息指数（I）为0.178 0~0.254 0，平均值为0.214 2±0.281 4。Nei's遗传多样性指数（H）为0.119 1~0.175 1，平均值为0.144 5±0.195 5，四子王旗种群最低，河北康保县种群最高，表明河北康保县种群的遗传多样性程度最丰富，而四子王旗种群的遗传多样性较差。

2. 草地螟阿格姬蜂种群间遗传分化

群体间的遗传分化是依靠基因分化系数（coefficient of gene differentiation）（Gst）来衡量的。当Gst小于0.05时，种群间分化很弱；当Gst的值小于0.15大于0.05时，为中等分化；Gst的值大于0.15时，说明其分化较大。本研究中的平均Gst值为0.177 3，遗传分化较大，草地螟阿格姬蜂群体中有17.73%的变异来自于种群之间的，而82.27%的变异则是来源于不同的个体之间的。故可认为草地螟阿格姬蜂种群的变异来源主要是草地螟阿格姬蜂群体不同的个体间所产生的变异。

遗传变异随着基因交流的增加而呈上升趋势，从而可以减少种群间的分化。因此，影响种群之间遗传分化的一个重要的因素是，基因流Nm。Slatkin指出：基因流能够阻止基因固定以及遗传分化。本研究13个ISSR引物的基因流（Nm）的均值为1.492 8（$1<Nm<4$），这一结果表明不同草地螟阿格姬蜂种群之间有着中等水平的基因交流。

3. 聚类分析及遗传分化与地理距离的相关性分析

研究中7个种群的草地螟阿格姬蜂的聚类分析结果表明：7个草地螟阿格姬蜂种群共聚为4支，第1支包含有伊利牧场、土左旗和河北康保县种群；第2支只有兴安盟种群；第3支只有达拉特旗地理种群；第4支有新疆和四子王旗种群组成。7个草地螟阿格姬蜂种群可分为两个大的分支，其中位于呼和浩特和呼和浩特东部的4个种群聚为一支；新疆、四子王旗和达拉特旗3个种群聚为一支。本研究表明，不同地理区域的草地螟阿格姬蜂并没有受到地理环境的影响，遗传距离与地理距离没有显著相关性。这与大多数研究结果相一致。

从通用的100条ISSR引物（由加拿大哥伦比亚大学公布的）中选出13条适用于草地螟阿格姬蜂的引物，选择的依据是，引物扩增出的条带要清晰并且明亮，可重复性好。这13条引物分别是810、811、815、818、819、834、836、

841、843、844、845、846 和 849。这 13 条 ISSR 引物都能为本研究提供充足的数据信息。

7 个地理种群扩增出的条带数范围为 104～124 条，均值为 112.6；多态比例为 41.07%～4.87%，平均为 48.01%，香农信息指数（I）为 0.178 0～0.254 0，平均值为 0.214 2±0.281 4。Nei's 遗传多样性指数（H）为 0.119 1～0.175 1，平均值为 0.144 5±0.195 5，结果认为，河北康保县种群的遗传多样性程度最丰富，而四子王旗种群的遗传多样性较差。

基因分化系数平均值为 0.171 3，大于 0.15；13 个 ISSR 引物基因流的均值为 1.492 8（$1<Nm<4$）。综上所述，草地螟阿格姬蜂 7 个种群的遗传分化较大，不同种群间基因交流处于中等水平，与大多数研究结果相一致。

7 个草地螟阿格姬蜂种群共聚为 4 支，第 1 支包含有伊利牧场、土左旗和河北康保县种群；第 2 支只有兴安盟种群；第 3 支只有达拉特旗地理种群；第 4 支有新疆和四子王旗种群组成。7 个草地螟阿格姬蜂种群可分为两个大的分支，其中位于呼和浩特和呼和浩特东部的 4 个种群聚为一支；新疆、四子王旗和达拉特旗 3 个种群聚为一支。mantel 检测结果发现，种群间遗传分化与地理距离没有显著相关性。

研究对草地螟阿格姬蜂的遗传多样性只是做了基本的分析，由于草地螟分布广泛，不同年份在各地农作物上的发生量差异较大，而草地螟又是草地螟阿格姬蜂的专一寄主，因此本研究所用的实验材料是有局限性的，在今后的研究中，还需要采集更多地方的样品，筛选出更多的引物，从而进行更加全面的研究。

参考文献

陈莉, 方丽娟, 张少锋, 等. 2011. 黑龙江省草地螟第三暴发周期气候特征及风险概率 [J]. 气象与环境学报, 27 (3)：67-72.

程登发, 田喆, 孙京瑞, 等. 1997. 适用于蚜虫等微小昆虫的飞行磨系统 [J]. 昆虫学报, 40 (增刊)：172-179.

崔万里. 1992. 草地螟生物学特性的观察 [J]. 昆虫知识, 5：289-292.

代平礼, 徐志强. 2007. 人工扩繁管氏肿腿蜂的蜂种复壮研究 [J]. 昆虫知识, 44 (7)：402-405.

丁吉同, 阿地力·沙塔尔, 主海峰, 等. 2014. 枣实蝇成虫飞行能力的测定 [J]. 昆虫学报, 57 (11)：1 315-1 320.

丁岩钦. 1994. 昆虫数学生态学 [M]. 北京：科学出版社.

董双林, 杜家伟. 2001. 甜菜夜蛾雄蛾触角对雌蛾性信息素的 EAG 反应 [J]. 棉花学报, 13 (4)：216-219.

杜家纬. 1988. 昆虫信息素及其应用. 北京：中国林业出版社. 182-197.

付志坚, 陈建新, 付丽君. 2000. 白僵菌对昆虫的致病机理研究综述 [J]. 武夷科学, 16：105-109.

高日霞, 林国宪, 关雄. 1986. 福建昆虫病原微生物资源名录 [J]. 福建农学院学报, 15 (4)：300-310.

高书晶, 魏云山, 特木儿, 等. 2012. 亚洲小车蝗飞行能力及其与种群密度的关系 [J]. 草业科学, 29 (12)：1915-1919.

关成宏, 王险峰. 2005. 草地螟发生特点及防治方法 [J]. 现代化农业, 3：17.

郭成, 杨雪峰. 2003. 草地螟的发生规律及综合防治 [J]. 昭乌达蒙族师专学报, 24 (2)：26-31.

韩学俭. 2003. 草地螟的危害及其防治 [J]. 中国农村科技, 6：23-24.

何礼. 1992. 蜀柏毒蛾天敌的初步研究 [J]. 昆虫天敌, 14 (3)：133-137.

胡霞, 尹鹏, 周祖基, 等. 2014. 川硬皮肿腿蜂的复壮技术研究 [J]. 环境昆虫学报，36（5）：763-767.

黄贵平 . 1992. 几种主要虫生真菌的研究与利用［J］. 贵州农业科学，（5）：
47，61-64.

黄少虹，江幸福，罗礼智 . 2009. 光周期和温度对草地螟滞育诱导的影响
［J］. 昆虫学报，52（3）：274-280.

黄绍哲，江幸福，雷朝亮，等 . 2008. 草地螟周期性大发生与太阳黑子活动
的相关性分析［J］. 生态学报，28（10）：4 823-4 829.

黄绍哲 . 2010. 我国草地螟（*Loxostege sticticalis*）种群时空动态规律研究
［D］. 北京：中国农业科学院植物保护研究所 .

黄运霞，黄荣瑞 . 1994. 广西虫生真菌资源调查及应用前景［J］. 广西植保，
4：5-11.

贾宗谊 . 1983. 黑龙江省草地螟发生规律与防治策略的探讨［J］. 黑龙江农
业科学，2：17-21.

江幸福，蔡彬，罗礼智，等 . 2003. 温、湿度综合效应对黏虫蛾飞行能力的
影响［J］. 生态学报，23（4），738-743.

江幸福，罗礼智，胡毅 . 2000. 成虫期营养对甜菜夜蛾飞行和生殖的影响
［J］. 植物保护学报，27（4）：327-332.

江幸福，罗礼智，胡毅 . 2000. 饲养温度对黏虫蛾飞行和生殖能力的影响
［J］. 生态学报，20（3），288-292.

江幸福，罗礼智 . 2008. 昆虫迁飞的调控基础及展望［J］. 生态学报，28
（6），2 835-2 842.

姜玉英，张跃进等 . 2009. 草地螟 2008 年越冬虫源分布特点和 2009 年发生
趋势分析［J］. 中国植保导刊，1：39-40.

蒋俊 . 2006. 寄生蝇防治马尾松毛虫效果观察［J］. 植物保护，11：47-48.

康爱国，张莉萍，李强，等 . 2005. 草地螟寄生蝇与寄主间的关系及控害作
用［J］. 河北北方学院学报（自然科学版），21（6）：28-31.

李红，罗礼智，胡毅，等 . 2008. 伞裙追寄蝇和双斑截尾寄蝇对草地螟的寄
生特性［J］. 昆虫学报，51（10）：1 089-1 093.

李红，罗礼智 . 2007. 草地螟的寄生蝇种类、寄生方式及其对寄主种群的调
控作用［J］. 昆虫学报，50（8）：840-849.

李红 . 2008. 草地螟幼虫寄生天敌种类、寄生率及其影响因子的研究［D］.
北京：中国农业科学院植物保护研究所 .

李宏科 . 1993. 荻芦蛀茎害虫虫生真菌考查 [J]. 生物防治通报，9（4）：188.

李宏科 . 1996. 虫生真菌的研究与利用 [J]. 世界农业，12：29-30.

李继光 . 2003. 蜂群的优化复壮措施 [J]. 养蜂科技，(1)：17-18.

李良成 . 1986. 雁北地区农作物主要害虫天敌调查 [J]. 山西农业科学，5：3-6.

李运帷，吕昌仁，陶恒才 . 1982. 白僵菌的生产与应用 [M]. 北京：林业出版社 .

李增智，樊美珍 . 1991. 中国虫生真菌新记录属 [J]. 10 (2)：166-167.

李增智 . 1987. 应用真菌杀虫剂防治害虫 [J]. 安徽农学院学报，3：61-62.

李增智 . 1997. 中国虫生真菌研究与应用（第 4 卷）[M]. 北京：中国农业出版社 .

梁宗琦，刘爱英，冯东梅 . 1993. 梵净山自然保护区的一些虫生真菌 [J]. 真菌学报，12 (2)：110-117.

梁宗琦，刘爱英，黄建中，等 . 1996. 宽阔水自然保护区的虫草及其相关真菌 [J]. 真菌学报，15 (4)：264-271.

梁宗琦 . 1984. 贵州的部分昆虫病原真菌 [J]. 贵州科学进展，221-234.

刘爱萍，曹艺潇，等 . 2011. 人工合成草地螟雌蛾性信息素的初步筛选 . 应用昆虫学报，48 (3)：790-795.

刘桂华，徐维良 . 1991. 云南茶树害虫天敌昆虫名录 [J]. 西南林学院学报，1 (11)：96-104.

刘流，万启惠，贺莉芳 . 2006. 温度和光周期对家蝇幼虫滞育的影响 [J]. 遵义医学院学报，29 (1)：21-22.

刘银忠，李林福 . 1986. 草地螟寄蝇的研究及记述 [J]. 昆虫天敌，8 (2)：90-97.

刘银忠，赵建铭，李林福，等 . 1998. 山西省寄蝇志 [M]. 北京：科学出版社 .

刘玉秀，孟宪佐 . 2002. 黄斑卷蛾雄蛾对性信息素的行为反应 [J]. 昆虫学报，45 (4)：436-440.

卢川川 . 1976. 伞裙追寄蝇的初步研究 [J]. 昆虫知识，13 (1)：19-20.

鲁玉杰，张孝羲 . 2004. 棉铃虫雄虫对人工合成性信息素的触角电位反应 [J]. 河南农业大学学报，38：49-53.

罗礼智，黄绍哲，江幸福，等．2009．我国 2008 年草地螟大发生特征及成因分析 [J]．植物保护，1，27-33．

罗礼智，李光博．1993．草地螟的发育起点温度、有效积温及世代区的划分 [J]．昆虫学报，36（3）：332-339．

罗礼智，李光博．1993．温度对草地螟产卵与寿命的影响 [J]．昆虫学报，36（4）：459-463．

罗礼智，屈西峰．2005．我国草地螟 2004 年为害特点及 2005 年 1 代为害趋势分析 [J]．31（3）：69-71．

罗礼智，张红杰，康爱国．1998．张家口 1997 年一代草地螟幼虫大发生原因分析 [J]．自然灾害学报，7（3）：158-164．

罗礼智．2004．我国 2004 年一代草地螟将暴发成灾 [J]．植物保护，30（3）：86-88．

罗永明，蔡世民，金启安．1993．海南岛芒果树害虫天敌昆虫复合体的初步研究 [J]，热带作物学报，1（14）：61-66．

蒲蛰龙，李增智．1996．昆虫真菌学 [M]．合肥：安徽科学技术出版社．

屈西锋，邵振润，王建强．1999．我国北方农牧区草地螟暴发周期特点及原因分析 [J]．昆虫知识，36（1）：11-14．

全国草地螟科研协作组．1987．卓地螟发生及测报和防治的研究 [J]．病虫测报，（增刊）：1-9．

邵岩岩，李晶津，钱海涛，等．2008．麦蛾茧蜂对米蛾功能反应的研究 [J]．中国植保导刊，2：9-12．

施祖华，刘树生．1999．温度对菜蛾绒茧蜂功能反应的影响 [J]．应用生态学报，10（3）：332-334．

宋人梅．2006．应用白僵菌和绿僵菌防治甜菜夜蛾的研究 [D]．保定：河北农业大学．

孙巧云，赵自成．1990．线茸毒蛾生活习性观察研究 [J]，江苏林业科技，2（17）：39-40，48．

孙守慧，赵利伟，祁金玉．2009．白蛾周氏啮小蜂滞育诱导及滞育后发育 [J]．昆虫学报，52（12）：1 307-1 311．

孙雅杰，陈瑞鹿．1995．草地螟迁飞、发生区与生活史的研究 [J]．华北农学报，10（4）：86-91．

陶万强．2008．一场特殊的战斗 [J]．绿化与生活，6：23．

田绍义，高世金．1986.草地螟滞育性的研究［J］.华北农学报，1（2）：105-110.

田晓霞．2010.草地螟寄生蜂及其对寄主种群的控制作用［D］.北京：中国农业科学院植物保护研究所．

汪世泽，夏楚贵．1988.Holling Ⅲ型功能反应新模型［J］.生态学杂志，7（1）：1-3.

王德安，浑之英．1992.中红侧沟茧蜂生物学特性观察［J］.生物防治通报，8（3）：141.

王凤英，张孝羲，翟保平．2010.稻纵卷叶螟的飞行和再迁飞能力［J］.昆虫学报，53（11）：1 265-1 272.

王建梅，刘长仲，刘爱萍，等．2015.伞裙追寄蝇对黏虫幼虫的寄生功能反应［J］.植物保护，41（1）：45-48.

王睿文，唐铁朝，康爱国，等．1998.1997年草地螟暴发原因分析及其防治对策［J］.植保技术与推广，18（2）：16-19.

王淑芳．1984.中国阿格姬蜂属记述Ⅱ［J］.动物分类学报，3：309-314.

魏书军，范潇，顾耘，等．2013.不同日龄及交配前后小菜蛾飞行能力［J］.应用昆虫学报，50（2）：474-482.

温秀军，王振亮．1993.抚宁吉松叶蜂生物学特性及防治技术研究［J］.北京林业大学学报，4（15）：47-53.

仵均祥．2002.农业昆虫学［M］.北京：中国农业出版社．

相红燕，刘爱萍，高书晶，等．2012.伞裙追寄蝇对不同寄主的选择性［J］.环境昆虫学，34（3）：333-338.

相红燕，刘爱萍，高书晶，等．2013.草地螟优势寄生性天敌——伞裙追寄蝇生物学特性研究［J］.草业学报，22（3）：92-98.

徐汝梅．1987.昆虫种群生态学［M］.北京：北京师范大学出版社．

杨爱莲．2002.华北、西北、东北七省区草原草地螟暴发为害［J］.草业科学，19（5）：73.

杨彦龙，任炳忠．2003.吉林省农林天敌昆虫区系及多样性的研究（Ⅲ）［J］，长春师范学院学报，2（22）：69-74.

杨玉凤．2003.蜂群的优化复壮措施［J］.特种经济动植物，(4)：11.

尹姣，曹雅忠，罗礼智，等．2005.草地螟对寄主植物的选择性及其化学生态机制［J］.生态学报，8（25）：1 844-1 852.

尹姣.2001.草地螟的寄主选择对其种群增长的影响［D］.北京：中国农业科学院植物保护研究所.

张利增，张莉萍，沈成，等.2009.张家口市2008年二代草地螟幼虫大发生原因分析及防控措施［J］.河北北方学院学报（自然科学版），25（4）：26-29.

张树坤，刘梅风，李齐仁.1987.山西省草地螟发生规律、预测预报及其综合治理的研究［J］.病虫测报（增刊）1：82-97.

张希林.1999.草地螟的生物学特性及防治研究［J］.甘肃农业科技，1：33-35.

张跃进，姜玉英，江幸福.2008.我国草地螟关键控制技术研究进展［J］.中国植保导刊，28（5）：15-19.

赵建铭，史永善.1980.谈谈寄蝇的几种寄生方式［J］.昆虫知识，17（3）：132-134.

赵建铭，史永善.1981.我国南方农田寄蝇调查鉴定初报［J］.昆虫天敌，3（3）：50-51.

赵建铭.1964.中国松毛虫寄蝇的研究［J］.昆虫学报，6（13）：877-884.

赵敬钊.1983.中国棉虫天敌名录［J］.武汉师范学院学报（自然科学版），1：78-109.

赵新成，阎云花，王琛柱.2003.雄性棉铃虫和烟青虫对雌性信息素的触角电生理反应［J］.动物学报，49（6）：795-799.

周庆南.1981.大袋蛾寄生天敌——伞裙追寄蝇人工饲养初探［J］.昆虫天敌，3（1-2）：32-33.

朱涤芳，张敏玲，李丽英.1992广赤眼蜂滞育及储藏技术研究［J］.昆虫天敌，14（4）：173-176.

Alekseev AA, Serebrov VV, Gerber ON, *et al.* 2008. Physiological and biochemical distinctions between solitary and gregarious caterpillars of the meadowmoth *Loxostege sticticalis* L.（Lepidoptera：Pyralidae）. Doklady biological sciences：proceedings of the Academy of Sciences of the USSR, Biological sciences sections［C］. 316-317.

Benham RW, Miranda JL. 1953. The genus Beauveria. Morphologcal and taxonomical studies of several species and of two strains isolated from wharf~piling borer［J］. Mycologia, 45（5）：727-746.

Bezemer TM, Mills NJ. 2001. Hostdensity responses of*Mastrus ridibundus*, a parasitoid of the codling moth, *Cydia pomonella* [J]. Biological Control, 22 (2): 169-175.

Brown JR, Phillips JR. 1990. Diapause in *Microplitis croceipes* (Hymenoptera: Braconidae) [J]. Annals of the Entomological Society of America, 33 (6): 1 125- 1 129.

Dobrovolskii BV. 1935. On the regularities of propagation and dying out of Loxostege sticticalis L [J]. Plant Protection. , 5: 67-74.

El—Sayed A, Unelius RC, Liblikas I, Lofqvisy J, Bengtsson M, Witzgall P. 1998. Effect of codlemone isomers on codling moth (Lepidoptera: Tortricidae) male attraction [J]. *Environ, Emomo*l. , 27 (5): 1 250-1 254.

Fathipour Y, Hosseini A, Talebi AA, *et al.* 2006. Functional response and mutual interference of *Diaeretiella rapae* (Hymenoptera: Aphidiidae) on *Brevicoryne brassicae* (Homoptera: Aphididae) [J]. Entomologica Fennica, 17 (2): 90-97.

Hofsvang T, Hagvar E B. 1983. Functional responses to prey density of *Ephedrus cerasicola* (Hym. : Aphidiidae), an aphidiid parasitoid of *Myzus persicae* (Hom. : Aphididae) [J]. Entomophaga, 28 (4): 317-324.

Howes PE, Stevens IDR, Jones OT. 1998. Insect pheromones and their use in pest management [M]. Chapman & Hall, 103-132.

Isenhour DJ. 1985. *Campoletis sonorensis* (Hym. : Ichneumonidae) as a parasitoid of *Spodoptera frugiperda* (Lep. : Noctuidae): Host stage preference and functional response [J]. Entomophaga, 30: 31-36.

Lacatusu M, Voicu M, Braconid parasites of Margaritia sticticalis L. 1984. [J]. Travaux du Museum d' Histoire Naturelle' Grigore Antipa', 25: 187-190.

MacLeod DM. 1954. Investigations on the genera Beauveria Wuill. and Tritirachium Limber [J]. canad. Bot, 32: 818-890.

Mamonov BA. 1930. Observations on Loxostege sticticalis and the results of tests of the action of insecticides on cultivated oil plants [J]. Bulletin in North Caucasus Agricultural Experiment Statistics, 314: 66.

Mikhal'tsov VP, Khitsova LN. 1980. Tachinids and the beet webworm (*Loxostege sticticalis*) [J]. Zashchita Rastenii, 4: 38.

Mikhal' tsov VP, Khitsova LN. 1985. Extent of infestation of beet webworm by some species of tachinids (Diptera, Tachinidae) as an index of their range [J]. In: Skarlato OA ed. Systematics of Diptera (Insecta): Ecological and Morphological Principles. New Delhi: Oxonian Press. 95−96.

Mohaghegh J, De Clercq P, Tirry L. 2001. Functional response of the predators *Podisus maculiventris* (Say) and *Podisus nigrispinus* (Dallas) (Het. , Pentatomidae) to the beet armyworm, *Spodoptera exigua* (Hübner) (Lep. , Noctuidae): effect of temperature [J]. Journal of Applied Entomology, 125: 131−134.

Qui MP, Zaslavsky VA. 1983. Photoperiodic and temperature reaction on *Trichogramma euproctidis* (Hymenoptera, Trichogrammatidae) [J]. Journal of Zoology, 62 (11):1 676−1 680.

Rakhshani E, Talebi AA, Kavallieratos N, *et al.* 2004. Host stage preference, juvenile mortality and functional response of *Trioxy spallidus* (Hymenoptera: Braconidae, Aphidiinae) [J]. Biological, 59 (2): 197−203.

Rank in MA, Rankin SM. 1979. Physiological aspects of insect migratory behavior. In: Rabb RL, Kennedy GG eds. Movement of Highly Mobile Insects: Concepts and Methodology in Research. North Carolina State University Press, Raleigh, North Carolina, 35−63.

Schneider D. 1957. Electrophysiological investigations on the antennal receptors of the silk moth during chemical and mechanical stimulation [J]. Experientia (Basel), 13: 89−91.

Shakhmaev R N, Ishbaeva A U, Shayakhmetova I S. 2009. Stereoselective synthesis of 11 (E) tetradecen −1−ylacetate−Sex pheromone of sod webworm (*Loxostege sticticalis*) [J]. Russian Journal of General Chemistry, 79 (6): 1 171−1 174.

Tauber MJ, Tauber CA. 1976. Insect seasonality: Diapause maintenance, termination and postdiapause development [J]. Annual Review of Entomology, 21: 81−107.

Tripathi R N, Singh R. 1991. Aspects of lifetable studies and functional response of *Lysiphlebia mirzai* [J]. Entomologia Experimentalis et Applicata, 59 (3): 279−287.

Trudeau D, Gordon D M. 1989. Factors determining the functional response of the parasitoid *Venturia canescens* [J]. Entomologia Experimentalis et Applicata, 50 (1): 3-6.

Vajgand D. 2009. Flight dynamic of economically important Lepidoptera in sombor (serbia) in 2009 and forecast for 2010 [J]. Acta Entomologica Serbica, 14 (2): 175-184.

Varenik IA, Khavruk EF. 1977. The role of local parasites and predators [J]. Zashchita Rasteniy, 10: 24.

Voegele J, Pezzol J, Raynaud B, Hawlitzky N. 1986. Diapause in *trichogrammatids* and its advantages for mass rearing and biological control. Mededelingen van de Faculteit Landbouwwetenschappen, Rijksuniversiteit Gent, 51 (3a): 1 033-1 039.

Yasuhara A, Momoi S. 1997. Photoperiodic response and life cycle of Coccygomimus luctuosus Smith [J]. Japanses Journal of Applied Entomology and Zoology, 41 (3): 133-139.

Yata O, Shima H, Saigusa T, *et al*. 1979. Photoperiodic response of four Japanese species of the genus Pieris Pieris (Lepidoptera: Pieridae) [J]. Kontyu, 47 (2): 185-190.

Zamani AA, Talebi AA, Fathipour Y, *et al*. 2006. Temperature-dependent functional response of two aphid parasitoids, *Aphidius colemani* and *Aphidius matricariae* (Hymenoptera: Aphidiidae), on the cotton aphid [J]. Journal of Pest Science, 79 (4): 183-188.

Кнор, И. Б. 1990. Луговой мотылек в азиатской части СССР [J]. Защита Растений, 11, 52-56.

Матов, Г, Чимидцэрэн, & Б, Кудряшов, А. 1984. Луговой мотылек в МНР [J]. Защита Растений, 6, 53.

Шуровемков, ЮВ. & Алехим, ВТ. 1984. Луговой мотылек в Восточной Сибири и на Дальнемвостоке [J]. Защита Растений, 2, 40-41.

第三篇　苜蓿蚜及其生物防治研究

第一章　苜蓿蚜的研究进展

苜蓿蚜，*Aphis craccivora Koch*，蚜科蚜属的一种昆虫。有翅胎生蚜成虫体长为 1.5~1.8mm，黑绿色，有光泽。触角 6 节黄白色。第三节较长，上有感觉圈为 4~7 个。翅痣、翅脉皆橙黄色。各足腿节、胫节、跗节均暗黑色，其余部分黄白色。腹部各节背面均有硬化的暗褐色横纹，腹管黑色，圆筒状，端部稍细，具覆瓦状花纹。尾片黑色，上翘，两侧各有 3 根刚毛。若虫体小，黄褐色，体被薄蜡粉，腹管、尾片均黑色。无翅胎生蚜成虫体长为 1.8~2.0mm，黑色或紫黑色，有光泽，体被蜡粉。触角 6 节，第一至第二节、第五节末端及第六节黑色，其余部分尾黄白色。腹部体节分界不明显，背面有一块大型灰色骨化斑。若虫体小，灰紫色或黑褐色。卵长椭圆形，初产为淡黄色，后变草绿色，最后呈黑色。

第一节　分布与危害

苜蓿蚜为害豆科牧草，分布于甘肃、新疆、宁夏、内蒙古、河北、山东、四川、湖南、湖北、广西、广东；蚜虫是一种暴发性害虫，为害的植物有苜蓿、红豆草、三叶草、紫云英、紫穗槐、豆类作物等，多群集于植株的嫩茎、幼芽、花器各部上，吸食其汁液，造成植株生长矮小，叶子卷缩、变黄、落蕾，豆荚停滞发育，发生严重，植株成片死亡。

第二节　生活习性

苜蓿蚜一年繁殖数代至 20 余代。温度是影响蚜虫繁殖和活动的重要因素。苜蓿蚜繁殖的适宜温度为 16~23℃，最适温度为 19~22℃，低于 15℃ 和高于 25℃，繁殖受到抑制。耐低温能力较强，越冬无翅若蚜在 -12~14℃ 下持续 12h，当天均温回升到 -4℃ 时，又复活动。无翅成蚜在日均温 -2.6℃ 时，少数个体仍能繁殖。大气湿度和降雨是决定蚜虫种群数量变动的主导因素。在适宜的温度范围内，相对湿度在 60%~70% 时，有利于大量繁殖，高于 80% 或低于 50% 时，对繁殖有明显抑制作用。天敌主要有瓢虫、食蚜蝇、草蛉、蚜茧蜂、蜘蛛等。在自然条件下，天敌比蚜虫发生晚，但中、后期数量增多，对蚜虫发生有明显的控制作用。

在内蒙古中西部地区，越冬苜蓿蚜在翌年4月下旬到5月上旬气温回升时开始孵化。5月下旬到6月中旬是苜蓿蚜发生为害的高峰期，此期间气温适宜（平均气温为20℃左右），干燥少雨，适合苜蓿蚜的发生。7月下旬气温升高，降雨增多，天敌种类及数量增加，苜蓿蚜的发生量大大下降，且产生有翅胎生蚜。10月上旬或中旬，苜蓿蚜产生性蚜，交尾产卵，以卵越冬。

第三节　苜蓿蚜发生与外界环境条件的关系

苜蓿蚜的发生、繁殖、虫口密度及为害程度与气温度、湿度和降雨有一定关

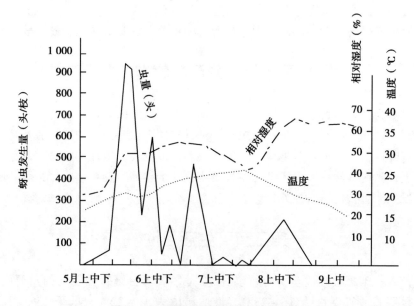

图1　苜蓿蚜发生与温度、湿度的关系

系。气温回升的早晚和高低是影响苜蓿蚜活动早晚和发生数量的主要因素。苜蓿蚜的越冬卵的旬均温在10℃以上时开始孵化繁殖。旬均温在15~25℃时均可发生为害，其最适宜温度为18~23℃。气温高于28℃时蚜虫数量下降，最高气温高于

35℃并连续出现高温天气时苜蓿蚜不发生或很少发生。

湿度决定苜蓿蚜种群数量的变动。在适宜温度（18~23℃）下，湿度为25%~65%时苜蓿蚜均能发生为害，只是发生程度不同。湿度大，发生数量少，产生为害轻；湿度小，发生数量大，为害严重。

降雨也是影响苜蓿蚜发生数量的主要因子，它不仅影响大气湿度，从而影响苜蓿蚜的种群动态，而且可以起到冲刷蚜虫的作用，降雨对苜蓿蚜数量的变化的影响与降雨轻度和历时有关。降雨历时长，轻度大，可明显减少蚜虫数量，降雨历时短，强度小，对蚜虫数量变化影响较小。

第四节　苜蓿蚜防治现状

目前，防治苜蓿蚜仍然以化学防治为主，但由于苜蓿蚜个体微小，繁殖力强、世代重叠严重，并已对有机磷和合成菊酯类农药产生抗药性，因此利用化学杀虫剂防治极其困难。此外，化学农药的使用也给环境和人畜造成很大的污染和毒害作用。鉴于苜蓿蚜为害日趋严重，如何进行有效的治理和控制已引起了广泛的重视，研究探寻减少化学农药的使用、保护生态环境、长效防治苜蓿蚜的方法和措施有着重要的现实意义。对有害昆虫进行生物防治是控制虫害的重要手段。

第二章　蚜虫寄生性天敌研究

国内外多项研究表明，天敌昆虫对害虫进行生物防治具有良好效果。在国内应用较成功的蚜茧蜂是烟蚜茧蜂 *Aphidius gifuensis* Ashmead。邓建华等采用两代繁蜂法，实现了僵蚜的大量扩繁；王树会和魏佳宁，在温室进行烟蚜茧蜂的大量繁殖并在烟田释放，取得了良好的效果。

第一节　蚜茧蜂的大量饲养与应用概况

蚜茧蜂作为害虫天敌在害虫生物防治发展历史中具有重要地位。目前随着温室栽培、设施园艺的兴起，蚜茧蜂同样也是这些温室蔬菜、观赏园艺植物上很好的生物防治资源。应用蚜茧蜂，首要解决的问题是进行保种，然后室内繁殖，在田间释放前，则需要人工大量扩繁，以保证天敌种群的数量。因此，开展蚜茧蜂的人工规模化饲养是蚜茧蜂利用研究的前提。目前最有效的方法是通过饲养蚜茧蜂的天然寄主来繁殖蚜茧蜂。由于饲养天然寄主易受到季节、成本高等因素的影响，国内外学者进行了人工饲料的大量研究，试图用人工饲料替代天然猎物来繁殖蚜虫。用人工饲料饲养昆虫作为昆虫学研究的基本技术之一，此法不受寄主、季节的限制，可以繁育一定种类的目标昆虫，直接用于昆虫营养生理、昆虫生物学以及害虫防治的研究（王延年等，1990）。

第二节　蚜茧蜂的应用概况

利用蚜茧蜂防治蚜虫，克服了天敌的跟随效应，能够取得一劳永逸的效果，已有许多利用蚜茧蜂控制蚜虫为害的成功事例。

在20世纪50年代中期，豌无网长管蚜 *Acyrthosiphon pisum* Harris 直接为害和传播病毒使美国的重要牧草——苜蓿受害，严重减产。美国从国外引进多种蚜茧蜂，其中从印度引进的史密斯蚜茧蜂 *Aphidius smithi* Sharma & Subba Rao 获得成功，后来这一成功事例促使许多国家和地区应用蚜茧蜂进行生物防治控制其他蚜虫的试验。20 世纪 60 年代，在多年采用化学防治无法控制加利福尼亚州的核桃黑斑蚜 *Chromaphis juglandicola* Kaltenbach 为害的情况下，从生态条件相似的伊朗内陆地区引进榆三叉蚜茧蜂 *Trioxys pallidus* Haliday，经过 4 年的释放、定植而建立了自然种群，也获得了显著的经济效益和生态效益。20 世纪 70 年代后期，南美洲的智利为了防治小麦及玉米等禾本科作物上的蚜虫，引进并繁殖了缢管蚜茧蜂 *Aphidius rhopalosiphi* De Stefani、尔埃蚜茧蜂 *Aphidius ervi* Haliday、法蚜外茧蜂 *Praon gallicum* Starý、翼蚜外茧蜂 *Paron volucre* Haliday、*Monoctonus nervosus* Haliday，都取得了一定的效果。同时大量繁殖、释放莱蚜茧蜂 *Diaeretiella rapae* M' Intosh 防治莱缢管蚜 *Rhopalosiphum pseudobrassicae* Davis 也获得成功（Dhiman and Kumar，1986）。在田间用塑料薄膜简易温室连续繁殖烟蚜茧蜂 *Aphidius gifuensis* Ashmead 并释放于烟田，防治效果可达 93.3%。用萝卜作为饲养繁殖烟蚜 *Myzus persicae* Sulzer 的室内寄主植物，再以此大量繁殖烟蚜茧蜂 *Aphidius gifuensis* Ashmead，释放到塑料大棚内用以防治辣椒和黄瓜上蚜虫获得显著效果，培育清洁萝卜苗、防治大量蚜虫、接蜂的合理安排能够大批量生产桃蚜茧蜂 *Aphidius gifuensis*，从而防治大棚内棉蚜 *Aphis gossypii* Glover，取得了显著的成效。邓建华等采用"两代繁蜂法"，得出了蜂蚜比 1∶100、蚜量 2 000~3 000 头/株时，利用田间小棚种植烟株饲养烟蚜 *Myzus persicae* Sulzer 繁殖烟蚜茧蜂 *Aphidius gifuensis* Ashmead，获得的僵蚜数量可达到 8 000 个/株以上，在温室进行烟蚜茧蜂 *Aphidius gifuensis* Ashmead 的规模化繁殖，能够获得大量的僵蚜，在烟田释放，从而降低烟蚜 *Myzus persicae* Sulzer 数量。

第三节　苜蓿蚜天敌研究

调查发现苜蓿蚜的天敌种类繁多，有 20 多种（刘爱萍等，1991），主要包括寄生性天敌和捕食性天敌两类。苜蓿蚜的寄生性天敌主要是膜翅目的寄生蜂，如茶足柄瘤蚜茧蜂等。苜蓿蚜的捕食性天敌种类丰富，主要包括瓢虫、食蚜蝇、草蛉等。据有关资料及近年的调查，认为茶足柄瘤蚜茧蜂 *Lysiphlebus testaceipes* （Cresson）是苜蓿蚜若虫期的重要的寄生性天敌，属膜翅目，蚜茧蜂科，是营内寄生的寄生蜂，野外寄生率较高，对控制苜蓿蚜有重要作用，是其中最有潜力的天敌。（郑永善和唐宝善，1989）。但这些天敌在自然情况下，常是在蚜量的高峰之后才大量出现，故对当年蚜害常起不到较好的控制作用，而对后期和越夏蚜量则有一定控制作用。（在自然条件下，天敌比蚜虫发生晚，但中、后期数量增多，对蚜虫的发生有明显的控制作用。）

第三章　茶足柄瘤蚜茧蜂研究现状

第一节　茶足柄瘤蚜茧蜂研究进展

目前国内外对茶足柄瘤蚜茧蜂的研究报道不多。黄海广等对茶足柄瘤蚜茧蜂的生物学特性和生态学特性进行了大量研究；虽然当前对茶足柄瘤蚜茧蜂开展了大量的基础性研究工作，但有关茶足柄瘤蚜茧蜂人工扩繁的研究却还比较薄弱。

茶足柄瘤蚜茧蜂 Lysiphlebus testaceipes（Cresson）属于膜翅目（Hymenoptera）、蚜茧蜂科（Aphidiidea），蚜茧蜂属（Aphidius），是苜蓿蚜的优势内寄生蜂，在田间主要寄生苜蓿蚜低龄若虫。寄主蚜虫种类广泛（Stary 等，1988a；Stary 等，2004；Silva 等，2008）。包括经济作物谷类上的重要害虫，麦二叉蚜 Schizaphis graminum（Rondani）（Jackson 等，1970；Rodrigues and Bueno，2001）。这种寄生蜂最初于 1970 年从古巴引进法国南部，在法国、意大利和西班牙迅速传播蔓延（Stary 等，1988a，b）。茶足柄瘤蚜茧蜂是一种极具生物防治潜力的天敌昆虫，对控制苜蓿蚜的种群数量起着重要作用。

茶足柄瘤蚜茧蜂的成虫将卵产于蚜虫体内，其幼虫孵出后在蚜虫体内取食寄生，并使蚜虫失去活动能力，形成僵蚜。茶足柄瘤蚜茧蜂在僵蚜体内成熟后，结茧、化蛹直到羽化，再自然交配后又寻找新的蚜虫产卵，周而复始。生物防治工作道理很简单，但技术上却难以控制。黄海广等对茶足柄瘤蚜茧蜂寄主、种群动态、形态、交配与产卵、发育、寿命、性比等方面进行大量研究工作。黄海广等对茶足柄瘤蚜茧蜂从卵到成虫形体特征进行了详细研究。

第二节　茶足柄瘤蚜茧蜂的生物学特性

一、茶足柄瘤蚜茧蜂形态特征

茶足柄瘤蚜茧蜂属完全变态昆虫，其个体发育分为卵、幼虫、蛹、成虫 4 个虫态，各发育阶段形态特征和发育过程如下。

　　成虫、雌蜂（图1）头发亮，比胸翅基片处略宽。触角13节，第1鞭节略大于第2鞭节。胸光滑；盾纵沟在上升部微微可见。并胸腹节光滑。翅痣较宽短，长约是宽的3倍；痣后脉短；残存的中脉很短，短于第2径间脉。腹部光滑；腹柄节背片呈窄梯形，中等长，长是气门瘤处宽的2.6~3.0倍；前中部有一瘤突。体褐黑色；口器、腹柄节、前足黄色，中、后足黄褐色。体长1.5~2.0mm。

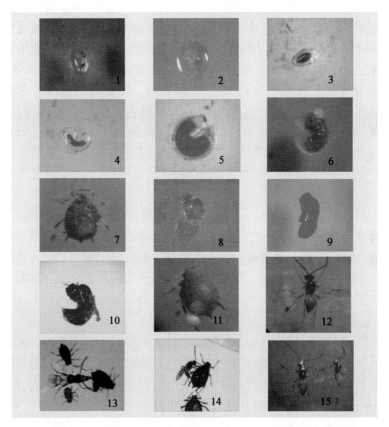

　　1. 卵（egg）（初产）；2. 卵（egg）（即将孵化）；3. Ⅰ龄（1st larva）；4. Ⅱ龄（2nd larva）；5. Ⅲ龄（3rd larva）；6. Ⅳ龄（4th larva）；7. 幼虫织茧（larva weaving cocoon）；8. 蛹（pupa）（蛹初期）；9. 蛹（pupa）（成熟期）；10. 羽化（emergence）；11. 羽化孔（emergence hole）；12. 成虫（adult）；13、14. 成虫产卵（adult oviposition）；15. 成虫（adult）

图1　茶足柄瘤蚜茧蜂发育过程

雄蜂（图 1）触角 14～15 节，较雌蜂短；足与腹亦较雌蜂暗，体长 1.3～1.8mm。其余特征与雌蜂相似。

卵期（1-1-1-2）：初产卵（图 1）椭圆形，长 70～80μm，宽 30～40μm。卵白色，卵膜透明，卵内物质均匀，内有黑色点状物。产于蚜虫体内的卵，随其生长时间的延长，逐渐变为茄形（1～2），体积增大，黑色点状物也随之增大。

幼虫（1-3-1-6）：胚胎成熟后，幼虫利用挺身动作将卵膜刺破。初孵幼虫为乳白色半透明（1～3），头部较明显，向后略粗，至尾部逐渐变细，中肠黑色。幼虫身体大小依寄主大小和寄主生理情况而不同。随着发育的进行，体积不断变大，身体略弯曲成 C 形（1～4）。随着幼虫的发育，其边缘为乳白色，其余黑色，身体弯曲成 C 形（1～5）。头短而圆，中肠显著增大，后期几乎充满体腔。最终身体强度弯曲成 C 形，边缘为黄褐色，中肠黑褐色（1～6）。此时幼虫食量大，取食速度快，将蚜虫体内物质取食完毕，随后先在蚜虫腹面咬一孔洞，吐丝将蚜壳粘于苜蓿枝叶上，再开始织茧（1～7）。织茧完成后，幼虫的体形和体色发生改变，由原来的乳白色变为黄色，幼虫静息不动，进入蛹期。

蛹期：刚进入蛹期（1～8），此时复眼点出现并逐渐变大、突出。随着时间的推移，翅芽、足芽、口器逐渐增大。最后，足和翅紧贴于身体两侧，静止不动（1～9）。整个蛹期体色，从化蛹开始不断加深。刚化蛹时通体浅色，逐渐变为灰色。之后，头部及中胸颜色进一步加深，由灰黑色变为黑色；翅、触角和足末端也逐渐成为深色。整体颜色由灰变为灰黑直至黑色。临近羽化时（1～10），颜色不再加深。

羽化：蛹一直保持静止状态直到临近羽化。羽化时，借助触角、足及腹部扭动，将蛹皮脱向腹部及足末端。翅展开，翅脉骨化，同时在寄主两腹管间咬一圆形孔洞——羽化孔（1～11），并从其中爬出。

二、茶足柄瘤蚜茧蜂的基本生物学习性

1. 茶足柄瘤蚜茧蜂的行为特征

（1）羽化行为。茶足柄瘤蚜茧蜂化蛹后，僵蚜的体色逐渐变为黄褐色，在成虫羽化时，体色加深，此时僵蚜体内成虫已经发育完全，并且用口器从内部在苜蓿蚜的两腹管间咬一圆形的孔洞，即羽化孔。成虫从僵蚜中缓慢爬出，在僵蚜上停留 50s 至 2min 同时不断振翅，直至双翅完全展开，便飞离僵蚜。

（2）交尾行为。茶足柄瘤蚜茧蜂在交尾开始时，雄蜂主动追逐雌蜂，待其爬上雌蜂身体后，用两触角快速交替撞击雌蜂触角，两翅竖立于体背方频频振动，表现出十分兴奋的状态。交尾开始后，雄蜂两触角自上而下有节奏地摆动，雌蜂多静止不动。交尾完毕后，雄蜂离开雌蜂，雌蜂静待片刻后缓慢爬行，寻找寄主产卵。交尾时间可持续7~20s。

（3）寄生行为。茶足柄瘤蚜茧蜂在产卵时，主要依靠嗅觉作用寻找寄主。雌蜂在爬行的同时，用触角不停敲击，当接近寄主蚜虫时，并摆动触角，爬行速度明显变慢，直到触角发现蚜虫，停止爬行，表现出产卵行为。产卵时，雌蜂用两触角轻轻碰触蚜虫身体后，确认寄主。而后身体保持平衡，腹部向下向前弯曲，从足间伸过头部，对准蚜虫两腹管间猛烈一刺，把卵产入蚜虫体内，完成产卵。整个产卵过程持续2~3s。通常情况下，雌蜂连续产十几粒卵后，静止片刻，然后用足和口器清洁触角和产卵器，用后足整理翅的正反面，之后继续产卵。

2. 茶足柄瘤蚜茧蜂性比的研究

依据2010年和2011年的田间调查结果，田间自然种群在6—8月间雌雄性比值均呈上升趋势，最低雌雄性比值在2010年6月，为：1.58：1；最高雌雄性比值在2011年8月，为：2.67：1。自然条件下，雌雄性比一般大于1。

表1　茶足柄瘤蚜茧蜂自然性比调查

年份	2010年			2011年		
月份	6月	7月	8月	6月	7月	8月
羽化蜂数（头）	207	187	263	218	289	257
♀：♂	1.58：1	1.83：1	2.21：1	1.65：1	1.70：1	2.67：1

3. 茶足柄瘤蚜茧蜂的昼夜羽化节律

从图2中可以看出，茶足柄瘤蚜茧蜂一天中的羽化规律：一天中有两个羽化高峰期，分别在6：00—8：00和18：00—20：00。上午羽化高峰期（6：00—8：00），雌蜂羽化数量相对较多；而下午羽化高峰期（18：00—20：00），雄蜂羽化数量相对较多。

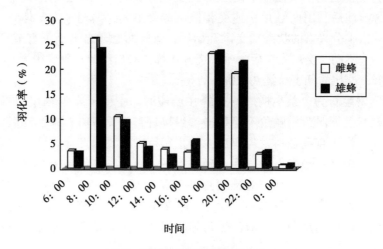

图 2　茶足柄瘤蚜茧蜂羽化节律

第三节　茶足柄瘤蚜茧蜂寄生苜蓿蚜影响因子研究

一、茶足柄瘤蚜茧蜂对不同龄期寄主的寄生选择性

实验结果（表 2）显示，在对各个龄期寄生中，茶足柄瘤蚜茧蜂最喜好寄生 2 龄苜蓿蚜，2 龄若蚜相对被寄生率最高，达 41.96%，选择系数最大，为 0.146 4；其次是 1 龄若蚜；4 龄若蚜的相对被寄生率最低，仅为 14.95%，选择系数也最小，为 0.050 3。结果表明，茶足柄瘤蚜茧蜂喜好寄生低龄若蚜，其中最喜好寄生 2 龄若蚜。

表 2　茶足柄瘤蚜茧蜂对不同龄期苜蓿蚜寄生的选择性

苜蓿蚜龄期	寄生数（头）	相对被寄生率（%）	选择系数
1	4.826 8（±0.549 4）Ab	32.61（±3.06）Bb	0.118 3（±0.013）Ab
2	5.616 8（±0.922 2）Aa	41.96（±6.14）Aa	0.146 4（±0.011）Aa
3	2.815 8（±0.600 9）Bc	19.17（±3.09）Cc	0.066 6（±0.014）Bc
4	2.044 0（±0.709 9）Bc	14.95（±4.16）Cc	0.050 3（±0.018）Bc

同列数据后不同大写字母表示 0.01 水平上差异显著、不同小写字母表示 0.05 水平上差异显著，下同

二、寄主密度对寄生的影响

茶足柄瘤蚜茧蜂在不同寄主（蚜虫）密度下的寄生率如图3所示。寄主密度（寄生蜂数量：蚜虫数量）为5：50、5：100时寄生率最高，分别达91.60%与93.00%，之间差异不显著。随着寄主密度升高，寄生率呈下降趋势。寄主密度在5：150、5：250、5：350和5：500时的寄生率分别为79.20%、71.76%、60.69%与43.16%，与寄主密度为5：50和5：100时的之间差异显著。由实验结果可知，茶足柄瘤蚜茧蜂在大量繁殖和田间释时，应考虑适宜蜂蚜比，为1：50。

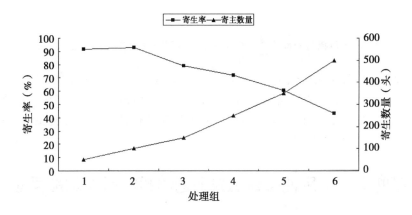

图3　寄主（苜蓿蚜）密度与茶足柄瘤蚜茧蜂寄生率的关系

三、持续接蜂时间对寄生的影响

茶足柄瘤蚜茧蜂对寄主苜蓿蚜的寄生率与持续接蜂时间的长短显著相关，同时也和所供寄主密度有关（图4）。当寄生蜂（5头）：寄主组蚜虫（100头）时，持续接蜂6h、12h、24h、48h和72h的寄生率分别为55.6%、70.2%、91.6%、92.6%和94.4%。随着接蜂时间的增加，茶足柄瘤蚜茧蜂对寄主的寄生率也升高，在接蜂24h后达到高峰值，再延长接蜂时间，寄生率增加不明显。利用方差分析可以得出，持续接蜂24h、48h和72h的寄生率之间无显著差异。

当寄主密度增加至寄生蜂（5头）：寄主蚜虫（200头）时，持续接蜂6h、12h、24h时，寄生率分别为34.7%、48.2%、67.7%；持续接蜂48h、72h时，寄生率分别为82.1%和85.1%。茶足柄瘤蚜茧蜂对寄主的寄生率，随接蜂时间的

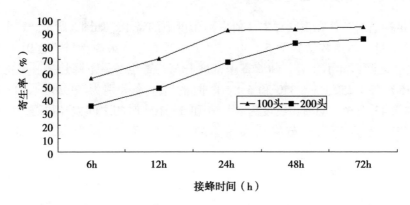

图 4   不同苜蓿蚜密度条件下持续接茶足柄瘤蚜茧蜂时间与寄生率的关系

增加而升高，但与寄生蜂（5 头）：寄主组蚜虫（100 头）的实验结果相比，在 48h 时，茶足柄瘤蚜茧蜂对寄主的寄生率达到一个高峰值，即 82.1%，再延长接蜂时间 24h，即在接蜂时间为 72h 时，寄生率增加不明显，仅增加 3%，持续接蜂 48h 和 72h 的寄生率之间无显著差异。

第四节   茶足柄瘤蚜茧蜂对苜蓿蚜的寄生功能反应

一、茶足柄瘤蚜茧蜂对不同龄期苜蓿蚜的寄生功能反应

茶足柄瘤蚜茧蜂对苜蓿蚜一龄、二龄、三龄、四龄若蚜的寄生功能反应均符合 Holling II 型功能模型。如图 1 所示，茶足柄瘤蚜茧蜂对相同龄期的寄主寄生时，当寄主数量低时，即苜蓿蚜数量低于每盒 30 头时，寄生率的增加较快；当寄主数量高于每盒 40 头时，寄生率增长较慢。在相同寄主密度条件下，茶足柄瘤蚜茧蜂对二龄苜蓿蚜的寄生量最高，这与茶足柄瘤蚜茧蜂对不同龄期寄生选择性实验的结果是相符合的（图 5）。如苜蓿蚜若蚜密度为 30 头/盒时，其被寄生数量分别为二龄：27.4 头；一龄：24 头；三龄：21.6 头；四龄：15.4 头，可见二龄苜蓿蚜若蚜适合茶足柄瘤蚜茧蜂寄生产卵。

在不同的苜蓿蚜（二龄）密度下，茶足柄瘤蚜茧蜂对苜蓿蚜的寄生作用见表 3。从表中可以得出，在寄主苜蓿蚜密度较低时，茶足柄瘤蚜茧蜂对寄主的寄

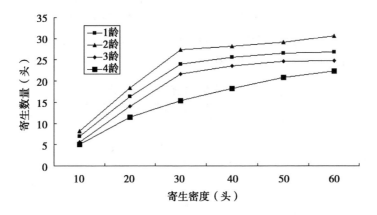

图5　茶足柄瘤蚜茧蜂对不同龄期苜蓿蚜的寄生

生数也较小，寄生率为 86.6%，随着寄主苜蓿蚜密度的增大，在寄主密度为 30 头时，寄生率最高，达到 99%，寄主密度进一步增加，在 60 头时，寄生率反而下降，为 52.98%。

表3　茶足柄瘤蚜茧蜂对不同密度苜蓿蚜（二龄）的寄生作用

寄主数（头） Number of hosts （N）	平均寄生寄主数 （头）（Mean±SE） Number of average parasited hosts（Na）	理论寄生寄主数（头） Number of theoretical parasited hosts	1/N	1/Na
10	8.66±0.39eD	8.58	0.100 0	0.115 5
20	18.95±0.52dC	19.46	0.050 0	0.052 8
30	29.70±0.40cB	27.78	0.033 0	0.033 7
40	29.78±0.21bcB	29.49	0.025 0	0.033 6
50	29.09±0.53bAB	31.22	0.020 0	0.034 4
60	31.79±0.40aA	32.28	0.017 0	0.031 5

利用 Holling 功能反应方程Ⅱ型方程式对表 3 中的数据进行模拟，可以得到 Holling 功能反应模型：

$$N_a = 1.118\ 0\ N/\ (1+0.018\ 4\ N),\ r=0.976\ 8$$

从该模型可以得出：1 头茶足柄瘤蚜茧蜂在 24h 内最多可寄生 60.71 头苜蓿蚜，茶足柄瘤蚜茧蜂寄生 1 头寄主所需的时间为 0.396h，瞬间攻击率为 1.118。

由苜蓿蚜在一龄、二龄、三龄、四龄各龄期下的功能反应参数（表4）可知，茶足柄瘤蚜茧蜂寄生1头苜蓿蚜的时间以二龄时最短（T_h = 0.016 5，约0.396h），4龄时最长（T_h = 0.033 7，约0.808 8h）。瞬间攻击率则以二龄时最大，为1.118，四龄时最小，为0.567 6。

表4　茶足柄瘤蚜茧蜂对各龄期苜蓿蚜的寄生功能反应

龄期 Instar	功能反应圆盘方程 Disc equation of functional response	瞬间攻击率 Attack rate （a）	处置时间 Handling time （T_h）	寄生上限 Maxmum parasitized （$N_{a\,max}$）
一龄	$N_a = 1.086\ N/（1+0.023\ 0\ N）$	1.086	0.021 2	47.17
二龄	$N_a = 1.118\ N/（1+0.018\ 4\ N）$	1.118	0.016 5	60.60
三龄	$N_a = 0.6819\ N/（1+0.022\ 7\ 1N）$	0.681 9	0.033 3	30.03
四龄	$N_a = 0.5676\ N/（1+0.019\ 1N）$	0.567 6	0.033 7	29.67

二、不同温度下茶足柄瘤蚜茧蜂寄生功能反应

不同温度条件下茶足柄瘤蚜茧蜂对苜蓿蚜二龄若蚜的寄生情况见图6，茶足

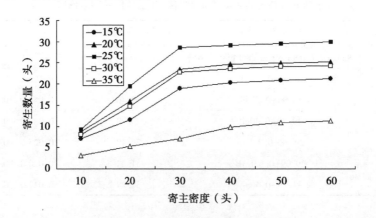

图6　茶足柄瘤蚜茧蜂对二龄苜蓿蚜的寄生

柄瘤蚜茧蜂在相同温度条件下，寄生数量随寄主密度的增加而增加，在一定密度时到达寄生高峰期，如果再增加寄主数量，即增加寄主密度，寄生数量也不会明显上升，例如在25℃时，寄生数量均高于其他温度，同时在寄主密度为30头时，

寄生数量已经达到 28.6 头，以后增加寄主密度，在密度为 40 头、50 头和 60 头时，寄生数量分别为 29.1 头、29.6 头和 30 头。

由图 7 可知，在相同寄主密度条件下，茶足柄瘤蚜茧蜂对二龄苜蓿蚜的寄生数量，随温度的升高，呈先增加后减少的趋势。例如在寄主密度 30 头时，随温度的升高，寄生数量分别为：18.9 头、23.4 头、28.6 头、22.8 头和 7.1 头，呈先增加后减少的趋势。在各温度条件下，在寄主密度为 60 头时，寄生数量最大；寄主密度为 10 头时，寄生数量最小。

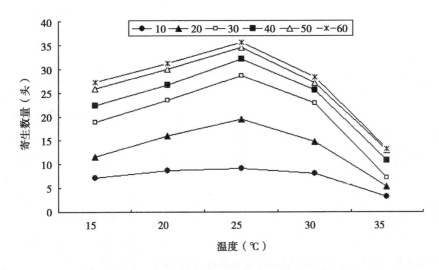

图 7　茶足柄瘤蚜茧蜂寄生数量与温度的关系

三、茶足柄瘤蚜茧蜂自身密度干扰效应

从表 5 可以看出，不同密度的茶足柄瘤蚜茧蜂对苜蓿蚜二龄若蚜的寄生作用。相同数量的寄主存在时，在一定范围内，寄生的苜蓿蚜数量随着寄生蜂数量的增加而增加，如果在此基础上继续增加蚜茧蜂数量，存活的寄主数量逐渐减少，寄生率反而上升。每 200 头苜蓿蚜寄主在接蜂量分别为：1 头、5 头、10 头、15 头雌蜂时，寄生率从 34.88% 上升至 90.98%。每 200 头苜蓿蚜寄主在接蜂量为 20 头、30 头雌蜂时，寄生率从 66.77% 降低至 54.31%。实验说明，在数量相同寄主的条件下，随寄生蜂的密度的增加，寄生率先增加后减小。还观察到，接

入的茶足柄瘤蚜茧蜂数量过多时，寄生蜂之间出现一定的相互碰撞，这对寄生产生影响，干扰了寄生蜂本身的寄生，即出现了自身干扰效应。

表5 不同密度的茶足柄瘤蚜茧蜂对二龄苜蓿蚜的寄生作用

寄生蜂数量（头） Number of parasitoids（P）	寄主存活数（头） Numberof survival host（Mean±SE）	发现域实验值 Experimental value of discovery domain	lgα	lgP
1	159. 84±4. 10aA	0. 097 3	−1. 011 9	0. 000 0
5	155. 31±2. 90 aA	0. 021 9	−1. 260 4	0. 698 9
10	157. 06±3. 26 aA	0. 010 5	−1. 978 8	1. 000 0
15	106. 04±6. 61bB	0. 018 4	−1. 735 2	1. 176 1
20	96. 16±3. 14 bB	0. 015 9	−1. 798 6	1. 301 0
30	67. 25±2. 93cC	0. 015 8	−1. 801 3	1. 477 1

寄主数量为200头。Note：Number of host is 200 P

在相同寄主数量条件下，寄生蜂数量每增加1头，则每头寄生蜂可以寄生的寄主数量平均值却会降低，可以说明寄生蜂数量的增加，在相同寄主数量条件下的发现域缩小了，即在单位时间内寻找寄主的效率降低了。表明茶足柄瘤蚜茧蜂个体间存在一定的干扰效应，同时随着寄生蜂数量的增加，在固定的空间范围内，干扰效应会更明显的表现出来。由公式 $a=（1/P）*\lg（N/S）$，公式中字母分别代表：$a=$发现域，$P=$寄生蜂密度，$S=$存活的寄主数量，$N=$总寄主数量，可以求得发现域 a 值，a 值随着寄生蜂自身密度的增加越来越小，也说明其发现域越来越小，同样说明茶足柄瘤蚜茧蜂之间存在相互干扰效应。

公式 $a=QP^{-m}$，两边去对数得 $\lg a=\lg Q-m\lg P$，设 $\lg a=Y$，$\lg Q=A$，$-m=B$，同时，$\lg P=X$，即有 $Y=A+BX$，经线性回归可得到 Hassell-Varley 模型。即方程：$α=0.128\,9P^{-1.186\,3}$，$r=0.756\,5$，从公式可以看出，在寄主密度不变的条件下，随着茶足柄瘤蚜茧蜂自身密度的增加，即 P 值变大，则 $α$ 值变小，所以发现域越小。在现实中利用寄生蜂进行田间害虫防治时，寄生蜂的释放要适量，理论上可以看出，释放的寄生蜂数量越多，防治效果并不一定越好，这是因为在寄生蜂个体之间存在干扰效应，释放数量过多不仅浪费了天敌资源，而且对害虫的防治达不到预期效果。

第五节　温度对茶足柄瘤蚜茧蜂生长发育的影响

一、不同温度下茶足柄瘤蚜茧蜂各发育阶段的发育历期和发育速率

温度对茶足柄瘤蚜茧蜂各发育阶段的生长发育历期影响显著（表6）。卵至僵蚜、卵至羽化发育阶段在不同温度条件下的发育历期存在明显差异，僵蚜至羽化发育阶段在24~32℃下没有显著性差异，但与12℃、16℃、20℃均存在显著性差异。茶足柄瘤蚜茧蜂各发育阶段的发育历期随温度的升高而缩短，卵至僵蚜的发育历期由12℃时的（20.41±0.85）d缩短到32℃的（5.07±0.15）d；僵蚜至羽化的发育历期由12℃的（18.09±1.06）d缩短到32℃的（3.94±0.122）d；卵至羽化的发育历期由12℃的（38.50±0.57）d缩短到32℃的（9.01±0.20）d；由此可见，在12~28℃，茶足柄瘤蚜茧蜂各发育阶段的发育速率与温度呈明显的正相关。但是该寄生蜂从僵蚜到羽化发育阶段在32℃条件下的发育历期比28℃有所延长，这可能是高温影响了僵蚜的发育。

以发育速率为纵坐标，温度梯度为横坐标绘制温度与发育速率的关系图（图8），由图8可知，在12℃、16℃、20℃、24℃、28℃、32℃这6个温度梯度处理中，温度与发育速率呈正相关，即随温度的升高，发育速率明显加快。茶足柄瘤蚜茧蜂在僵蚜至羽化发育阶段的发育速率最快，依次为卵至僵蚜发育阶段、卵至羽化阶段最慢。

表6　茶足柄瘤蚜茧蜂在不同温度下的发育历期　　　　　　　　　　　（d）

温度（℃）	发育历期		
	卵至僵蚜	僵蚜至羽化	卵至羽化
12	20.41±0.85aA	18.09±1.06aA	38.50±0.57aA
16	15.15±0.76bB	6.10±1.14bB	21.25±0.65bB
20	9.62±0.36cC	4.49±0.42bcB	14.11±0.28cC
24	8.41±0.33cdCD	3.76±0.29cB	12.17±0.07dCD
28	6.79±0.26dDE	3.49±0.29cB	10.28±0.39eD
32	5.07±0.15eE	3.94±0.122cB	9.01±0.20fE

表中数据为发育历期平均值，数据采用 Duncan's 新复极差测验检验，不同大小字母分别表示在0.01与0.05水平上差异显著水平，相同字母表示差异不显著

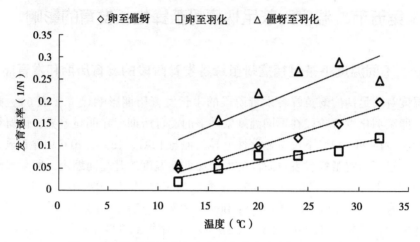

图8　茶足柄瘤蚜茧蜂各发育阶段发育速率与温度的关系

二、茶足柄瘤蚜茧蜂发育起点温度和有效积温

根据在不同温度下得到的发育历期（N）利用公式（1）和（2）分别计算茶足柄瘤蚜茧蜂的发育起点温度（C）和有效积温（K），以及它们各自的标准差（S_c 和 S_k），详见表7。

$$C = \frac{\sum V^2 \sum T - \sum V \sum VT}{n \sum V^2 - (\sum V)^2} \tag{1}$$

$$K = \frac{n \sum VT - \sum V \sum T}{n \sum V^2 - (\sum V)^2} \tag{2}$$

表7　茶足柄瘤蚜茧蜂卵至羽化阶段发育起点温度、有效积温的计算

n	T（℃）	N（d）	V=1/N	VT	V²	T*	T−T*	(T−T*)²	v−v′	(v−v′)²
1	12	40.56	0.025	0.296	0.001	10.96	1.038	1.078	−0.049	0.002
2	16	20.73	0.048	0.772	0.002	16.31	−0.317	0.100	−0.025	0.001
3	20	13.29	0.075	1.504	0.005 7	22.44	−2.445	5.978	0.075	0.006
4	24	11.95	0.084	2.007	0.007	24.36	−0.366	0.134	0.084	0.007

（续表）

n	T (℃)	N (d)	V=1/N	VT	V²	T*	T-T*	(T-T*)²	v-v′	(v-v′)²
5	28	10.81	0.093	2.590	0.009	26.38	1.620	2.625	0.093	0.009
6	32	8.68	0.115	3.685	0.013	31.52	0.474	0.225	0.115	0.013
Σ	132		0.439	10.853	0.037			10.140		0.037

表中 T 为试验温度，N 为发育历期，V 为发育速度，V =V/n 为发育速度的平均值，T * （温度的理论值）= C+ KV

表 8　茶足柄瘤蚜茧蜂卵至僵蚜阶段发育起点温度、有效积温的计算

n	T (℃)	N (d)	V=1/N	VT	V²	T*	T-T*	(T-T*)²	v-v′	(v-v′)²
1	12	20.405	0.049 0	0.59	0.002	13.18	-1.18	1.389	-0.065	0.004
2	16	15.148	0.066 0	1.06	0.004	15.50	0.50	0.254	0.066	0.004
3	20	9.619 7	0.103 9	2.08	0.011	20.67	-0.67	0.445	0.104	0.011
4	24	8.409 5	0.118 9	2.85	0.014	22.71	1.29	1.676	-12.059	145.425
5	28	6.787	0.147 3	4.13	0.022	26.58	1.42	2.018	-0.406	0.165
6	32	5.073 9	0.197 0	6.31	0.039	33.36	-1.36	1.847	0.197	0.039
Σ	132		0.682 3	17.01	0.092	131.99	0.01	7.630	-12.163	145.648

表中 T 为试验温度，N 为发育历期，V 为发育速度，V =V/n 为发育速度的平均值，T * （温度的理论值）= C+ KV

表 9　茶足柄瘤蚜茧蜂僵蚜至羽化阶段发育起点温度、有效积温的计算

n	T (℃)	N (d)	V=1/N	VT	V²	T*	T-T*	(T-T*)²	v-v′	(v-v′)²
1	12	18.087	0.055	0.663	0.003	10.438	1.562	2.441	-0.153	0.023
2	16	6.101 1	0.164	2.622	0.027	18.664	-2.664	7.098	0.164	0.027
3	20	4.490 8	0.223	4.454	0.050	23.116	-3.116	9.707	0.223	0.050
4	24	3.762 6	0.266	6.379	0.071	26.380	-2.380	5.663	0.266	0.071
5	28	3.493 3	0.286	8.015	0.082	27.932	0.068	0.005	-5.965	35.578
6	32	3.940 6	0.254	8.121	0.064	25.470	6.530	42.635	0.254	0.064
Σ	132		1.248	30.254	0.296	131.999	0.001	67.549	-5.211	35.812

表中 T 为试验温度，N 为发育历期，V 为发育速度，V =V/n 为发育速度的平均值，T * （温度的理论值）= C+ KV

　　由表 8 可知，茶足柄瘤蚜茧蜂从卵至僵蚜、僵蚜至羽化、卵至羽化的发育起

点温度分别为：6.50℃、6.25℃、5.36℃；有效积温分别为 136.28℃·d、75.74℃·d、227.23℃·d。24~28℃。卵—僵蚜阶段比僵蚜—羽化阶段的发育起点温度高，因此，在繁蜂过程中可适当升高卵—僵蚜发育阶段的温度，可以增加繁蜂世代和繁殖数量。在僵蚜—羽化发育阶段应适当降低温度，以利于正常发育，较高温度可抑制僵蚜发育。茶足柄瘤蚜茧蜂各个发育阶段的发育起点温度不尽相同，应取最大值作为该蜂的世代发育起点温度，即 6.5℃作为世代发育起点温度。

根据 T=C+KV，组建温度与发育速率的回归方程式，并采用 DPS 软件对温度和发育速率进行相关分析。结果表明，在卵—僵蚜、卵—羽化的阶段，温度与发育速率的相关性达到了极显著水平（$P<0.01$），在僵蚜—羽化阶段，二者的关系均达到了显著水平（$P<0.05$）。根据回归方程和标准误 S_C，S_K 建立各发育阶段历期预测式（表8）。

表10　茶足柄瘤蚜茧蜂各发育阶段的发育起点温度（℃）和有效积温（℃·d）

发育阶段	发育起点温度 C（℃）	C 的标准误差（S_c）	有效积温 K（℃·d）	K 的标准误差（S_k）
卵—僵蚜	6.50	0.56	136.28	0.11
僵蚜—羽化	6.25	2.83	75.74	0.47
卵—羽化	5.36	1.01	227.23	8.43

表11　茶足柄瘤蚜茧蜂各发育阶段的回归方程和历期预测式

发育阶段	温度（T）与发育速率（V）的回归方程 T=C+KV	相关系数（r）	发育历期预测式 $N = \dfrac{K}{T-C} = \dfrac{K \pm S_k}{T-(C \pm S_C)}$
卵—僵蚜	T=6.50+136.28V	0.969	$N = \dfrac{136.28 \pm 0.11}{T-(6.50 \pm 0.56)}$
僵蚜—羽化	T=6.25+75.74V	0.871	$N = \dfrac{75.74 \pm 0.47}{T-(6.25 \pm 2.83)}$
卵—羽化	T=5.36+227.23V	0.982	$N = \dfrac{227.23 \pm 8.43}{T-(5.36 \pm 1.01)}$

三、茶足柄瘤蚜茧蜂发育速率与温度关系的拟合

表 12　茶足柄瘤蚜茧蜂发育速率与温度之间的关系模型

发育阶段	线性回归模型	相关系数	Logistic 模型	相关系数
卵至僵蚜	$V=0.007\,2T-0.043\,7$	0.974 8	$V=1.050\,1/\,(1+e^{3.797\,7-0.073\,061T})$	0.996 6
僵蚜至羽化	$V=0.009\,9T-0.010\,1$	0.752 4	$V=0.120\,090/\,(1+e^{3.321\,0-0.179\,258T})$	0.986 1
卵至羽化	$V=0.004\,4T-0.024\,1$	0.925 5	$V=0.272\,019/\,(1+e^{5.633\,4-0.368\,778T})$	0.984 6

根据表 6，以茶足柄瘤蚜茧蜂各发育阶段在不同温度条件下的发育历期 N 转化为发育速率 1/N，利用线性日度回归模型和 Logistic 曲线回归模型两种模型拟合温度与发育速率的关系模型及相关系数（表 10）；从相关系数 r 值来看，两种模型的相关系数值均达显著或极显著水平，但 Logistic 模型的 r 值要比线性回归模型的 r 值大，其决定系数都在 0.984 以上，这说明用 Logistic 模型模拟茶足柄瘤蚜茧蜂各发育阶段的发育规律更好。同时可看出在僵蚜—羽化发育阶段的拟合度小，其原因与雌雄蜂蛹的发育历期不同有关。

第四章　茶足柄瘤蚜茧蜂扩繁技术

第一节　不同寄主植物对苜蓿蚜生长发育的影响

在生产实践中，鉴于蚜茧蜂独特而复杂的生物学和生态学习性，利用人工饲料的扩繁目前还不成熟，依然采用天然寄主的饲养方法。在温室内人工大量繁育苜蓿蚜来繁殖茶足柄瘤蚜茧蜂，这就存在苜蓿蚜繁育的寄主植物的选择问题。

一、不同寄主植物对苜蓿蚜存活率的影响

图1表明，苜蓿蚜取食3种不同寄主植物的存活率变化不大，大多数个体都能完成生活史。苜蓿蚜取食苜蓿、豌豆、蚕豆3种寄主植物时死亡大多发生在中老年个体上，在豌豆上苜蓿蚜若虫期死亡率比在苜蓿和蚕豆上高，表明豌豆对苜蓿蚜的生长发育有一定的抑制作用。

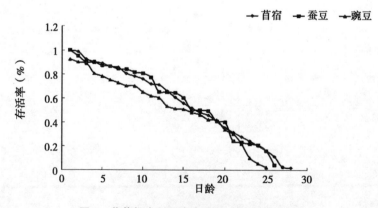

图1　苜蓿蚜在不同寄主植物上的存活率曲线

二、不同寄主植物对苜蓿蚜发育历期的影响

苜蓿蚜在不同寄主植物上的各虫态历期及成虫寿命见表 1。在 3 种寄主植物上苜蓿蚜均能完成生长发育，但不同寄主植物对苜蓿蚜各虫态的发育历期有显著影响。1 龄若虫在蚕豆上的发育历期最短，为 1.72d，与豌豆和苜蓿上的发育历期有显著性差异，发育历期在豌豆与苜蓿之间无显著性差异；2 龄若虫发育历期显著短于苜蓿和豌豆上的发育历期；3 龄若虫的发育历期在蚕豆和豌豆上无显著差异，在苜蓿上最短，为 1.38d；4 龄若虫的发育历期在蚕豆和苜蓿上无显著差异，在苜蓿上最短，为 1.85d。3 种寄主植物上的成虫寿命差异显著，苜蓿上苜蓿蚜成虫的寿命显著短于比其他 2 种植物上的成虫寿命，成虫寿命在蚕豆和豌豆上分别为 17.60d 和 14.29d，在苜蓿上的成虫寿命最短，仅 10.11d。

综上，苜蓿蚜在 3 种寄主植物上的世代历期差异显著，苜蓿上最短为 10.11d，豌豆为 14.29d，蚕豆为 17.60d。

表 1　苜蓿蚜在不同寄主植物上的发育历期

寄主植物	各虫态发育历期					成虫寿命/d	世代历期/d
	1 龄	2 龄	3 龄	4 龄	若虫期		
蚕豆	1.72±0.07 a	1.52±0.05 a	1.54±0.11b	1.91±0.07b	6.69±0.07a	17.60±0.97a	24.29±1.52a
豌豆	1.86±0.05 b	1.75±0.09 b	1.51±0.06b	2.14±0.06a	7.26±0.11b	14.29±1.25b	21.55±2.11b
苜蓿	1.82±0.06 b	2.01±0.08 c	1.38±0.08a	1.85±0.06b	7.06±0.09b	10.11±1.19c	17.17±1.69c

表中数据为平均值±标准误；同列数据之后的不同英文小写字母表示差异显著（$P<0.05$，邓肯式新复极差法）

三、不同寄主植物对苜蓿蚜繁殖力的影响

图 2 表明，苜蓿蚜在不同寄主植物上的生殖力曲线（图 2）基本相似。但产蚜高峰出现的早晚以及峰值的高低有一定差异，以蚕豆饲养的苜蓿蚜产蚜高峰出现最早（12d）、豌豆则为最晚（第 20 天），高峰产蚜量以在蚕豆上饲养的为最高（8.5 头/雌），豌豆为最低（7.8 头/雌）。苜蓿蚜在以苜蓿、蚕豆、豌豆为寄主植物时每雌产蚜数总体上呈先增大后减少的趋势，都有一个最大值，在这 3 种寄主植物上，最高值出现时间和幅度有一定的差异，在蚕豆上时第 12 天和第 20 天出现两个繁殖高峰，第 12 天时，蚕豆上的苜蓿蚜单雌产蚜数最大，为 8.5 头，第 15 天时，苜蓿上的苜蓿蚜单雌产蚜数最大，为 8.2 头，第 20 天时，豌豆上的

苜蓿蚜单雌产蚜数最大，为7.8头。苜蓿蚜在取食3种寄主植物时进入繁殖期的时间有差异，在以蚕豆为食料时，进入繁殖期的时间比豌豆和苜蓿为食料的时间早1~2d，综合比较产蚜高峰期出现的时间早晚和产蚜高峰期内平均产蚜量发现，苜蓿蚜在以蚕豆为寄主时适应性较好。

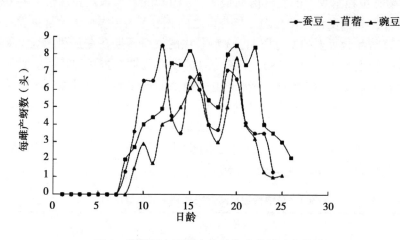

图2　苜蓿蚜在不同寄主植物上的繁殖力曲线

四、不同寄主植物对苜蓿蚜扩繁速度的影响

由图3可以看出，在3种寄主植物上苜蓿蚜数量都随接种时间的增长而增加，其中蚕豆上苜蓿蚜增长速率最快，在整个试验过程中苜蓿蚜的数量均保持较高水平。豌豆和苜蓿上苜蓿蚜数量的增长速率次之。苜蓿蚜在3种寄主植物上前5d增长速率并不快，接种7d后，蚕豆上苜蓿蚜平均数量最多达240头/株，显著高于其他2种寄主植物上苜蓿蚜的数量。因此，从繁蚜数量上看，蚕豆可作为苜蓿蚜理想的寄主植物。

五、苜蓿蚜在不同寄主植物上的实验种群生命表参数

建立了苜蓿蚜在不同寄主上的种群生命表参数（表2），对其分析可以看出，苜蓿蚜在3种寄主植物上的实验种群生命参数不同。在蚕豆上苜蓿蚜的净增值率R_0和周限增长率最大，分别为42.48和1.28，表明苜蓿蚜在以蚕豆为寄主植物时每雌经历一个世代可产生的雌性后代数和单位时间里种群的理论增长倍数最大。周限增长率均大于1，表明苜蓿蚜的种群呈几何型增长，按其值大小排序为蚕

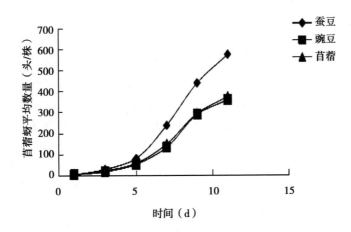

图3　接种后苜蓿蚜在不同寄主植物上数量随时间的变化曲线

豆>苜蓿>豌豆。种群内禀增长率 r_m 表示苜蓿蚜对寄主植物的适宜度和嗜食性，其与周限增长率的趋势一致，表明相同条件下，苜蓿蚜更易于取食蚕豆、苜蓿、豌豆。苜蓿蚜在豌豆上的平均世代周期最长（19.05），在蚕豆上的平均世代周期最短（15.46），苜蓿蚜在蚕豆上的种群加倍时间最短（2.84），在豌豆上的种群加倍时间最长（4.03）。综合评价，蚕豆各个参数最好，可作为扩繁苜蓿蚜及茶足柄瘤蚜茧蜂的最优寄主植物。

表2　不同寄主植物上苜蓿蚜的种群生命表参数

参数	蚕豆	豌豆	苜蓿
净增殖率（R_0）	43.48	28.65	29.72
内禀增长率（r_m）	0.244	0.172	0.207
周限增长率（T）	1.28	1.19	1.23
平均世代周期（T）	15.46	19.05	16.39
种群加倍时间（t）	2.84	4.03	3.35

第二节　寄主植物的培育方法与装置

苜蓿蚜寄生性天敌茶足柄瘤蚜茧蜂，是依赖天然寄主（苜蓿蚜）繁殖的天敌昆虫，茶足柄瘤蚜茧蜂昆虫天敌扩繁过程中，天然寄主（苜蓿蚜）使用量比较大，而目前受到天然寄主苜蓿蚜的产量和质量的限制，茶足柄瘤蚜茧蜂一直没能形成规模化生产。

蚕豆具有生物量大、生长速度快及叶面积大等特点，是苜蓿蚜人工繁殖的主要寄主植物。目前，蚕豆幼苗的培育方法主要有土培法与水培法两种。植物在生长发育过程中，水培与土培对其生长并没有本质上的区别。由于苜蓿蚜属于害虫，害虫的人工饲养需要人工隔离，而通过土培蚕豆扩繁苜蓿蚜不易于采取隔离措施。同时，蚕豆的连续种植会导致土壤酸化，进而产生蚕豆根茎部病害，使蚕豆萎蔫、倒伏、烂根及死亡，降低苜蓿蚜的扩繁速度。再者，蚜虫种群增长迅速，需要经常更换饲养用的植株材料，这样就大大增加了饲养难度。该水培装置可以培养幼苗数量大，培养效果良好。

一、水培装置

水培扩繁装置，包括扩繁架 1 及设置于扩繁架 1 外侧的网罩 2，扩繁架 1 包括架体、设置于架体不同高度上的多层升降支撑板 4、设置于升降支撑板 4 底面的植物补光灯 13、用于调节升降支撑板 4 高度的升降驱动调节机构及设置于升降支撑板 4 上端的育苗盘，升降驱动调节机构包括连接于升降支撑板 4 的左端部下方和右端部下方的两个轴承座 7、安装于这两个轴承座 7 上的传动轴 6、连接于传动轴 6 的一端的手轮 5、直立固定设置于架体的丝杆 10、设置于丝杆 10 上的丝母 11 及套设于丝母 11 上并通过键与丝母 11 连接的蜗轮 9，升降支撑板 4 设置有纵向的通孔，丝杆 10 穿设于通孔内，传动轴 6 连接有蜗杆 8，蜗杆 8 与蜗轮 9 啮合，丝母 11 的上端面与升降支撑板 4 的底面之间设置有平面轴承 12。

在植物生长的过程中，通过手轮 5 调节升降支撑板 4 的高度，从而根据植物的生长需要，使上下相邻两升降支撑板 4 保持合理的间距，以在植物不断长高时，使植物补光灯 13 与植物保持合理间距。

参见图 2，架体的左端部和右端部直立固定设置有两根丝杆 10，每层升降支撑板 4 均设置有两个通孔，两根丝杆 10 分别穿设于升降支撑板 4 的两个通孔内，丝杆 10 于每层升降支撑板 4 的下方设置有两个丝母 11，每个丝母 11 均连接有蜗轮 9，传动轴 6 连接有两个蜗杆 8，这两个蜗杆 8 分别与两个蜗轮 9 啮合。

网罩 2 的侧面对应于手轮 5 设置有纵向的开口，该开口处设置有拉链，更便于通过手轮 5 调节升降支撑板 4 的高度。

如图 4 所示，育苗盘尺寸为 35×25×5cm，它包括贮液盘 17 及设置于贮液盘 17 内的定植网格盘 16，定植网格盘 16 包括底板及设置于底板上的环形边沿，底板均匀设置有若干个通孔，通孔边缘光滑，利于植物根部钻出及水分排出。定植网格盘 16 的底面与贮液盘 17 之间构成植物根系生长空间。营养液及水分均补充在贮液盘 17 中。

二、水培方法

利用水培装置可以实现寄主植物蚕豆的规模化快速培育。相关简便培育方法如下。

（1）使用时，将泡胀的蚕豆种子平铺在垫有一层吸水纸的定植网格盘 16 中，将定植网格盘 16 放入贮液盘 17 中，贮液盘 17 中加入少许水，定植网格盘 16 上用湿润的深色棉质纱布覆盖，置于扩繁架 1 的升降支撑板 4 上进行催芽。在催芽过程中，不断加水保湿，并及时将烂蚕豆种子、未及时发芽种子挑出，以防发霉而引起其他蚕豆种子腐烂。催芽 3d 后，种子生根发芽且芽伸长至 3cm 左右时，取下定植网格盘 16 上的覆盖物，置于光照下培养。当贮液盘 17 中水位低于蚕豆根系时，加入水进行补充，待蚕豆种子长出的蚕豆芽变绿，加入配置的营养液，使营养液没过蚕豆根系。当蚕豆种子出苗 10d 后，将带有苜蓿蚜的枝叶放在蚕豆苗上，让苜蓿蚜自由转移，然后套上网罩 2。当育苗盘中的蚕豆苗有 2/3 变黄、萎蔫后，将带蚜蚕豆苗转接至新培育的蚕豆苗上，供苜蓿蚜继续取食。当苜蓿蚜从变黄的蚕豆苗全部转移到新的蚕豆苗上后，将变黄的蚕豆苗取出。

（2）如图 4 所示，架体的下部设置有水箱 14 和泵 15，贮液盘 17 包括底板及设置于底板上的环形边沿，环形边沿的上部设置有进水口和溢流口，水箱 14 的出水口通过泵 15 及水管与贮液盘 17 的进水口连接，贮液盘 17 的溢流口通过水管与水箱 14 的上端进水口连接。溢流口利于快速排出多余水分，避免烂根，保证透气。贮液盘 17 采用透明材质，易于观察蚕豆苗根部生长情况。

（3）参见图 4，扩繁架 1 的下端设置有脚轮 3，通过脚轮 3 可方便地将本实用新型移动至需要的位置。网罩 2 材质可选 80 目尼龙网纱，网罩 2 封闭扩繁架 1 内部空间。网罩 2 的正面设置有拉链 18，更便于观察、操作。

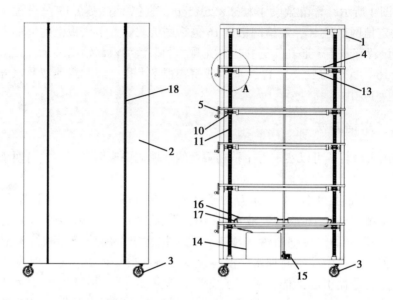

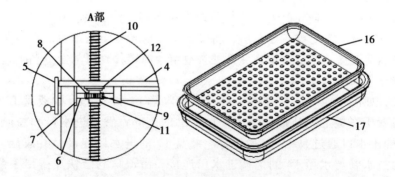

1. 扩繁架；2. 网罩；3. 脚轮；4. 升降支撑板；5. 手轮；6. 传动轴；7. 轴承座；8. 蜗杆；9. 蜗轮；10. 丝杆；11. 丝母；12. 平面轴承；13. 植物补光灯；14. 水箱；15. 泵；16. 定植网格盘；17. 贮液盘；18. 拉链

图 4 茶足病瘤蚜茧蜂扩繁装置

第三节 茶足柄瘤蚜茧蜂人工繁殖技术

一、苜蓿蚜对不同生长期蚕豆的选择

如表 3 所示，随着生长天数的延长，蚕豆幼苗真叶片数增多，蚕豆全株载蚜总量呈上升趋势，先期蚜量升高趋势显著，后期则稳定保持在扩繁效率约为 450~560 头/株，生长期为 20d 的蚕豆苗蚜虫量显著高于其他处理，说明已达到蚜虫最大增长率，即便有多余叶片提供营养，也不能促进蚜虫种群数量增加。在平均单叶载蚜量方面，呈现了明显的先增加再下降的趋势，蚕豆苗生长第 18~20 天接蚜，可获得最大的单叶载蚜量。考虑到生产成本及效率要求，生产上可以采纳在蚕豆生长的第 20 天（第 6 片真叶完全展开时），接入蚜虫。

表 3 苜蓿蚜对不同生长期蚕豆苗的选择性

蚕豆苗生长天数 （d）	株高 （cm）	展开叶片数 （片）	蚜虫量 （头/株）	单叶载蚜量 （头/叶）
8	15.50±2.02b	4	157.90±10.85d	32.70
10	16.82±2.04b	4	180.66±15.52d	37.70
12	18.62±2.11b	4	191.29±36.51d	47.82
14	19.42±2.37b	4	226.68±26.21d	56.70
16	21.78±0.82b	6	437.15±12.11c	72.84
18	25.87±0.88a	6	490.21±17.89b	81.87
20	28.20±0.48c	6~8	560.18±23.27a	70~93.33
22	29.88±1.35c	6~8	440.70±15.82c	55.09~73.45
24	31.83±1.62c	6~8	450.82±20.33c	56.35~75.14

表中数据为平均值±标准误；同列数据后不同小写字母差异显著（$P<0.05$）

二、苜蓿蚜最适接虫数量

结果如表 4 所示，蚜虫总数随着接蚜数量的增加而上升，但后期升幅不显著，当接蚜数为 30 头时，5d 连续培养后，扩繁总蚜量相对较高，平均单株蚜虫数可达 493 头，扩繁效率为 49∶1；此后，随着接蚜数量的增加，总蚜量维持在较高水平，蚕豆寄主的营养供应不足，扩繁效率降低。

表4　苜蓿蚜不同接虫量的扩繁效率

接蚜量（头/盆）	5d 后总蚜量（头/盆）	接蚜扩繁效率
10	841.41±42.50 e	84∶1
30	1 481.01±38.10d	49∶1
50	1 831.83±59.89d	37∶1
70	2 175.99±93.55 c	31∶1
90	2 409.45±117.27 b	27∶1
100	2 730.75±70.22 a	27∶1
150	2 986.56±70.52 a	20∶1
200	3 555.30±87.30 a	18∶1

表中数据为平均值±标准误；同列数据后不同小写字母差异显著（$P<0.05$）

三、茶足柄瘤蚜茧蜂最适接蜂比

接蜂数量试验结果如表5所示，接蜂比对僵蚜数量影响显著，对后代羽化率影响不显著。随接蜂数量的增加，僵蚜数量呈上升趋势并逐渐趋于平稳，单蜂贡献率则是先上升再下降的趋势，当接蜂数量过高时，僵蚜数并未呈现显著增加。这主要是由于茶足柄瘤蚜茧蜂在寄生蚜虫的行为中，存在刺吸试探过程，一般要经反复多次的对蚜虫刺吸挑选，判定该蚜虫符合子代营养需求后，才在蚜虫体内产卵，如果茶足柄瘤蚜茧蜂密度过高，对蚜虫反复刺吸频繁，形成的机械损伤将致使苜蓿蚜死亡，已在该蚜虫体内产卵的茶足柄瘤蚜茧蜂也不能完成发育过程，影响了僵蚜的形成。从僵蚜数量指标来看，蜂蚜比例为（1∶30）～（1∶100），每盆处理内的僵蚜数量约1 000头，达到较高水平；从单蜂贡献率的角度看，蜂蚜比例为（1∶100）～（1∶250），单蜂贡献率约63头僵蚜/蜂，其中，蜂蚜比例为1∶100时，单蜂贡献率最高。综合生产实际，蜂蚜比例为1∶100时，既发挥了寄生蜂最佳的寄生效能，形成的僵蚜数量也最多，适于大规模扩繁需要。

表5　接蜂数量对僵蚜及茶足柄瘤蚜茧蜂羽化的影响

蜂蚜比	僵蚜总数（头）	单蜂贡献值	后代羽化率（%）
1∶250	380.57±33.71 b	63.33	85.19±17.34 a
1∶200	510.25±38.79 b	63.75	85.85±21.22 a
1∶150	620.81±52.17 b	62.00	85.51±17.09 a

（续表）

蜂蚜比	僵蚜总数（头）	单蜂贡献值	后代羽化率（%）
1∶100	1010. 55±59. 94 a	67. 33	87. 88±19. 11 a
1∶70	994. 15±89. 51 a	47. 33	90. 20±21. 61 a
1∶50	970. 28±101. 26 a	32. 33	90. 00±17. 38 a
1∶30	1140. 41±60. 30 a	22. 80	90. 09±23. 02 a

表中数据为平均值±标准误；同列数据后不同小写字母差异显著（$P<0.05$）

四、茶足柄瘤蚜茧蜂生产周期

从表6可以看出，在温度（25±1）℃、相对湿度60%～70%条件下，从种植寄主植物蚕豆、接种寄主苜蓿蚜、接种茶足柄瘤蚜茧蜂到成蜂羽化，共需要约41d（表6）。在一定的温度范围内，茶足柄瘤蚜茧蜂随着温度的升高发育周期缩短，因此，繁殖周期也会相应地缩短。

表6　人工气候箱扩繁茶足柄瘤蚜茧蜂生产周期

生产流程	时间（d）
培育蚕豆苗	24
接种苜蓿蚜	1
管理已接种苜蓿蚜的蚕豆苗	6
接种茶足柄瘤蚜茧蜂	1
茶足柄瘤蚜茧蜂的发育	8
收集茶足柄瘤蚜茧蜂成蜂	1

第五章 茶足柄瘤蚜茧蜂滞育诱导和滞育僵蚜的低温贮藏

第一节 低温诱导滞育的敏感虫态

茶足柄瘤蚜茧蜂对低温敏感虫态的结果见表1。发育24h的寄生苜蓿蚜蜂处于卵阶段，在低温下死亡率高，没有滞育个体；在25℃下发育168h（7d）以上，寄生苜蓿蚜体内蜂已发育至蛹阶段，被置于10℃、12℃低温后，继续发育至成蜂羽化，没有滞育个体；温度25℃下，发育120h处于高龄幼虫阶段，在8℃、10℃、12℃下继续发育至蛹便不再发育，进入滞育状态；其滞育率分别可达70.96%、62.25%、30.58%，8℃下低龄幼虫有11.53%的滞育率。其他虫态在8℃、10℃、12℃下均无滞育个体出现。茶足柄瘤蚜茧蜂感受滞育信号的敏感虫态为高龄幼虫；其他虫态对滞育诱导信号均不敏感，蛹则为滞育虫态。

表1 茶足柄瘤蚜茧蜂感受滞育信号的敏感虫期

25℃下发育时间 25℃ rearing time	处理的虫态 Stage of the wasp	8℃	10℃	12℃
24h	卵 Egg	0.00±0.00Dd	0.00±0.00Cc	0.00±0.00Bb
72h	低龄幼虫 Young larvae	11.53±1.52Bb	1.15±2.31Bb	0.00±0.00Bb
120h	高龄幼虫 Mature larvae	70.96±1.82Aa	62.25±1.85Aa	30.58±1.12Aa
168h	蛹 pupa	2.17±1.76Cc	0.00±0.00Cc	0.00±0.00Bb

第二节 温度和光周期对茶足柄瘤蚜茧蜂滞育诱导的影响

不同光周期条件下茶足柄瘤蚜茧蜂蛹的滞育率差异显著（$P<0.05$），温度8~12℃，随光照时长的缩短而增加：在温度为8℃、长光照14L：10D时，蛹的滞育率仅为19.83%，而光照缩短为8L：16D时，滞育率增至73.58%，为长光

照条件下的 3.7 倍；滞育率显著升高；温度为 10~12℃ 时，光周期对滞育的诱导作用有所下降，滞育率最高不超过 60%。温度为 14℃ 时，仅 8L : 16D 时有 6.51% 个体滞育，温度为 16℃ 时，无论是长光照还是短光照，蛹滞育率均为 0%。由此可知茶足柄瘤蚜茧蜂属于典型的短日照滞育，光照时数越短，滞育率越高。茶足柄瘤蚜茧蜂蛹滞育率随温度下降而显著升高（$P<0.05$）。光周期为 8L : 16D 时，在 8℃ 下蛹滞育率为 73.58%；温度升至 12℃ 时，滞育率显著下降，仅为 21.36%；温度升至 16℃ 时，滞育率降为 0%，蛹不滞育，说明相比光周期，温度对滞育发生起决定性作用。

表 2　光周期和温度对茶足柄瘤蚜茧蜂滞育影响

光周期 (Photoperiod)	温度 (Temperature)				
	8℃	10℃	12℃	14℃	16℃
14L : 10D	19.83±0.93Cc	15.71±1.11Cc	9.69±1.42Bb	0.00±0.00Bb	0.00±0.00Aa
12L : 12D	25.67±1.07Cc	17.37±1.52Cc	11.26±1.63Bb	0.00±0.00Bb	0.00±0.00Aa
10L : 14D	68.66±1.23Bb	39.20±2.57Bb	20.40±1.44Aa	0.00±0.00Bb	0.00±0.00Aa
8L : 16D	73.58±0.85Aa	49.84±0.98Aa	21.36±1.03Aa	6.51±0.38Aa	0.00±0.00Aa

第三节　诱导时长对茶足柄瘤蚜茧蜂滞育诱导的影响

在各温度下诱导历期对茶足柄瘤蚜茧蜂滞育的影响差异显著（表 3）。结果表明，各温度下，诱导历期 10d 时滞育率为 0%，为无效诱导；在 8℃ 和 10℃ 下，诱导 30d 和 40d 显著高于诱导 10d 和 20d。在 8℃ 下，持续诱导 30d 后，茶足柄瘤蚜茧蜂滞育率可达 70% 以上，继续维持诱导条件，滞育诱导率可小幅度增长。考虑到经济成本的因素，生产中的建议组合是温度 8℃、光周期 L8 : D16、持续诱导 30d。

表 3　诱导时长对茶足柄瘤蚜茧蜂滞育诱导的影响

诱导时长 (induce time)	温度 (Temperature)		
	8℃	10℃	12℃
10d	0.00±0.00Cc	0.00±0.00Cc	0.00±0.00Bb
20d	29.31±1.12Bb	25.98±1.90Bb	13.73±1.22Aa

（续表）

诱导时长 （induce time）	温度（Temperature）		
	8℃	10℃	12℃
30d	67.54±2.58Aa	40.63±0.94Aa	20.10±0.85Aa
40d	72.38±1.51Aa	43.63±2.1Aa	22.62±0.75Aa

第四节　低温贮藏处理对茶足柄瘤蚜茧蜂滞育解除的影响

　　结果如表4所示，将茶足柄瘤蚜茧蜂滞育僵蚜置于4℃下保存90d，其羽化率为80.2%，成蜂寿命11.23d，寄生率达80.61%，与对照组差异不显著，是解除滞育的最佳时机。滞育僵蚜冷藏120d，虽然成蜂寿命、寄生率明显低于对照组，但仍有69.64%的滞育僵蚜能正常羽化，成蜂寿命7.28d，寄生率为51.26%。可见对于进入滞育态的茶足柄瘤蚜茧蜂（滞育僵蚜），保存于全黑暗、4℃条件下，贮存期可达90~120d。

表4　低温贮藏处理对茶足柄瘤蚜茧蜂滞育解除的影响

冷藏期（d） Cool storage time（d）	处理僵蚜数 Number of mummy	羽化率（%） Emergence rate（%）	成蜂寿命（d） Adult life span（d）	寄生率（%） Parasitism rate
30	100	85.13±0.71Aa	13.56±0.52AaBb	83.20±0.71Aa
60	100	82.59±1.58Aa	13.14±0.58AaBb	80.12±0.24Aa
90	100	80.20±1.22Aa	11.23±0.62Bb	80.61±1.31Aa
120	100	69.64±0.87Bb	7.28±0.61Cc	51.26±2.15Bb
非滞育僵蚜（CK） Non-diapause mummy	100	82.33±0.96Aa	14.71±0.61Aa	78.82±1.11Aa

参考文献

毕章宝, 季正端. 1993. 烟蚜茧蜂 *Aphidius gifuensis* Ashmead 生物学研究-发育过程和幼期形态 [J], 河北农业大学学报 (2): 58-62.

毕章宝, 季正端. 1994. 烟蚜茧蜂 *Aphidins gifuensis* Ashmead 生物学研究 II-成虫生物学及越冬 [J]. 河北农业大学学报, (2): 23-30.

车晋滇. 2002. 紫花苜蓿栽培与病虫害防治 [M]. 北京: 中国农业出版社.

陈家骅, 石全秀. 2001. 中国蚜茧蜂 [M]. 福州: 福建科学技术出版社.

陈文龙. 2007. 斑潜蝇及天敌复合系统生态学研究 [D]. 贵州: 贵州大学.

邓建华, 吴兴富, 宋春满, 等. 2006. 田间小棚繁殖烟蚜茧蜂的繁蜂效果研究 [J]. 西南农业大学学报 (自然科学版), 28 (1): 66-69.

丁德诚, 潘务耀, 唐子颖, 等. 1995. 松突圆蚧花角蚜小蜂的生物学 [J]. 昆虫学报, 38 (1): 46-53.

丁德诚. 1980. 螟卵啮小蜂的离体培养 [J]. 昆虫学研究集刊: 104-112.

董宽虎, 沈益新. 2003. 饲草生产学 [M]. 北京: 中国农业出版社.

甘明, 苗雪霞, 丁德成. 2003. 日本柄瘤蚜茧蜂与其寄主豆蚜的相互作用: 寄主龄期选择及其对发育的影响 [J]. 昆虫学报, 46 (5): 598-604.

甘明, 苗雪霞, 丁德诚. 2002. 日本柄瘤蚜茧蜂寄生影响因子的研究 [J]. 中国生物防治, 18 (3): 141-143.

甘明. 2002. 日本柄瘤蚜茧蜂对黑豆蚜的发育和生化代谢影响的研究 [D]. 上海: 中国科学院上海生命科学研究所植物生理生态研究所.

高峻峰. 1985. 日本豆蚜茧蜂利用研究 [J]. 昆虫天敌, 7 (3): 152-154.

高峻峰. 1994. 日本豆蚜茧蜂控制豆蚜的作用及其生物学特性的观察 [J]. 中国生物防治, 10 (2): 91-92.

高连喜, 季清娥, 黄居昌, 等. 2004. 黄色潜蝇茧蜂寄生功能反应的研究 [J]. 华东昆虫学报, 13 (2): 31-35.

耿华珠. 1995. 中国苜蓿 [M]. 北京: 中国农业出版社.

贺春贵, 曹致中, 吴劲锋, 等. 2005. 我国苜蓿害虫研究的历史、成就及展望［J］. 草业科学，22（4）：75-78.

侯照远，严福顺. 1997. 寄生蜂寄主选择行为研究进展［J］. 昆虫学报（1）：
94-107.

简玲. 2003. 青海省化隆县紫花苜蓿病虫害的调查及防治措施［J］. 草业科
学，20（4）：28-30.

蒋杰贤，王冬，张沪同，等. 2003. 桃蚜茧蜂繁殖与利用研究［J］. 上海农
业学报，19（3）：97-100.

蒋学建，周祖基，杨伟. 2005. 我国寄生蜂离体培养研究进展［J］. 四川林
业科技，26（6）：28-32.

孔照芳. 1996. 草原鼠虫病害研究［M］. 兰州：甘肃民族出版社.

李国清. 2006. 拟寄生蜂的寄主标记研究进展［J］. 昆虫学报，49（3）：
504-512.

李元喜，刘树生. 2001. 寄主龄期对菜蛾绒茧蜂生物学特性的影响［J］. 浙
江大学学报（农业与生命科学版），27（1）：11-14.

林玲，黄居昌，陈家骅，等. 2006. 长尾潜蝇茧蜂对橘小实蝇幼虫的寄生效
能［J］. 生物安全学报，15（4）：288-290.

刘爱萍，刘一凌，张泽华，等. 1991. 羊柴蚜虫生物学特性及其防治技术的
研究［J］. 中国草地，1：68-72.

刘爱萍，王俊清，徐林波，等. 2010. 枸杞木虱啮小蜂繁殖生物学研究［J］.
应用昆虫学报，47（3）：491-497.

刘树生，汪庆庚. 1999. 菜蛾啮小蜂对寄主龄期的选择和适应性［J］. 中国
生物防治，15（1）：1-4.

刘树生. 1989. 蚜茧蜂的生物学和生态学特性［J］. 生物防治通报，5（3）：
129-133.

罗志成. 1994. 北方旱地农业研究的进展与思考［J］. 干旱地区农业研究，
1：4-13.

南志标. 2001. 我国的苜蓿病虫害及其综合防治体系［J］. 动物科学与动物
医学，18（4）：3-4.

彭华. 2006. 甘蓝潜蝇茧蜂的生物学生态学研究［D］. 贵州：贵州大学.

齐宝林. 2011. 苜蓿的研究与应用［J］. 农业与科技，31（3）：41-45.

王琛柱. 2001. 寄主大小与棉铃虫齿唇姬蜂产卵和发育的关系［J］. 中国生
物防治，17（3）：107-111.

王俊清．2009．枸杞木虱啮小蜂 *Tamarixa Lyciumi* Yang 生物学特性的研究 ［D］．呼和浩特：内蒙古师范大学．

王树会，魏佳宁．2006．烟蚜茧蜂规模化繁殖和释放技术研究 ［J］．云南大 学学报，28（S1）：377-382．

巫之馨，钦俊德．1982．松毛虫赤眼蜂对假卵不同内含物的产卵反应 ［J］． 昆虫学报，25（4）：363-372．

席玉强．2010．豆柄瘤蚜茧蜂 *Lysiphlebus fabarum* Marshall 田间发生动态及繁 育技术研究 ［D］．河南：河南农业大学．

忻亦芬．1982．蚜茧蜂的研究进展 ［J］．沈阳农学院学报，1：107-114．

忻亦芬．1986．烟蚜茧蜂繁殖利用研究 ［J］．生物防治通报，2（3）： 108-111．

徐清华，孟玲，李保平．2007．可疑柄瘤蚜茧蜂对高温下不同龄期黑豆蚜的 寄生及其适合度表现 ［J］．昆虫学报，50（5）：488-493．

徐清华，孟玲，李保平．2007．可疑柄瘤蚜茧蜂对高温下不同龄期黑豆蚜的 寄生及其适合度表现 ［J］．昆虫学报，50（5）：488-493．

闫威．2011．豆柄瘤蚜茧蜂田间动态及其生物学特性研究 ［D］．河南：河南 农业大学，54-61．

严静君，刘后平．1991．绒茧蜂研究进展 ［J］．生物防治通报，7（13）： 127-333．

张富川．1994．苜蓿常见病虫害的防治措施 ［J］．四川草原，（1）：59-62．

张广学，钟铁森．1983．中国经济昆虫志同翅目蚜虫类 ［M］．北京：科学出 版社．

张广学．1999．西北农林蚜虫志 ［M］．北京：中国环境科学出版社．

张李香，吴珍泉．2005．寄生日龄对啊氏啮小蜂寄生后代的影响 ［J］．福建 农林大学学报（自然科学版），34（4）：438-440．

张李香．2003．啊氏啮小蜂（*Tetrastichus hagenowii*）生物学和生态学研究 ［D］．福建农林大学．

张蓉，马建华，王进华，等．2003．宁夏苜蓿病虫害发生现状及防治对策 ［J］．草业科学，20（6）：40-43．

章玉苹，李敦松，张宝鑫，等．2010．蝇蛹俑小蜂对橘小实蝇蛹的功能反应 及温湿度对蜂成虫寿命的影响 ［J］．中国生物防治，26（4）：385-390．

章玉苹，李敦松，赵远超，等．2009．橘小实蝇寄生蜂-中国新记录种印度实

蝇姬小蜂 *Aceratoneuromyia indica*（Silvestri）及其寄生效能研究 ［J］. 中国生物防治，25（2）：106-111.

赵万源，丁垂平，董大志，等. 1980. 烟蚜茧蜂生物学及其应用研究 ［J］. 动物学研究，1（3）：405-415.

郑敏琳，黄居昌，季清娥，等. 2006. 长柄俑小蜂寄生橘小实蝇蛹的功能反应 ［J］. 生物安全学报，15（2）：155-157.

郑永善，唐保善. 1989. 茶足柄瘤蚜茧蜂引种研究 ［J］. 生物防治通报，5（2）：68-70.

周慧，张扬，吴伟坚，等. 2011. 纵卷叶螟绒茧蜂对稻纵卷叶螟幼虫的功能反应 ［J］. 环境昆虫学报，33（1）：86-89.

Angalet GW, Fuester R. 1977. The Aphidius parasites of the pea aphid Acyrthosiphon pisum in the eastern half of the United States ［J］. Annals of the Entomological Society of America, 87-96.

Arthur AP. 1967. Influences of position and size of host on host searching by itoplectus conquisitor ［J］. Can. Ent. , 99: 877-886.

Blackman RL, Eastop VF. 1985. Aphids on the worlds crops: An identification guide ［M］. John Wiley&Sons Ltd.

Dhiman SC, Kumar V. 1986. Studies on the oviposition site of Diaeretiella rapae, a parasitoid of Lipaphis erysimi（Kalt.）［J］. Entomon, 11（4）: 247-250.

Digilio MC, Pennacchio F, Tremblay E. 1998. Host regulation effects of ovary fluid and venom of Aphidius ervi（Hymenoptera: Braconidae）［J］. Journal of Insect Physiology, 44: 779-784.

Falabella P, Tremblay E, Pennacchio F. 2000. Host regulation by the aphid parasitoid Aphidius ervi: the role of teratocytes ［J］. Entomologia Experimentalis Applicata, 97: 1-9.

Fleschner CA. 1950. Studies on searching capacity of the larvae of three predators of the citrus red mite ［J］. Hilgardia, 20: 233-265.

Hassell MP. 1969. A population model for the interaction between Cyzenis albicans and Operophtera brumata at Wytham Berkshire ［J］. Journal of Animal Ecology, 38: 567-576.

Hassell MP. 1969. A population model for the interaction between Cyzenis albicans and Operophtera brumata at Wytham Berkshire ［J］. Journal of Animal

Ecology, 38: 567-576.

Heimpel GE, Collier TR. 1996. The evolution of host-feeding behaviour in insect parasitoids [J]. Biol. Rev. , 71: 373-400.

Honda JY, Luck RF. 2001. Interactions between host attributes and wasps size: a laboratory evalution of Trichogramma platneri as an augmentative biological agent for two avocado pests [J]. Entomol. Exp. Appl. 100 (1): 1-13.

Lecomte C, Thibout E. 1984. Etude olfactometrique de 1' action de diverse substancesallelochimiques vegetable dans la techerche de 1' hote par Diadromus pulchellus (Hymenoptera, Ichneumonidae) [J]. Entomologia Experimentalist el Applicata, 35: 295-303.

Lewis WJ, Vet LEM, Tumlinson JH. 1990. Variation in parasitoid foraging behavior: Essential element of a sound biological control theory [J]. EnvironEnt. , 19: 1 183- 1 193.

McAuslane HJ, Vinson SB, Williams HJ. 1991. Stimuli influencing host microhabit location in parasitoid Campoletis sonorensis [J]. Ent. Exp. Appl. , 58: 267-277.

Orphanides GM, Gonzales D. 1970. Effects of adhesive materials and host location on parasitization by uniparental race of Trichogramma pretiosum [J]. J. Econ. Ent. , 63: 1 891- 1 898.

Read DP, Feeny PP. 1970. Habitat selection by the aphid parasite Deaeretiella rapae (Hymenoptera: Braconidae) and hyperparasite Charips brassicae (Hymenoptera: Cynipidae) [J]. Canadian Entomologist, 102: 1 567- 1 578.

Rotheray GE. 1981. Host searching and oviposition behaviour of some parasitoids of aphidophagous Syrphidae [J]. Ecological Entomology, 6: 79-87.

Stary P. 1970. Biology of aphid parasites (Hymenoptera: Aphidiidae) with respect to integrated control [J]. Series Entomologica, 6: 1-643.

Tagawa J, Shinsuke A. 2000. Longevity, egg load, and lack of host-quality preference in the hyperparasitoid Eurytoma goidanichi Boucek (Hymenoptera: Eurytomidae) [J]. Appl. Ent. Zool. , 35 (4): 541-548.

Takashi O, Ceryngier P. 2000. Host discrimination in Dinocampus coccinellae, a solitary parasitoid of coccinellid beetles [J]. Appl. Entomol. Zool. , 35 (4): 535-540.

Tumlinson JH, Lewis WJ, Vet LEM. 1993. How parasitic wasps find their hosts [J]. Scientific American, 266: 100-104.

Ueno T. 1997. Host age preference and sex allocation in the pupal parasitoid Itoplectisnaranyae (Hymenoptera: Ichneumonidae) [J]. Ann. Entomol. Soc. Am., 87: 592-598.

Vet SB. 1985. Olfactory microhabitat location in some eucoilid and alysiine species (Hymenoptera), larval parasitoids of Diptera [J]. Netherlands Journal of Zoology, 35: 720-730.

Vinson SB, Barfield CB, Henson RD. 1977. Oviposition behavior of Bracon mellitor, a parasitoid of the boll weevil (Anthonomus grandis) [J]. Assosiative learning. Physiol. Ent., 2: 157-164.

Vinson SB. 1975. Biochemical coevolution between parasitoids and their hosts [M]. In Price PW (Ed.) Evolutionary Strategies of Parasitic Insects and Mites. New York.

Wackers FL, Lewis WJ. 1994. Olfactory and visual learning and their combined influence on host site location by the parasitoid Microplitis croceipes (Cressono) [J]. Biol. Contr, 4: 105-112.